KB069004

반려견 산책의 이해

김원

박영사

머리말

농림축산식품부의 「2020년 동물보호에 대한 국민의식조사」에 의하면 우리나라의 반려동물 양육가구 수는 638만 가구로 전체 가구 수의 27.6%를 차지하고 있으며, 반려인은 1,448만 명으로 한국인 4명 중 1명 이상이 반려동물과 함께 살아가고 있다. 최근 비대면 문화 확산과 재택근무 확대 등으로 사람들이 집에 머무르는 시간이 늘어나면서 반려동물 양육가구 수는 지속적으로 증가할 것으로 예상되고 있다.

반려견도 가족 구성원이라는 인식이 우리 사회에 확산되면서 반려견과 함께 다양한 장소에서 다양한 활동에 참여하게 됨에 따라 반려동물 친화적인 환경으로 조금씩 변화되어 가고 있다. 그러나 이러한 공동의 활동이 증가하면서 개 물림 사고, 이웃 간의 분쟁, 지역사회 문제 등도 지속적으로 발생하고 있다.

과거 반려견 분야는 기본적으로 미용, 훈련, 사육관리와 같이 가정에서 기르기 위해 필요한 기본적이고 필수적인 분야의 직업이 주축을 이루었으나 현재는 직업에 대한 범위가 점차 확대되고 있는 추세이다. 반려견과 관련된 새로운 직업들 중에는 반려견 산책지도사와 같은 직종도 포함되고 있다.

반려동물 분야는 다른 분야에 비해 상대적으로 국가와 문화의 성숙에 따라 비교적 최근에 출현한 학문 분야이다. 현재 새롭게 출현한 학문 분야인 반려동물 분야에 대해 교육에 활용하고 연구에 도움이 될 수 있는 서적이 매우 부족한 실정으로 특히, 대학이나 각종 단체에서 교육할 수 있는 반려견 산책에 대한 교재의 필요가 절실하다.

처음 이 책의 집필 계획 시에는 반려견 산책과 관련하여 어떻게 목차를 구성할지에 대해 나름의 고민이 있었으나 집필 과정을 통해 산책을 위해 반려견을 준비시키고, 산책하면서 만날 수 있는 다양한 상황에 대해 가능한 구체적이면서 체계적인 내용으로 쉽게 이해할 수 있도록 구성하였다.

반려견 산책은 단순히 반려견을 데리고 걷는 것 이상으로 반려견과 보호자에게 신체적·정신적으로 다양한 도움을 준다. 본 서적을 통해 반려견 산책에 대해 올바르게 이해하고, 반려견 산책이라는 활동 속에 포함되어 있는 다양한 의미를 이해한다면 동물과 인간이 공존하는 세상에서 우리 모두가 행복해질 뿐만 아니라 건강한 사회 및 반려문화 발전에도 기여하게 될 것이다.

이 책이 반려견을 기르는 분이나 직업적으로 산책을 하는 분들 그리고 반려견 산책에 대해 상세한 내용을 알고 싶은 분들께 진심으로 도움이 되길 바라며, 이 책이 출간되기까지 도와주신 모든 분들께 깊은 감사의 마음을 전한다.

2021년 5월

김원

차례

차례

차례

01
반려견 산책의 좋은 점

01

반려견 산책의 좋은 점

 그림 1-1. **반려견 산책**

신체활동은 조기 사망의 위험을 감소시키고, 건강한 노화를 지지하며, 긍정적인 정신건강 증진에 도움을 준다. 다양한 신체활동 중에서도 걷기는 다른 어떤 치료법보다 질병 위험과 다양한 건강 상태에 미치는 영향이 크다. 걷기는 실질적인 비용 발생 부담도 없고 부작용이 없는 신체활동이다. 일주일에 2.5시간(하루 21분)만 걸어도 심장병 발생위험을 30% 낮출 수 있을 뿐만 아니라, 당뇨병과 암의 위험을 줄이고, 혈압과 콜레스테롤 수치를 낮추며, 정신적으로 뚜렷한 상태를 유지할 수 있다. 최소 1분간의 짧은 시간으로도 성과를 거둘 수 있다. 미국 유타 대학의 한 연구에 따르면 여성들이 하루 종일 활발하게 걸으면 1분마다 비만 위험을 5%씩 낮출 수 있다고 한다(Beddhu, et al., 2015).

반려견 산책은 19세기에 들어서면서 반려견을 통제하고 관리하여 공공장소에 출입할 수 있도록 하기 위한 방법으로 등장했다(Howell, 2015). 반려견은 쉽게 접근할 수 있고 널리 보급된 가정 및 지역사회의 운동 장비의 한 유형으로 간주되며(Christian, et al., 2018), 보호자들이 규칙적이고 지속적으로 신체적인 활동을 하도록 격려하는 독특한 수단을 제공한다(Peel, Douglas, Parry, & Lawton, 2010).

일상적으로 반려견을 산책시키지 않는 보호자들에게 반려견 산책을 장려하는 것은 규칙적인 신체활동을 증가시키고 유지하는 효과적인 전략이 될 수 있다(Christian, et al, 2016). 반려견과 보호자 모두를 위해 산책의 가치 강조, 반려견 산책의 반복 촉진, 사회적 상호작용 혜택 강화, 가족 반려견 산책 장려, 반려견 산책을 위한 공공 공간의 가용성 보장과 같은 전략을 혼용하여 사용하면 반려견 산책을 증가시킬 수 있다.

호주 퍼스에 살고 있는 629명의 반려견 보호자들을 대상으로 건강과 생활양식에 관한 정보를 확인하고, 참가자들에게 반려견과 가족의 신체활동을 포함한 몇 가지 설문지를 작성하게 하였다(Westgarth, Knuiman, & Christian, 2016). 연구를 통해서 반려견을 걷게 하기 위한 보호자의 격려와 동기부여는 반려견과 보호자 모두와 관련이 있으며, 이는 반려견의 걷기 행동을 증가시키는 것과 관련이 있다는 것을 확인하였다. 즉, 약 14kg 이하의 작은 반려견들은 큰 반려견들보다 걸을 확률이 훨씬 낮으며, 나이가 많고 체중이 많이 나가는 반려견들도 운동을 거의 하지 않았다. 그러나 만약 보호자가 반려견과 함께 걷는 것이 반려견의 건강에 도움이 되지 않거나 반려견이 걷는 것을 좋아하지 않을 것이라고 믿는다면, 크고 건강한 반려견도 걸을 수 있는 기회가 없어진다. 또한 근처에 공원이 없을 때에도 반려견과 산책할 가능성이 적었다. 일반적인 반려견 산책의 주요 결정 요인 중 하나는 애정인데, 반려견과 가깝다고 응답한 사람들은 더 느슨한 유대감을 가지고 있다고 응답한 사람들보다 더 자주 걸었다.

반려견이 보호자에게 미칠 수 있는 이점에는 정서에 긍정적인 영향을 미친다는 것 이외에도 건강상의 이점을 제공한다. 그 중 한 가지 주요한 건강 혜택은 '**레시 효과**(The Lassie Effect)'다. 래시는 에릭 나이트(Eric Knight)의 소설 『Lassie Come-Home』을 원작으로 한 작품에서 보호자가 기르는 러프 콜리(Rough Collie)종의 반려견 이름이다. 우리나라에서는 『돌아온 래시』로 알려져 있다. TV 도그 스타의 이름을 따서 적절한 이름을 붙였는데, 래시는 매주마다 많은 목숨을 구한 것으로 잘 알려져 있다. 이처럼 보호자와 반려견 사이의 애착이 증가하면 반려견 산책과 같은 보호자의 동기가 증가하여 긍정적인 선순환을 만들게 된다.

반려견과 함께하는 산책은 **기능적 산책**(Functional Dog Walking)과 **휴양적 산책**(Recreational Dog Walking)으로 나눌 수 있다(Westgarth, Christley, Marvin, & Perkins, 2020). 기능적 산책은 반려견에게 편리한 형태의 운동을 제공해야 한다는 보호자의 죄책감에 의해 이루어지므로 보호자에게는 덜 즐거운 형태의 산책 유형이다. 이와는 대조적으로, 휴양적 산책은 보호자의 스트레스를 상당히 완화시켜 주며, 일반적으로 쾌적한 날씨와 주말, 도시 환경과는 거가 있는 곳에서 더 오랫동안, 더 많은 가족들이 참여하는 산책 유형이다.

표 1-1. 반려견 산책 유형

구분		산책의 목적	
		기능적 산책 (Functional Dog Walking)	휴양적 산책 (Recreatinal Dog Walking)
목적		반려견을 위해(죄책감)	반려견과 보호자를 위해
경험		일과	스트레스 해소 및 경감
			치유적 혼자의 시간
			사회적 연결
		걷기	가족 간의 유대
요인	날씨	나쁨	좋음
	시간	제한(주중)	제한 없음(주말)
	사회적 환경	보호자가 사회적 촉진을 즐기지 못할 수 있음	보호자가 사회적 촉진을 더 많이 즐길 수 있음
	반려견	행동 문제	예의바름
	물리적 환경	편리성	더 멀리 여행
		열악한 물리적 접근성	좋은 물리적 접근성
		목줄 착용	목줄 미착용
		반려견 비친화적	반려견 친화적
		안전하지 않음 (반려견 또는 보호자)	안전함 (반려견 또는 보호자)

출처 : Westgarth, Christley, Marvin, & Perkins, 2020

1.1 반려견에게 좋은 점

가 신체 건강 유지

앉아서만 생활하는 반려견은 빨리 과체중이 될 수 있으며 잠재적인 건강 문제를 야기한다. 붙어난 체중과 체지방은 반려견의 내부 장기, 뼈, 관절에 손상을 줄 수 있으며 과도한 체중은 체력 및 면역기능 저하, 호흡기 질환, 고혈압, 당뇨병, 간 질환, 관절염 등을 유발할 수 있다. 집 안에서 활동적으로 보이는 반려견이라도 억압된 에너지를 방출하기 위한 또 다른 출구가 필요하다. 활동적인 반려견을 기르면 활동량이 많아서 지치고 피곤하기 때문에 문제행동이나 말썽을 일으키지 않고 바람직한 행동을 할 가능성이 높으며 불필요한 체중 증가를 피하는 데도 도움이 된다.

반려견과 함께 산책을 하면 여러 가지 면에서 반려견의 건강에 도움이 된다. 산책을 하면서 심장이 자극되면 당뇨병을 예방하는 데 도움이 되며, 특히 중요한 건강한 체중 유지에 도움이 된다. 산책은 반려견의 유연성을 향상시키고 뼈와 근육, 면역체계를 강화시키며, 감염과 질병에 더 잘 대처할 수 있게 해준다. 산책은 나이든 반려견의 관절염을 예방하고 완화시키는 데 도움이 되는 훌륭한 방법이다. 변비와 소화불량은 운동을 하지 않는 반려견의 일반적인 문제로, 결장에 불편할 정도로 많은 양의 대변이 가득차게 되면 유해한 독소의 축적으로 인해 긴장, 무기력, 식욕 상실 및 구토를 유발할 수 있다. 반면, 규칙적인 산책은 반려견의 소화 시스템을 개선하는데 도움이 된다.

나 운동과 정신적 자극 제공

정기적으로 반려견과 함께 걷는 것은 반려견의 신체적·정신적 건강을 위한 기본 토대를 제공하게 된다. 가정에서 기르는 반려견도 세상을 알고 싶어 하는 호기심을 가지고 있고 너무 오랫동안 집에 갇혀있으면 지루해지고, 이러한 지루함은 결국 문제 행동으로 이어질 수 있다. 반려견은 세상의 풍경, 냄새, 소리를 탐색하는 모든 것을 보호자에게 의지한다. 이 때문에 반려견을 가능한 다양한 장소로 데리고 다니는 것이 좋다. 반려견과 함께 산책하면 반려견이 얼마나 좋아하고 흥분하는지 쉽게 알 수 있다.

다 사회성 향상

반려견은 생물학적으로 무리 짐승에 해당된다. 이는 반려견이 자연스럽게 다른 반려견과 사회적 상호작용을 해야 한다는 것을 의미한다. 산책을 하면서 다른 반려견을 만나고, 상호작용을 하고, 놀이 활동을 할 수 있는 자연스러운 기회를 가지게 된다. 다른 반려견에게 짖거나 공격적이라면 그것은 일종의 불안감을 의미한다. 산책은 반려견의 사회화뿐만 아니라 보호자의 사회화에도 도움이 되어, 다른 보호자를 만나고, 이웃을 경험하고, 지역사회에 대해 더 잘 이해할 수 있게 한다. 반려견과 산책하는 50세 이상의 사람들은 반려견을 소유하지 않은 사람들에 비해 지역사회에 대한 인식이 더 크다(Toohey, McCormack, Doyle-Baker, Adams, & Rock, 2013).

걷는 동안 반려견은 다양한 반려견을 만나게 된다. 이것은 반려견이 사회적으로 새로운 반려견과 상호작용하는 방법을 배울 수 있도록 하는 좋은 기회이다. 또한 반려견이 친구를 사귀는 것을 덜 두려워할 수 있도록 반려견이 자신감을 갖게 하는 데에도 도움이 된다. 산책하는 동안 반려견이 계속해서 두려움을 나타낸다면, 더 통제된 환경에서 불안을 제거할 수 있도록 반려견 훈련 교실에 참여하는 것도 좋은 방법이 될 수 있다. 사회화가 잘 된 반려견들은 산책하러 나갈 때 다른 반려견들과 좀 거칠게 놀 수도 있지만, 그들은 멈춰야 할 때를 알고 있으며 상처를 내지 않는다. 반려견을 걷게 하고 다른 반려견, 사람, 다양한 상황에 노출하는 것은 모두에게 도움이 되는 일이다.

라 자연과의 연결 강화

야외 활동은 보호자와 반려견 모두에게 건강과 복지를 제공해준다. 반려견은 자연적으로 호기심 많은 동물이다. 산책을 하면 새로운 장소와 냄새를 탐험할 기회를 얻게 되어 반려견들의 자신감과 독립성을 향상시켜준다. 또한 자연과의 연결은 인간의 복지를 증진시키고 휴식과 삶의 만족도를 향상시킨다(Zhang, Howell, & Iyer, 2014).

마 에너지 방출

반려견들은 많은 에너지를 가지고 있다. 하루 동안 충분한 신체 활동을 하지 못하면 집에서 불안, 과잉 행동, 물기 등과 같은 문제행동을 통해 에너지를 방출하게 된다. 반려견이 문제행동을 보이는 경우는 대부분 크기, 견종에서 요구하는 적절한 운동을 하지 못했기 때문이다. 에너지를 방출할 시기를 과잉 행동과 과도한 주의집중 행동으로 나타내는 것이다. 특히 1시간 이상 매일 운동이 필요한 반려견 또는 스포팅 그룹이 이에 해당된다. 매일 걷기는 반려견의 에너지를 방출하고 불안과 행동 문제를 최소화하는 건설적이고 생산적인 방법이다. 또한 걷기를 통한 에너지 방출은 반려견이 밤에 잠을 잘 자도록 돕는다.

모든 반려견이 걷는 것만으로 충분하지 않을 수 있다. 반려견의 나이, 견종, 크기, 전반적인 건강 상태에 따라 요구되는 운동의 종류나 시간이 달라질 수 있지만, 바람직한 규칙은 반려견과 함께 하는 활동에 매일 적어도 30분을 보내야 한다는 것이다. 어린 강아지나 스포츠 또는 목축 활동을 위해 길러진 반려견들은 훨씬 더 많은 활동을 필요로 할 수 있다. 반려견이 놀 수 있는 공간이 있다면 걷기만이 가능한 유일한 운동 형태는 아니다. 그러나 반려견을 야외에 두었다고 해서 반려견이 알아서 충분한 운동을 할 것이라고 기대해서는 안 된다. 반려견들은 스스로 자기 만족을 하지 않기 때문에, 반려견을 지치게 하고 싶다면, 공이나 원반 등을 활용하여 잡기 놀이를 하는 것도 좋은 방법이 된다. 반려견 관련 단체에서 반려견과 함께 할 수 있는 활동들에 대한 더 많은 방법을 찾아보기 바란다.

바 유대 강화

산책을 하면 반려견과의 유대 시간을 가질 수 있다. 반려견과의 산책은 관계에 대한 강력한 기반을 제공하고 반려견에게 보호자의 사랑을 보여주는 훌륭한 방법이다.

사 외로움 감소

반려견은 보호자나 다른 반려견과 상호 작용하지 않으면 외롭다고 느낄 수 있다. 산책은 다른 반려견과의 사회화뿐만 아니라 보호자와의 시간을 제공하는데, 특히 분리 불안이 있는 반려견에게 매우 중요하다. 또한 보호자의 외로움에도 도움이 된다. 반려견에 대해서 생각하는 것만으로도 거절, 상실감 또는 외로움으로 힘들어할 때 친한 친구를 생각하는 것만큼이나 효과적이다(McConnell, et al., 2011).

아 정신건강 향상

산책은 반려견의 정신 건강을 향상시키는데 도움을 준다. 정기적인 운동은 에너지를 방출하고, 사회성을 증진하며, 인간과의 유대를 강화하고, 외로움을 줄여줌으로써 반려견의 스트레스와 불안을 낮추기 때문에 반려견을 더 행복하고 건강하게 만들어 주게 된다. 산책을 생각하는 것만으로도 도파민과 아드레날린과 같은 행복한 화학 물질을 방출하여 반려견의 행복, 면역 체계 및 건강을 향상시킨다.

산책은 스트레스도 줄여준다. 신체활동은 스트레스를 이겨내며 코티솔 수치를 낮추는 데 도움이 된다. 반려견과 함께 걷는 것이 가장 빠르고, 쉽고, 효과적인 코티솔과 스트레스 수준을 줄이는 방법이다. 반려견과 어울리는 것이 친구와 어울리는 것보다 코티솔 수치를 낮출 수 있다(Polheber, et al., 2013).

그림 1-2. **반려견 산책의 이점(반려견 관점)**

자 훈련 기회 제공

산책은 반려견을 훈련시킬 때 스트레스를 적게 해준다. 산책하는 동안 유대와 양질의 시간이 유지되기 때문에 반려견이 긍정적인 마음으로 훈련에 반응할 확률이 높아지게 된다. 반려견이 더 잘 반응하는 상황을 만들기 위해 반려견과 산책하면서 "앉아!", "기다려!"와 같은 특정 명령을 가르칠 수 있으며, 실외 배변 예절과 사회화 기술을 훈련시킬 수도 있다. 이때 훈련하는 동안 반려견에게 보상을 해주기 위해 간식을 가지고 다니도록 한다.

1.2 보호자에게 좋은 점

가 체력 향상

규칙적으로 운동하면 더 건강해진다는 것은 누구나 알고 있는 사실이지만, 다양한 운동 프로그램들을 통해서 이점을 보기 위해서는 매우 오랜 시간이 필요하다. 반려견과 함께 걷는 것은 이러한 문제에 대해 좋은 대안이 될 수 있다. 반려견들은 보호자의 훈련 동반자가 될 것이고, 보호자를 항상 밖으로 나가게 하는 능력을 가지고 있다. 일단 보호자가 일과를 정하기 시작하면, 반려견은 바깥으로 나가는 것에 매우 흥분할 것이다. 반려견 보호자들은 반려견을 소유하지 않는 성인들보다 권장되는 신체활동 지침을 충족시킬 가능성이 4배 더 높다(Westgarth, et al., 2019). 또한 반려견을 키우지 않은 사람들에 비해 반려견 보호자가 하루 평균 22분 더 많이 걷는다(Dall, 2017).

나 정신 건강

반려견을 산책시키는 것은 기분을 좋게 하고 우울증과 불안의 증상을 줄일 수 있으며, 반려견과 시간을 보내는 것은 스트레스 호르몬인 코티솔의 분비를 줄여 준다. 우울증에 시달리는 사람들에게 반려견을 기르는 것은 완전한 전환점이 될 수 있다. 만약 여러분이 혼자라면 집에서 나가도록 동기를 부여하는 것은 쉬운 일이 아니다. 또한 규칙적인 운동이 강력한 항우울제가 될 수 있다는 연구결과를 알고 있지만 운동은 여전히 어려운 문제다.

그러나 반려견이 보호자에게 산책을 가자고 애원하는 큰 눈망울만큼 좋은 동기부여는 없다. 반려견을 키우게 되면 산책을 시켜주기 위해 자연스레 밖으로 나가게 되는데, 이것은 정신 건강에 긍정적인 영향을 줄 수 있는 긴 사슬의 출발점이 된다. 신체활동은 보호자에게 에너지를 주고 긍정적인 감정을 만들어 주는 뇌의 엔도르핀을 방출하게 한다. 그것은 곧 스트레스를 줄이고, 기분을 좋게 하며, 정신 에너지를 증가시킬 것이다. 게다가, 반려견을 매일 산책시키는 일상은 부정적인 생각으로부터 벗어날 수 있게 해준다. 가장 중요한 핵심은 다른 생물을 돌보는 것이 자신을 돌보는 것을 더 쉽게 만들 수 있다는 것이다. 반려견을 산책시키는 것은 종종 다른 반려견 보호자들과의 대화로 이어질 수 있고, 다른 사람과 사회적으로 계속해서 연결될 수 있도록 도와 외로움을 줄일 수 있다.

다 스트레스 관리

반려견과 시간을 보내는 것은 스트레스의 강력한 해독제가 될 수 있다. 연구에 따르면 개 주변에 있는 것은 스트레스 호르몬인 코티솔의 수치를 낮추고 다른 생리적인 스트레스 반응을 약화시킬 수 있다(Polheber, & Matchock, 2013). 그 효과는 매우 강력해서 때때로 외상후 스트레스 장애를 겪는 참전 용사들을 돕는데 이용되기도 한다. 신체활동은 가장 입증된 스트레스 해소법이다. 따라서 개 산책에 이 두 가지를 결합하면, 이중 강도의 스트레스 치료제를 얻게 되는 효과가 있다.

라 수면 개선

규칙적인 운동은 수면의 양과 질을 향상시키는 데 도움이 된다. 성인은 1일 7~9시간의 수면을 필요로 하지만 성인 3명 중 1명은 충분한 수면을 취하지 못하고 있다. 수면 부족은 비만, 당뇨병, 고혈압과 같은 질환에 걸릴 위험을 높이고 정신 건강에 부정적인 영향을 미칠 수 있다. 수면시간이 충분하지 못하면 쉽게 짜증이 나거나 일에 집중하는데 어려움을 느끼게 되고, 피로감과 두통, 눈이 건조해지는 등 신체적인 영향은 말할 것도 없다. 여러분이 이미 기진맥진하고 수면 부족으로 지쳐 있을 때, 스스로 운동하는 것은 어려울 수 있다. 그러나 반려견이 있다면 이 장벽을 극복하고 밖으로 나가 활동하게 하여 해로운 악순환을 깨는데 도움이 된다. 수면 개선 효과를 보기 위해 철인 3종 경기와 같은 과격한 운동을 할 필요는 없다. 30분 정도의 가벼운 운동으로도 더 깊고, 더 편안한 잠을 이루도록 도울 수 있다. 그러나 취침시간 전에 운동하는 것은 잠드는 것을 더 어렵게 만들 수 있다는 것을 기억하여야 한다. 가벼운 신체활동도 일시적으로 혈압과 체온을 높이며 신경계를 자극해 취침에 방해를 줄 수 있기 때문이다. 낮 시간에만 산책을 하면 더 편안한 잠을 잘 수 있다.

마 심혈관 질환 및 뇌졸증 위험 감소

신체활동은 골격과 근육 시스템을 최상의 상태로 유지하는 데 도움이 될 뿐만 아니라 심혈관 건강 유지에도 도움이 된다. 심혈관 시스템은 심장, 혈액, 정맥, 동맥으로 구성되어 있다. 심장이 효과적으로 몸을 통해 혈액을 공급하지 못하거나 막히게 되면 고혈압, 심부전, 관상동맥 심장질환 등 심각한 건강 문제가 발생할 수 있다. 규칙적인 운동은 심혈관 질환에 걸릴 위험을 낮출 뿐만 아니라 혈압과 심박수도 낮춘다.

반려견을 기르고 규칙적인 산책을 하는 사람들은 반려견을 기르지 않는 사람들보다 신체적으로 더 활동적인 경향이 있다. 여러 연구에서 보호자들은 심박수, 동맥압, 수축기 혈압이 현저히 낮아져 심혈관 건강이 더 좋아졌음을 알 수 있다(El-Qushayri, et al., 2020). 이 중 일부는 대부분의 반려견들이 걸을 필요가 있기 때문에 반려견을 키우는 사람들은 더 많이 걷는 경향이 있다는 사실과 관련이 있다(Schofield, Mummery, & Steele, 2005).

미국 질병통제예방센터는 성인들이 적어도 일주일에 150분의 적당한 신체활동을 하도록 권고하고 있다. 이것은 하루에 20분이 조금 넘는 운동을 해야 한다는 것을 의미한다. 만약 반려견과 함께 한다면 매우 쉽게 신체활동 권장시간에 도달할 수 있다. 그러나 많은 반려견들에게는 하루에 20분씩 산책하는 것만으로는 충분하지 않기 때문에 매일 권장되는 활동을 확실히 하기 위해 더 긴 시간 동안 함께 조깅하거나 산책 또는 뒷마당에서 노는 시간으로 부족한 활동을 보충해 주어야 한다.이것은 반려견의 견종과 나이에 따라 달라지지만 많은 반려견들이 음식물 과잉 섭취와 제한된 활동으로 인하여 비만과 같은 건강 문제로 고통 받고 있으므로 산책하는 것은 이러한 문제를 해결할 수 있는 좋은 방법이 될 수 있다. 매일 걷는 것은 보호자의 심장뿐만 아니라 반려견의 심장도 건강하게 지켜주기 때문이다(Levine, et al., 2013).

하루에 적어도 30분, 일주일에 5일을 걸으면 관상동맥 심장질환의 위험을 약 19%까지 줄일 수 있다(Zheng, et al., 2009). 그리고 하루에 걷는 시간이나 거리를 늘리면 위험은 훨씬 더 줄어들게 된다.

반려견을 산책시키는 보호자들은 그렇지 않은 보호자들보다 평균적으로 더 많은 총체적 활동을 한다(Reeves, et al. 2011). 게다가, 반려견들은 스트레스를 덜 받는 것과 같은 다른 보상을 통해서도 건강을 향상시킬 수 있다. 2013년 미국 심장협회에서 반려동물 소유, 특히 반려견 소유는 심혈관 질환의 위험 감소와 관련이 있다고 하였고 뇌손상의 주요 원인인 뇌졸중 위험이 낮아지는 것과도 관련이 있다고 하였다.

바 혈압 감소

일상적인 산책은 고혈압을 낮추는 데 도움이 된다. 미국 심장협회에 따르면 반려견 산책(주 5일)과 같은 중강도 유산소 운동을 30분하면 혈압을 낮추고 전반적인 심혈관 건강을 개선하는 데 도움이 된다.

사 기분 개선

걷기는 일반적으로 '기분 좋은 화학물질'이라고 불리는 4가지 자연 뇌 화학물질 중 하나인 세로토닌(Serotonin)을 활성화시키는데 도움이 된다. 운동이 세로토닌의 자연 제조에 사용되는 아미노산인 트립토판(Tryptophan)의 뇌 수준을 증가시킴으로써 세로토닌의 수치를 증가시키는데 도움이 된다(Young, 2007). 반려견을 산책시키기 위해 야외로 나가게 되고 공원이나 산책로에서 더 많은 시간을 보내게 된다. 연구에 따르면 자연으로 나가는 것이 보호자의 주의를 회복하는 데 도움이 되고, 보호자가 주변의 아름다움에 반응하는 경우에는 행복감도 증가된다(Zhang, J. W., Howell, R. Y., & Lyer, R. 2014).

걷는 것은 보호자의 정신 건강에 도움을 줄 수 있다. 즉, 걷기는 불안, 우울증, 부정적인 기분을 줄이는데 도움이 된다(Sharma, Madaan, & Petty, 2006). 또한 자존감을 높이고 사회적 위축 증상을 줄일 수 있다. 이러한 건강상의 장점을 경험하기 위해서는 일주일에 3일 30분간의 활발한 걷기 운동이나 다른 적당한 강도의 운동을 목표로 하면 좋다. 10분 걷기를 세 번으로 나누어 실행해도 된다.

자연은 복잡한 생각에서 벗어날 수 있는 또 다른 방법이다. 도시에서 보다 자연 환경에서 90분 동안 산책을 한 사람들은 우울증과 관련된 반복적이고 자기 비판적인 생각인 반추(Rumination)가 더 적다(Bratman, 2015).

아 균형감각 향상

나이가 들수록 균형감각은 더 나빠지는 경향이 있으며, 특정 의료 조건과 약물 및 유연성 부족은 균형감각을 더욱 악화시킬 수 있다. 걷기는 하체 힘을 길러주어 균형감각과 부상 방지에 도움을 준다.

자 혈당 수치 조절

걷기와 같은 저충격 운동은 인슐린 민감도를 증가시킴으로써 혈당 수치를 낮추고 조절하는데 도움을 준다(Colberg, et al., 2016). 또한 걷기는 운동 후 24시간 동안 혈당 수치를 유지하는데에도 도움을 줄 수 있다. 당뇨병의 예방과 통제를 위한 최적의 걷기는 규칙성 있게 걷는 것이다. 미국 스포츠 의학 대학과 미국 당뇨병협회의 공동 연구에 따르면, 제2형 당뇨병을 앓고 있는 사람들은 일주일에 최소한 150분의 적당한 강도의 운동을 해야 한다(Colberg, 2010). 그리고 이 권고안은 일주일에 5일, 매일 30분 이상 적당한 강도의 활동을 해야 한다는 미국 심장협회의 지침과 일치한다. 또한 식사 후에 잠깐 산책하는 것도 혈당을 낮추는 데 도움이 될 수 있다. 하루에 세 번(아침, 점심, 저녁 식사 후) 15분 정도 산책하면 낮에 다른 시점에 45분 정도 산책하는 것보다 혈당 수치가 더 좋아진다(DiPietro, et al., 2013).

차 면역 기능 향상

독감 시즌 동안 1,000명의 성인을 추적 조사한 연구에서 걷기가 감기나 독감에 걸릴 위험을 줄여주었다(Nieman, et al., 2011). 또한 하루에 30~45분 정도 적당한 속도로 걷는 사람들은 전체적으로 아픈 날이 43% 감소하고 상부 호흡기 감염이 줄어들었다.

카 에너지 증가

피곤할 때 산책을 하는 것이 커피 한 잔을 마시는 것보다 더 효과적인 에너지 증강이 될 수 있다(Randolph, & O'Connor, 2017). 걷기는 몸을 통한 산소 흐름을 증가시키며 에너지 수준을 높이는 데 도움을 주는 호르몬인 코티솔, 에피네프린, 노르에피네프린 수치도 증가시킨다.

타 수명의 연장

더 빠른 속도로 걷는 것은 보호자의 수명을 연장시킬 수 있다. 느린 속도에 비해 평균 속도로 걷는 것이 전체 사망 위험을 20% 감소시킨다(Stamatakis, 2018). 만약 빠른 속도로 걸으면 위험을 최대 24%까지 감소시킬 수 있다. 전반적인 사망원인, 심혈관 질환, 암으로 인한 사망과 같은 요인들과 더 빠른 속도로 걷는 것과 상호 연관이 있기 때문이다.

파 안전한 감정

반려견이 신체활동을 증가시키는 것을 촉진하는 주요한 메커니즘 중 하나는 반려견을 산책시키는 동안 제공되는 사회적 지원 때문이다(Bauman, et al., 2011; Christian, et al., 2010; Cutt, et al., 2008). 반려견과의 산책은 많은 다른 지역사회 차원의 사회적 이익을 제공한다(Cutt, et al., 2007; Toohey, et al., 2013; Wood, et al., 2005). 또한 반려견과의 산책은 보호자와 지역사회의 안전에 대한 인식을 높이는 데 기여할 수 있다(Christian, et al., 2016). 여러 연구는 보호자들(특히 여성)이 개와 함께 걸을 때 더 안전함을 느낀다는 것을 보여주고 있으며, 반려견 소유와 반려견 산책이 지역 범죄에 대한 억제책이 될 수 있음을 시사한다(Cutt, et al., 2007; Cutt, et al., 2008; Knight, & Edwards, 2008; Timperio, et al., 2007; Toohey, 2011). 예를 들어, 정기적으로 외출하고 이웃에서 반려견과 함께 산책하는 산책객들은 '길 위의 눈'의 중요한 원천이 될 수 있다. 이러한 유형의 자연 감시는 사람들이 이웃을 감시할 수 있는 기회를 제공하는데, 이는 안전감의 증가와 관련이 있다(Foster, Giles-Corti, 2008). 더욱이, 더 큰 자연 감시는 감소된 물리적 비쾌적성(예: 반달리즘 Vandalism) 및 그래피티(Graffiti)와 관련이 있다(Foster, Giles-Corti, & Knuiman, 2011).

하 사회적 지지 지원

만약 반려견이 걷는 것을 좋아한다면, 보호자는 항상 열정적으로 걷는 친구를 가질 수 있게 되는 것이다. 이러한 교제는 걷기를 더 즐겁게 할 뿐만 아니라 인간관계가 좋지 않을 때 외로움을 줄일 수도 있다. 한 연구에서 대학생에게 소외감을 느꼈던 때에 대해 글을 써달라고 요청하였다(McConnell, et al., 2011). 그 이후 가장 좋아하는 반려동물에 대해 쓰고, 가장 친한 친구에 대해 쓰거나, 캠퍼스 지도를 그리도록 요청하였다. 반려동물에 대해 생각하는 것이 거절의 감정

을 억제하기 위해 친구를 생각하는 것만큼 효과적이었다는 것을 이 연구를 통해 확인되었다.

반려견을 키우는 것은 다른 사람들과의 연결 능력을 향상시킬 수 있다. 예를 들어, 한 연구에 의하면 반려견이 있는 곳에서 사람들은 더 신뢰하고, 친근하고, 협조적인 행동을 한다(Colarelli, et al., 2017). 비록 이 연구는 작업 그룹에서 이루어졌지만, 좁은 공간에서 함께 일하고 생활하는 사람들에게도 마찬가지일 수 있다. 또 다른 연구는 누군가 반려견을 데리고 외출할 때, 사람들은 반려견이 없는 사람보다 반려견과 함께 있는 사람에게 더 가까이하기 쉽다고 생각한다(Guéguen, & Ciccotti, 2015). 그리고 만약 반려견을 산책시키는 사람들이 길거리에 동전을 떨어뜨린다면, 낯선 사람에게 도움을 받을 가능성이 더 높아진다.

 **그림 1-3. 반려견 산책의 유익(보호자 관점)**

기억
주 3회 40분간 산책
계획 및 기억과 관련한 뇌 영역 보호

기분
매일 30분 산책
우울 증상이 36% 감소

건강
매일 3,500걸음 산책
당뇨 위험이 29% 감소

체중
매일 1시간 산책
비만 위험이 감소

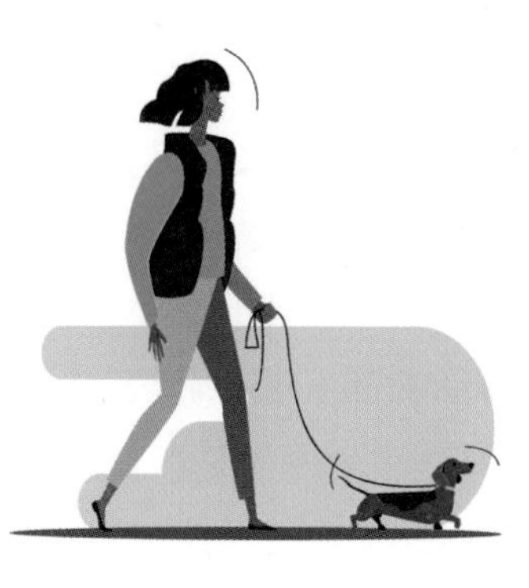

뇌
주당 2시간 산책
뇌졸중 위험이 30% 감소

심장
매일 30~60분 산책
심장 질병이 감소

뼈
주당 4시간 산책
대퇴골 골절 최대 43% 감소

수명
주당 75분 산책
수명이 2년 연장

개들은 일종의 사회적 접착제의 역할을 한다. 미국과 호주에 거주하는 사람들을 무작위로 조사하여, 그들이 이웃들과 얼마나 상호작용하는지 물었다(Wood, et al., 2015). 조사 결과 반려동물 보호자들이 이웃에 사는 사람들을 알고 있을 가능성이 상당히 높았고, 특히 반려견 보호자들은 이웃을 친구로 여기고 이웃의 사회적 지지를 느낄 가능성이 더 높았다.

반려견과 함께하는 산책은 지역사회를 탐험하고 이웃들과 대화를 나누기 위한 훌륭한 구실이 된다. 50세 이상의 성인 800여 명을 대상으로 한 연구에서, 반려견을 적어도 일주일에 4번 이상 산책시킨 사람들은 반려견을 키우지 않은 사람들에 비해 강한 공동체 의식을 느낀다고 보고할 가능성이 더 높았다(Toohey, et al., 2013). 또한 일주일에 적어도 150분 정도는 반려견과 함께 동네를 산책하는 데 소비할 가능성이 더 높았다.

1.3 반려견 산책 촉진 방법

반려견을 산책시키는 것은 좋은 운동이 될 수 있지만 많은 사람들은 반려견이 없으며, 반려견이 있다고 하여도 함께 산책하지 않는 사람도 많다. 미국의 한 연구에서 반려견을 거의 산책시키지 않는다고 이야기한 약 30명의 보호자들을 개 훈련강좌에 초대했다(Potter, & Sartore-Baldwin, 2019). 보호자들은 이 강좌의 취지가 반려견의 행동을 개선하기 위한 것이라고 들었지만, 본래 취지는 수업이 종료된 후에도 반려견을 동반한 산책과 신체활동을 증가시킬 수 있는지 확인하는 것이였다. 이를 위해 그룹의 절반은 6주간의 교육을 진행했고 나머지는 통제 그룹으로 대기자 명단에 올랐다. 연구자들은 참가자들에게 일주일에 여러 번 자신의 반려견과 함께 수업에 참석하도록 했고, 수업 이외에 반려견 산책에 관한 사항을 기록하고 활동 기록 장치를 착용시켰는데, 표면적으로는 이러한 산책을 기록하기 위해서였다. 연구자들은 수업이 종료되고 난 후 6주 동안 산책을 한 내용에 대해서도 메모하고 가끔 활동 기록 장치를 착용할 것을 요청하였다. 이 기록과 활동 기록 장치의 내용을 분석한 결과 이 강좌에 참여한 참여자들은 6주간의 수업 중이나 후에 대조군보다 매주 몇 분씩 더 반려견을 산책시키기 시작했다. 그러나 참가자의 전체 주간 운동량은 증가하지 않았다. 이러한 이유는 연구가 진행된 미국 동부 해안의 날씨 때문인 것으로 추측된다. 이 지역은 오랜 기간 동안 비가 오고 기온이 낮아서 참가자들이 반려견과 함께 산책하는 시간이 줄어들었기 때문이다.

반려견 산책은 더 많은 신체활동을 고무시킬 수 있는 많은 잠재력을 가지고 있다. 이는 반려견을 소유하지 않는 사람에게도 확장될 수 있다. 또 다른 연구가 대학생을 대상으로 진행되었다(Sartore, Das, Schwab, & DuBose, 2018). 대학생은 활동량이 많지 않은 그룹으로 잘 알려져 있다. 많은 대학생들이 시간적 제약과 학업 때문에 거의 운동을 하지 않는다. 이러한 문제를 해결하기 위하여 참여 대학생들에게 반려견 산책을 중심으로 한 학점별 체육 수업을 만들었다. 수업에 등록한 학생들은 일주일에 2회 50분간 가까운 동물보호소를 방문했고, 학생들은 보행측정기를 착용한 상태에서 개를 데리고 인근 공원에서 산책하도록 하였다. 보행측정기의 결과에 의하면 학생들은 매 회기 동안 개와 평균 약 4,500걸음, 즉 약 4 km를 걸은 것으로 나타났다. 대부분의 참여자들은 스스로 너무 많이 걷고 있다는 사실에 놀랐으며, 산책하는 동안 시간이 빨리 지나갔고 운동하는 것처럼 느껴지지 않았다고 한다.

이러한 연구들을 통해서 확인한 것처럼 개가 없는 사람들에게도 반려견과의 산책을 통해 신체활동을 촉진시키는 방법이 있다는 것을 알 수 있다.

참고문헌

Bauman, A., Christian, H., Thorpe, R., & Mcniven, M. (2011). International perspectives on the epidemiology of dog walking. In: Johnson R, Beck A, McCune S, editors. The Health Benefits of Dog Walking for People and Pets. Evidence & Case Studies. Indiana: Purdue University Press.

Beddhu, S., Wei, G., Marcus, R. L., Chonchol, M., & Greene, T. (2015). Light-Intensity Physical Activities and Mortality in the United States General Population and CKD Subpopulation. CJASN, 10(7), 1145-1153. DOI: https://doi.org/10.2215/CJN.08410814

Bratman, G. N., Hamilton, J. P., Hahn, K. S., Daily, G. C., & Gross, J. J. (2015). Nature experience reduces rumination and subgenual prefrontal cortex activation. PNAS, 112 (28), 8567-8572. https://doi.org/10.1073/pnas.1510459112.

Christian, H., Bauman, A., Epping, J. N., Levine, G. N., McCormack, G., Rhodes, R. E., Richards, E., Rock, M., & Westgarth, C. (2018). Encouraging Dog Walking for Health Promotion and Disease Prevention. American Journal of Lifestyle Medicine, 12(3), 233-243.

Christian, H., Giles-Corti, B., & Knuiman, M. (2010). "I'm just a'-walking the dog" correlates of regular dog walking. Fam Community Health. 33(1), 44-52.

Christian, H., Wood, L, Nathan, A., Kawachi, I., Hooughton, S., Martin, K., & McCune, S. (2016). The association between dog walking, physical activity and owner's perceptions of safety: cross-sectional evidence from the US and Australia. BMC Public Health, 16(1010), 1-12. https://doi.org/10.1186/s12889-016-3659-8.

Colarelli, S. M., McDonald, A. M., Christensen, M. S., & Honts, C. (2017). A Companion Dog Increases Prosocial Behavior in Work Groups. An-

throzoös: A multidisciplinary journal of the interactions of people and animals, 30(1). 77-89.

Colberg, S. R., Sigal, R. J., Fernhall, B., Regensteiner, J. G., Blissmer, B. J., Rubin, R. R., Chasan-Taber, L., Albright, A. L., & Braun, B. (2010). Diabetes Care, 33(12), e147-e167. doi: 10.2337/dc10-9990

Colberg, S. R., Sigal, R. J., Yardley, J. E., Riddell, M. C., Dunstan, D. W., Dempsey, P. C., Horton, E. S., Castorino, K., & Tate, D. F. (2016). Physical Activity/Exercise and Diabetes: A Position Statement of the American Diabetes Association. Diabetes Care. 39(11), 2065-2079. https://doi.org/10.2337/dc16-1728

Cutt, H., Giles-Corti, B., Knuiman, M., & Burke, V. (2007). Dog ownership, health and physical activity: a critical review of the literature. Health Place, 13, 261-272.

Cutt, H., Giles-Corti, B., Wood, L., Knuiman, M., & Burke, V. (2008). Barriers and motivators for owners walking their dog: results from qualitative research. Health Promot J Aust., 19(2), 118-124.

Dall, P. M., Ellis, S. L. H., Ellis, B. M., Grant, P. M., Colyer, A., Gee, N. R., Granat, M. H., & Mills, D. S. (2017). The influence of dog ownership on objective measures of free-living physical activity and sedentary behaviour in community-dwelling older adults: a longitudinal case-controlled study. BMC Public Health, 17(496).

DiPietro, L., Gribok, A., Stevens, M. S., Hamm, L. F., &Rumpler, W. (2013). Three 15-min Bouts of Moderate Postmeal Walking Significantly Improves 24-h Glycemic Control in Older People at Risk for Impaired Glucose Tolerance. Diabetes Care, 36(10), 3262-3268. https://doi.org/10.2337/dc13-0084

El-Qushayri, A. E., Kamel, A. M. A., Faraj, H. A., Vuong, N. L., Diab, O. M., Istanbuly, S., Elshafei, T. A., Makram, O. M., Sattar, Z., Istanbuly, O., Mukit,S. A. A., Elfaituri, M. K., Low, S. K., Huy, N. T. (2020). Association between pet ownership and cardiovascular risks and mortality: a systematic review and meta-analysis. J Cardiovasc Med (Hagerstown), 21(5), 359-367.

Foster, S., Giles-Corti, B. (2008). The built environment, neighborhood crime and constrained physical activity: an exploration of inconsistent research findings. Prev Med., 47(3), 241-251.

Foster, S., Giles-Corti, B., & Knuiman, M. (2011). Creating safe walkable streetscapes: Does house design and upkeep discourage incivilities in suburban neighbourhoods? J Environ Psychol., 31, 79-88.

Guéguen, N., & Ciccotti, S. (2015). Domestic Dogs as Facilitators in Social Interaction: An Evaluation of Helping and Courtship Behaviors. Anthrozoös: A multidisciplinary journal of the interactions of people and animals, 21(4), 339-349.

Howell, P. (2015). Assembling the dog-walking city: rabies, muzzling, and the freedom to be led. In Howell P. (ed.), At Home and Astray: The Domestic Dog in Victorian Britain, Chapter 6, University of Virginia Press, Charlottesville, USA, pp. 150-173.

Knight, S., & Edwards, V. (2008). In the company of wolves the physical, social, and psychological benefits of Dog ownership. J Aging Health, 20(4), 437-455.

Levine, G. N., Allen, K., Braun, L. T., Christian, H. E., Friedmann, E., Taubert, K. A., Thomas, S. A., Wells, D. L., & Lange, R. A. (2013). Pet Ownership and Cardiovascular Risk. Circulation, 127, 2353-2363.

McConnell, A. R., Brown, C. M., Shoda, T. M., Stayton, L. E., & Martin, C. E. (2011). Friends with benefits: on the positive consequences of pet ownership. Journal of Personality and Social Psychology, 101(6), 1239-1252. https://doi.org/10.1037/a0024506.

Nieman, D. C., Henson, D. A., Austin, M. D., & Sha, W. (2011). Upper respiratory tract infection is reduced in physically fit and active adults. Br J Sports Med., 45(12), 987-992. doi: 10.1136/bjsm.2010.077875.

Peel, E., Douglas, M., Parry, O., & Lawton, J. (2010) Type 2 diabetes and dog walking: patients' longitudinal perspectives about implementing and sustaining physical activity. British Journal of General Practice, 60, 570-577.

Polheber, J. P., & Matchock, R. L. (2013).The presence of a dog attenuates

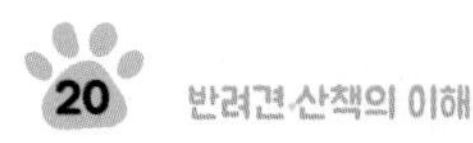

cortisol and heart rate in the Trier Social Stress Test compared to human friends. Journal of Behavioral Medicine, 37(5), 860-867.

Potter, K., & Sartore-Baldwin, M. (2019). Dogs as Support and Motivation for Physical Activity. Curr Sports Med Rep. 18(7), 275-280. doi: 10.1249/JSR.0000000000000611.

Randolph, D. D., & O'Connor, P. J. (2017). Stair walking is more energizing than low dose caffeine in sleep deprived young women. Physiology & Behavior, 174(15), 128-135.

Reeves, M. J., Rafferty, A. P., Miller, C. E., & Lyon-Callo, S. K. (2011). J Phys Act Health. 8(3), 436-444. doi: 10.1123/jpah.8.3.436.

Sartore, M., Das, B. M., Schwab, L., & DuBose, K. D. (2018). Physical Activity Levels of Students Walking Shelter Dogs in anActivity Course: A Pilot Study. Medicine & Science in Sports & Exercise, 50(5S), 583. DOI: 10.1249/01.mss.0000537009.25499.51.

Schofield, G., Mummery, K., & Steele, R. (2005). Dog ownership and human health-related physical activity: an epidemiological study. Health Promotion Journal of Australia, 16(1), 15-19.

Sharma, A., Madaan, V., & Petty, F. D. (2006). Exercise for Mental Health. Prim Care Companion J Clin Psychiatry, 8(2), 106. doi: 10.4088/pcc.v08n0208a.

Stamatakis, E., Kelly, P., Strain, T., Murtagh, E. M.Ding, D., & Murphy, M. H. (2018). Self-rated walking pace and all-cause, cardiovascular disease and cancer mortality: individual participant pooled analysis of 50 225 walkers from 11 population British cohorts. Br J Sports Med., 52(12), 761-768. doi: 10.1136/bjsports-2017-098677.

The Animal Foundation. (2018). The Animal Foundation Guide to Your Dog's Play Time and Activities. The Animal Foundation.

https://animalfoundation.com/application/files/8715/4404/8065/TAF_Guide_to_Your_Dogs_Play_Time_and_Activities_-_final.pdf

Timperio, B. K., Salmon, A., Giles-Corti, J., Roberts, B., Crawford, R., Personal, D. (2007). social and environmental determinants of educational inequalities in walking: a multilevel study. J Epidemiol Community Health, 61, 108-114.

Toohey, A. M. (2011). Unleashing their potential: a critical realist scoping review of the influence of dogs on physical activity for dog-owners and non-owners. Int J Behav Nutr Phys Act., 8(1), 46.

Toohey, A. M., McCormack, G. R.,Doyle-Baker, P. K., Adams, C. L., & Rock, M. J. (2013). Dog-walking and sense of community in neighborhoods: implications for promoting regular physical activity in adults 50 years and older. Health & Place, 22, 75-81. DOI: 10.1016/j.healthplace.2013.03.007

Westgarth, C., Christley, R. M. Jewell, C., German, A. J., Boddy, L. M., & Christian, H. E. (2019). Dog owners are more likely to meet physical activity guidelines than people without a dog: An investigation of the association between dog ownership and physical activity levels in a UK community. Scientific Reports, 9(5704).DOI:10.1038/s41598-019-41254-6.

Westgarth, C., Christley, R. M., Marvin, G., & Perkins, E. (2020). Functional and recreational dog walking practices in the UK. Health Promotion International, daaa051, https://doi.org/10.1093/heapro/daaa051

Westgarth, C., Knuiman, M., & Christian, H. E., (2016). Understanding how dogs encourage and motivate walking: cross-sectional findings from RESIDE. BMC Public Health, 16(1):1019. doi: 10.1186/s12889-016-3660-2.

Wood, L., Giles-Corti, B., & Bulsara, M. (2005). The pet connection: pets as a conduit for social capital? Soc Sci Med., 61(6), 1159-1173.

Wood, L., Martin, K., Christian, H., Nathan, A., Lauritsen, C., Houghton, S., Kawachi, I., & McCune, S. (2015). The Pet Factor - Companion Animals as a Conduit for Getting to Know People, Friendship Formation and Social Support. PLoS ONE 10(4): e0122085. https://doi.org/10.1371/journal.pone.0122085

Young, S. N. (2007). How to increase serotonin in the human brain without drugs. J Psychiatry Neurosci. 32(6), 394-399.

Zhang, J. W., Howell, R. T., & Iyer, R. (2014). Engagement with natural beauty moderates the positive relation between connectedness with na-

ture and psychological well-being. Journal of Environmental Psychology, 38, 55-63.

Zheng, H., Orsini, N., Amin, J., Wolk, A., Nguyen, V. T. T., & Ehrlich, F. (2009). Quantifying the dose-response of walking in reducing coronary heart disease risk: meta-analysis. Eur J Epidemiol. 24(4), 181-192. doi: 10.1007/s10654-009-9328-9

02
반려견 산책 이론

02

반려견 산책 이론

학습은 행동에 영향을 미친다. 반려견이 학습하는 방법을 이해하는 것은 반려견의 안전하지 않거나 바람직하지 않는 행동을 없애면서 바람직한 행동을 할 수 있도록 지도하는데 도움이 된다. 일단 반려견의 학습방법을 이해하고 적절한 보호자의 역할을 수행하면, 교육으로 훨씬 더 많은 성공을 거둘 수 있다. 반려견과 산책을 하기 위해서도 반려견 교육이 필요하다. 반려견 교육을 위한 기본적인 훈련방법은 반려견 교육 원리를 바탕으로 산책 환경에 적용하여 교육하면 된다.

2.1 반려견 교육의 기본 원칙

가 타이밍(Timing)

타이밍은 반려견이 원인과 결과 사이에 서로를 연결하기 위해 필요한 시간의 양을 의미한다. 반려견은 모든 행동이 1.3초 이내에 결과를 가져와야 행동을 결과와 연관시킬 수 있다. 긍정적인 행동은 1.3초 이내에 긍정적인 결과를 가져와야 하고 부정적인 행동도 동일 시간 이내에 부정적인 결과를 가져와야 한다. 종종 보호자는 부정적인 사건이 발생한 후 많은 시간이 지난 후에 반려견을 처벌한다. 이렇게 되면 반려견은 자신의 부정적인 행동과 그 결과를 연결할 기회가 없기 때문에 보호자를 화나게 한 이유를 알지 못한 상태에서 화난 보호자를 상대해야 한다. 반려견은 이러한 상황에서 순종적인 자세를 취할 수밖에 없으며, 보호자는 반려견이 자신의 잘못을 알고 있다고 오해하게 된다.

나 일관성(Consistency)

일정한 습관을 형성하기 위해서는 일관성이 필요하다. 이것은 의식적인 행동을 만들기 위한 지속적인 조절로 모든 상황에서 반려견 행동에 동일한 방식으로 신속하게 반응하는 것을 의미한다. 반려견은 항상 보호자에게서 배우고 있다는 것을 명심해야 한다. 반려견이 동기 없이 반복적인 행동을 보일 수 있는 습관이 형성될 때까지는 최소 30일 정도가 필요하다. 이것은 새로운 행동을 가르치는 훈련 시간과 이러한 새로운 행동을 습관으로 만들기 위해 필요로 하는 시간을 의미한다.

다 동기(Motivation)

반려견에게 올바른 결정을 내리도록 영향을 주기 위해서는 동기 부여가 필요하다. 이러한 동기 부여는 보호자의 행동을 필요로 한다. 만약 반려견이 긍정적인 행동을 보인다면, 보호자는 즉시 긍정적인 행동에 대한 보상을 해야 한다. 이것을 **긍정적인 동기 부여** 또는 **보상**이라고 한다. 보상은 실체적이고 물리적이어야 한다. 반려견에게 보상하는 방법은 매우 중요한데, 말로만 칭찬하는 언어적 보상은 종종 반려견에게 열정을 불러일으키지 못하지만 음식을 제공하거나 쓰다듬기 등의 신체적인 보상은 도움이 된다.

라 지시(Direction)

지시는 보호자가 자신의 반려견에게 원하는 행동을 명확하게 하기 위해 사용하는 언어적 신호, 손동작, 몸의 움직임, 몸의 자세, 보상 등을 말한다. 명확한 지시는 반려견의 학습 기간을 단축시킬 뿐만 아니라 혼란과 스트레스를 감소시킨다.

마 상황(Situation)

상황은 반려견의 바람직한 행동을 형성하기 위해 자극하는 과정이다. 자극에는 광경, 소리, 냄새 등이 포함된다. 이러한 자극에 대해서 적절히 행동하도록 형성되어 있으면 반려견이 어떻게 행동해야 할지를 알게 된다. 예를 들면, 우리가 도서관에 들어갈 때, 자극은 즉시 우리의 행동에 영향을 준다. 도서관내에서는 속삭이듯 얘기하고, 조용히 걷고, 부드럽게 움직이도록 그 상황에 조건화되었기 때문이다. 따라서 자극은 우리가 상황에 따라 다르게 행동하도록 하게 해준다. 반려견에게도 마찬가지로 이러한 자극에 대한 반응 행동은 보호자에게 달려있다. 보호자는 다양한 상황에서 반려견이 어떻게 행동하기를 원하는지 명확하게 가르칠 준비를 해야 한다. 반려견이 어떠한 상황에서 행동하는 방식은 보호자가 반려견과 어떻게 상호작용하는지를 보여주는 결과다. 반려견의 잘못이 아니라는 이야기다.

반려견의 행동은 이러한 교육 원리를 이해하고 실행하는 능력과 직결된다. 즉, 타이밍은 행동과 결과를 연결하며, 일관성은 습관을 형성하게 하고, 동기는 의사결정에 영향을 주며, 지시는 학습을 쉽게 할 수 있도록 해주며, 상황은 기대할 수 있는 행동을 만들기 때문이다.

2.2 조작적 조건화(Operant Conditioning)

미국의 심리학자인 버러스 프레드릭 스키너(Burrhus Frederic Skinner, 1904~ 1990)에 의해서 제안된 조작적 조건화(操作的條件化, Operant Conditioning)는 행동주의 심리학의 이론으로 어떤 반응에 대해 선택적으로 보상함으로써 그 반응이 일어날 확률을 증가시키거나 감소시키는 방법을 말한다. 여기서 선택적 보상이란 강화와 벌을 의미한다. 벌은 바람직하지 않은 행동을 줄이고 강화는 바람직한 행동을 증가시킨다는 것을 아는 것이 중요하다. 또한 긍정적과 부정적은 좋은 것과 나쁜 것이 아니라 각각 무언가를 추가하거나 제거하는 것을 의미한다. 강화와 벌을 다시 긍정적과 부정적으로 분류하면 4가지(긍정적 강화, 부정적 강화, 긍정적 벌, 부정적 벌) 교육 방법으로 나눌 수 있다.

가 긍정적 강화(Positive Reinforcement)

조작적 조건화에 의한 4가지 교육 방법 중에서 가장 바람직한 교육 방법이다. 반려견이 좋아한다고 생각하는 것을 추가하여 바람직한 행동을 증가시키는 교육방법이다. 예를 들면, 반려견이 앉으면 간식을 주었다고 하면, 그의 앉기 행동은 바람직한 행동을 만들어 냈고, 그 행동으로 인해 간식이 추가된 것이다. 결과적으로 반려견은 다시 앉을 가능성이 더 높아 그 행동이 증가하게 된다. 반려견과 함께 걸을 때 느슨한 목줄을 하는 것이 보호자가 원하는 바람직한 행동이라고 가정하면, 이러한 바람직한 행동을 할 수 있도록 간식이라는 강화물을 제공하여 그 행동을 유지 강화하는 것이다.

이 교육 방법의 핵심은 반려견들은 보상이라는 강화물이 뒤따를 때 좋은 행동을 반복한다는 것이다. 바람직하지 않은 행동은 보상이나 인정을 받지 못하고, 교정이 필요하다면 장난감이나 간식을 빼앗는 것과 같이 보상을 제거하는 형태로 이루어진다. 가혹한 질책이나 신체적 처벌은 필요하지 않다. 이 교육 방법은 원하는 행동이 발생한 후 몇 초 이내에 즉시 보상하는 것으로 이를 통해 반려견은 그 행동을 보상과 연관시키게 된다. 또한 이 방법은 클리커 교육과 결합될 수 있다. 이것은 반려견에게 행동이 완료된 정확한 순간을 명확하게 알려 줄 수 있기 때문이다. 명령어는 짧고 간결해야 한다. 긍정적 강화에는 일관성이 중요하다. 따라서 가족 구성원 모두가 동일한 명령 및 보상 시스템을 사용해야 한다. 반려견이 바람직한 행동을 할 때마다 지속적으로 보상을 제공하고, 그런 행동이 일관되면 점차적으로 지속적 보상에서 간헐적 보상으로 이동한다. 주의해야 할 것은 아주 작은 실수로 바람직하지 않은 행동에 대해 잘못 보상할 수 있다는 것을 명심해야 한다. 원하는 행동에 대해서만 보상을 해주어야 하기 때문이다. 보상을 위한 강화물에는 간식, 장난감, 칭찬 등이 포함된다. 이 방법은 명령 학습에는 적합하지만 원치 않는 행동이 나오는 경우 이를 수정하려면 인내심이 필요함을 명심해야 한다.

나 긍정적 처벌(Positive Punishment)

반려견이 불쾌할 것으로 생각되는 것을 추가하여 바람직하지 않은 행동을 줄이고자 할 때 사용하는 교육 방법이다. 즉, 반려견의 바람직하지 않은 행동에 대해서 좋지 않은 일이 일어나게 하는 것이다. 예를 들면, 반려견이 보호자에게 뛰어오르면 보호자는 반려견의 가슴을 세게 무릎으로 짓누른다. 그러면 반려견은 다시 내려가게 된다. 반려견의 행동에 불쾌한 일이 일어난 것이다. 결과적으로, 반려견은 보호자에게 다시 뛰어오르기 전에 다시 한 번 생각할 가능성이 더 높아지게 된다. 반려견이 목줄을 잡아당기면 이러한 행동을 하지 못하도록 목줄을 당기고 "안 돼!"라고 언어적 신호를 제공함으로써 바람직하지 않은 행동을 하지 못하게 하는 것이다. 긍정적 처벌은 권장하지 않는 교육방법이다.

다 부정적 강화(Negative Reinforcement)

불쾌한 것을 제거하여 바람직한 행동을 증가시키는 교육방법이다. 반려견의 바람직한 행동에 대해서 불쾌한 것이 사라지게 하는 것이다. 예를 들면, 보호자가 누워 있는 반려견이 앉기를 원한다고 하자. 보호자는 목줄을 위로 당겨 목줄을 조인다. 반려견이 일어나 앉으면, 목줄을 느슨하게 해준다. 반려견의 행동으로 인하여 불쾌한 것이 사라진 것이다. 반려견이 목줄을 다시 당길 때까지 목줄을 당기기나 "안 돼!"라고 언어적 신호를 지연함으로써 느슨한 목줄 걷기를 유지하고자 하는 것이다. 이러한 교육 방법은 가벼운 신체적 압력과 같은 제한된 범위에서 일부 허용되고 있는 교육 방법이다.

라 부정적 처벌(Negative Punishment)

좋아하는 것을 제거함으로써 바람직하지 않은 행동을 감소시키는 교육 방법이다. 반려견의 바람직하지 않은 행동은 좋은 것을 사라지게 한다. 예를 들면, 반려견이 보호자에게 뛰어오를 때, 보호자는 등을 돌리고 물러난다. 이러한 행동은 무언가 좋은 것을 사라지게 하는 것이다. 반려견이 목줄을 당기려고 하면 목줄이 느슨해 질 때까지 걸음을 멈추고 간식도 주지 않음으로써 바람직하지 않는 행동을 감소시키는 것이다.

조작적 조건화에 의한 교육 방법들은 매우 효과적이며 수십 년 동안 반려견, 돌고래, 앵무새, 쥐 등을 훈련하는 데 사용되었다.

2.3 프리맥 원리(Premack Principle)

1965년 심리학자인 데이빗 프리맥(David Premack)에 의해 체계를 세워 정립된 개념으로 상대적으로 잘 일어나지 않는 행동을 하도록 강화하기 위하여 높은 확률로 일어나는 행동을 강화물로 활용하는 것을 의미한다. 쉽게 말해 부모가 자녀에게 공부(덜 선호하는 행위)를 마친 뒤에는 게임(선호하는 행위)할 시간을 주겠다고 얘기해줌으로써 자녀가 공부에 전념할 수 있도록 유도하는 것을 의미한다. 일상생활에서 부모들은 자녀들에게 "게임을 하려면 숙제를 먼저 끝내야 한다"거나 "초코렛을 먹고 싶으면 야채를 먹어야 한다"고 말할 때 자신도 모르게 프리맥 원리를 사용하고 있는 것이다. 따라서 프리맥 원리는 종종 **"할머니의 법칙**(Grandma's Law)"이라고도 불린다.

프리맥 원리에서 중요한 것은 행위들 사이의 상대적인 가치로, 목표로 하는 행위가 강화되기 위해서는 그것보다 대상에게 상대적으로 더 중요하고 가치 있는 보상이 주어져야 한다는 것이다.

반려견 교육과 관련하여 반려견이 할 가능성이 더 높은 일을 사용하여 할 가능성이 적은 일을 한 것에 대해 보상할 수 있다. 결과적으로 이것은 미래에 발생할 가능성이 적은 행동을 만들게 된다. 예를 들어, 반려견이 보호자의 허락이 있은 후에 출입문 밖으로 나가도록 하고자 한다면, 반려견이 앉아서 보호자의 허락을 기다리면 그때 보호자가 나갈 수 있다는 것을 보여준다. 반려견은 출입문을 통과할 가능성이 더 높은 행동을 하기 위해 참을성 있게 앉아있는 가능성이 낮은 행동을 수행할 수 있다. 또한 반려견은 보호자의 곁에서 차분히 걷기보다는 나무 냄새를 맡고, 가까운 전봇대로 달려가거나, 다른 보행자들에게 인사를 하고 싶어 한다. 반려견이 하고 싶은 행동을 하기 위해 보호자는 느슨한 목줄 걷기로 보상할 수 있다. 반려견이 냄새를 맡지 못하게 하거나 다른 보행자들에게 인사하는 것을 목줄의 느슨함 정도에 따라 결정하면 된다. 처음에는 짧게 교육하고 점점 길게 하도록 한다.

프리맥 원리는 매우 효과적인 교육방법이다. 그러나 이 원리를 사용하기 위해서는 몇 가지 명심해야 한다. 먼저 강화하려는 행동이 어떤 것인지 명확히 해야 한다. 그리고 반려견이 무엇을 중요하게 생각하는지를 아는 것이 중요하다. 이것은 반려견을 관찰하면 쉽게 알 수 있다. 처음 시작할 때에는 너무 어렵지 않는 자극부터 시작하도록 한다. 프리맥 원리의 가장 좋은 점은 선물이 따른다는 것이다. 교육 후 반려견이 원하는 행동을 하기 위한 사전 활동을 사랑할 수 있기 때문이다. 그래서 만약 반려견이 출입문 밖으로 나가고 싶다면 반려견은 때때로 자동적으로 앉기를 반복할 것이다.

2.4 반려견 산책과 관련된 재미있는 연구들

체코 멘델 대학의 페트르 레작 연구팀은 30개 지역에서 반려견 산책을 관찰하여 요인의 영향을 분석하였다(Rezac, et al., 2011).

가 반려견은 남성과 산책할 때 더 공격적이다.

반려견의 상대적 호전성은 함께 걷는 사람의 성별이 가장 중요한 요소다. 남성과 걷는 반려견은 여성과 걷는 반려견보다 다른 반려견을 물거나 공격할 확률이 4배 더 높다. 남성들은 여성보다 더 공격적인 경향이 있으며, 반려견은 인간의 의사소통적 행동을 읽는데 특별히 능숙하다. 따라서 보호자의 성별과 함께 공격적인 성향이나 충동성은 반려견의 행동에 영향을 미칠 수 있다.

나 목줄은 반려견을 더 공격적으로 만든다.

목줄에 묶여 있는 반려견들은 자유로이 뛰어다니는 반려견들보다 다른 반려견을 위협할 가능성이 2배나 높다. 이러한 목줄 공격성은 목줄이 반려견의 정상적인 인사 행동을 표현하지 못하게 할 때 느끼는 좌절감을 반영하는 것이 때문이다. 반려견들은 처음 만났을 때 서로 뛰어다니는 것을 좋아하는데 목줄에 묶여 있으면 이러한 행동을 할 수 없으며 위협을 느낄 가능성이 더 높다.

다 수컷은 암컷과 함께 있는 것을 선호한다.

반려견들 간의 상호작용은 일반적인 냄새 맡기와 관련이 있으며, 수컷은 암컷 냄새를 맡는 것을 선호한다. 또한 성별에 관계없이 노는 것을 좋아하지만 수컷은 암컷보다 장난치는 것을 선호한다. 암컷은 어린 강아지를 키우고 함께 놀아야 하기 때문이다. 이것은 양육을 위하여 유전적으로 더 놀기 쉬운 경향이 있고 성별을 구별하지 않아야 하기 때문이다.

라 어린 강아지들은 나이든 반려견들보다 훨씬 더 장난스럽다.

활동량이 많고 호기심이 많은 어린 강아지들은 성견보다 2배 이상, 노령견보다 11배나 더 자주 서로 놀이 활동을 한다.

마 산책은 사람에게는 좋고, 반려견에게는 특별하다.

반려견을 산책시키는 것은 생명을 구할 수 있다(Johnson, & Meadows, 2010). 이 연구는 규칙적인 산책이 반려견들이 안락사되는 것을 막는 데 도움이 될 수 있는지 확인하기 위하여 실시되었다. 동물보호소의 반려견들을 무작위로 산책 그룹과 통제 그룹으로 나누었다. 산책 그룹에 배정된 반려견들은 자원봉사자 노인들과 함께 일주일에 5일씩 산책을 했고, 통제 그룹은 우리에서만 생활했다. 연구결과 산책 그룹의 75%가 영구 입양되었으나 우리에 있었던 그룹은 35%만 입양되었다. 또한 산책 그룹은 9%만이 안락사되었으나 우리에 있었던 통제 그룹은 27%가 안락사되었다. 이 연구에서 자원봉사자로 활동했던 노인들에게는 신체적으로 도움이 되었다. 걷지 않은 노인들, 심지어 그들의 친구와 함께 걷는 노인들보다 신체 기능이 훨씬 더 많이 증가하였다.

바 산책은 반려견에게 좋으나 새들에게는 좋지 않다.

연구를 위해 연구자들은 호주 시드니에서 멀지 않은 90개의 산림지대에서 서식하는 새의 수를 세었다. 산림지대 중 절반은 정기적으로 반려견과 산책이 가능한 곳이고 나머지 절반은 반려견 산책이 금지된 곳이다. 연구자들은 반려견들을 산책시키거나 혼자 숲속을 산책한 이후에 새의 수를 세어 반려견 산책이 거주 조류 개체수에 어떠한 영향을 미치는지 확인했다. 반려견과 함께 산책할 수 있는 산림지대의 조류 개체수가 41% 감소하였다. 이 연구결과는 반려견과 새는 함께 지낼 수 없다는 것을 의미한다.

2.5 반려견 보호자의 관리감독 유형

반려견이 있는 가정의 모든 구성원을 안전하게 지키는 것은 행복한 가정을 유지하고 반려견에 의해 발생할 수 있는 사고를 사전에 방지할 수 있는 효과적인 방법이다. 보호자의 관리감독에 대한 유형과 그 차이점을 살펴보도록 한다(Breitner, 2019).

가 감독 없음(Absent Supervision)

어떤 상황을 관리 감독할 수 있는 성인 보호자가 전혀 없는 경우를 말한다. 여러 마리의 반려견들이 서로 친숙하고 평화적인 상호작용의 경험이 충분한 경우에는 보호자의 감독 없이 함께 있는 것이 괜찮다. 그러나 새로운 반려견이나 어린 강아지를 가족으로 데려오거나, 친구의 반려견을 데리고 놀러오거나, 가족 구성원이 반려견과 함께 방문할 경우에는, 반려견들만 남겨두면 어느 한쪽이나 양쪽 모두 문제가 생길 수 있다. 또는 보호자는 잠을 자고 있거나 외출하여 반려견과 영유아만 있을 수 있다. 이러한 상황에서 관리 감독할 보호자가 없는 경우에는 순식간에 사고가 발생할 수 있으며, 이런 경우에는 항상 반려견이 처벌을 받게 된다.

나 수동적 관리 감독(Passive Supervision)

수동적 관리 감독은 보호자가 함께 있지만 전혀 주의를 기울이지 않거나 관리 감독하지 않을 때를 말한다. 전화통화, 가사, 인터넷 검색 등 다른 일에 정신이 집중되어 있을 때, 반려견이 스트레스의 징후를 보인다는 것을 즉시 알아차리지 못할 수도 있다. 비록 보호자가 반려견 행동 언어에 대해 잘 알고 있다고 하더라도 주의를 기울이지 않는다면 반려견들 중 한 마리가 안전하게 지내는 것을 돕기 위해 개입이 필요하다는 징후를 놓칠 수 있다. 만약 한 마리의 반려견은 놀고 싶어 하고 다른 반려견은 쉬고 싶어 하거나, 긴 놀이로 피곤하여 휴식중이거나 관절염으로 통증이 있는 노령견이 있을 때 어린 강아지가 계속 그의 휴식 공간을 침범할 수도 있다. 또한 어린 아이가 반려견 주변에서 인형이나 장난감을 가지고 놀다가 실수로 반려견의 발을 밟거나 반려견 쪽으로 넘어질 수도 있다. 조용히 쉬고 있는 반려견을 어린 아이가 계속해서 쓰다듬으면서 괴롭힐 수도 있다. 보호자의 관리 감독이 없으면, 불필요한 위험이 생길 수 있는 상황인 것이다.

다 반응성 관리 감독(Reactive Supervision)

반응성 관리 감독은 보호자가 지켜보고 있지만, 적극적으로 상황을 관리하지 않고 있다가 어떤 일이 발생하면 반응하는 것을 말한다. 이러한 반응은 반려견들에게 부정적인 연관성을 형성하게 된다. 보호자의 스트레스가 반려견의 스트레스를 만들게 되고 모든 행동은 스트레스 속에서 더욱 악화된다.

기존의 성견이 식사를 하고 있고 새로 들어온 어린 강아지가 달려올 때 보호자는 성견이 식사할 때 귀찮게 하는 것을 싫어한다는 것을 알고 있기 때문에 어린 강아지가 더 가까이 다가가기 전에 소리를 지르며 어린 강아지를 잡으러 달려간다. 반려견은 종종 보호자의 반응에 반응하게 되는데 보호자가 어떤 것에 대해 화를 내게 되면, 그것은 반려견들이 뭔가 옳지 않다는 경계심을 갖게 하고 그들 또한 경계심을 갖는 것이 더 낫다고 생각하게 된다. 성견은 다가오는 어린 강아지와 문제가 있을 수도 있고 없을 수도 있다. 이 때 그대로 두면, 성견은 어린 강아지에게 몇 가지 경계에 대해서 가르치는데 도움이 되는 훌륭한 비폭력적인 의사소통을 보여줄 수도 있다. 하지만 우리가 성견에게 다가가는 어린 강아지에 대해 부정적인 반응을 보였기 때문에, 성견은 어린 강아지가 자신에게 다가오는 것을 나쁜 것이라고 인식하게 된다. 보호자의 사소한 반응에 대해 성견은 매우 적극적인 방법으로 반응해야 한다고 느끼게 되는 것이다.

보호자의 무릎 위에 소형견 또는 어린 아이를 안고 있을 때 큰 반려견이 보호자에게 달려오면 보호자는 놀라서 소형견 또는 어린 아이에게 닿지 못하도록 다가오는 반려견에게 소리를 낼 수 있다. 이것은 다가오는 성견에게 부정적임을 전달하게 되고 성견은 다시 소형견이나 어린 아이에게 부정적인 연관성을 일으키게 된다. 또는 영아가 쉬고 있는 반려견에게 기어서 다가갈 때, 식탁에서 맛있는 음식을 먹고 있는 아이에게 반려견이 다가갈 때도 마찬가지의 반응을 보이면 부정적인 연관성을 증가시킨다.

라 사전적 관리 감독(Proactive Supervision)

사전적 관리 감독은 관리 감독의 가장 좋은 유형에 가깝다. 우리는 가정에서 모든 사람을 안전하게 지키기 위해 환경을 관리하고 안전하지 않은 상호작용이 발생하기 전에 잠재적인 문제를 침착하게 해결해야 한다는 것을 알고 있다. 이것은 반려견과 함께 안전하게 지내는 과정을 통해 서로 긍정적인 관계를 유지하는 데 중요하다.

어린 영유아가 놀 때에는 반려견을 분리하여 놓도록 한다. 반려견과 함께 놀이를 할 때에는 안전한 환경을 만들어 놓은 후 상호작용하고, 성인이 한 마리의 반려견과 놀거나 훈련하는 동안 다른 반려견(경험이 부족한 어린 강아지, 충동 조절이 잘 되지 않는 어린 강아지, 또는 새로 들어온 반려견)은 안전문 반대편에 안전하게 있게 한다. 교대로 반려견들과 놀고 훈련시키는 것은 미래의 안전한 상호작용을 위해서도 중요하다. 각각의 반려견들에게 인내심을 갖도록 가르치고, 각 반려견이 개인화되고 주의를 강화하면 보호자가 반려견들과 진정한 유대감을 형성하는 데 큰 도움이 될 것이다. 반려견들이 밥을 먹는 동안 성인 한 명이 반려견들 사이에 서 있는 것은 먼저 식사를 마친 반려견이 더 먹기 위해 먹이를 찾아다니면서 발생할 수 있는 상황을 관리하기 위한 사전 예방적인 방법이다. 성인 보호자가 그들을 지켜보고 신체적으로 그들 사이에 장벽을 만들어 주면 두 반려견 모두 더 안전함을 느끼게 된다.

마 적극적 관리 감독(Active Supervision)

적극적인 관리 감독은 최고 수준의 관리방법으로 성인이 상주하면서 반려견 행동과 신체 언어를 완전히 이해하고 적극적으로 반려견과 상호작용하는 것을 말한다. 또한 보호자가 영유아의 안전을 확보한 상태에서 반려견과 함께 상호작용을 하는 것을 말한다.

보호자가 무릎에 소형견을 안고 있을 때 다른 반려견이 뛰어온다고 하자. 보호자가 보상을 준비한 상태에서 침착하고 분명하게 다가오는 반려견에게 앉으라고 명령을 한다. 만약 보호자의 명령에 대해서 올바른 행동을 하면 간식이나 장난감 또는 따뜻한 칭찬으로 보상해준다. 이때 보호자의 행동과 목소리는 차분하고 의도적이며 반려견이 다가와도 두려워하거나 반응을 보이지 않는다. 교육을 통해 경계를 설정하면 성인에 대한 반려견들의 신뢰가 형성되고, 반려견들 간에 차분하고 쾌적한 상호작용을 촉진하는 데 도움이 된다. 경계는 반려견들이 안전하다고 느끼도록 도와준다.

그림 2-1. 5가지 보호자의 관리 감독 유형

출처 : https://www.familypaws.com/resources/

참고문헌

Breitner, J. (2019). Properly Supervising Dogs.WholeDogJournal. https://www.whole-dog-journal.com/behavior/properly-supervising-dogs/

https://www.familypaws.com

Johnson, R. A., & Meadows, R. M. (2010). Dog-walking: motivation for adherence to a walking program. Clin Nurs Res. 19(4), 387-402. doi: 10.1177/1054773810373122.

Rezac, P., Viziova, P., Dobesova, M., Havlicek, Z., & Pospisilova, D. (2011). Factors affecting dog-dog interactions on walks with their owners. Applied Animal Behaviour Science, 134, 170-176. doi:10.1016/j.applanim.2011.08.006.

Yin, S. (2013). Reactive Dog: Foundation Exercises for Your Leash-Reactive Dog. CatttleDog Publishing. https://drsophiayin.com/blog/entry/reactive-dog-foundation-exercises-for-your-leash-reactive-dog/

03
반려견 공공예절

03

반려견 공공예절

'페티켓(Petiquette)'은 펫(Pet)과 에티켓(Etiquette)의 합성어로 공공장소에서 반려동물과 함께 있을 때 지켜야 할 예절을 의미한다. 문화체육관광부와 국립국어원에서는 어려운 외래어 페티켓을 이해하기 쉬운 우리말로 반려동물 공공예절로 다듬어 널리 사용하도록 권장하고 있다. 우리 책에서는 반려동물 중에서 반려견을 중심으로 서술하고 있기 때문에 반려견 공공예절에 대해서만 이야기 하고자 한다. 반려견 공공예절에 대해 잘 이해하게 되면 다른 반려동물에 대한 공공예절을 이해하는 것이 그렇게 어렵지 않을 것이다. 많은 보호자들에게 반려견은 자신의 가족과도 같아서 그들이 가는 거의 모든 곳에 반려견을 데리고 가려고 한다. 반려동물 양육 인구가 들어나면서 레스토랑이나 카페와 같은 장소에 반려견을 데리고 가는 사람들을 많이 볼 수 있다. 복합 쇼핑센터와 호텔 등에서도 반려동물 출입을 가능하게 하는 등 반려동물 친화적 정책도 확산되고 있다. 이것은 좋은 변화이지만, 주변 사람들이 편안하게 느낄 수 있도록 공공예절을 지키는 책임 있는 보호자가 되어야 한다.

3.1 공통 반려견 공공예절

모든 사람이 반려견을 사랑하는 것은 아니기 때문에 공공장소를 방문할 때에는 공공예절을 지키도록 한다.

가 반려견 보호자

1) 목줄 착용

반려견과 함께 외출할 때에는 반드시 목줄을 착용시켜야 하며, 이때 목줄은 길이가 고정되어 있는 제품을 사용하도록 한다. 자동줄을 사용하는 것은 반려견과 보호자 모두를 위험하게 할 뿐만 아니라 반려견을 통제하기 어렵다. 또한 상황에 따라 적정 길이로 목줄을 조절하여 반려견을 보호 및 관리하여야 한다. 주위에 사람 · 동물 또는 차량 통행이 많을 때나 공간이 좁을 때에는 길이를 짧게 조절하고 반려견의 안전한 활동이 보장된 장소에서는 길이를 길게 조절하도록 한다.

그림 3-1. **목줄(길이 고정)**

그림 3-2. **자동줄(길이 유동적)**

2) 배설물 처리(Bauhaus, 2020)

동물보호법에 따르면 공공장소에서 반려견의 배설물은 반드시 보호자가 수거·처리하여야 한다. 반려견 배설물은 비료가 아니다. 사람들은 종종 반려견 배설물이 마당에서 자연분해되도록 하는 것이 잔디 성장에 좋다고 생각하지만 사실 반려견 배설물은 잔디에 유독하다. 기본적으로 퇴비화 된 풀과 달리, 자연적인 소화 과정과 미생물 군집을 통해 산성으로 변한 반려견의 배설물은 잔디의 성장을 막는다. 이러한 이유로 반려견 배설물을 퇴비에 넣거나 정원에 비료를 주는 데 사용해서는 안 된다. 두 경우 모두 해당 도시에서 자라는 작물을 오염시킬 수 있는 박테리아가 포함되어 있기 때문이다.

반려견의 배설물은 환경오염 물질이다. 실제로 반려견 배설물에는 영양소와 병원균이라는 2가지 유형의 오염 물질이 포함되어 있다. 수로로 씻겨 내려가는 반려견 배설물은 병원균을 운반해 물속에 있는 생물에 영향을 줄 수 있고, 그 물에 접촉하는 사람들에게 병원균을 옮길 수 있다. 또한 반려견 배설물에서 방출되는 영양소는 조류와 다른 식물의 성장을 자극할 수 있어서 휴양적 이용에 적합하지 않다.

반려견의 배설물은 질병을 옮긴다. 증상이 없는 반려견이라도 해당 반려견의 배설물은 다른 애완동물과 인간에게 해로운 박테리아와 기생충을 옮길 수 있다. 배설물에 있는 질병은 파리나 그와 접촉하는 다른 애완동물에 의해 전염될 수 있다. 반려견 배설물에 들어있는 질병과 전염성 유기체는 회충(Roundworms), 살모넬라균(Salmonella), 대장균(大腸菌, Escherichia coli), 지아르디아(Giardia), 렙토스피라(Leptospira), 파보 바이러스(Parvo virus), 대장균류(Coliform bacteria) 등이 있다.

반려견의 배설물은 생태계를 파괴할 수 있다. 작은 반려견의 배설물로 얼마나 생태계가 위협될 수 있을까 생각할 수도 있지만, 반려견은 그 지역에 있는 수백 마리의 반려견 중 한 마리에 불과하다는 것을 명심해야 한다. 생태계는 일반적으로 약 2 km^2 당 최대 2마리의 배설물을 처리할 수 있다. 도시 지역의 경우 약 2 km^2 당 평균 125마리의 반려견이 있기 때문에 100여 마리가 넘는 반려견의 배설물은 지역 생태계가 처리할 수 없다. 산책시 반려견의 배설물을 즉시 처리하면 생태계를 보호하는 데 도움이 된다.

반려견의 배설물은 악취를 발생시킨다. 공원, 공공 산책로, 심지어 이웃집 마당에까지 방치된 반려견의 배설물은 즉시 처리하지 않으면 불쾌한 냄새가 지속되어 건강에도 좋지 않다.

반려견의 배설물 처리는 공공예절이다. 길을 걷다 신발 밑바닥에 배설물이 묻어 치워야 한다면, 배설물을 밟은 사람의 하루 기분을 망칠 수 있다.

반려견의 배설물은 환경과 공중 보건에 영향을 미칠 수 있다. 배설물을 치우는 것은 책임감 있는 반려견 보호자일 뿐만 아니라 사려 깊은 이웃이 되게 한다.

배설물 처리 방법

- 배변 봉투를 뒤집어 장갑처럼 손으로 잡아당긴다.
- 배변 봉투를 낀 후에는 아래로 손을 뻗어 배설물을 집는다.
- 배설물을 잡고 배변 봉투를 다시 뒤집어(다른 손으로) 준다.
- 배변 봉투의 상단을 묶는다.
- 배설물을 처리했다는 것을 알리기 위해 높이 들어 다른 사람에게 보여준다.

반려견의 배변을 처리하는 것은 성숙한 애견 문화의 기본 매너로 자리 잡게 되었다. 그러나 반려견의 대변 외에 소변도 치워주어야 한다는 것을 모르는 사람, 알면서도 넘어가는 보호자들이 많이 있다. 대변을 비닐봉지에 담아 쓰레기통에 넣어줘야 하는 것처럼 소변을 본 자리에 물을 뿌려 치워주는 것이 적절한 공공예절이라고 할 수 있다. 반려견의 소변 때문에 전봇대와 주차기둥이 얼룩지고 불쾌한 냄새 때문에 불편함을 호소하는 사람들이 많다. 특히, 자동차 바퀴에 소변을 보았을 때에는 물을 뿌려 소변의 흔적을 지워주도록 한다. 이러한 반려견 배변처리는 성숙한 반려 문화를 형성하는 첫걸음이 된다.

 **그림 3-3. 배변봉투**

 그림 3-4. **배설물 처리**

3) 산책 시 다른 반려견과 마주침 피하기

일부 반려견은 다른 반려견을 만날 때 긴장할 수 있다. 자신의 반려견은 친절하고 공격적인 징후를 보이지는 않지만 여전히 목줄에 반응할 수 있다. 이것은 자신을 보호하기 위해 목줄을 착용한 상태에서 다른 반려견에게 돌진하고 짖는 것을 의미한다.

4) 공간 공공예절 지키기

사람과 마찬가지로 반려견도 개인적인 공간이 필요하다. 반려견들도 그들의 경계를 주장할 수 있는 동일한 권리를 가지고 있다. 어떤 반려견들은 다른 반려견들보다 조금 예민할 수도 있고, 조용한 것을 즐길 수도 있다. 사람의 성격도 다 다르듯, 반려견들도 다를 수 있으므로 거리를 두고 배려할 수 있도록 한다. 따라서 개인적인 공간에 대한 욕구를 존중함으로써 반려견을 도울 수 있다.

 그림 3-5. **반려견과 외출할 때 준비물**

출처 : 경기도 동물보호과

나 반려견

1) 동물등록과 인식표

반려견을 가족으로 맞이했다면 혹시라도 잃어버렸을 때를 대비해서 누군가가 구조했을 때 반려견 보호자에게 바로 연락을 취할 수 있도록 동물등록을 하고 인식표를 목에 걸어주는 것이 좋다.

2) 입마개 착용

반려견이 다른 사람이나 다른 반려견을 물었던 경험이 있거나 그럴 가능성이 있다면 입마개 착용은 필수이다.

3) 행동 교육

반려견이 사람을 향해 뛰어오르거나 위협하는 행동을 하지 않도록 교육한다.

4) 공공예절 교육

반려견들도 보호자와 외출하기 전에 공공장소에서 지켜야 할 예절을 알 수 있도록 적절한 예절교육과 사회화가 필요하다.

그림 3-6. **입마개 착용**

다 시민

1) 사람들이 반려견과 인사를 할 때 일반적으로 저지르는 실수

- 보호자에게 사전에 묻지 않고 반려견에게 다가간다.

- 반려견의 머리 위로 손을 뻗어 쓰다듬는다.
- 반려견 얼굴에 너무 가까이 대고 “아, 너무 귀여워!”라고 이야기 한다.
- 반려견을 발견하면, 빠른 속도로 큰 소리를 내면서 반려견에게 눈을 맞추면서 다가간다.
- 뒤에서 걸어오면서 반려견의 엉덩이를 쓰다듬는다.
- 반려견을 똑바로 쳐다보며 반려견에게 팔을 쭉 뻗은 채 다가가서 손뼉을 치거나 반려견의 얼굴을 손가락으로 누른다.
- 반려견이 누워 있을 때 허리를 굽혀 몸을 숙이고 팔을 뻗은 채 천천히 반려견 쪽으로 다가간다.
- 반려견을 사랑하기 때문에 모든 반려견들도 자기를 사랑하며, 반려견을 대할 때 지켜야 할 격식이 필요없다고 생각한다.

2) 반려견과 인사하는 올바른 방법

- 반려견에게 곧바로 접근하지 말고, 보호자에게 먼저 다가가 반려견을 만져도 되는지 동의를 구한다.
- 똑바로 서거나 쪼그리고 앉되 반려견 머리 위쪽에 앉지 않도록 한다.
- 몸을 느슨하고 편안하게 유지한다. 반려견에게 편안한 미소를 보이거나 눈꺼풀을 천천히 깜빡여주어 위협하는 사람이 아니라는 신호가 된다.
- 반려견과 마주보지 않도록 몸을 돌려서 접근한다. 얼굴을 마주보는 것은 사람들 관계에서는 예의바른 행동으로 보지만 반려견은 공격적인 의도로 느낄 수 있다.
- 반려견에게 말할 때는 차분하고 안심할 수 있는 부드러운 어조를 사용하도록 한다.
- 반려견이 꼬리를 흔들면서 관심을 보이면, 반려견에게 천천히 자신의 손을 뻗어 반려견이 냄새를 맡도록 해주어야 한다.
- 반려견이 편안한 자세로 냄새를 맡으며 상호작용하는 동안 반려견의 어깨, 목 또는 가슴을 부드럽게 쓰다듬는다. 공격성을 보일 수 있으므로 반려견의 머리는 함부로 쓰다듬지 않는다.
- 청각 장애가 있거나 시각 장애가 있는 반려견에게는 깜짝 놀라게 할 수 있는 갑작스러운 움직임을 하지 않도록 각별히 주의해야 한다.

- 상호작용하는 동안 언제든지 반려견이 물러나면 즉시 행동을 중지하도록 한다. 더 이상 상호작용을 원하지 않더라도 반려견을 존중해주어야 한다.

라 반려견 관련 질문 사례

1) 다음 상황의 반려견은 만져도 될까요?

그림 3-7. **목줄에 묶여 있는 개**

- 답 : 아니요.
- 설명 : 목줄에 묶여 있는 반려견은 좌절감과 스트레스를 느낀다. 주변의 수많은 자극에도 다가갈 수 없으며, 보호자와 함께 따뜻하고 안전한 환경에도 갈 수 없다. 이 모든 억압된 에너지와 불안은 목줄에 묶여 있는 반려견이 공격적으로 변하도록 만들 수 있다.

2) 다음 상황의 반려견은 만져도 될까요?

 그림 3-8. **자고 있는 반려견**

- 답 : 아니요
- 설명 : 잠을 자고 있는 반려견을 만지면 당황하거나 놀라서 만지는 사람을 갑자기 물거나 공격할 수 있다. 이것은 반려견이 공격적인 성향을 가진 것이 아니라 반사적이며 자연스러운 것이다.

3) 다음 상황의 반려견은 만져도 될까요?

 그림 3-9. **식사하고 있는 반려견**

- 답 : 아니요
- 설명 : 옛말에 “밥 먹을 때는 개도 안 건드린다!”라는 말이 있다. 먹고 있거나 놀고 있는 반려견은 되도록 만지지 않도록 한다. 자신의 것을 지키기 위한 ‘소유공격성’이라는 행동 때문에 물 수도 있다.

3.2 직장 내 반려견 공공예절

반려견을 직장에 데리고 가는 것은 스트레스 해소에 도움이 될 뿐만 아니라 직장 동료와 고용주들과의 관계를 개선시켜준다(Barker, Knisely, Barker, Cobb, & Schubert. 2012). 많은 회사들이 사기가 높아지고, 생산성이 높아지며, 직원들의 의욕이 유지되기 때문에 직원들이 반려견을 데리고 출근하는 것을 허용하기 시작했다. 직원이 일할 때 전문적으로 행동해야 하는 것처럼, 반려견도 사무실에 들어갈 때 특정한 방식으로 행동해야 한다. 반려견이 직장에서 함께 있기 위해서는 직장 내 반려견 공공예절을 잘 준수하여야 한다(Jackson, 2013).

그림 3-10. 직장에서 반려견과 함께

반려견을 직장에 데려가기 위해서는 제대로 훈련되거나 사회화되어 있어야 한다. 즉, “앉아!”, “기다려!”, “이리와!”와 같은 기본 명령을 주어진 순간에 잘 수행할 수 있어야 한

다. 반려견도 적절하게 가정견 교육을 받아야 하고 사무실에서의 사고를 방지하기 위해 정기적으로 화장실 휴식을 취해야 한다. 특히 사무실이 시내에 있는 경우, 배변을 치우는 것을 잊지 말아야 한다. 반려견이 장난감이나 집기 등을 함부로 다루어 시끄럽게 하거나, 업무를 방해하거나, 영역표시하는 것을 제지해야 한다.

반려견은 직장에서 새로운 사람들과 다른 반려견들을 만날 때 자신이 해야 할 행동을 알고 있어야 한다. 직장 동료들에게 반려견을 소개할 때, 반려견은 앉아있거나 기다리고 있어야 한다. 발을 들거나 흔드는 등 직장 동료에게 인사하는 법을 가르치면 직장 동료들로부터 사랑받을 수 있다. 사무실에서 다른 반려견들을 만날 때도 비슷한 규칙이 적용된다. 자신의 반려견을 다른 반려견에게 인사시키기 전에 사전에 허락을 구하는 것이 좋다. 만약 다른 사람이나 반려견과 어울리는 것을 불편해 한다면, 직장에 데려오는 것보다는 집에 머물게 하는 것이 바람직하다.

작업 공간과 주변이 반려견에게 안전한지 확인하도록 한다. 이것은 반려견이 닿을 수 있는 곳에 느슨한 전기 코드가 없는지 확인하는 것을 포함한다. 형광펜, 네임펜, 수정액 등과 같이 안전하지 않다고 생각되는 사무용품은 서랍에 넣어 두거나 반려견의 발이 닿지 않는 곳에 보관하도록 한다. 독성이 있거나 부서지기 쉬운 물품이 있는지 반려견의 눈높이에서 다시 한번 확인하도록 한다.

직장에 출근하기 전에 30분 정도 산책을 하거나 물어오기 게임 등을 통해서 반려견의 에너지를 줄여줄 필요가 있다. 출근할 때 반려견 목에 반려견 등록증을 착용시키고 반려견 용품 가방을 가져가도록 한다. 반려견 용품 가방에는 물그릇, 간식, 장난감, 침구류, 목줄 등을 챙기도록 한다.

보호자가 반려견을 감시할 수 있도록 근무 시간 동안에는 보호자 가까이에 있도록 하여야 한다. 직장 동료들 중 일부는 반려견을 싫어하거나 알레르기가 있을 수 있다는 것을 명심하여야 한다. 따라서 일부 직장 동료들은 반려견이 사무실을 자유롭게 돌아다니는 것을 좋아하지 않을 수도 있다. 잠시 반려견을 가두어 둘 수 있도록 안전문을 설치하는 것도 좋은 방법이다. 만약 사무실에서 안전문을 허용하지 않는다면, 임시 보관용 개장에 넣어두거나 목줄을 연결하여 고정시켜 놓도록 한다. 이것은 사람들이 건물을 드나들 때 어떤 것에 빠져들거나 우연히 탈출하는 것을 막기 위함이다.

근무 시간이 길어지면 반려견이 지루하거나 불안해하지 않도록 잠시 시간을 내어 반려견과 놀아주는 시간을 가져야 한다. 만약 직장 내에서 자주 휴식을 취할 수 없다면, 반려견이 시간을 보낼 수 있는 장난감이나 씹을 것을 주도록 한다. 사무실에 다른 반려견들이 있다면, 그들이 서로 익숙해지도록 매일 20~30분 동안 장난감을 교환해주면 도움이 된다. 이렇게 함으로써, 그들은 서로의 냄새에 익숙해지게 된다. 비록 사무실에 사람들이 많다고 하여 반려견을 다른 사람에게 맡기는 것은 바람직한 행동이 아니다. 일하는 동안 반려견의 요구를 들어주거나 즐겁게 해주는 것은 다른 사람의 몫이 아니기 때문이다. 회의에 참석하기 위해 자리를 떠나야 할 때에는 반려견을 임시 보관용 개장에 넣어두거나 반려견을 데리고 가야 한다. 반려견을 동반하여 이동하는 경우에는 효율적인 통제를 위하여 목줄을 짧게 유지하는 것이 바람직하다.

사무실에 있는 반려견이 스트레스를 받고 있거나 초조함의 징후가 있는지 지켜보아야 한다. 하품을 많이 하고 입술을 핥는 등의 모습을 보이기 시작한다면, 바깥으로 나가서 신선한 공기를 마셔야 할 때가 된 것이다. 산책 후 사무실에 돌아오면, 조용한 공간에서 쉴 수 있도록 해주어야 한다. 만약 신경질적인 행동이 계속된다면, 사무실에 있게 하는 것을 피해야 한다.

반려견을 데리고 일하는 것은 회사가 부여한 사치이자 특권이다. 따라서 사무실 내에서 반려견 공공예절을 준수하는 것은 선택이 아닌 필수이다.

3.3 카페 반려견 공공예절

반려견을 데리고 이웃과 지역 사회를 돌아다니는 것을 좋아하고 산책한 후에 반려견 카페로 향하거나 친구들과 모이는 것은 재미있는 경험이 될 수 있다. 그러나 외출이 원활하게 진행되기 위해서는 보호자가 알아야 할 몇 가지 공공예절이 있다. 점점 더 많은 카페에서 반려견을 동반하는 것을 허용하고 있다. 따라서 반려견이 다른 사람들에게 잘 행동하는 것은 중요하다. 사회화는 반려견이 카페의 출입을 보장하는 핵심 열쇠이다. 적절한 사회화는 반려견의 자신감과 행복을 보장하는 데도 중요하다. 사회화가 잘 된 반려견은 일반적으로 적절한 사회화 경험을 일찍 얻지 못하는 반려견보다 더 친숙하고 다른 환경에 더 쉽게 적응할 수 있다. 사회화가 잘되지 않는 반려견들은 두려움을 느끼고 불안이 높으며 공격적인 모습을 보일 수 있다.

반려견이 돌아다니지 않도록 반려견의 목줄을 의자에 묶고 다른 손님을 방해하지 않도록 주의를 기울여야 한다. 목줄을 짧게 유지하고 다른 손님들과 동선이 엉키지 않도록 반려견을 주시하도록 한다. 산만한 카페 분위기 속에서도 반려견이 보호자의 명령을 안정적으로 따르도록 하는 것이 중요하다. 카페에 가기 전에 반려견에게 간식을 주고 사전에 운동을 하면 반려견이 카페에서 자리를 잡고 외출을 즐길 가능성이 높아지게 된다. 보호자는 필요에 따라 반려견이 카페에서 사용할 수 있도록 휴대용 물그릇과 반려견이 차분하게 기다릴 수 있도록 도움을 줄 수 있는 간식, 씹는 장난감 등을 준비해간다. 반려견을 카페에 데려가는 것이 반려견과 보호자에게 모두 새로운 일이라면 카페가 붐비지 않을 시간에 구석진 자리에 앉을 자리를 정하는 것이 좋다.

반려견이 불편이나 불안을 느끼기 시작하면 카페를 나가야 하며, 이 때 밖으로 나가기 전에 배설물이 있다면 반드시 치우도록 한다. 카페에 있는 동안 반려견이 무엇을 하고 있고 무엇을 필요로 하는지 경계하고 인식하여 모든 사람들이 반려견과 함께하는 것이 긍정적인 경험이 될 수 있도록 하여야 한다.

모든 사람이 반려견을 좋아하고 사랑하는 것은 아니다. 알레르기가 있거나 반려견을 두려워 하는 어린이나 성인이 있을 수도 있다. 어떤 사람이 반려견을 쓰다듬고 싶어 한다면, 이것이 좋은 생각인지 아닌지에 대한 판단을 해야 한다. 이때에는 반려견이 자신감이 있는지, 새로운 사람들을 만나는 것을 좋아하는지 등 반려견이 현 상황에 대해 편안하게 받아들이고 있는지 확신이 드는 경우에만 다른 사람들이 반려견을 쓰다듬게 하여야 한다.

그림 3-11. **반려견과 카페**

3.4 반려견 놀이터 공공예절(Gardner, n.d.)

반려견이 반려견 놀이터에서 하루를 보내는 것은 반려견의 신체적 · 정신적 이득의 관점에서 볼 때 여러 날 산책하는 것과 같은 효과를 줄 수 있다. 그러나 당황스러운 상황이나 부상 등의 위험을 피하기 위해서는 공공예절을 준수하여야 한다.

먼저 보호자는 책임감을 가져야 한다. 반려견은 사회적 동물로서 무리에서 가장 높은 서열의 동물인 알파동물의 통제를 받는다는 것을 명심해야 한다. 특히 여러 반려견과 함께 있을 때에는 보호자가 부르면 올 수 있도록 가르쳐야 한다. 평소 반려견 놀이터에서 자주 들을 수 없는 단어나 구절을 사용하는 것도 바람직하다. 훈련하는 동안에는 특별한 간식을 사용하여 적절한 행동에는 반드시 보상하도록 한다.

반려견 놀이터에 입장하기 전에 잠시 멈춘다. 잘 설계된 놀이터는 이중 출입문으로 되어 있는 데 한 번에 2개의 문을 연속해서 통과하지 않도록 한다. 반려견에게 목줄을 착용시키고 첫 번째 출입문으로 들어간 다음 잠시 멈춰서 주위를 둘러보게 한다. 만약 여러 마리의 반려견이 문 앞에 몰려 있으면 잠시 기다린다. 잠시 멈추면 이미 입장하여 있는 다른 반려견들이 새로운 반려견에 대해 익숙해지고 문을 통해 입장할 때에 과민하게 반응하지 않게 된다. 일단 출입문 안으로 들어가면, 자신의 반려견을 감독하는 것은 보호자의 임무이므로, 주의를 집중하고 자신의 반려견이 어디에서 무엇을 하고 있는지 알고 있어야 한다.

그림 3-12. **반려견 놀이터 또는 반려견 공원**

문제가 발생하면 즉시 반려견을 불러서 보호자에게 되돌아오도록 해야 한다. 반려견이 배변을 하면 보호자는 즉시 배설물을 치우도록 한다. 많은 반려견 놀이터에서 배변봉투를 제공하지만, 빠른 처리를 위해 평소에 배변봉투를 가지고 다니는 것이 좋다.

자신의 반려견 행동 신호를 이해하여야 한다. 만약 반려견을 반려견 놀이터에 데리고 갈 계획이라면 자신의 반려견이 다른 반려견들과 잘 어울릴 수 있을 뿐만 아니라, 반려견의 행동도 이해할 수 있어야 한다. 즐겁게 놀고 있는 반려견들은 편안한 귀를 가지고 있고, 꼬리를 흔들며, 반려견 기지개를 한다. 불편한 반려견들은 다리 사이에 꼬리를 숨기며 귀는 뒤로 젖혀져 있고, 동공은 공막이 보일만큼 축소되어 있다. 공격할 준비가 된 반려견은 긴장하고 머리를 높이 들고 몸이 앞으로 기울어져 있으며 귀도 위나 앞으로 향해 있다. 놀이에서 으르렁거리는 것은 흔한 일이지만, 입술을 뒤로 젖히고 으르렁거리는 것은 그렇지 않다. 만약 이러한 위험 신호를 본다면, 간식이나 장난감으로 주의를 돌리거나 박수를 치거나 큰 소리를 내어 주의를 분산시켜야 한다. 반려견 놀이터에서 문제가 발생할 경우를 대비하여 필요한 경우에만 간식과 장난감을 사용하도록 한다.

반려견들 간 싸움이 발생하면 처리방법을 알고 있어야 한다. 보호자가 최선의 노력을 한다고 하여도 반려견들 간의 싸움은 발생할 수 있다. 일단 잠시 기다린다. 대부분의 반려견 싸움은 시작하자마자 곧 끝이 나기 때문이다. 만약 3초가 지났는데도 계속해서 싸우고 있다면, 호스로 물을 뿌리거나 긴 막대기를 사용하여 서로 분리시켜야 한다. 보호자의 손이나 몸으로 분리시키려고 해서는 절대 안 된다. 각 반려견의 보호자들은 자신의 반려견 뒤쪽에서 접근하여야 한다. 뒷다리의 윗부분을 부드럽게 잡고 들어 올린 다음 뒤로 천천히 움직이기 시작한다. 목줄을 잡으려고 손을 뻗어서는 안 된다. 반려견이 반사적으로 보호자를 물 수도 있기 때문이다.

어린 강아지는 반려견 놀이터에 출입시키지 않도록 한다. 어린 강아지는 통제하기 쉽지 않다. 사람들은 어린 강아지가 귀엽다고 생각하지만, 노령견들은 종종 고통스러워한다. 게다가, 아직 예방접종을 마치지 않은 어린 강아지들은 질병에 노출될 수 있다. 강아지가 최소 6개월이 될 때까지 기다렸다가 반려견 놀이터에 가도록 한다.

반려견 놀이터를 언제 갈지 알고 있어야 한다. 기본적인 공공 예절은 대부분의 문제를 피하는 데 도움이 된다. 하지만 만약 자신의 반려견이 다음의 조건에 해당되면 출입하지 않아야 한다.

- 백신을 접종하지 않았거나 벼룩과 진드기로부터 보호할 수 없는 경우
- 중성화되지 않은 경우

- 미국 동물보호협회(ASPCA)가 말하는 소위 반려견 얼간이(Dog Dork: 아무리 노력해도 어떻게 상호작용을 하는지 모르는 반려견들을 의미)인 경우

반려견 놀이터에 입장하는 반려견은 반드시 등록 및 예방접종이 되어 있어야 한다. 반려견은 효과적으로 통제되어야 하며 만약 공격적이라면 당장 놀이터를 떠나야 한다. 떠날 때에는 주변을 정리하고 쓰레기는 휴지통에 버린다. 특히 어린이는 반려견의 공격에 취약하므로 주의 깊게 감독해야 한다. 효과적으로 통제하기 위하여 반려견 놀이터에 데려오는 반려견의 수는 보호자당 최대 2마리가 적당하다. 반려견의 크기에 따라 울타리로 분리하여 놓았다면 반려견의 크기에 따라 적절한 울타리 영역을 사용하여야 한다.

만약 반려견이 백신 접종을 하지 않았거나, 공격적이거나, 또는 열이 있는 경우에는 놀이터에 출입하여서는 안 된다. 음식이나 장난감도 가져가지 않도록 한다. 성인 보호자가 동반하지 않은 14세 미만의 어린이는 출입을 하여서는 안 된다. 보호자가 언제든지 부르면 오도록 훈련되어 있지 않은 반려견은 항상 목줄을 착용하고 있어야 한다.

그림 3-13. 반려견 놀이터에서의 문제 행동

3.5 쇼핑센터 반려견 공공예절
(안전감시국 생활안전팀, 2020)

백화점 · 마트 등은 안전 및 위생 문제를 우려하여 시각장애인 안내견과 케이지 내 동물을 제외한 기타 반려동물 출입을 제한하고 있었으나, 2016년에 처음 목줄 착용 반려견의 출입을 허용하는 복합쇼핑센터가 생긴 후 점차 관련 시설이 늘어나는 추세이다.

반려견과 함께 쇼핑센터에 가기 위해서는 먼저 방문하는 쇼핑센터가 반려견의 출입을 허용하고 있는 지 확인하여야 한다. 야외에서 걷는 것과 마찬가지로, 반려견이 옆에서 걷기의 명령을 알고 익숙해져 있어야 한다. 쇼핑센터에서 항상 반려견을 옆에서 함께 걷게 하고 보호자의 앞에서 걷지 않도록 하여야 한다. 적절한 목줄과 가슴줄을 사용하고 짧은 목줄을 사용할수록 좋다. 올바른 경로나 방향으로 걸으며, 달리지 않도록 한다. 반려견이 다른 사람들에게 관심을 끌 수도 있다. 따라서 반려견은 "앉아!", "기다려!"와 같은 명령을 이해하고 익숙해져 있어야 한다. 쇼핑을 위해 매장 내에 있을 때에도 항상 반려견을 지켜보고 있어야 한다.

 그림 3-14. **반려견과 쇼핑센터**

쇼핑센터에서 걷기 전에, 반려견의 상태가 괜찮은지 확인하도록 한다. 반려견이 쇼핑센터에서 배변을 할 경우를 대비해서 항상 배변봉투와 물티슈를 가지고 다니도록 한다. 쇼핑센터에 푸드 코트가 있다면, 반려견을 그 지역에 데려가는 것을 피해야 한다. 상점에서 다른 반려견과 만나게 하지 않도록 하여야 한다. 일반적으로 쇼핑센터 내 상점들은 좁고 가까이 있기 때문에 반려견들이 만나는 경우에 싸움이 발생할 수도 있기 때문이다.

쇼핑센터 내의 상점에 들어가기 전에 먼저 반려견과 함께 들어가도 되는지 물어보도록 한다. 상점 내에서는 항상 반려견과 가까이 있고, 다른 고객들이 편하게 쇼핑할 수 있도록 비켜주어야 한다. 우리나라는 현재 목줄을 착용한 반려동물 동반 가능 쇼핑시설에 대한 법적 안전기준은 없으며, 업체별로 관련 규정을 자체적으로 정해서 적용하고 있다. 쇼핑시설마다 세부 규정(목줄의 길이, 입장 가능 조건 등)에 차이를 보이고 있다. 대부분의 국가에서 쇼핑시설의 반려동물 동반 허용 및 동반 형태(목줄 착용, 케이지 사용 등)를 사업자가 자율적으로 정하도록 하고 있다.

반려동물 동반 가능 대형 쇼핑센터 이용자 설문조사에 의하면 직 · 간접적인 피해 · 불편 경험 사례로는 '반려견이 으르렁 대거나 짖어서 놀람(피해사례)'과 '반려견을 무서워해서 같은 공간에 있는 것을 불안해함(불편사례)' 등이 가장 많았다(안전감시국 생활안전팀, 2020). 한국소비자원에서 제시하고 있는 대형 쇼핑센터에서의 안전한 반려동물 동반을 위한 안내 가이드라인을 소개한다.

1. 시설 내 동반이 허용되는 반려견의 조건
- 동물보호법에 의해 지정된 맹견 및 타인 · 타 견종에 대해 공격성이 강한 반려견 출입을 제한함.
- 광견병 예방접종 및 동물등록이 완료된 반려견에 한하여 입장을 허용함.
- 1명의 견주는 3마리 이상의 반려견을 동시에 동반하여 출입할 수 없음.

2. 반려견의 동반 형태
- 동반 반려견은 운반용기(캐리어 등) 밖에 있을 때 항상 목줄(리드줄)을 채워야 하며, 유모차 이용 시 이탈 우려가 있는 반려견은 유모차 내부 고리와 목줄(리드줄)이 연결되어 있어야 함.
- 타인 · 타 견종에 대해 공격성이 강한 반려견 출입 시 입마개 착용을 권장함.
  (※시설 운영규정에 따라 공격성이 강한 반려견 출입을 허용하는 경우 동 항목 적용 권장)
- 목줄(리드줄) 착용 시 줄의 길이는 1.5m 이하로 제한하며, 리드줄이 늘어나는 제품은 늘어나지 않도록 줄의 길이를 고정해야 함.

3. 반려견 동반 견주의 자격 및 주요 의무사항
- 반려견을 직접 통제 · 관리하는 견주는 만 18세 이상이어야 함.
- 반려견을 동반한 견주는 반려견에 대한 상시 주의 · 보호 · 관리 의무가 있음.

• 반려견을 기둥 · 의자 등의 시설물에 장시간 묶어 고정해 두거나 목줄(리드줄)의 손잡이, 홀더를 바닥에 내려놓아 방치하는 행위를 금지함.
• 견주는 동반 반려견의 배설물 발생 시 이를 즉시 처리해야 함.

4. 반려견 동반 시의 시설 이용 안내
• 식당 등을 포함한 일부 매장은 매장의 정책에 따라 반려견 출입이 금지될 수 있음.
• 일반 이용자의 휴식 및 음식 섭취를 위한 테이블 · 휴게의자에 반려견을 올려놓아서는 안 됨.
• 분수 · 호수 등 물이 있는 수경시설의 반려견 이용을 제한함.
• 화장실 등에서 반려견을 씻기는 행위를 금지함.
• 안전사고 예방을 위해 어린이 놀이 공간의 반려견 출입 · 이용을 금지함.
• 에스컬레이터 이용 시 안전을 위해 반려견을 안은 상태로 이동하고, 엘리베이터에서는 반려견을 안거나 벽 쪽으로 위치시켜 반려견과 타 이용자의 접촉을 최소화할 것.

5. 반려동물 동반 관련 시설 규정 미이행 시 조치사항
• 광견병 예방접종을 실시하지 않거나 동물등록을 하지 않은 반려견 동반 시 과태료가 부과될 수 있음.
• 반려견으로 인한 인적 · 물적 피해 상황 발생 시 배상책임 소재에 대한 고지.
• 반려견 관련 분쟁 · 안전사고 발생 시, 반려견과 반려견 동반자는 쇼핑시설의 퇴거를 요청받을 수 있음.

6. 반려동물 비동반자 대상 펫티켓 안내
• 반려동물 비동반자는 견주의 동의 없이 시설 내 반려견을 만지거나 위협적인 행동을 해서는 안 됨.

7. 반려동물 관련 안전사고 대처를 위한 시설 관리부서 연락처 명시
• 반려동물 관련 안전사고 발생 시 응급처치 · 피해구제 · 분쟁해결을 위한 시설 관리부서 연락처 명시 (필요 시 대응방법 상세 명시)

3.6 승강기 반려견 공공예절

승강기를 탑승하기 전에 반드시 목줄 등 안전조치를 하도록 한다. 낯선 사람을 보면 달려들거나 물 수 있기 때문에 목줄은 짧게 잡도록 한다. 또한 목줄이 승강기 문에 끼지 않도록 주의해야 한다. 잘못하면 반려견 목이 졸리는 사고가 발생할 수도 있다.

먼저 승강기에 타기 전에 "앉아!", "기다려!"라고 지시하고 승강기 문이 열리면 탑승자가 있는지 확인한다. 승강기에 이미 탑승한 사람이 있다면 반려견과 동승해도 괜찮은지 먼저 동의를 구하도록 한다. 탑승해도 좋다고 동의해주면 함께 타도록 하고, 만약 싫어하거나 무서워하여 거부하면 기존의 탑승자를 먼저 올려 보내고 다음 승강기를 기다려서 탑승하도록 한다. 계단을 이용하는 것도 좋은 방법이다.

반려견을 데리고 승강기에 탑승한 후에는 소형견인 경우에는 보호자가 팔로 감아 안고 만약 안을 수 없다면 승강기 안의 다른 사람에게 달려드는 등 위협감이나 불쾌감을 주지 않도록 하기 위하여 가능한 승강기 벽면이나 모서리 쪽으로 위치하고 반려견에게 "앉아", "기다려"라고 지시한 후 움직이지 못하도록 목줄의 목덜미 부분이나 가슴줄의 손잡이 부분을 잡은 후 두 다리로 반려견의 몸을 감싸 주도록 한다. 승강기 문 앞에 있다가 문이 열리면 놀라거나 사고가 발생할 수 있다.

승강기 내에서 배변을 하면 다른 탑승객이 배설물을 밟거나 냄새가 날 수 있으므로 항상 배변 봉투와 휴지를 준비하여 즉시 치우도록 한다. 또한 반려견이 사나운 경우에는 반드시 입마개를 착용하도록 한다.

승강기에서 내릴 때는 탑승자가 모두 내린 후 천천히 내리도록 한다. 반려견의 습성 때문에 문이 열리면 갑자기 뛰쳐나갈 수 있으므로 승강기 문이 열릴 때 반려견이 갑자기 뛰어나가지 않도록 하여야 한다. 승강기를 타고 내릴 땐 항상 보호자가 앞장서서 반려견을 제어할 수 있도록 대비해야 한다.

승강기 탑승 시 반려견 공공예절

- 리드줄(목줄) 등 안전조치 후 탑승하기
- 동승자가 있다면 탑승 전 괜찮은지 의견 묻기
- 동승자가 있는 경우 반려견을 벽 쪽으로 하고 보호자가 가로막아 사고 예방하기
- 탑승, 하차 시 반려견이 달려들지 않도록 교육하기
- 탑승, 하차 시 반려견이 완전히 탑승 및 하차하였는지 확인하기

 그림 3-15. **승강기 반려견 공공예절**

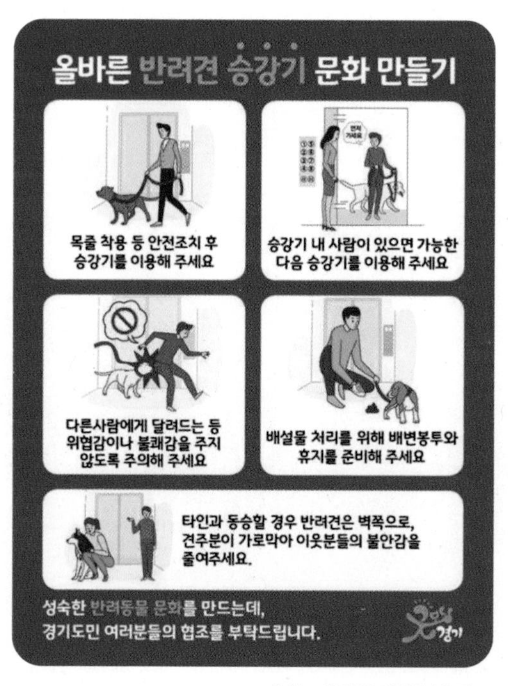

출처 : 경기도 동물보호과

3.7 공원 산책 시 반려견 공공예절

반려견과 공원에 갈 경우에는 먼저 반려견 출입이 가능한지 여부를 확인해야 한다. 출입이 가능하다면 반드시 목줄 또는 가슴줄을 착용해 효과적으로 통제할 수 있어야 한다. 목줄 또는 가슴줄의 길이도 타인에게 위해나 혐오감을 주지 않는 범위의 길이를 유지해야 한다. 반려견에게 목줄 또는 가슴줄을 채우는 것은 타인을 위한 배려이기도 하지만 산책 시 잃어버리거나 사고 발생 등의 위험에서 반려견을 보호하는 역할을 한다. 따라서 반려견과의 외출 시에는 목줄 또는 가슴줄을 착용해야 한다. 특히 맹견과 외출 시에는 반드시 입마개를 해야 하며 맹견은 가슴줄을 사용하는 것은 안 되고 목줄만 사용하도록 한다. 입마개는 맹견으로 분류된 견종에 한하여 반드시 하여야 하는 것이지만 최근 여러 사건을 보면 맹견에 포함되지 않는 견종들의 사고도 발생하고 있으므로 법적인 강제 여부를 떠나 타인에 대한 배려, 또 나의 반려견을 보호한다는 차원에서 보호자들이 한번쯤 생각해볼 필요가 있다. 배변봉투를 항상 소지하여 배설물이 생기면 즉시 수거해야 하며, 물병을 준비하여 반려견이 소변을 보는 경우 물을 뿌려 희석하는 것이 좋다.

그림 3-16. 반려견과의 공원 산책

자신의 반려견이 온순하다고 할지라도 다른 사람들은 그렇게 생각하지 않을 수도 있다. 반려견이 조깅하는 사람, 자전거를 타고 있는 사람을 쫓아가는 등 지나가는 모든 사람들에게 인사하기를 원할 수도 있다. 그러나 모든 사람이 반려견을 사랑하는 것은 아니며 그렇다 하더라도, 다른 곳에 집중되어 있을 수도 있다. 만약 지나가는 사람이 당신의 반려견에게 관심이 있다면, 그것은 쉽게 알 수 있다. 아무도 보호자만큼 자신의 반려견에게 관심이 없다고 가정하고 행동하는 것이 최선이다. 다른 반려견들도 친절하지 않을 수 있다. 반려견과 함께 산책하는 다른 사람들이 여러분이나 자신의 반려견들처럼 다른 반려견들과 교제하는 데 관심이 있다고 생각하지 않아야 한다. 모든 반려견들이 다른 반려견들처럼 행복하거나, 사교적이거나, 침착한 것은 아니며, 사교적이지 못한 반려견은 공격적인 행동이나 무는 행동을 통해서 자신의 행동을 바꾸려 하지 않을 수 있다. 반대로, 만약 자신의 반려견이 으르렁거리면, 대부분의 사람들은 멀리 떨어져 있으려고 한다. 특히 사회화 단계를 겪고 있는 반려견의 경우에는 보호자에게 먼저 이렇게 물어보는 것이 가장 좋다. "당신의 반려견은 친근한가요?", "반려견들끼리 서로 인사하도록 하고 관찰해도 괜찮을까요?".

목줄을 꼭 잡고 있는지 확인하고, 예상치 못한 만남을 막기 위해 자신의 반려견을 데리고 산책하는 다른 사람이 자신의 반려견을 잘 통제하고 있는지 확인한다. 이 밖에도 동물등록이 되어 있다 하더라도 반드시 소유자의 성명과 연락처, 동물등록번호가 기재된 인식표를 부착하는 것이 좋다. 동물등록 여부는 스캐너를 통해 알 수 있으므로 만일 반려견을 잃어버렸다면 인식표를 통해 습득자가 쉽게 보호자를 찾을 수 있기 때문이다.

3.8 캠핑장 반려견 공공예절

반려견을 소유할 때 가장 좋은 점은 더 많은 야외 활동을 즐길 수 있다는 것이다. 캠핑을 가는 것은 반려견과 함께 시간을 보내는 가장 좋은 방법 중 하나이다. 우리는 다른 캠핑객들을 위해서뿐만 아니라, 미래에 반려견 친화적인 캠핑 시설을 사용하기를 희망하는 모든 사람들을 위해 반려견과 함께 캠핑장에서의 공공예절을 준수할 책임이 있다. 몇몇 반려견 보호자에 의해 발생하는 무책임한 행동은 캠핑장 소유자가 반려견 출입을 완전히 금지하게 만들 수 있기 때문이다.

캠핑장 규칙을 충분히 숙지한 후 이를 준수하도록 한다. 허용 가능한 목줄 길이에서 반려견이 갈 수 없는 지역에 이르기까지 매우 다양한 규정이 있을 수 있다. 모든 캠핑장이나 등산로가 반려견을 허용하는 것은 아니다. 따라서 예약하기 전에 캠핑장의 반려견 허용 여부와 정책 등을 확인할 필요가 있다.

그림 3-17. 반려견과의 캠핑

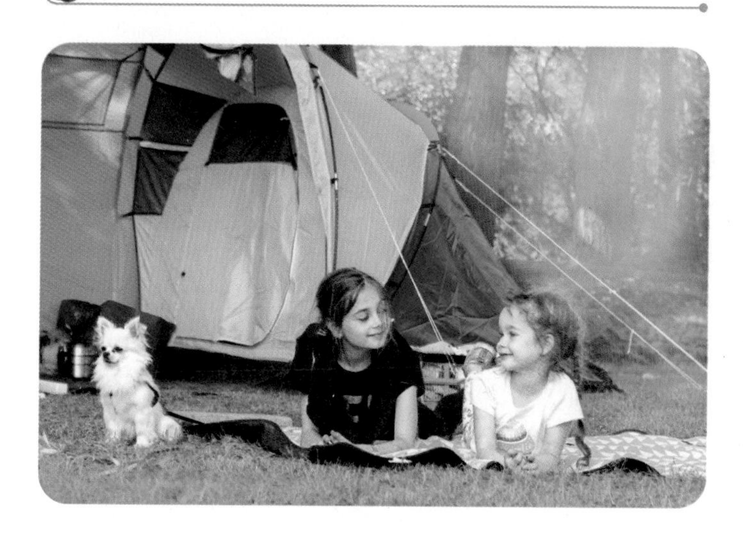

반려견과 캠핑을 할 때 어디를 가든 배설물을 처리하기 위해 충분한 배변봉투를 준비하여야 한다. 버려진 반려견 배설물은 공원, 해변, 캠핑장이 반려견을 허용할지 여부를 결정할 때 주요 고려 사항이다. 인근 수로 또는 지하 수원이 배설물에 의해 오염될 수 있다. 또한 시간이 지남에 따라 수백 또는 수천 마리의 반려견이 남기고 간 배설물을 곱하면 그 양을 상상하기 쉽지 않다. 가장 중요한 것은 캠핑장 주변에 배설물을 남기는 것은 다른 캠핑객들의 즐겁고 행복한 시간을 망칠 수 있기 때문이다.

반려견이 야생 늑대처럼 자유롭게 뛰놀게 하는 것은 항상 즐거운 일이다. 하지만, 거의 모든 캠핑장은 모든 사람의 안전과 행복을 위해 반려견에게 반드시 목줄을 하도록 하고 있다. 캠핑장은 반려견이 목줄을 하지 않고 자유롭게 행동하는 장소가 아니다. 반려견이 자유롭게 뛰어 다니게 하는 것이 종종 다른 캠핑객들에게 짜증을 나게 할 뿐만 아니라, 반려견에게도 위험할 수 있기 때문이다. 많은 캠핑장은 반려견을 밖에 묶어두는 것을 허락하지 않는다. 묶여 있는 반려견은 그 지역에 살고 있는 야생 포식자들의 먹이가 될 수 있다. 때때로 길 잃은 아이들이 방황하며 반려견을 놀라게 할 수도 있고 서로 엉켜서 다칠 수도 있다. 반려견과 함께 밖에 있는 것이 가장 좋은 방법이다. 캠핑장에 풀어놓은 반려견들은 독성이 있을 수 있는 음식물 찌꺼기를 먹는 것과 같은 부상이나 위험한 상황에 더 취약하다. 캠핑하는 동안 반려견을 목줄로 묶어 두는 것이 그들을 안전하게 지키는 가장 좋은 방법이다. 또한 어디를 가든 반려견을 꼭 데리고 가야 한다. 반려견을 묶어두는 것은 아이들과 함께 위험한 상황에 놓이게 할 수 있고, 부상의 위험이 있을 수 있다.

반려견과 함께 캠핑장 공공예절을 잘 지키는 것은 지나가는 사람들과 반려견들에게 접근하는 것을 피하기 위해 어떤 산책길에서도 충분히 거리를 두는 것을 의미하기도 한다. 캠핑은 일상의 긴장을 풀고 모든 것에서 벗어날 수 있는 기회이다. 이것은 일부 사람들과 반려견이 상호작용을 하지 않는 것을 선호한다는 것을 의미할 수 있다. 다른 반려견에게 접근하기 전에 항상 먼저 물어보도록 한다.

캠핑은 자연의 고요함에 몰입할 수 있는 좋은 기회이다. 캠핑장에서 반려견이 짖는 소리는 이러한 고요함을 방해하고 다른 캠핑객에게 불만과 짜증을 유발하게 된다. 그러므로 반려견을 조용히 시키기 위해 최선을 다하도록 하여야 한다. 간식으로 반려견이 다람쥐, 다른 반려견들, 또는 짖는 소리를 유발할 수 있는 어떤 것들로부터 주의를 환기시켜야 한다. 반려견의 지나친 짖음은 영역 보존에 대한 표현이며, 이때문에 캠핑장에 접근하는 낯선 사람들을 보고 짖거나 물려고 할 수 있다. 짖는 것은 스트레스의 징조이기도 하다. 반려견과 함께 주변을 걸어 다니며 주변 환경을 익히도록 하면 짖는 행동을 줄이거나 완화시키는데 도움이 된다. 사람들이 캠핑장에서 반려견에 대해 가지고 있는 가장 큰 불만 중 하나는 혼자 남아있을 때 소란을 일으킨다는 것이다. 따라서 가능한 한 캠핑장을 떠날 때에는 반려견과 함께 다니도록 한다.

충분한 활동으로 피곤한 반려견은 행복한 반려견이다. 모닥불 주변에서 편안한 주말을 계획하고 있다면 반려견이 놀 수 있는 장난감을 충분히 챙겨가야 한다. 또한 산책이나 하이킹에 긴 시간 동안 반려견을 데리고 가는 것도 좋은 방법이다. 캠핑장은 밤이 되면 조명이 없기 때문에 반려견의 위치를 확인하기 위한 장치가 필요하다. 야광 목줄을 사용하면 목줄에 걸려 넘어지는 것을 피할 수 있을 뿐만 아니라 만약 도망치면 어둠 속에서 찾는 데 도움이 될 것이다.

반려견과 함께 야외 캠핑을 하는 것은 반려견이 자유롭게 먹이를 구걸할 수 있는 야외에서 식사를 하는 것을 의미한다. 식사 시간 전에 반려견에게 음식을 먹이면 도움이 된다. 먼저, 반려견이 돌아다니지 않도록 식탁으로부터 멀리 떨어진 곳에 묶어 두도록 한다. 반려견이 보호자의 감독 하에 있지 않을 때 많은 일들이 일어날 수 있으므로 반려견을 방치하는 것은 절대 안 된다. 그것은 공격적이 되고, 기물을 파괴하고, 다른 동물이나 심지어 사람들을 공격할 수도 있다. 게다가 에어컨이나 선풍기를 켠 채로 반려견을 차나 레저용 차량에 혼자 두게 되면 일산화탄소 중독, 탈수, 과도한 열로 인해 반려견이 사망할 수도 있다.

캠핑을 떠나기 전에 반려견의 식별 정보, 예방접종 기록 및 건강기록과 모든 연락처 정보가 있는 카드를 준비한다. 또한 반려견의 마이크로칩 정보와 인식표가 최신 상태인지 확인하도록 한다. 자연은 예측할 수 없으므로 반려견을 위한 응급처치 용품을 준비하는 것도 중요하다. 미국 산림청은 다음과 같은 반려견 관련 응급처치 물품을 소지할 것을 권장하고 있다.

반려견 응급처치 물품

- 임시 입마개를 위한 반다나
- 진드기 제거를 위한 핀셋
- 쇼크나 추위를 치료하기 위한 비상 접이식 담요
- 큰 가시를 제거하기 위한 롱 노우즈 프라이어가 있는 접이식 멀티 툴
- 부상당한 발을 보호하기 위한 부츠(유아 양말 등)
- 반려견 치료에 대한 지침이 있는 작은 응급처치 책자
- 인근 수의사 또는 동물병원의 이름, 전화번호 및 길 찾기

반려견에게는 아무 일도 일어나지 않을 것이다. 하지만 미리 준비해서 나쁠 것은 없다. 반려견 구급상자에는 붕대, 핀셋, 그리고 가벼운 부상을 치료하는 데 도움이 되는 도구가 포함되어야 한다.

표준 캠핑 용품 외에도 반려견 친화적인 캠핑은 반려견이 안전하고 기억에 남는 시간을 보내는 데 필요한 모든 것을 의미한다. 반려견 캠핑 필수용품은 다음과 같다.

반려견 캠핑 필수용품
반려견 음식과 그릇, 물그릇, 간식, 처방약, 추가 수건, 반려견 구급상자, 야외에서 안전한 장난감, 목줄, 현재 모습의 사진, 수의사 기록 및 의료 정보, 인식표, 배변 봉투 등

음식이나 물을 줄 때 사용할 수 있는 접이식 경량 그릇을 준비한다. 또한 반려견의 수분 공급에 필요한 물을 보충할 수 있는 추가 물병을 준비하는 것도 좋은 방법이다. 반려견 배낭은 반려견과 함께 하이킹을 할 때 필요한 중요한 도구이지만 캠핑장에서도 유용한 도구이다. 반려견 배낭은 캠핑장에서 배변봉투와 간식을 보관하기 위한 편리하고 쉽게 접근할 수 있는 수납공간이다. 반려견 침낭은 따뜻하고 패딩된 수면 표면으로 밤에 반려견을 편안하게 해준다. 반려견과 함께 보호자의 침낭에서 함께 있거나 땅에 수면 매트를 설치할 수도 있지만, 반려견과 함께 캠핑 시 편안함을 위해서 반려견 침낭은 가져가도록 한다.

3.9 동물병원 반려견 공공예절

반려견이 몸이 좋지 않을 때, 그냥 안고 동물병원에 가고 싶은 유혹을 느낄 수 있다. 반려견을 최대한 빨리 치유하고 싶은 보호자의 마음 때문일 것이다. 동물병원 대기실은 일반적으로 자연스럽게 다른 보호자와 그들의 반려동물들과의 상호작용으로 이어질 수 있다. 친근하고 긍정적인 만남은 바람직한 일이지만, 다른 반려동물들은 스트레스를 받고, 두려워하고, 어쩌면 고통스러울 수도 있다. 대기실에 있는 모든 반려동물이 기분이 좋은 것은 아니라는 것을 이해하는 것이 다양한 안전 문제를 해결하는 데 도움이 될 수 있다. 반려견과 함께 동물병원을 방문하는 동안 항상 목줄을 착용시켜야 하며, 가급적이면 목줄의 길이는 1.5m 이하가 되어야 하며 항상 자신의 반려견과 가까이 있어야 한다. 목줄은 몸집이 큰 대형견에게는 바람직하지만 작은 소형견에게는 운반용기가 더 적합하다. 운반용기는 반려견을 제어하는 가장 효과적인 방법이기도 하다. 또한 면역력이 떨어졌기 때문에, 아직 완전히 예방접종을 마치지 않은 어린 강아지들은 운반용기에 데리고 가는 것이 좋다. 동물병원 대기실에 있는 동안 반려견의 주의를 분산시키기 위해 장난감이나 작은 간식을 운반용기에 넣어 줄 수 있다.

 그림 3-18. **동물병원 대기실**

동물병원 방문 전 또는 방문 중 산책을 하면 동물병원에서의 배변을 예방할 수 있다. 동물병원 대기실에서 반려견이 배변을 하는 것을 원하는 사람은 아무도 없다. 시간을 내서 동물병원에 가기 전에 반려견을 데리고 간단히 산책을 하면 동물병원에서 배변을 할 가능성이 줄어든다. 또한 동물병원에서도 차나 외부에서 대기하면서 진료 차례가 되면 들어가도록 하면 동물병원 내에서의 배변활동 가능성이 낮아진다. 반려견이 배변할 것 같은 느낌이 들면 반려견을 데리고 밖으로 나가도록 한다. 배설물 정리를 위해서 배변봉투와 물티슈를 가져가는 것도 잊지 않도록 한다.

동물병원에서는 서로 반려견들의 공간을 존중해 주어야 한다. 반려견들은 자기 주변을 탐색하는 것을 좋아한다. 그러나 반려견들끼리 마주쳤을 때, 어느 한 반려견이 더 적극적으로 반응할 수도 있다. 반려견들끼리 서로 가까이 가지 못하게 하여 각자의 공간을 갖도록 하는 것이 좋다. 또한 반려견은 주변 동물에 대해 자연스럽게 호기심을 가지고 있다. 두 마리의 반려견이 처음으로 서로 만날 때, 그 중 하나는 다른 반려견보다 더 공격적일 수 있다. 상호작용은 두 반려견 사이의 싸움으로 이어질 수 있다. 반려견들이 마음대로 돌아다니거나 다른 반려견에게 근접하지 못하게 해야 한다. 이는 동물병원 대기실에서 평화를 보장하는 가장 좋은 방법이다. 반려견의 감정 상태에 즉각적으로 대응하기 위하여 동물병원에 있을 때에는 잠시 휴대폰을 끄는 것도 좋다. 반려동물은 왜 이곳에 있는지 모르기 때문에 모든 사람이 자신의 반려동물을 가까이에 두고 반려동물끼리 만남이나 인사를 피하는 것이 더 안전하다.

동물병원에 방문이 예약되어 있다면 반려견을 사전에 목욕시키도록 한다. 반려견은 목욕하지 않으면 상당한 냄새를 발산한다. 좋지 않은 냄새는 주변의 모든 사람들이 그것을 알아차릴 만큼 충분히 강하다. 따라서 동물병원을 방문하기 전에 반려견을 깨끗히 목욕을 시키도록 한다. 젖은 상태로 지내면 깨끗한 반려견조차도 냄새가 나기 때문에 털을 완전히 말려주도록 한다.

신경질적인 반려동물에 대한 배려도 필요하다. 동물병원은 불안한 반려동물에게는 무서운 장소가 될 수도 있다. 검사실 문 뒤에 대기하는 것은 말할 것도 없고 시끄러운 대기실도 혼란스러울 수 있다. 반려동물의 불안을 덜어주기 위해 동물병원에 연락하여 진료 예약 시간까지 주차장에서 기다릴 수 있는지 물어보는 것도 좋은 방법이다. 보호자 차량에서 대기하면 친숙한 환경과 평화로운 분위기는 스트레스 상황에서 반려동물을 차분하게 유지하는데 도움을 줄 수 있다. 간식이나 장난감 등은 반려동물이 새로운 환경에서 편안함을 느끼는데 도움이 된다.

동물병원의 직원을 존중해 주도록 해야 한다. 동물병원의 직원들은 보호자와 반려동물의 요구를 수용하기 위해 최선을 다하고 있다. 때에 따라 응급상황이 발생할 수도 있고 진료날짜, 시간이 변경되기도 한다. 이런 일이 일어날 때 상호 이해를 해주는 것이 지혜로운 방법이다.

그림 3-19. **보호자와의 상담**

바람직한 행동

- 항상 목줄을 착용시키기 : 반려견은 항상 목줄을 착용한 상태에서 보호자 옆에 있어야 한다.
- 주의 상황에 대비하기 : 동물병원 대기실의 분위기는 사람, 동물 및 상황에 따라 끊임없이 변화하고 있다. 까다롭거나 위험한 상황을 피하기 위해서는 주변 환경과 반려견에 항상 주의하고 있는 것이 중요하다.

부적절한 행동

- 자동줄 사용하기 : 자동줄은 의자, 테이블, 사람을 쉽게 감쌀 수 있다. 또한 충분한 통제력을 제공하지 못한다.
- 반려동물 정보 알려고 하기 : 동물병원의 대기실은 반려동물들의 사교의 장소가 아니다. 또한 반려견이 다른 동물을 무서워할 수 있다.
- 방치하기 : 어떠한 이유로든 대기실을 나갈 때에는 반려견을 항상 데리고 다녀야 한다.
- 걱정하기 : 반려동물은 보호자의 감정에 반응한다. 만약 보호자가 반려견과 함께 대기실에 있는 것에 대해 스트레스를 받는다면, 그들은 반응할 것이다. 긴장을 풀고, 숨을 쉬고, 반려동물을 안심시키도록 해야 한다.

3.10 공동주택 반려견 공공예절

우리나라 주택 중 75%는 아파트 · 연립 · 다세대 주택처럼 여러 가구가 모여 사는 공동주택 형태이다. 반려동물 관련 시장 규모가 커지고 반려동물 양육 인구가 증가함에 따라 생기는 갈등문제가 사회문제로 대두되고 있다. 특히 아파트 등 공동주택에서 반려견의 짖는 소리로 인한 층간소음, 반려동물의 털과 냄새로 인한 피해, 반려동물의 배설물 처리를 제대로 하지 않는 행위, 반려동물과 외출 시 목줄 착용과 입마개를 제대로 하지 않는 행위, 반려동물에게 물려 다치는 사건, 유기동물 증가, 고양이 같은 반려동물의 발정기 울음소리 등 다양한 피해사례로 공동주택 생활에 어려움을 겪고 있다.

반려동물과 함께 거주하며 생활할 수 있는지 여부는 아파트마다 다를 수 있다. 따라서 입주하고자 하는 아파트의 관리사무소 등을 통해 해당 아파트의 관리규약을 확인할 필요가 있다. 입주자 · 사용자는 공동주택관리규약의 준칙을 참조하여 관리규약을 정해야 한다(「공동주택관리법」 제18조제2항 전단). 입주자 · 사용자는 가축(장애인 보조견은 제외)을 사육함으로써 공동주거생활에 피해를 미치는 행위를 하려는 경우에는 관리주체의 동의를 받아야 한다(「공동주택관리법 시행령」 제19조제2항제4호).

 그림 3-20. **공동주택의 반려견 생활**

아파트 등의 공동주택에서 반려견을 기르는 것을 법률적으로 제한하고 있지 않으나 타인에게 피해를 끼친다면 반려견 보호자는 그에 대한 법적인 책임을 져야 한다. 먼저 반려견으로 인한 소음 문제가 있을 수 있다. 다가구주택에서 반려견의 소음으로 인한 손해배상청구소송에서 배상판결을 내린 판례도 있으므로 반려견의 짖음이 심할 경우 적절한 행동교정교육을 해야 한다. 실제로 반려견으로 인해 공동주거생활에 피해를 미치는 행위는 관리주체의 동의를 받아야 한다는 공동주택관리법 시행령 제19조(관리규약의 준칙) 제2항이 있으므로 자칫 법적인 문제가 되지 않도록 주의해야 한다. 공동주택 거주자들에게 반려견의 짖는 소리는 매우 심각한 소음 공해로 거주자들 간의 갈등을 야기한다. 보통 누군가가 문을 두드리거나, 복도에서 누군가가 놀라는 소리를 들을 때 이런 일이 발생한다. 하지만 보호자가 외출 시에도 그럴 수 있다. 만약 보호자가 이웃들로부터 반려견 소음 관련 민원을 받았다면, 심각하게 받아들이고 자신의 반려견이 짖는 원인이 무엇인지 알아보도록 노력해야 한다. 예를 들어 반려견 전문가에게 공동주택에서 반려견을 두고 외출할 때 짖는 것을 통제할 수 있는 방법에 대해 도움을 받을 필요가 있다. 분리 불안은 둔감 훈련으로 완화될 수 있는 반면, 안에 있는 것을 지루해 하는 반려견은 단지 더 많은 운동이나 자극을 필요로 할 수도 있다. 반려견이 복도나 창문에 대고 크게 짖는 경우, 소리의 근원지와 공용 벽에 가까이 가는 것을 제지하여야 한다. 반려견이 소음을 만드는 가장 큰 이유 중 하나는 충분한 운동을 하지 않기 때문이다. 그들은 지루함을 해소하고 여분의 에너지를 발산하기 위하여 소음을 만들 수 있다. 야외 활동은 견종에 따라 다르지만 모든 반려견은 야외에서 충분히 뛰어다녀야 한다.

반려견과 외출 시에는 반드시 목줄을 하여야 한다. 공동주택에 거주하고 있는 모든 거주민들이 반려견을 좋아하는 것은 아니므로 외출 시에는 반드시 목줄을 하고 거주민들이 다가올 때에는 한 쪽으로 피해 주거나 아니면 다른 방향으로 가도록 한다. 복도식 아파트인 경우 복도에서 달리지 않게 하여야 한다. 복도는 반려견이 마음껏 달리도록 만들어 놓은 공간이 아니기 때문이다. 또한, 반려견이 맹도견으로 분류되어 있거나 맹도견이 아니더라도 공동 거주자들에게 위협이나 혐오감을 줄 수 있다고 판단되거나 공격성이 있으면 반드시 입마개를 착용시켜야 한다. 반려견을 마주쳤을 때 만져보고 싶다면 보호자에게 먼저 반려견을 쓰다듬을 수 있는지 물어보아야 한다. 때때로 반려견은 주인 이외에 다른 사람들을 좋아하지 않을 수도 있다. 만약 반려견이 소심하고, 수줍고, 어색하고, 겁이 많은데 다른 사람이 쓰다듬기를 요청한다면 그 상황을 설명해주어야 한다.

반려견과 외출시에는 배변봉투를 항상 휴대하여 배설 후에는 즉시 처리하도록 한다. 반려견의 배설물을 처리하는 것은 가장 기본적인 공동주택 공공예절이다. 왜냐하면 반려견 배설물은 질병을 퍼뜨릴 수 있고 주민들이 배설물을 밟아 신발을 망가트리고 기분을 상하게 할 수 있기 때문이다. 또한 반려견이 공동 공간 및 공유물에 배설하지 않도록 주의한다. 공동주택 내의 나무, 주차장, 승강기, 계단 등 공동 공간 및 공유물은 공동주택에 살고 있는 모든 사람들이 공유하는 것이므로, 이곳에 반려견이 배설하여 냄새를 풍긴다면 주민들에게 불쾌감을 줄 수 있기 때문에 공동 공간이나 공유물에 배설하지 않도록 주의해야 한다.

정기적인 일정은 반려견들이 일과를 시작하는데 도움을 주고 언제 그들이 음식을 먹을 수 있는지, 언제 바깥으로 나갈 수 있는지에 대한 확신을 줄 수 있다. 일정을 정할 때는 이웃에 대한 고려가 필요한데, 만약 일정을 바꾸어 산책을 해야 한다면, 반려견을 데리고 밖에 나올 때까지 반려견이 조용히 있는지 확인할 필요가 있다.

야외에서 반려견과 함께 산책을 하면, 반려견의 몸에 풀, 진흙, 먼지 등 여러 이물질들이 묻게 된다. 이러한 상태에서 공동 공간으로 들어오게 되면 다른 거주자들에게 피해를 줄 수 있기 때문에 공동 공간으로 들어오기 전에 털, 발바닥 등을 깨끗이 정리할 수 있도록 한다.

3.11 해변 반려견 공공예절

따뜻한 날에 반려견과 함께 모래사장이 넓게 펼쳐져 있고 부드러운 파도가 넘실대는 해변을 찾는 것은 큰 행복일 것이다. 해변가 모래사장을 뛰어다니고 물속을 헤엄치는 것은 대부분의 반려견들에게는 신나는 경험이며 보호자에게도 즐거움을 준다. 다음은 반려견과 함께 해변을 갈 때의 공공예절이다.

해변에 가기 전에 먼저 해당 지역의 해변이 반려견 출입이 가능한지 확인하도록 한다. 최근 많은 해변이나 해수욕장이 점점 더 반려견에 대해 허용적이며, 목줄을 한 반려견의 경우에는 언제든지 해변의 출입을 허용하고 있다. 일부 해변은 반려견이 목줄을 착용하지 않고 자유롭게 다닐 수 있도록 허용하는 특별한 곳도 있다.

반려견 공공예절을 준수하는 것은 반려견과 사람들 모두에게 즐거움을 보장한다. 반려견 보호자들은 자신의 반려견이 보이는 행동에 책임이 있다. 해변의 표지판이나 주의사항을 잘 숙지하여 불만사항이 발생하거나 벌금이 부과되지 않도록 하여야 한다. 특히, 반려견의 배설물은 즉시 치우도록 한다. 모래 위에 남겨진 반려견 배설물이 조수의 변화에 의해 물에 씻겨 나가면 반려견 배설물 속의 박테리아가 해양생물, 모래사장에서 노는 아이들, 그리고 해변을 걷는 사람들에게 질병을 일으킬 수 있기 때문이다.

그림 3-21. **해변에서 반려견 산책**

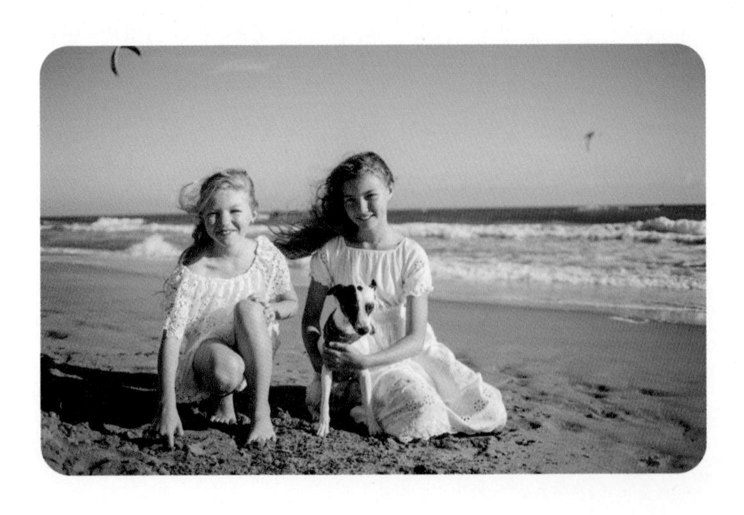

해변을 찾은 사람들을 배려해야 한다. 자신의 반려견이 사회성이 좋고 활동적이며 누군가를 해치지 않을 것이라는 것을 반려견 보호자는 알고 있지만 해변에 있는 여러 사람, 특히 어린이는 반려견이 자신을 향해 달려들고 뛰어오르는 것에 겁을 먹을 수 있다. 음성 신호로 반려견을 통제할 수 있어야 하며, 반려견이 다른 사람들의 물건을 뒤적거리거나 그들의 물건에 소변을 보지 않도록 교육시켜야 한다. 자신의 반려견은 매우 예의 바르고 잘 훈련되어 있을지 모르지만 모든 반려견이 그렇지는 않다는 것도 알아야 한다. 어떤 반려견들은 매우 공격적이고 보호자의 통제를 따르지 않을 때도 있다. 종종 반려견들 사이에 싸움이 일어나 상처가 생기는 일도 발생한다. 자신의 반려견이 해변에 있는 다른 반려견을 괴롭히거나 힘들게 한다면, 물속에서 떠다니는 장난감 물어오기 놀이를 하는 것도 좋은 방법이다.

그림 3-22. **반려견 전용 구명조끼**

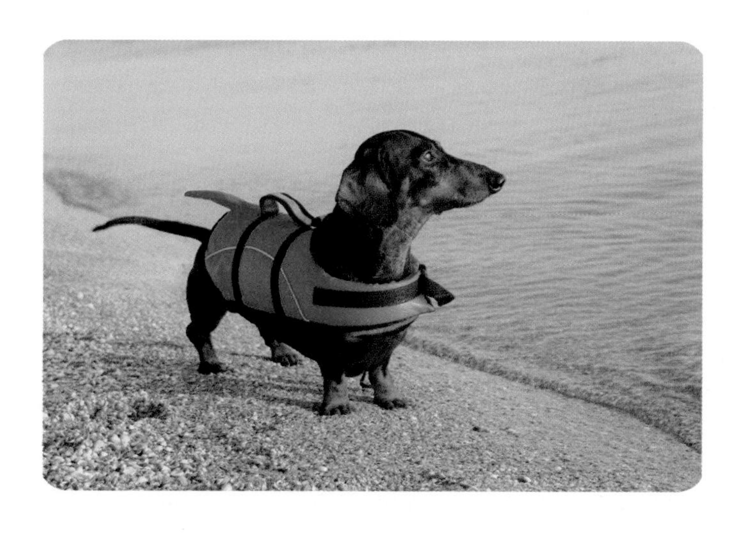

만약 반려견이 수영에 집착하여 물속에 장시간 머무른다면, 꼬리 근육에 무리를 줄 수 있고 며칠 동안 축 늘어져 있을 수도 있다. 만약 꼬리가 48시간 이내에 정상적인 움직임을 되찾지 못한다면, 동물병원을 방문하여 수의사의 진료를 받도록 한다. 반려견들은 타고난 수영 능력을 가지고 있으나 모든 반려견이 다 잘 하는 것은 아니다. 공포를 느끼거나 올바른 신체 모양을 가지고 있지 않으면 쉽게 가라앉고 익사할 위험이 있다. 바셋 하운드나 닥스훈트와 같은 종들은 매우 짧은 다리를 가지고 있어서 몸을 띄우기 위해 필요한 충분한 발 움직임을 가지지 못하기 때문에 잘 헤엄치지 못한다. 스태퍼드셔 불 테리어, 퍼그, 불테리어와 같은 일부 견종들은 부표처럼 매우 큰 가슴을 가지고 있기 때문에 수평보다는 수직으로 헤엄치는 경향이 있다. 만약 반려견이 수영을 잘 한다고 할지라도 바다에서 수영하는 것이 처음이라면, 해류의 흐름에 익숙해지기 위한 시간이 필요하다. 반려견 전용 구명조끼를 착용시키고 파도가 잔잔할 때 경험하도록 하여야 한다. 바다 조건 변화와 이안류의 가능성에도 유의해야 한다. 반려견이 싫어하면 강제로 물속으로 밀어 넣지 말아야 한다. 만약 보호자와 함께 수영하고 있다면, 보호자에게 가까이 오거나 기어오르는 경우에 발톱으로 긁어 상처가 생길 수 있으므로 그런 경우에는 천천히 반려견을 해안쪽으로 이끌어준다. 사람이 살지 않거나 인적이 드문 해변 구역을 찾아 반려견이 마음껏 달릴 수 있게 해주는 것도 좋다. 공이나 원반을 가지고 가서 함께 놀아주는 것도 좋은 방법이다.

해변의 더운 날씨를 주의해야 한다. 반려견들은 때때로 날씨 상태에 따라 몸을 조절하지 못하고 계속해서 뛰어놀 수 있다. 특히, 매우 더운 날에는 열사병에 주의해야 한다. 반려견 전용 자외선 차단 제품을 귀, 코, 기타 털이 없는 곳에 발라준다. 아연은 반려견에게 독성이 있기 때문에 자외선 차단제에 아연 성분이 포함되었는지 여부를 확인할 필요가 있다. 만약 보호자가 맨발로 모래 위를 걸을 수 없다면, 반려견도 걸을 수 없기 때문에 물가에서 놀거나 모래가 뜨겁지 않은 시간에 걷고 노는 것이 가장 좋다. 모래 위를 걷기 전에 모래에 손바닥을 대보아서 뜨겁게 느껴지면 모래 위에서 활동하지 않아야 한다. 더위를 피할 수 있도록 나무 아래, 탁자 또는 해변용 우산을 사용하여 그늘을 만들어 주어야 한다. 반려견이 누워 휴식을 취할 수 있도록 모래 위에 대형 수건을 깔아주는 것도 도움이 된다. 가능하면 하루 중 가장 더운 시간대를 피해 비교적 선선한 아침이나 오후 늦게 해변을 찾도록 한다.

깨끗하고 신선한 물을 준비하여야 한다. 수영 중에 실수로 바닷물을 삼키거나 목마른 반려견은 바닷물을 마실 수도 있다. 바닷물을 다량 섭취하게 되면 탈수증상이 나타날 수 있고 소금중독을 일으킬 수 있다. 반려견이 수영을 모두 마친 후에는 30분 정도 기다렸다가 깨끗하고 신선한 물을 주도록 한다. 수영은 칼로리가 많이 소비되는 활동이기 때문에 수영 후에 배가 고플 수 있는 반려견을 위해 간식을 충분히 준비해간다.

깨끗한 해변이라도 파도를 타고 해변으로 쓰레기들이 밀려올 수 있다. 죽은 물고기와 새, 쓰레기, 부서진 껍질, 유리, 썩은 음식, 플라스틱, 낚시 바늘, 표류목, 해초 등은 반려견에게 호기심을 유발하고 모든 것을 맛보려고 시도하여 잘못 섭취하게 되면 장에 구멍이 나거나, 밟아서 상처가 날 수도 있다. 반려견에게 특히 위험한 것은 해초로, 해초를 섭취하면 장내 수분을 흡수하여 팽창하고 고통스럽고 심각한 막힘을 일으킬 수 있다. 이러한 유형의 막힘은 치명적일 수 있으니 주의하여야 한다. 반려견을 유혹하지만 먹기에 부적절한 것으로부터 유인하기 위해 평소 반려견이 좋아하는 간식을 가지고 다니도록 한다.

그림 3-23. **해변과 쓰레기**

또한 반려견은 따개비, 게와 같은 작은 바다 생물들을 밟아 파괴할 가능성이 있기 때문에 조수 웅덩이로부터 멀리 떨어져 있어야 한다. 또 다른 위험요소는 유목재인데, 유목재는 겉은 매우 부드럽지만, 쉽게 부서지기 때문에 반려견과 놀기 위한 수단으로 사용하는 경우에는 부상의 위험이 있을 수 있다. 항상 구급상자를 휴대하여 즉시 응급조치가 가능하도록 하여야 한다. 몇몇 해변에는 큰 풀들이 무성하게 자라는 지역이 있는데 이 지역은 사슴과 들쥐에게 완벽한 서식처이며 진드기가 많다. 때문에 라임병을 예방하려면 이러한 지역은 피하는 것이 좋다. 해파리 독은 반려견들에게 심각한 건강 문제를 일으킬 수 있기 때문에 해파리가 있는지도 확인해 보아야 한다.

해변에서는 반드시 반려견 인식표를 착용시켜야 한다. 아무리 교육이 잘된 반려견이라도 해변 환경의 유혹적인 소리, 냄새, 야생 동물에 흥분하면 길을 잃고 헤맬 수 있다. 보호자와 멀리 떨어지더라도 쉽게 반려견을 찾을 수 있도록 해야 한다. 그리고 해변의 활동이 모두 끝나면 가능하면 집으로 돌아가기 전에 반려견 몸과 발바닥에 붙어 있는 모래와 소금물을 씻어내도록 한다. 소금물이 피부에서 마르면 가려움증을 유발할 수 있기 때문에 모래와 소금물을 제거하고 바람에 말려주거나 마른 수건으로 닦아주어야 한다.

3.12 대중교통 반려견 공공예절

국내 인구의 약 30%가 반려동물과 함께 거주하고 있고, 반려견은 또 하나의 가족구성원으로 자리 잡았다. 이에 따라 반려동물 보호자가 반려동물과 함께 이동하는 빈도도 증가하고 있는 반면, 자가용이 없는 반려동물 보호자는 반려동물과 이동할 때 각종 제약이 따르고 있다. 다양한 사람들과 함께 이용하는 대중교통은 반려동물을 싫어하거나 알레르기가 있는 사람 등이 존재하기 때문이다. 반려동물과 여행을 떠나는 경우도 많아져 차량 동승 시 안전사고에 더 집중해야 한다(박지현, 2020).

반려동물 문화가 정착된지 오래 되지 않은 우리나라는 이에 대한 구체적 가이드라인과 규정이 부족한 실정이다. 법이 정해놓은 반려동물의 대중교통 이용은 아주 오랫동안 시각장애인용 안내견을 제외하고 대부분 금지되어 있다. '다른 사람에게 위해 또는 불쾌감을 주는 동물, 기타의 물건'을 실을 수 없다는 조항 때문이다.

가 자동차

그림 3-24. **반려견과 차량 탑승**

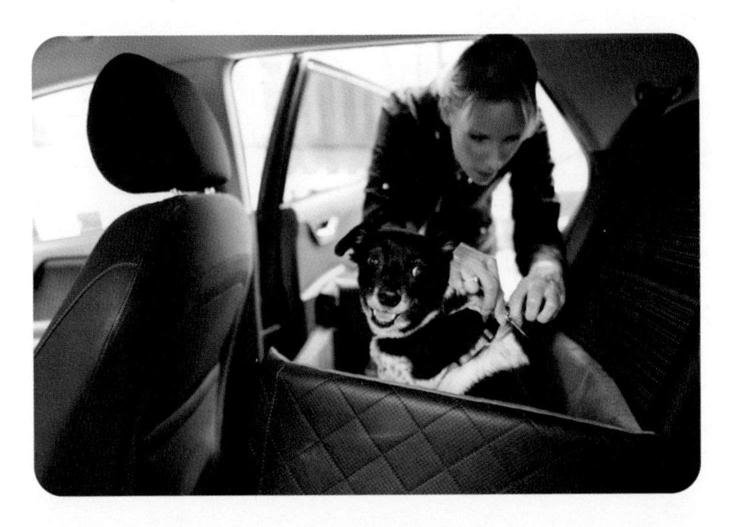

반려견과 차량 탑승시 운전자와 반려견의 안전을 위한 안전수칙 준수에 대한 세부사항이 마련되어 있다. 반려견과 함께 거주하면서 여행을 떠나는 경우가 많아져 차량 동승 시 안전사고에 대해 더 집중해야 한다. 도로교통법 제39조 제

5항에 따르면 '모든 운전자는 동물을 안고 운전하는 것을 금지'하고 있다. 그 이유는 동물이 운전자의 핸들 조작 및 전방 주시를 방해할 수 있기 때문이다. 도로교통법 제156조제1호에 따라 20만원 이하의 벌금이나 구류 또는 과료에 처할 수 있고. 도로교통법 시행령 제93조제1항 및 별표 8에 따라 이륜차는 3만원, 승용차 4만원, 승합차 5만원의 범칙금을 부과한다.

이외에도 안전장치 없이 반려견을 뒷좌석 또는 조수석에 앉히는 것도 지양해야 한다. 왜냐하면 반려견이 운전석으로 뛰어들 수 있고, 열린 창틈으로 밖으로 뛰어내리는 등 돌발행동을 할 수 있기 때문이다. 무엇보다 교통사고 발생으로 충격이 가해질 경우 반려견이 튕겨 나가 차체에 부딪히는 등 큰 부상을 입을 수 있다.

도로교통공단 관계자는 "운전 시 필요한 외부 정보의 90%는 운전자의 시각으로 얻게 되는데 반려견을 안고 운전할 경우 시선이 분산되어 눈을 감은 채 운전하는 것과 같다"며 "반려견과 차량에 동승 할 때는 반드시 안전조치를 해야 한다"고 말한다.

 그림 3-25. 반려동물의 차량 안전 수칙

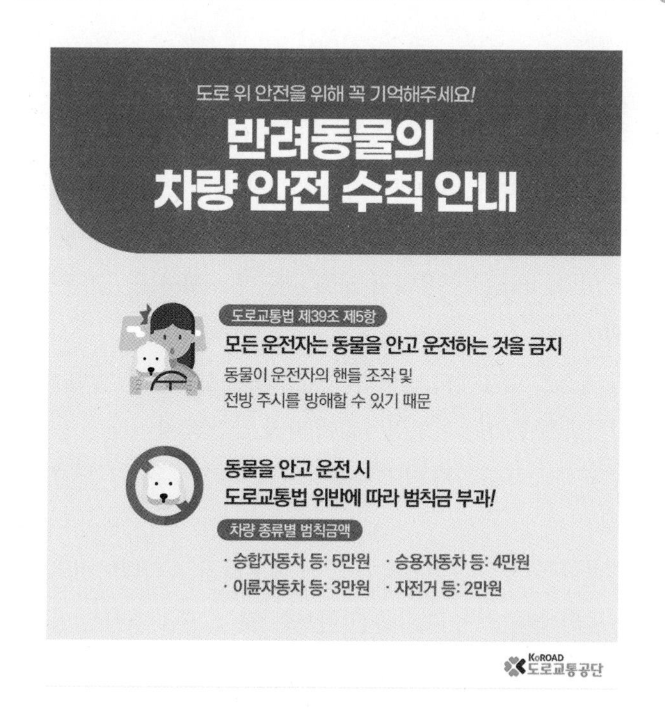

출처 : 도로교통공단

나 택시

택시에 반려견과 함께 탑승할 수 있는지는 택시사업자가 정하는 운송약관 또는 영업지침에 따라 결정된다.

다 시내 · 시외 · 고속버스

그림 3-26. 반려견과 버스 탑승

버스운송회사마다 운송약관과 영업지침에 따라 약간씩 차이가 있기는 하지만 대부분의 경우 반려동물의 크기가 작고 운반용기를 갖춘 경우에는 탑승을 허용하고 있다. 버스를 이용하기 전에 해당 버스회사에 반려동물의 탑승 가능 여부를 알아보는 것이 좋다.

시내버스를 이용해서 반려견과 이동하는 것은 제한이 따를 수 있다. 버스운송회사마다 운송약관과 영업지침에 따라 약간씩 차이가 있긴 하지만, 대부분의 경우 반려동물의 크기가 작고 운반용기를 갖춘 경우에만 탑승을 허용하고 있기 때문이다(「여객자동차 운수사업법」 제9조, 「서울특별시 시내버스 운송사업 약관」 제10조제3호). 따라서 버스를 이용하기 전에 이용하려는 시내버스의 운송회사에 미리 반려동물의 탑승 가능 여부를 알아보는 것이 바람직하다. 이를 위반하면 탑승이 거절될 수 있다(「서울특별시 시내버스 운송사업 약관」 제12조제1호 및 제2호).

시외버스 또는 고속버스를 이용해서 반려동물과 이동하는 것은 제한이 따를 수 있다. 버스운송회사마다 운송약관과 영업지침에 약간씩 차이가 있긴 하지만, 대부분의 경우 전용 운반용기에 넣은 반려동물은 탑승을 허용하고 있기 때문이다(「여객자동차 운수사업법」 제9조, 「고속버스 운송사업 운송약관」 제25조제3호, 「경기도 시외버스 운송사업 운송약관」 제22조제3호). 따라서 이용하려는 고속버스와 시외버스의 운송회사에 미리 반려동물의 탑승 가능 여부를 알아보는 것이 바람직하다. 이를 위반하면 탑승이 거절될 수 있다(「고속버스 운송사업 운송약관」 제20조제2호, 「경기도 시외버스 운송사업 운송약관」 제17조제2호).

라 광역전철 · 도시철도

그림 3-27. 반려견과 지하철 탑승

광역전철 또는 도시철도를 이용해서 반려동물과 이동하는 것은 제한이 따를 수 있다. 반려동물을 운반용기에 넣어 보이지 않게 하고, 불쾌한 냄새가 발생하지 않게 하는 등 다른 여객에게 불편을 줄 염려가 없도록 안전조치를 취한 후 탑승해야 하기 때문이다(「도시철도법」 제32조, 「광역철도 여객운송 약관」 제31조제2호, 제32조제1항, 「서울교통공사 여객운송약관」 제34조제1항제4호). 이를 위반하면 탑승이 거절될 수 있다(「광역철도 여객운송 약관」제6조제3항제3호, 「서울교통공사 여객운송약관」 제36조).

마 기차

기차를 이용해서 반려동물과 이동하는 것은 제한이 따를 수 있다. 반려동물(이동장비를 포함)의 크기가 좌석 또는 통로를 차지하지 않는 범위 이내로 제한되며, 다른 사람에게 위해나 불편을 끼칠 염려가 없는 반려동물을 운반용기 등에 넣어 외부로 노출되지 않게 하고, 광견병 예방접종 등 필요한 예방접종을 한 경우 등 안전조치를 취한 후 탑승해야 하기 때문이다(「철도안전법」 제47조제1항제7호, 「철도안전법 시행규칙」 제80조제1호, 「한국철도공사 여객운송약관」 제22조제1항제2호). 이를 위반하면 탑승이 거절되거나 퇴거조치될 수 있으며(「철도안전법」 제50조제4호, 「한국철도공사 여객운송약관」 제5조제1항제2호), 위반 시 50만원 이하의 과태료를 부과받게 된다(「철도안전법」 제82조제5항제2호, 「철도안전법 시행령」 제64조 및 별표 6 제2호허목).

 그림 3-28. **반려견과 기차 탑승**

바 비행기

비행기를 이용해서 반려동물과 이동하는 것은 제한이 따를 수 있다. 항공사마다 운송약관과 영업지침에 약간씩 차이가 있긴 하지만, 국내 항공사들은 일반적으로 탑승 가능한 반려동물을 생후 8주가 지난 개, 고양이, 새로 한정하고, 보통 케이지 포함 5~7kg 이하일 경우 기내반입이 가능하며, 그 이상은 위탁수하물로 운송해야 한다(규제「항공사업법」 제62조제1항, 「대한항공 국내여객운송약관」 제31조, 「대한항공 국제여객운송약관」 제10조제9호, 「아시아나 국내여객운송약관」 제29조, 「아시아나 국제여객운송약관」 제9조제10호).

 그림 3-29. **반려견과 비행기 탑승**

반려동물 케이지는 잠금장치가 있고 바닥이 밀폐되어야 한다. 항공사마다 특정 케이지를 요구할 수 있으므로 사전에 확인해야 한다.

반려동물과 비행기를 이용해서 이동할 경우에는 이용하려는 항공사에 연락해서 미리 상담한 후 반려동물 수하물서비스를 신청하는 것이 좋다. 항공사마다 운송약관과 운영 지침에 약간씩 차이가 있어 일부 항공사의 경우 반려동물의 종(種) 또는 총중량(운반용기를 포함)에 따라 기내 반입 또는 수하물 서비스가 거절될 수 있다. 반려동물의 운반비용은 여객의 무료 수하물 허용량에 관계없이 반려동물의 총중량(운반용기를 포함)을 기준으로 초과 수하물 요금이 적용된다(「대한항공 국내여객운송약관」 제31조제2호다목, 「대한항공 국제여객운송약관」 제10조제9호라목, 「아시아나 국내여객운송약관」 제29조제2호다목, 「아시아나 국제여객운송약관」 제9조제10호다목).

승객과 함께 비행기에 탑승하는 반려동물은 보호자와 떨어져 별도로 촉수검색 또는 폭발물흔적탐지 검색을 받았는데, 이 과정에서 보안검색요원이 반려동물에게 물리거나 승객과 보안검색요원 간 다툼의 상황이 발생하기도 하였다. 현재는 승객이 원하는 경우 동반 승객이 반려동물을 안은 상태에서 함께 보안검색을 받을 수 있다(항공보안과, 2020).

 그림 3-30. 공항 반려견 공공예절

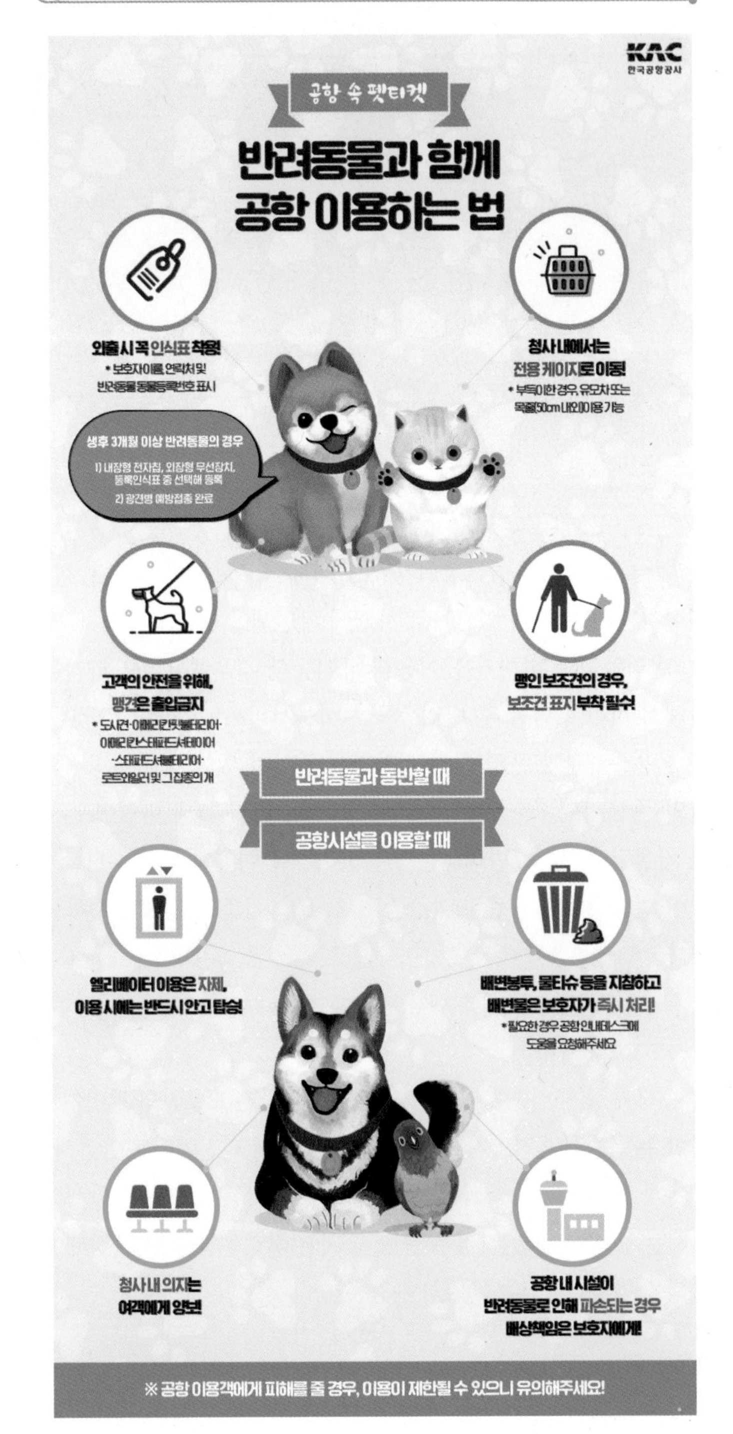

출처 : 한국공항공사

사 연안여객선

반려동물과 연안여객선을 이용해서 이동하는 것은 제한이 따를 수 있다. 연안여객회사마다 운송약관과 영업지침에 약간씩 차이가 있긴 하지만, 대부분의 경우 전용 운반용기에 넣은 반려동물은 탑승을 허용하고 있기 때문이다(「해운법」 제11조의2, 「연안여객선 운송약관」 제29조제3항). 따라서 이용하려는 연안여객회사에 미리 반려동물의 탑승 가능 여부를 알아보는 것이 바람직하다.

그림 3-31. **반려견과 연안여객선 탑승**

아 밴형 화물자동차

반려동물과 위의 대중교통수단을 이용하는 것이 어려운 경우에는 화물운송을 이용하는 것도 한 방법이다. 반려동물의 중량이 20kg 이상이거나, 혐오감을 주는 동물인 경우에는 밴형 화물자동차에 반려동물과 동승할 수 있다(「화물자동차 운수사업법」 제2조제3호, 「화물자동차 운수사업법 시행규칙」 제3조의2).

자 동물운송업체 이용

반려동물 이동서비스는 크게 2가지의 법적 근거로 운영되고 있다. '여객자동차 운수사업법(여객자동차법)'에 따라 모빌리티 플랫폼 기업이 기존의 법인 또는 개인택시와 제휴해 반려동물 이동서비스를 제공하는 '가맹택시' 서비스를 제공할 수 있다. 국토교통부의 허가를 받고 운영하는 사업자는 점차 늘어날 것으로 전망된다. 가맹택시는 기존 택시 사업자가 반려동물 탑승에 따른 부가 서비스 요금을 추가로 받아 운영한다. 또한 2018년 개정한 동물보호법에 따라 동물운송업으로 분류해 운영하는 펫택시가 있다. 동물운송업체를 이용하는 경우에는 반려동물을 동반하여 탑승하거나 반려동물만 따로 이동하는 경우 일정 비용을 지불하면 이용이 가능하다.

3.13 노란 리본 운동(Yellow Dog Project)

노란 리본 운동은 2012년 캐나다 비영리단체를 시작으로 몸이 아프거나 사회성이 부족한 반려동물에게 노란 리본이나 스카프를 달아주고, 사람들이 이런 반려동물에게 다가서지 않도록 전하는 캠페인이다. 따라서 반려견의 목걸이 또는 목줄에 노란 리본이나 위험 표시가 달려 있다면 다가가지 말고 거리를 둬야 한다.

그림 3-32. **노란 리본의 의미**

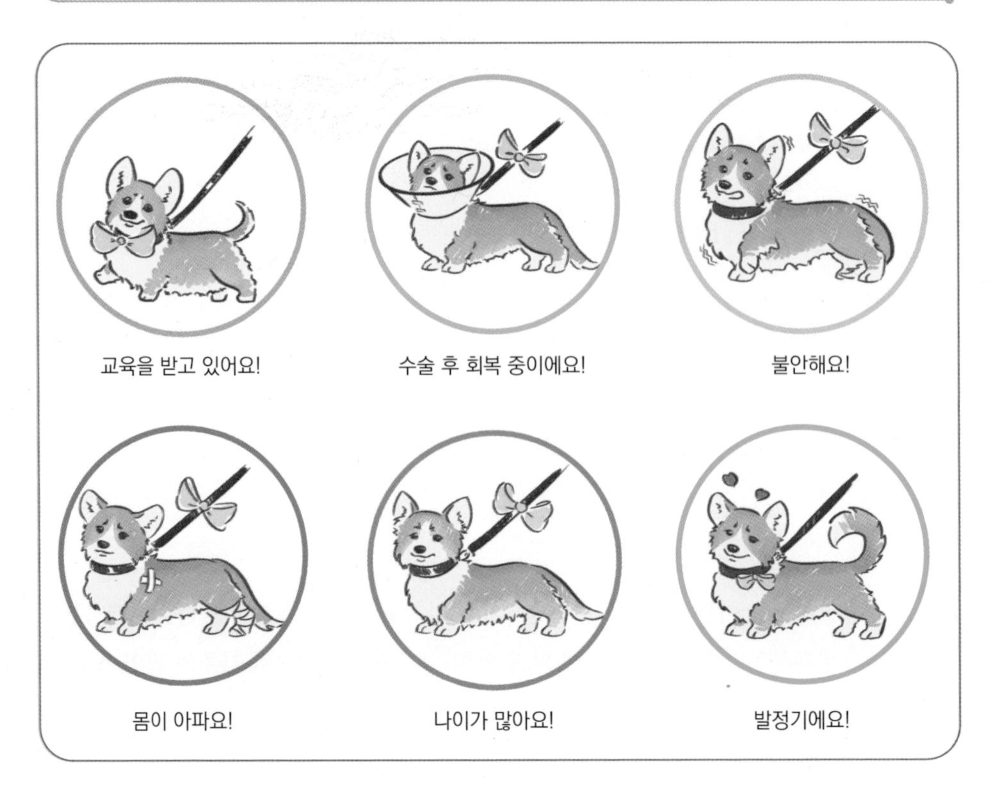

참고문헌

박지현. (2020). 반려동물과 차량 동승 시 주의하세요!. 도로교통공단, 보도자료.

성연재, 서희준. (2018). 반려견과 떠나는 대한민국. 그리고책.

안전감시국 생활안전팀. (2020). 반려동물 동반 가능 대형 쇼핑센터 안전관리 강화 필요. 한국소비자원. 보도자료.

찾기쉬운 생활법령정보. 법제처. https://easylaw.go.kr/CSP/CnpClsMain.laf?popMenu=ov&csmSeq=1294&ccfNo=2&cciNo=4&cnpClsNo=1

항공보안과. (2020). 항공보안, 안전성은 높이고 불편은 줄이겠습니다. 국토교통부, 보도자료.

Barker, R. T., Knisely, J. S., Barker, S. B., Cobb, R. K., & Schubert. C. M. (2012). Preliminary investigation of employee's?dog presence on stress and organizational perceptions. International Journal of Workplace Health Management, 5(1), 15 DOI: 10.1108/17538351211215366

Bauhaus, J. M. (2020). Picking Up After Your Dog: Why It's Important. Hill's. https://www.hillspet.com/dog-care/resources/picking-up-dog-poop

Jackson, S. (2013). Office etiquette for dogs. Animal Wellness. https://animalwellnessmagazine.com/office-etiquette-dog/

Gardner, A. (n.d.). Dog Park Etiquette: 7 Rules for a Well-Behaved Pet. WebMD. https://pets.webmd.com/dogs/features/dog-park-etiquette#1

04
반려견 관련 법률

04

반려견 관련 법률

우리나라는 동물보호법을 중심으로 반려동물에 대한 법을 규정하고 있으며 이외에도 다양한 법률이 마련되어 있다. 관련 법률을 충분히 이해하고 상황에 따라 적절한 공공예절을 준수하면 반려견도 우리 사회의 건강한 구성원이 될 수 있으며, 반려동물에 대한 인식 또한 점점 좋아질 것이다. 우리가 먼저 앞장 서는 것이 우리 모두를 위한 일임을 명심해야 한다.

4.1 반려견 등록에 관한 법률

▶ 동물보호법

제12조(등록대상동물의 등록 등)

① 등록대상동물의 소유자는 동물의 보호와 유실 · 유기방지 등을 위하여 시장 · 군수 · 구청장(자치구의 구청장을 말한다. 이하 같다) · 특별자치시장(이하 "시장 · 군수 · 구청장"이라 한다)에게 등록대상동물을 등록하여야 한다. 다만, 농림수산식품부령으로 정하는 바에 따라 시 · 도의 조례로 정하는 지역은 제외한다.

② 제1항에 따라 등록된 등록대상동물의 소유자는 다음 각 호의 어느 하나에 해당하는 경우에는 해당 각 호의 구분에 따른 기간에 시장 · 군수 · 구청장에게 신고하여야 한다.

1. 등록대상동물을 잃어버린 경우에는 등록대상동물을 잃어버린 날부터 10일 이내
2. 등록대상동물에 대하여 농림축산식품부령으로 정하는 사항이 변경된 경우에는 변경 사유 발생일부터 30일 이내

③ 제1항에 따른 등록대상동물의 소유권을 이전받은 자 중 제1항에 따른 등록을 실시하는 지역에 거주하는 자는 그 사실을 소유권을 이전 받은 날부터 30일 이내에 자신의 주소지를 관할하는 시장 · 군수 · 구청장에게 신고하여야 한다.

④ 시장 · 군수 · 구청장은 농림수산식품부령으로정하는 자로 하여금 제1항부터 제3항까지의 규정에 따른 업무를 대행하게 할 수 있다. 이 경우 그에 따른 수수료를 지급할 수 있다.

⑤ 등록대상동물의 등록 사항 및 방법 · 절차, 변경신고 절차 등에 관한 사항은 농림수산식품부령으로 정하며, 그 밖에 등록에 필요한 사항은 시 · 도의 조례로 정한다.

▶ 동물보호법

제47조(과태료)

② 다음 각 호의 어느 하나에 해당하는 자에게는 100만원 이하의 과태료를 부과한다.

5. 제12조제1항을 위반하여 등록대상동물을 등록하지 아니한 소유자

③ 다음 각 호의 어느 하나에 해당하는 자에게는 50만원 이하의 과태료를 부과한다.

1. 제12조제2항을 위반하여 정해진 기간 내에 신고를 하지 아니한 소유자
2. 제12조제3항을 위반하여 변경신고를 하지 아니한 소유권을 이전받은 자

▶ 동물보호법 시행규칙

제7조(동물등록제 제외 지역의 기준)

법 제12조제1항 단서에 따라 시 · 도의 조례로 동물을 등록하지 않을 수 있는 지역으로 정할 수 있는 지역의 범위는 다음 각 호와 같다.

1. 도서[도서, 제주특별자치도 본도(本島) 및 방파제 또는 교량 등으로 육지와 연결된 도서는 제외한다]
2. 제10조제1항에 따라 동물등록 업무를 대행하게 할 수 있는 자가 없는 읍 · 면

4.2 반려견 소유자의 의무에 관한 법률

▶ 동물보호법

제13조(등록대상동물의 관리 등)

① 소유자등은 등록대상동물을 기르는 곳에서 벗어나게 하는 경우에는 소유자등의 연락처 등 농림축산식품부령으로 정하는 사항을 표시한 인식표를 등록대상동물에게 부착하여야 한다.

② 소유자등은 등록대상동물을 동반하고 외출할 때에는 목줄 등 안전조치를 하여야 하며, 배설물(소변의 경우에는 공동주택의 엘리베이터 · 계단 등 건물 내부의 공용공간 및 평상 · 의자 등 사람이 눕거나 앉을 수 있는 기구 위의 것으로 한정한다)이 생겼을 때에는 즉시 수거하여야 한다.

③ 시 · 도지사는 등록대상동물의 유실 · 유기 또는 공중위생상의 위해 방지를 위하여 필요할 때에는 시 · 도의 조례로 정하는 바에 따라 소유자등으로 하여금 등록대상동물에 대하여 예방접종을 하게 하거나 특정 지역 또는 장소에서의 사육 또는 출입을 제한하게 하는 등 필요한 조치를 할 수 있다.

제47조(과태료)

③ 다음 각 호의 어느 하나에 해당하는 자에게는 50만원 이하의 과태료를 부과한다.

1. 제12조제2항을 위반하여 정해진 기간 내에 신고를 하지 아니한 소유자
2. 제12조제3항을 위반하여 변경신고를 하지 아니한 소유권을 이전받은 자
3. 제13조제1항을 위반하여 인식표를 부착하지 아니한 소유자등

▶ 동물보호법 시행규칙

제11조(인식표의 부착)

법 제13조제1항에 따라 등록대상동물을 기르는 곳에서 벗어나게 하는 경우 해당 동물의 소유자등은 다음 각 호의 사항을 표시한 인식표를 등록대상동물에 부착하여야 한다.

1. 소유자의 성명
2. 소유자의 전화번호
3. 동물등록번호(등록한 동물만 해당한다)

제12조(안전조치)

① 소유자등은 법 제13조제2항에 따라 등록대상동물을 동반하고 외출할 때에는 목줄 또는 가슴줄을 하거나 이동장치를 사용해야 한다. 다만, 소유자등이 월령 3개월 미만인 등록대상동물을 직접 안아서 외출하는 경우에는 해당 안전조치를 하지 않을 수 있다.

② 제1항 본문에 따른 목줄 또는 가슴줄은 2미터 이내의 길이여야 한다.

③ 등록대상동물의 소유자등은 법 제13조제2항에 따라 「주택법 시행령」 제2조제2호 및 제3호에 따른 다중주택 및 다가구주택, 같은 영 제3조에 따른 공동주택의 건물 내부의 공용공간에서는 등록대상동물을 직접 안거나 목줄의 목덜미 부분 또는 가슴줄의 손잡이 부분을 잡는 등 등록대상동물이 이동할 수 없도록 안전조치를 해야 한다.

4.3 맹견에 관한 법률

▶ 동물보호법

제13조의2(맹견의 관리)

① 맹견의 소유자등은 다음 각 호의 사항을 준수하여야 한다.

1. 소유자등 없이 맹견을 기르는 곳에서 벗어나지 아니하게 할 것
2. 월령이 3개월 이상인 맹견을 동반하고 외출할 때에는 농림축산식품부령으로 정하는 바에 따라 목줄 및 입마개 등 안전장치를 하거나 맹견의 탈출을 방지할 수 있는 적정한 이동장치를 할 것
3. 그 밖에 맹견이 사람에게 신체적 피해를 주지 아니하도록 하기 위하여 농림축산식품부령으로 정하는 사항을 따를 것

② 시 · 도지사와 시장 · 군수 · 구청장은 맹견이 사람에게 신체적 피해를 주는 경우 농림축산식품부령으로 정하는 바에 따라 소유자등의 동의 없이 맹견에 대하여 격리조치 등 필요한 조치를 취할 수 있다.

③ 맹견의 소유자는 맹견의 안전한 사육 및 관리에 관하여 농림축산식품부령으로 정하는 바에 따라 정기적으로 교육을 받아야 한다.

④ 맹견의 소유자는 맹견으로 인한 다른 사람의 생명 · 신체나 재산상의 피해를 보상하기 위하여 대통령령으로 정하는 바에 따라 보험에 가입하여야 한다.

▶ 동물보호법

제13조의3(맹견의 출입금지 등)

맹견의 소유자등은 다음 각 호의 어느 하나에 해당하는 장소에 맹견이 출입하지 아니하도록 하여야 한다.

1. 「영유아보육법」 제2조제3호에 따른 어린이집
2. 「유아교육법」 제2조제2호에 따른 유치원
3. 「초 · 중등교육법」 제38조에 따른 초등학교 및 같은 법 제55조에 따른 특수학교
4. 그 밖에 불특정 다수인이 이용하는 장소로서 시 · 도의 조례로 정하는 장소

제47조(과태료)

① 다음 각 호의 어느 하나에 해당하는 자에게는 300만원 이하의 과태료를 부과한다.

2의2. 제13조의2제1항제1호를 위반하여 소유자등 없이 맹견을 기르는 곳에서 벗어나게 한 소유자등

2의3. 제13조의2제1항제2호를 위반하여 월령이 3개월 이상인 맹견을 동반하고 외출할 때 안전장치 및 이동장치를 하지 아니한 소유자등

2의4. 제13조의2제1항제3호를 위반하여 사람에게 신체적 피해를 주지 아니하도록 관리하지 아니한 소유자등

2의5. 제13조의2제3항을 위반하여 맹견의 안전한 사육 및 관리에 관한 교육을 받지 아니한 소유자

2의6. 제13조의2제4항을 위반하여 보험에 가입하지 아니한 소유자

2의7. 제13조의3을 위반하여 맹견을 출입하게 한 소유자등

▶ 동물보호법 시행규칙

제1조의3(맹견의 범위)

법 제2조제3호의2에 따른 맹견(猛犬)은 다음 각 호와 같다.

1. 도사견과 그 잡종의 개
2. 아메리칸 핏불테리어와 그 잡종의 개
3. 아메리칸 스태퍼드셔 테리어와 그 잡종의 개
4. 스태퍼드셔 불 테리어와 그 잡종의 개
5. 로트와일러와 그 잡종의 개

4.4 개 물림 관련 법률

개 물림 사고 발생 시 손해배상책임, 개 물림 피해자의 상해 · 사망 여부에 따른 과실치상 · 과실치사죄, 벌금형 등을 규정하고 있다.

▶ 민법 제759조(동물의 점유자의 책임)

① 동물의 점유자는 그 동물이 타인에게 가한 손해를 배상할 책임이 있다. 그러나 동물의 종류와 성질에 따라 그 보관에 상당한 주의를 해태하지 아니한 때에는 그러하지 아니하다.

② 점유자에 갈음하여 동물을 보관한 자도 전항의 책임이 있다.

▶ 형법 제266조(과실치상)

① 과실로 인하여 사람의 신체를 상해에 이르게 한 자는 500만원 이하의 벌금, 구류 또는 과료에 처한다.

② 제1항의 죄는 피해자의 명시한 의사에 반하여 공소를 제기할 수 없다.

▶ 형법 제267조(과실치사)

과실로 인하여 사람을 사망에 이르게 한 자는 2년 이하의 금고 또는 700만원 이하의 벌금에 처한다.

▶ 경범죄 처벌법 제3조(경범죄의 종류)

① 다음 각 호의 어느 하나에 해당하는 사람은 10만원 이하의 벌금, 구류 또는 과료(科料)의 형으로 처벌한다.

25. (위험한 동물의 관리 소홀) 사람이나 가축에 해를 끼치는 버릇이 있는 개나 그 밖의 동물을 함부로 풀어놓거나 제대로 살피지 아니하여 나다니게 한 사람

▶ 경범죄 처벌법 제3조제1항제26호(동물 등에 의한 행패 등)

26. (동물 등에 의한 행패 등) 소나 말을 놀라게 하여 달아나게 하거나 개나 그 밖의 동물을 시켜 사람이나 가축에게 달려들게 한 사람

판결 사례

초등생, 친구 집에서 진돗개에 얼굴 물려… "2억 배상"

A학생은 2015년 1월 친구인 B학생 집에 놀러갔다. 당시 B학생의 부모는 집에 없었고 아이들만 있었는데, 이 집에서 키우던 진돗개(당시 13개월)가 A학생의 얼굴 등을 무는 사고가 발생했다. 이 사고로 A학생은 안면부 등 열상과 상악 좌측 중절치 치아 완전탈구 등의 상해를 입어 10여일 간 수술 등 입원치료를 받고, 2018년에도 3일간 치료를 받았다. 하지만 턱 부위 등 신체 여러 부위에 반흔이 남았고 이로 인해 성형술과 레이저, 통원 치료 등이 필요했다. A학생 측은 "치료를 받아도 영구적 반흔으로 추상장해가 남을 수 있는 상황이라 향후 노동능력 상실률이 15%에 달할 것"이라며 "치아 교정을 위해 상하악 고정성 장치부착 등도 필요한 상황"이라며 소송을 냈다. 이에 대해 C손해보험 등은 A학생에 대한 추상장해로 인한 노동상실률이 최대 10%를 넘지 않고 치아교정 등의 향후 치료비는 사고와 인과관계를 인정할 수 없다고 맞섰다.

김 판사는 "감정인의 감정결과는 감정방법 등이 경험칙에 반하거나 합리성이 없는 등 현저한 잘못이 없는 한 존중해야 하는데 이에 대한 별다른 증명이 없고, 오히려 A학생에 대한 진료기록 검토 등을 거쳐 A학생의 성별과 연령, 상해 부위까지 고려한 끝에 나온 복수 전문의들의 감정의견과 사고로 초래된 A학생의 상해 정도를 종합하면 제출된 증거만으로 이를 뒤집기 부족하다"고 밝혔다.

김 판사는 또 민법 제759조에 따라 사고견의 공동점유자인 B학생의 부모가 공동해 손해를 배상할 책임이 있다고 판단했다. 이와 함께 C손해보험에 대해서도 책임보험계약에 따라 한도인 1억원 범위 내에서 손해를 배상해야 한다고 판시했다.

다만 김 판사는 "치과교정과 관련 향후 치료비의 경우, 사고의 발생 경위와 당시 상황, A학생의 상해 정도와 치과적 향후 치료비, 손해배상이나 구상관계의 합리적 해결 필요성 등을 참작해 B학생 부모의 소극적 · 적극적 손해에 대한 배상책임을 90%로 제한한다"고 덧붙였다.

출처 : 법률신문(2019.9.5)

4.5 장애인 보조견 관련 법률

장애인 보조견에 대한 법률은 장애인 복지법을 기본으로 한다.

▶ 장애인 복지법

제40조(장애인 보조견의 훈련 · 보급 지원 등)

① 국가와 지방자치단체는 장애인의 복지 향상을 위하여 장애인을 보조할 장애인 보조견(補助犬)의 훈련 · 보급을 지원하는 방안을 강구하여야 한다.

② 보건복지부장관은 장애인 보조견에 대하여 장애인 보조견표지(이하 "보조견표지"라 한다)를 발급할 수 있다.

③ 누구든지 보조견표지를 붙인 장애인 보조견을 동반한 장애인이 대중교통수단을 이용하거나 공공장소, 숙박시설 및 식품접객업소 등 여러 사람이 다니거나 모이는 곳에 출입하려는 때에는 정당한 사유 없이 거부하여서는 아니 된다. 제4항에 따라 지정된 전문훈련기관에 종사하는 장애인 보조견 훈련자 또는 장애인 보조견 훈련 관련 자원봉사자가 보조견표지를 붙인 장애인 보조견을 동반한 경우에도 또한 같다.

④ 보건복지부장관은 장애인보조견의 훈련 · 보급을 위하여 전문훈련기관을 지정할 수 있다.

⑤ 보조견표지의 발급대상, 발급절차 및 전문훈련기관의 지정에 관하여 필요한 사항은 보건복지부령으로 정한다.

제90조(과태료)

③ 다음 각 호의 어느 하나에 해당하는 자에게는 300만원 이하의 과태료를 부과한다.

3. 제40조제3항을 위반하여 보조견표지를 붙인 장애인 보조견을 동반한 장애인, 장애인 보조견 훈련자 또는 장애인 보조견 훈련 관련 자원봉사자의 출입을 정당한 사유 없이 거부한 자

▶ 장애인 복지법 시행규칙

제29조(장애인 보조견표지 발급대상)

법 제40조에 따른 장애인 보조견표지(이하 "보조견표지"라 한다)의 발급대상은 보건복지부 장관이 정하여 고시하는 시설기준에 해당하는 장애인 보조견 전문훈련기관(이하 "전문훈련 기관"이라 한다)에서 훈련 중이거나 훈련을 이수한 장애인 보조견으로 한다.

제30조(보조견표지 발급 등)

① 제29조에 따른 전문훈련기관의 장은 해당 훈련기관에서 훈련 중이거나 훈련을 이수한 장애인 보조견에 대하여 보조견표지의 발급을 신청할 수 있다.

② 전문훈련기관의 장이 제1항에 따라 보조견표지의 발급을 신청하려면 별지 제15호서식의 신청서에 다음 각 호의 서류를 첨부하여 보건복지부장관에게 제출하여야 한다.

▶ 장애인 복지법 제40조 관련 행정규칙

궁 · 능 관람 등에 관한 규정

제6조(입장제한 및 관람중지 등)

① 궁 · 능유적기관의 장은 문화재 보존 · 관리 등을 위하여 다음 각 호 중 어느 하나의 해당하는 자에 대하여 입장제한, 관련 물품 보관 또는 관람중지 등의 필요한 조치를 취할 수 있다.

3. 반려동물과 함께 들어오는 자(다만 장애인복지법 제2조에서 정한 장애인과 함께 들어오는 장애인 보조견과 장애인 보조견 훈련을 위해 들어오는 장애인 보조견은 예외로 한다. 이 경우 '장애인 보조견'이라 함은 장애인복지법 제40조 제2항의 '장애인 보조견 표지'를 붙인 '장애인 보조견'을 말한다.)

국립수목원 관람에 관한 규정

제8조(관람의 금지)

① 다음 각 호의 어느 하나에 해당하는 자에 대하여는 관람을 금지한다.

5. 동물을 동반한 자(「장애인복지법」 제40조에 의한 장애인 보조견임을 표지한 안내견은 제외)

국립소록도병원 한센병 박물관 운영 규정

제19조(관람의 금지 및 행위의 제한)

① 다음 각 호의 어느 하나에 해당하는 자에 대해서는 관람을 금지한다.

4. 동물을 동반한 자(「장애인복지법」 제40조에 따른 장애인 보조견인 때는 제외)

유적관리소 보존 · 관리 및 관람 등에 관한 규정

제30조(관람중지 등)

① 유적관리소의 장은 문화재 보존 · 관리 등을 위하여 다음 각 호 중 어느 하나에 해당하는 자에 대하여 관람중지, 관련 물품 보관 또는 입장제한 등의 필요한 조치를 취할 수 있다.

3. 반려동물과 함께 들어오는 자(다만 장애인복지법 제2조에서 정한 장애인과 함께 들어오는 장애인 보조견은 예외로 한다. 이 경우 '장애인 보조견'이라 함은 장애인복지법 제40조 제2항의 '장애인 보조견 표지'를 붙인 '장애인 보조견'을 말한다.)

▶ 장애인차별금지 및 권리구제 등에 관한 법률(약칭 : 장애인차별금지법)

제4조(차별행위)

① 이 법에서 금지하는 차별이라 함은 다음 각 호의 어느 하나에 해당하는 경우를 말한다.

4. 정당한 사유 없이 장애인에 대한 제한 · 배제 · 분리 · 거부 등 불리한 대우를 표시 · 조장하는 광고를 직접 행하거나 그러한 광고를 허용 · 조장하는 경우. 이 경우 광고는 통상적으로 불리한 대우를 조장하는 광고효과가 있는 것으로 인정되는 행위를 포함한다.

6. 보조견 또는 장애인보조기구 등의 정당한 사용을 방해하거나 보조견 및 장애인보조기구 등을 대상으로 제4호에 따라 금지된 행위를 하는 경우

4.6 공동주택 관련 반려견 법률

▶ 공동주택관리법 시행령

제19조(관리규약의 준칙)

② 입주자등은 다음 각 호의 어느 하나에 해당하는 행위를 하려는 경우에는 관리주체의 동의를 받아야 한다.

4. 가축(장애인 보조견은 제외한다)을 사육하거나 방송시설 등을 사용함으로써 공동주거생활에 피해를 미치는 행위

▶ 서울특별시 공동주택관리규약 준칙

제83조(관리주체의 동의기준)

관리주체가 영 제19조제2항에 따른 입주자등의 신청에 대한 동의기준은 다음 각 호와 같다.

3. 가축(시각장애인 안내견은 제외한다)의 사육 또는 방송시설을 사용함으로써 공동주거생활에 피해를 미치는 사항

가. 입주자등의 동의를 요하는 행위(통로식은 해당 통로, 복도식은 해당 복도 층에 거주하는 입주자등의 과반수 동의를 받아야 한다. 이 경우 직접적인 피해를 받는 인접세대(직상하층 포함)의 동의는 반드시 받아야 한다.

4.7 대중교통 관련 반려견 법률

자동차

도로교통법 제39조 제5항에 따르면 '모든 운전자는 동물을 안고 운전하는 것을 금지'하고 있다. 그 이유는 동물이 운전자의 핸들 조작 및 전방 주시를 방해할 수 있기 때문이다. 도로교통법 제156조제1호에 따라 20만원 이하의 벌금이나 구류 또는 과료에 처할 수 있고, 도로교통법 시행령 제93조제1항 및 별표 8에 따라 이륜차는 3만원, 승용차 4만원, 승합차 5만원의 범칙금을 부과한다.

■ 도로교통법

제39조(승차 또는 적재의 방법과 제한)

제5항 모든 차의 운전자는 영유아나 동물을 안고 운전 장치를 조작하거나 운전석 주위에 물건을 싣는 등 안전에 지장을 줄 우려가 있는 상태로 운전하여서는 아니 된다.

■ 도로교통법 시행령

별표8[범칙행위 및 범칙금액(운전자)]

범칙행위	근거 법조문 (도로교통법)	차량 종류별 범칙금액
33. 적재 제한 위반, 적재물 추락 방지 위반 또는 영유아나 동물을 안고 운전하는 행위	제39조 제1항 및 제4항부터 제6항까지	1) 승합자동차 등: 5만원 2) 승용자동차 등: 4만원 3) 이륜자동차 등: 3만원 4) 자전거 등: 2만원

나 시내버스

시내버스를 이용해서 반려견과 이동하는 것은 제한이 따를 수 있다. 버스운송회사마다 운송약관과 영업지침에 따라 약간씩 차이가 있긴 하지만, 대부분의 경우 반려동물의 크기가 작고 운반용기를 갖춘 경우에만 탑승을 허용하고 있기 때문이다(「여객자동차 운수사업법」 제9조, 「서울특별시 시내버스 운송사업 약관」 제10조제3호). 따라서 버스를 이용하기 전에 이용하려는 시내버스의 운송회사에 미리 반려동물의 탑승 가능 여부를 알아보는 것이 바람직하다. 이를 위반하면 탑승이 거절될 수 있다(「서울특별시 시내버스 운송사업 약관」 제12조제1호 및 제2호).

■ 서울특별시 시내버스 운송사업 약관

제10조(물품 등의 소지제한)

사업용 자동차를 이용하는 여객은 다음 각 호의 물품들을 차내에 가지고 들어가서는 아니 된다.

3. 동물(장애인 보조견 및 전용 운반상자에 넣은 애완동물은 제외한다)

제12조(운송의 거절)

사업자는 다음 각 호에 해당하는 자에 대하여는 운송을 거절할 수 있다.

1. 여객의 금지행위 위반에 대한 운수종사자의 제지 또는 안내에 따르지 아니하는 자
2. 제10조 각 호에 정한 물건 등을 가지고 타려는 자

다 시외버스 · 고속버스

시외버스 또는 고속버스를 이용해서 반려동물과 이동하는 것은 제한이 따를 수 있다. 버스운송회사마다 운송약관과 영업지침에 약간씩 차이가 있긴 하지만, 대부분의 경우 전용 운반용기에 넣은 반려동물은 탑승을 허용하고 있기 때문이다(「여객자동차 운수사업법」 제9조, 「고속버스 운송사업 운송약관」 제25조제3호, 「경기도 시외버스 운송사업 운송약관」 제22조제3호). 따라서 이용하려는 고속버스와 시외버스의 운송회사에 미리 반려동물의 탑승 가능 여부를 알아보는 것이 바람직하다. 이를 위반하면 탑승이 거절될 수 있다(「고속버스 운송사업 운송약관」 제20조제2호, 「경기도 시외버스 운송사업 운송약관」 제17조제2호).

■ 경기도 시외버스 운송사업 운송약관

제22조(물품의 소지 제한)

여객은 다음 각 호의 물품 등을 소지할 수 없다. 다만, 품명, 수량, 포장방법에 있어서 회사에서 인정한 것은 제외한다.

3. 동물(장애인 보조견 및 전용 운반상자에 넣은 애완동물은 제외한다)

제17조(운송의 거절)

회사는 다음 각 호에 해당하는 여객에 대하여는 운송을 거절하여야 한다.

2. 제22조 각 호에 정한 물건 등을 휴대한 자.

■ 고속버스 운송약관

제25조(물품의 소지 제한)

여객은 다음 각 호의 물품을 소지할 수 없다. 다만, 품명, 수량, 포장 방법에 있어서 회사에서 인정한 것은 제외한다.

3. 동물. (단, 장애인 보조견 및 전용운반 상자에 넣은 애완동물 제외)

제20조(운송의 거절)

회사는 다음 각 호에 해당하는 여객에 대하여는 승차 또는 계속 승차를 거부할 수 있다.

2. 제25조 각 호에 해당하는 물품을 휴대한 자.

라 광역전철 · 도시철도

광역전철 또는 도시철도를 이용해서 반려동물과 이동하는 것은 제한이 따를 수 있다. 반려동물을 운반용기에 넣어 보이지 않게 하고, 불쾌한 냄새가 발생하지 않게 하는 등 다른 여객에게 불편을 줄 염려가 없도록 안전조치를 취한 후 탑승해야 하기 때문이다(「도시철도법」 제32조, 「광역철도 여객운송 약관」 제31조제2호, 제32조제1항, 「서울교통공사 여객운송약관」 제34조제1항제4호). 이를 위반하면 탑승이 거절될 수 있다(「광역철도 여객운송 약관」제6조제3항제3호, 「서울교통공사 여객운송약관」 제36조).

■ 광역철도 여객운송 약관

제31조(휴대금지 대상)

여객은 다음 각 호에 해당하는 물품을 휴대하고 승차할 수 없습니다.

2. 동물. 다만, 애완용동물을 용기에 넣고 겉포장을 하여 용기 안이 보이지 않게 하고 불쾌한 냄새가 발생하지 않도록 한 경우와 장애인보조견표지를 부착하고 장애인과 함께 여행하는 장애인보조견은 예외로 합니다.

제32조(휴대품의 제한)

① 여객은 제31조에 정한 물품 이외의 것으로서 중량 32kg을 초과하는 물품과 길이 · 너비 · 높이 각 변의 합이 158cm를 초과하는 물품은 휴대하고 승차할 수 없습니다. 다만, 동해선의 경우 중량 25kg 초과 또는 각 변의 합이 150cm를 초과하는 물품은 휴대하고 승차할 수 없습니다.

제6조(여객운송의 제한 또는 조정)

③ 철도공사는 다음 각 호의 어느 하나에 해당하는 행위를 하는 여객에 대해서는 운송을 거절하거나 여행 도중 역 밖으로 나가게 할 수 있습니다.

3. 다른 여객에게 불쾌감이나 위험 등의 피해를 주거나 줄 우려가 있는 경우

■ 서울교통공사 여객운송 약관

제34조(휴대금지품)

① 여객은 다음 각 호의 어느 하나에 해당하는 물품은 역 구내 또는 열차 내에서 휴대할 수 없습니다.

4. 동물. 다만, 소수량의 조류, 소충류 및 크기가 작은 애완동물로서 전용 이동장 등에 넣어 보이지 않게 하고, 불쾌한 냄새가 발생하지 않도록 한 경우와 장애인의 보조를 위하여 장애인보조견 표지를 부착한 장애인보조견은 제외합니다.

제36조(휴대금지품 또는 제한품을 휴대한 경우의 처리)

여객이 제34조제1항의 휴대금지품 및 제35조의 휴대제한품을 휴대하고 승차하려고 하는 경우에는 승차를 거절할 수 있으며, 이미 승차한 사실을 발견한 때에는 가까운 역에 하차토록 하여 역 밖으로 나가게 할 수 있습니다. 이 때, 그 휴대품에 대하여 별표5에 정한 부가운임을 받습니다.

마 기차

기차를 이용해서 반려동물과 이동하는 것은 제한이 따를 수 있다. 반려동물(이동장비를 포함)의 크기가 좌석 또는 통로를 차지하지 않는 범위 이내로 제한되며, 다른 사람에게 위해나 불편을 끼칠 염려가 없는 반려동물을 전용가방 등에 넣어 외부로 노출되지 않게 하고, 광견병 예방접종 등 필요한 예방접종을 한 경우 등 안전조치를 취한 후 탑승해야 하기 때문이다(「철도안전법」 제47조제1항제7호, 「철도안전법 시행규칙」 제80조제1호, 「한국철도공사 여객운송약관」 제22조제1항제2호). 이를 위반하면 탑승이 거절되거나 퇴거조치될 수 있으며(「철도안전법」 제50조제4호, 「한국철도공사 여객운송약관」 제5조제1항제2호), 위반 시 50만원 이하의 과태료를 부과받게 된다(「철도안전법」 제82조제5항제2호, 「철도안전법 시행령」 제64조 및 별표 6 제2호허목).

▶ 철도안전법

제47조(여객열차에서의 금지행위)

① 여객은 여객열차에서 다음 각 호의 어느 하나에 해당하는 행위를 하여서는 아니 된다.

7. 그 밖에 공중이나 여객에게 위해를 끼치는 행위로서 국토교통부령으로 정하는 행위

제50조(사람 또는 물건에 대한 퇴거 조치 등)

철도종사자는 다음 각 호의 어느 하나에 해당하는 사람 또는 물건을 열차 밖이나 대통령령으로 정하는 지역 밖으로 퇴거시키거나 철거할 수 있다.

4. 제47조제1항을 위반하여 금지행위를 한 사람 및 그 물건

제82조(과태료)

⑤ 다음 각 호의 어느 하나에 해당하는 자에게는 50만원 이하의 과태료를 부과한다.

2. 제47조제1항제7호를 위반하여 공중이나 여객에게 위해를 끼치는 행위를 한 사람

■ 철도안전법 시행령

제64조(과태료 부과기준)

법 제82조제1항부터 제5항까지의 규정에 따른 과태료 부과기준은 별표 6과 같다.

위반행위	근거 법조문	과태료 금액(단위: 만원)		
		1회 위반	2회 위반	3회 이상 위반
허. 법 제47조제1항제7호를 위반하여 공중이나 여객에게 위해를 끼치는 행위를 한 경우	법 제82조 제5항제2호	15	30	45

제80조(여객열차에서의 금지행위)

법 제47조제1항제7호에서 "국토교통부령으로 정하는 행위"란 다음 각 호의 행위를 말한다.

1. 여객에게 위해를 끼칠 우려가 있는 동식물을 안전조치 없이 여객열차에 동승하거나 휴대하는 행위

■ 한국철도공사 여객운송약관

제22조(휴대품)

① 여객은 다음 각 호에 정한 물품을 제외하고 좌석 또는 통로를 차지하지 않는 두 반려견 이내의 물품을 휴대하고 승차할 수 있으며, 휴대허용기준의 세부사항은 철도공사 홈페이지에 게시합니다.

2. 동물(다만, 다른 사람에게 위해나 불편을 끼칠 염려가 없고 필요한 예방접종을 한 애완용 동물을 전용가방 등에 넣은 경우 제외)

제5조(운송의 거절 등)

① 철도종사자는 다음 각 호에 해당하는 경우에는 운송을 거절하거나, 다음 정차역에서 내리게 할 수 있습니다.

2. 「철도안전법」 제47조 및 제48조에 규정하고 있는 열차 내에서의 금지행위와 철도보호 및 질서유지를 해치는 금지행위를 한 경우

바 비행기

비행기를 이용해서 반려동물과 이동하는 것은 제한이 따를 수 있다. 항공사마다 운송약관과 영업지침에 약간씩 차이가 있긴 하지만, 국내 항공사들은 일반적으로 탑승 가능한 반려동물을 생후 8주가 지난 반려견, 고양이, 새로 한정하고, 보통 운반용기 포함 5~7kg 이하일 경우 기내반입이 가능하며, 그 이상은 위탁수하물로 운송해야 한다(「항공사업법」 제62조제1항, 「대한항공 국내여객운송약관」 제31조, 「대한항공 국제여객운송약관」 제10조제9호, 「아시아나 국내여객운송약관」 제29조, 「아시아나 국제여객운송약관」 제9조제10호).

■ 대한항공 국내여객운송약관

제31조(반려동물의 운송)

1. 시각장애인 또는 청각장애인 보조견은 여객의 무료수하물 허용량에 관계없이 아래 조건에 의거 무료 운송된다.
   가. 여객이 동반하고, 별도로 좌석을 차지하지 아니하여야 한다.
   나. 타 여객에게 불쾌감을 주거나 안전 여행에 지장을 초래하지 아니하여야 한다.
   다. 운송 도중 당해 동물의 질병, 부상 또는 죽음 등의 경우, 당해 손해가 대한항공의 고의 또는 과실에 기인하지 아니하는 한, 대한항공은 일체 책임을 지지 아니한다.
   라. 당해 동물의 운송 도중 타 여객 또는 기타 재산에 미치는 손해는 여객이 전적으로 배상하여야 한다.
2. 여객이 동반하는 반려동물은 아래 조건에 의하여 수하물로서 운송이 가능하다.
   가. 반려동물은 반려견, 고양이 또는 애완용 새에 한한다.
   나. 반려동물은 반드시 별도의 운반용 용기에 수용되어 항공기에 탑재되어야 한다.
   다. 대한항공이 반려동물(장애인 보조견 제외)의 운송을 인수하는 경우 여객이 동반하는 반려동물 및 운반용 용기의 중량은 여객의 무료 수하물 허용량에 포함되지 않으며, 대한항공 규정에 따라 서비스 요금을 별도로 부과한다.

■ 대한항공 국제여객운송약관

제10조(수하물)

9. 반려동물의 운송
   가. 여객은 반려견, 고양이, 애완용 새와 같은 반려동물의 운송을 위해, 대한항공이 정한 규정과 절차에 따라 예약 시 반려동물 운송 신청을 하여야 하며, 대한항공의 사전 승인을 필요로 한다.
   나. 반려동물의 연령 및 상태 그리고 항공기 구조 및 운항시간에 따라 반려 동물 운송이 제한될 수 있으며, 세부 제한사항은 대한항공의 규정 및 절차를 따른다.
   다. 여객은 출 · 도착 및 경유지 국가에서 요구하는 반려동물 운송을 위한 적법한 서류(검역증명서, 건강진단서, 광견병 예방접종서 등)를 구비해야 하고, 반려동물 운반용기 등 운송에 필요한 적절한 조치를 하여야 수하물로 운송이 가능하다.
   라. 대한항공이 반려동물(장애인 보조견 제외)의 운송을 인수하는 경우 여객이 동반하는 반려동물 및 운반용 용기의 중량은 여객의 무료 수하물 허용량에 포함되지 않으며, 대한항공 규정에 따라 서비스 요금을 별도로 부과한다.
   마. 장애인 보조견은 해당 여객이 동반하는 경우 무료 수하물 허용량과는 별도로 무료 운송을 원칙으로 한다.

바. 반려동물의 운송 중에 발생할 수 있는 죽음, 상해, 분실 등에 대하여 대한항공에 책임을 묻지 않는다는 서약서에 서명을 하여야 반려동물 운송 접수가 가능하다.

사. 반려동물의 출 · 도착 및 경유지 국가 검역과 세관을 비롯한 출입국 절차수속은 여객의 책임이며, 동 과정에서 발생한 여객 또는 대한항공에 부과된 벌금이나 비용 일체는 여객이 지불하여야 한다.

■ 아시아나 국내여객운송약관

제29조(특정 동물의 운송)

1. 시각장애인 인도견 또는 청각장애인 보조견은 여객의 무료수하물 허용량에 관계없이 다음 조건에 의하여 무료로 운송한다.

가. 여객이 동반하되, 별도의 좌석을 차지하지 아니하여야 한다.

나. 타 여객에게 불쾌감을 주거나 안전여행에 지장을 초래하지 아니하여야 한다.

다. 운송 도중 당해 동물의 질병, 부상 또는 사망 등의 경우, 당해 손해가 아시아나항공의 고의 또는 과실에 기인하지 아니하는 한, 아시아나항공은 일체 책임을 지지 아니한다.

라. 당해 동물의 운송으로 인하여 타 여객 또는 기타 재산에 손해를 초래한 경우에는 여객이 전적으로 보상하여야 한다.

2. 여객이 동반하는 애완용 동물은 다음 조건에 의하여 수하물로서 운송이 가능하다.

가. 애완용 동물은 반려견, 고양이 또는 애완용 조류에 한한다.

나. 애완용 동물은 반드시 별도의 운반용 용기에 수용되어 항공기에 탑재되어야 한다.

다. 본 항에 의하여, 운송이 인수되는 애완용 동물(장애인 보조견 제외)에 대하여는 여객의 무료수하물 허용량에 관계없이 당해 동물 및 용기의 총 중량에 대하여 초과수하물 요금을 별도로 징수한다.

■ 아시아나 국제여객운송약관

제9조(수하물)

10. 생동물

가. 반려견, 고양이, 애완용 새와 같은 애완용 동물은 출 · 도착 국가에서 요구하는 적법한 통관서류를 구비하고, 운송에 적합한 포장을 했을 경우 위탁 수하물 또는 기내 휴대 수하물로 운송이 가능하다. 생동물은 연령 및 상태에 따라 운송이 제한될 수 있으며, 세부 제한사항은 아시아나항공의 규정 및 절차를 따른다. 여객은 생동물의 운송을 위해 예약 시 사전 운송 신청을 해야 하며, 아시아나항공의 승인을 필요로 한다.

나. 항공기의 구조 및 운항시간에 따라 생동물의 운송이 불가 또는 제한될 수 있다.

다. 생동물은 무료 수하물 허용량에 포함되지 않으며, 따라서 아시아나항공의 초과 수하물 규정에 따라 요금이 징수된다.

라. 장애인 보조견은 무료 수하물 허용량과는 별도로 무료 운송을 원칙으로 한다.

마. 생동물의 운송 중에 발생할 수 있는 사망, 상해, 분실 등, 예상치 못한 사고를 예방하기 위하여 여객은 아시아나항공에서 정한 규정과 절차를 준수하여야 하며, 그러하지 아니한 경우에는 운송이 거절될 수 있다.

바. 생동물의 출 · 도착 국가 검역과 세관을 비롯한 출입국 절차 수속은 여객의 책임이며, 동 과정에서 발생한 여객 또는 항공사에 부과된 벌금이나 비용 일체는 여객이 지불하여야 한다.

사 연안여객선

■ 연안여객선 운송약관

제28조(휴대품의 보관 책임)

③ 시각장애인 인도견과 같이 승선하는 여객은 다음 각 호의 조치를 취하여야 한다.

1. 시각장애인의 인도견은 시각 장애인의 발 근처에 두고 인근 여객의 양해가 없으면 인도견에 입마개를 씌워야 한다.
2. 시각장애인의 인도견의 먹이나 배설물 등의 취급은 이용자의 책임으로 하여야 한다.

제29조(운임 및 요금)

③ 상자로 포장한 애완용 동물이 있는 경우 애완용 동물의 수송중의 사료는 여객이 준비하며 이의 운송에 따른 비용도 여객의 부담으로 한다.

아 밴형 화물자동차

반려동물과 위의 대중교통수단을 이용하는 것이 어려운 경우에는 화물운송을 이용하는 것도 한 방법이다. 반려동물의 중량이 20kg 이상이거나, 혐오감을 주는 동물인 경우에는 밴형 화물자동차에 반려동물과 동승할 수 있다(「화물자동차 운수사업법」 제2조제3호, 「화물자동차 운수사업법 시행규칙」 제3조의2).

■ 화물자동차 운수사업법

제2조(정의)

이 법에서 사용하는 용어의 뜻은 다음과 같다.

3. "화물자동차 운송사업"이란 다른 사람의 요구에 응하여 화물자동차를 사용하여 화물을 유상으로 운송하는 사업을 말한다. 이 경우 화주(貨主)가 화물자동차에 함께 탈 때의 화물은 중량, 용적, 형상 등이 여객자동차 운송사업용 자동차에 싣기 부적합한 것으로서 그 기준과 대상차량 등은 국토교통부령으로 정한다.

■ 화물자동차 운수사업법 시행규칙

제3조의2(화물의 기준 및 대상차량)

① 법 제2조제3호 후단에 따른 화물의 기준은 다음 각 호의 어느 하나에 해당하는 것으로 한다.

3. 화물이 다음 각 목의 어느 하나에 해당하는 물품일 것

나. 혐오감을 주는 동물 또는 식물

② 법 제2조제3호 후단에 따른 대상차량은 밴형 화물자동차로 한다.

자 동물운송업체 이용

반려동물 이동서비스는 크게 두 가지의 법적 근거로 운영되고 있다. '여객자동차 운수사업법(여객자동차법)'에 따라 모빌리티 플랫폼 기업이 기존의 법인 또는 개인택시와 제휴해 반려동물 이동서비스를 제공하는 '가맹택시' 서비스를 제공할 수 있다. 국토교통부의 허가를 받고 운영하는 사업자는 점차 늘어날 것으로 전망된다. 가맹택시는 기존 택시 사업자가 반려동물 탑승에 따른 부가 서비스 요금을 추가로 받아 운영한다. 또한 2018년 개정한 동물보호법에 따라 동물운송업으로 분류해 운영하는 펫택시가 있다. 동물운송업체를 이용하는 경우에는 반려동물을 동반하여 탑승하거나 반려동물만 따로 이동하는 경우 일정 비용을 지불하면 이용이 가능하다.

▶ 동물보호법

제32조(영업의 종류 및 시설기준 등)

① 반려동물과 관련된 다음 각 호의 영업을 하려는 자는 농림축산식품부령으로 정하는 기준에 맞는 시설과 인력을 갖추어야 한다.

8. 동물운송업

▶ 동물보호법 시행규칙

제5조(동물운송자)

법 제9조제1항 각 호 외의 부분에서 "농림축산식품부령으로 정하는 자"란 영리를 목적으로 「자동차관리법」 제2조제1호에 따른 자동차를 이용하여 동물을 운송하는 자를 말한다.

제36조(영업의 세부범위)

법 제32조제2항에 따른 동물 관련 영업의 세부범위는 다음 각 호와 같다.

8. 동물운송업: 반려동물을 「자동차관리법」 제2조제1호의 자동차를 이용하여 운송하는 영업

별표9 동물 관련 영업별 시설 및 인력 기준(제35조 관련)

아. 동물운송업

1) 동물을 운송하는 차량은 다음의 요건을 갖춰야 한다.
   가) 직사광선 및 비바람을 피할 수 있는 설비를 갖출 것
   나) 적정한 온도를 유지할 수 있는 냉 · 난방설비를 갖출 것
   다) 이동 중 갑작스러운 출발이나 제동 등으로 동물이 상해를 입지 않도록 예방할 수 있는 설비를 갖출 것
   라) 이동 중에 동물의 상태를 수시로 확인할 수 있는 구조일 것
2) 1)의 요건을 갖춘 차량은 해당 차량을 영업장으로 본다.

▶ 여객자동차 운수사업법

제49조의2(여객자동차운송플랫폼사업의 종류)

여객자동차운송플랫폼사업의 종류는 다음 각 호와 같다.

1. 여객자동차플랫폼운송사업: 운송플랫폼과 자동차를 확보(자동차대여사업자의 대여사업용 자동차를 임차한 경우를 포함하며, 이 경우 제34조제1항은 적용하지 아니한다)하여 다른 사람의 수요에 응하여 유상으로 여객을 운송(운송플랫폼을 통해 여객과 운송계약을 체결하는 경우에 한정한다)하거나 운송에 부가되는 서비스를 제공하는 사업
2. 여객자동차플랫폼운송가맹사업: 운송플랫폼을 확보하여 다른 사람의 수요에 응하여 제49조의11에 따른 소속 여객자동차플랫폼운송가맹점에 의뢰하여 여객을 운송하게 하거나 운송에 부가되는 서비스를 제공하는 사업
3. 여객자동차플랫폼운송중반려견사업: 다른 사람의 수요에 응하여 운송플랫폼을 통하여 자동차를 사용한 여객운송을 중개하는 사업

4.8 반려동물 재난 대처 관련 법률

우리나라는 재해재난 시 반려동물 안전 대책이 마련되어 있지 않다. 현행 재난 및 안전관리기본법에는 국민(사람)만을 보호 대상으로 하고 있어, 반려동물의 안전 문제는 중앙정부나 지방자치단체의 의무가 아니다. 행정안전부가 운영하는 국민재난안전포털에 '애완동물 재난대처법'이 나와 있다.

▶ **애완동물 재난대처법**

애완동물 소유자들은 가족 재난계획에 애완동물 항목을 포함시키십시오. 애완동물은 대피소에 들어갈 수 없다는 사실을 유념하시기 바랍니다(봉사용 동물만 허용합니다). 따라서 대피할 경우를 대비해 애완동물을 위한 계획을 세우는 것이 중요합니다.

- 자신의 지역 외부에 거주하는 친구나 친척들에게 비상시 자신과 애완동물이 머물 수 있는지 알아보십시오. 또한 재난으로 인해 자신이 귀가하지 못할 경우, 애완동물을 돌봐달라고 이웃이나 친구, 가족에게 부탁하십시오.
- 비상사태 기간 동안 담당 수의사나 조련사가 동물을 위한 대피소를 제공하는지 알아보십시오.
- 재난기간에는 애완동물을 운반용기에 넣어 데려가십시오. 이렇게 하면 애완동물에게 보다 안정감을 주고 안심을 시킬 수 있습니다.
- 자신의 애완동물이 숨는 장소를 알아두면 동물이 스트레스를 받았을때 쉽게 찾아낼 수 있습니다.
- 재난기간에 애완동물을 다른사람에게 맡기거나 대피소로 보내는 경우 필요한 물품들을 준비하세요.
  - 물, 사료와 운반용기
  - 목줄, 입마개
  - 최근 접종한 모든 백신과 건강 기록
  - 애완동물을 위한 약품(필요한 경우)
  - 애완동물 운반용기나 우리(화학 운반기에 바퀴를 달아서 사용할 수도 있는 것)
  - 오물 수거용 비닐 봉지
  - 애완동물의 사진

출처 : 국민재난안전포털.

참고문헌

안전감시국 생활안전팀. (2020). 반려동물 동반 가능 대형 쇼핑센터 안전관리 강화 필요. 한국소비자원, 보도자료.

05

계절별 반려견 산책

05

계절별 반려견 산책

5.1 봄철 반려견 산책

봄철은 햇살에 눈이 부시고 따뜻한 날이 될 것이라고 생각하기 쉽지만 매일 그런 것은 아니다. 겨울에서 봄으로의 환절기에는 여전히 외부는 건조하며 특히 이른 아침과 저녁에는 쌀쌀하다. 이 시간 동안 외출하는 경우에는 반려견이 오한을 느끼지 않도록 산책시 입혀줄 가벼운 스웨터나 코트를 준비할 필요가 있다.

반려견을 산책시키기로 선택한 지역의 날씨와 시간대도 영향을 미친다. 봄의 이른 아침은 종종 이슬이 맺혀 땅이 축축하고 미끄러울 수 있다. 따라서 집 전체에 진흙 발자국을 피하려면 공원에서 산책하는 것은 적절하지 않을 수 있다. 봄철의 낮 산책은 해가 높이 떠서 가장 따뜻하고 쾌적하다. 봄의 따뜻한 기온은 반려견을 지치게 하지 않기 때문에 훨씬 더 오래 걸을 수 있고 편안한 산책이 될 수 있다. 계절을 최대한 활용해서 야외에서 보내도록 한다. 대부분의 반려견들은 날씨가 허락하는 동안 한 번에 한 시간 이상 행복하게 걸을 수 있다.

날씨의 변화는 반려견에게 중대한 위협이 될 수 있는 다양한 식물과 곰팡이의 성장을 가져온다. 수선화 구근, 크로커스, 은방울꽃, 히아신스 그리고 아이리스는 섭취하면 반려견에게 해로울 수 있는 일부 품종이다. 자세한 사항은 9장의 '반려견 산책의 위험요소'를 참고하기 바란다.

 그림 5-1. **봄철 산책**

5.2 여름철 반려견 산책

날씨가 따뜻해지고 낮이 점점 길어지면 반려견과의 산책이 더 즐거울 수 있다. 그러나 밖이 너무 더워지면 햇볕에 타거나 열사병을 겪을 수 있는 것처럼, 반려견도 날씨가 더워지면 가벼운 불편함에서 과열로 인한 극단적인 증상에 이르기까지 온도에 대한 문제가 있을 수 있다. 반려견들은 밖에 있는 것을 좋아하기 때문에 과열되거나 발에 화상을 입을것을 염려하여 외출하기 전에 날씨를 확인하여 산책하기에 충분한 환경인지를 확인하는 것이 중요하다. 장시간 고온에 노출된 반려견은 탈수 및 과열의 위험이 있으며, 이로 인해 열 피로, 열사병 또는 심장 부정맥으로 인한 갑작스런 사망과 같은 더 심각한 문제가 발생할 수 있다.

또한 주변 표면에 따른 온도 차이에도 유의해야 한다. 예를 들어, 아스팔트와 잔디는 둘 다 온도가 높으면 위험할 수 있지만 아스팔트는 햇빛을 받으면 잔디보다 훨씬 더 뜨겁다. 단지 바깥의 온도가 반려견에게 충분히 시원해 보인다고 해서 지면이 반려견의 발을 다치게 하지 않는다는 것을 의미하지는 않는다. 지면은 심지어 풀까지도 하루 종일 열에너지와 햇빛을 흡수하기 때문에, 여름철에는 대기 온도가 낮다고 하더라도 38℃ 중반에 이를 수 있다. 25℃의 비교적 덥지 않은 날씨라도 아스팔트의 온도는 50℃에 이를 수 있다. 습도는 반려견이 더울 때 불편함을 느끼게 하는 또 다른 요인이다. 동물들은 몸의 열을 빼앗아가는 폐로부터 수분을 증발시키기 위해 숨을 헐떡거린다. 만약 습도가 너무 높으면 몸을 식힐 수 없고 체온은 매우 빠르게 위험한 수준까지 오르게 된다.

 그림 5-2. **여름철 산책**

여러 가지 변수가 있기 때문에 산책하기에 너무 더운 온도인지를 정확히 대답하기는 쉽지 않다. 다만, 반려견의 체온이 너무 올라가고 있다는 명확한 징후가 있으며, 주의를 기울이고 상식수준에서 대처하면 여름에 반려견이 위험에 빠지지 않도록 하는 데 큰 도움이 될 것이다.

여름철에 산책을 할 때에는 다음에 유의하여야 한다. 여름에 아무리 더워도 오전 9시 이전이나 오후 6시 이후에는 선선한 바람이 불 때 반려견을 산책시키면 안심할 수 있다. 즉, 태양 빛이 직접 머리 위로 내리 쬐는 시간 때를 피해야 한다. 어두운 색의 털을 가진 반려견은 검은색이 열을 흡수하기 때문에 한낮의 햇빛을 직접 받으며 걷게 되면 영향을 더 많이 받기 때문에 위험할 수 있다. 계절에 관계없이 사계절 반려견을 산책시키는 사람들은 햇볕이 산책을 하게할 수도 못하게 할 수도 있음을 이해한다. 겨울에는 거리의 양지쪽이 도움이 되고, 여름에는 그늘진 쪽을 선택하는 것이 좀 더 오래 걸을 수 있다. 하루 종일 태양의 위치가 바뀌는 것은 보도 부분이 그늘에 있는 것과 그렇지 않은 것에 영향을 미친다는 것을 기억하여야 한다. 산책 시간을 제대로 맞추지 않으면 가로수가 늘어선 거리가 주차장 한가운데처럼 무더워 질 수 있다.

산책은 천천히 진행하고 물을 꼭 지참하도록 한다. 비록 평소에 최고 속도로 걷는다고 할지라도, 덥고 습한 날에는 속도를 늦추는 것이 중요하다. 한가롭게 산책하는 것은 반려견의 운동량에 못 미친다고 느껴질 수 있지만, 대부분의 반려견들은 느린 속도로 걸으면 이웃의 냄새를 맡을 수 있는 기회를 즐길 수 있어서 좋아한다. 더욱이 반려견이 냄새를 맡을 시간을 갖도록 하는 것은 정신적인 운동을 제공하는 것으로, 매우 필요하지만 종종 간과

되는 자극의 한 종류이다. 매우 더운 날에는 더 느린 속도로 산책하고 반려견이 그늘에 있거나 물을 마실 수 있는 기회를 충분히 주어야 한다. 특히 여름 날씨에 적절한 수분 공급은 반려견과 보호자 모두에게 중요하다. 일부 공원에는 반려견이 접근할 수 있는 식수대가 있지만 그렇지 않은 경우에는 가져간 물을 반려견에게 주기적으로 제공하여 안전하게 놀 수 있도록 한다. 접이식 물그릇은 반려견을 산책시킬 때 언제든지 편리하게 사용할 수 있다.

프렌치 불독, 잉글리쉬 불독, 복서 및 퍼그와 같은 주둥이가 짧은 견종의 경우 시원하고 편안하게 유지하는 것이 특히 중요하다. 짧은 주둥이는 특히 더운 날씨에 호흡과 헐떡거리는 것을 더 어렵게 만든다. 주둥이가 짧은 견종은 산책 중에 더 쉽게 과열될 수 있으므로 산책시간을 짧게 유지하도록 한다.

많은 반려견들은 산책할 때 몸을 식힐 때가 언제인지 본능적으로 알고 잠시 휴식을 취하기 위해 나무 밑 그늘진 구덩이를 향해 이동한다. 반면, 몇몇 반려견들은 혀가 거의 땅에 닿아도 계속 산책하며 움직인다. 휴식을 위해 나무 아래의 시원한 휴식처를 찾는 것이 중요하다. 반려견이 잔디밭에서 몇 분 정도 편히 쉴 수 있도록 격려하고 다시 걸을 준비가 되었을 때 여유로운 속도로 다시 산책을 하도록 한다.

반려견의 발은 기온과 지면 온도의 극적인 차이로 인해 여름 더위에 특히 위험하다. 많은 보호자들은 반려견이 다양한 재질의 표면을 걸어서 반려견의 발이 실제보다 더 강하다고 생각하지만 실제로는 그렇지 않다. 발 패드는 물론 극한의 기상 조건에서 약간의 단열 기능을 제공하며, 외부에서 더 많은 시간을 보내거나 거친 표면을 걷는 반려견은 대부분의 시간을 나무 바닥과 같은 매끄러운 표면에서 보내는 것보다 더 튼튼한 패드를 갖게 된다. 그러나 사역견 조차도 여름철 산책에서 경험할 수 있는 열로부터 보호하기에는 패드가 충분하지 않기 때문에 뜨거운 표면 위를 걸으면 부상을 입을 수 있다. 화상을 입은 발은 엄청나게 고통스러울 수 있고 물집이 생기거나 갈라지거나 심지어 발바닥 조각이 없어질 수도 있기 때문에 산책을 나가기 전에 날씨와 걷는 표면의 재질과 온도를 고려하는 것이 중요하다. 햇볕에 달구어진 아스팔트와 콘크리트는 반려견의 발바닥 패드를 손상시킬 수 있으므로 반려견 부츠와 발 보호대를 착용시키면 도움이 된다.

걷기에 적당한지 잘 모를 때는 직접 손바닥을 포장도로 위에 올려놓고 5~10초 동안 편안하게 유지할 수 있으면 걷기에 적당한 것이다. 이 과정에서도 여전히 반려견이 무엇을 하고 있는지 주의 깊게 살펴보는 것은 중요하다. 온도는 적당하더라도 오래 걷게 되면 발의 화상을 피할 수 있다고 할지라도 여전히 과열 위험에 처할 수 있다. 나무 그늘이나 건물 아래에서 잔디를 걷는 것은 발을 보호할 수 있지만 습한 날에는 반려견의 몸을 식히는 데 별로 도움이 되지 않는다.

때때로 반려견이 너무 덥다고 느낄 때 그냥 누워서 움직이기를 거부할 수도 있다. 만약 그런 일이 일어난다면, 반려견에게 산책을 계속하도록 강요하지 않아야 한다. 모든 반려견은 우리 모두가 그렇듯이 다른 내열성을 가지고 있다. 반려견 전용 선크림을 발라주면 도움이 된다. 털이 짧거나 없는 반려견은 화상에 취약하므로 반려견 전용 선크림을 햇볕에 노출된 부분에 발라주도록 한다. 또한 절대로 반려견을 차에 혼자 두면 안 된다. 반려견이 뜨거운 차에서 뇌 손상을 경험하는 데는 불과 15분밖에 걸리지 않는다.

더운 날씨에도 산책은 할 수 있다. 지면 온도가 반려견에게는 너무 덥지만 산책하기에 날씨가 괜찮은 경우에는 더위 정도에 따라 다양한 산책이 가능하다. 적당한 온도에서는 아스팔트나 콘크리트보다 잔디가 반려견에게 훨씬 좋다. 또한 산책을 건너뛰고 풀이 무성한 반려견 공원으로 가는 것도 좋다. 포장도로가 매우 뜨거울 때 반려견을 안전하게 보호하지는 못하지만, 발 왁스를 발라주면 발바닥에 미치는 영향을 줄일 수는 있다. 반려견 부츠도 도움이 된다. 부츠는 다양한 이유로 사용될 수 있지만, 만약 더위로부터 보호하고자 한다면, 반드시 그 목적을 위해 만들어진 부츠를 구입해야 한다. 부츠가 뜨거운 온도에 견딜 수 있도록 만들어지지 않는 한 고무나 실리콘 재질은 피하는 것이 좋다.

5.3 가을철 반려견 산책

가을은 나뭇잎의 색이 변하고 기온이 낮아져 반려견과 함께 긴 시간 동안 산책을 즐길 수 있는 계절이다. 더운 여름철보다 훨씬 더 편안할 뿐만 아니라 산책할 새로운 풍경과 냄새도 많이 있다. 반려견은 더운 여름 기간에는 실내에서 지내야 했지만, 가을이 오면 규칙적으로 외출할 수 있어 신선하고 상쾌한 공기를 더 오래 맡을 수 있다.

가을이 깊어져 겨울을 향해 갈수록 낮이 짧아진다. 일상적인 걷기 습관을 점차적으로 바꾸어 어두울 때 나가지 않도록 아침 산책을 늦게 시작하고 저녁 산책을 일찍 시작하여 일출 전이나 일몰 후에 외출하지 않도록 한다. 이것은 반려견이 변화하는 스케줄에 적응하는데 도움이 된다. 규칙적인 식사 시간도 필요에 따라 변경할 필요도 있다. 또한 일광의 변화는 반려견의 신체리듬에 영향을 주어 평소보다 더 졸리게 만들 수 있으므로 되도록이면 밖이 환할 때 산책을 시키는 것이 좋다. 이것이 쉽지 않으면 걷기 전에 깨우고 계속 자극을 주어야 외출할 때 걸음이 느려지는 것을 방지할 수 있다. 조명이 밝은 장소에서 산책을 하면 전과 같이 즐길 수 있다.

 그림 5-3. **가을철 산책**

가을에는 반려견의 수면 패턴에 혼란을 일으킬 수 있다. 즉, 평소보다 더 오래 잠을 잘 수 있으므로 걷기가 훨씬 더 중요하다. 걷는 시간은 반려견의 필요에 따라 다르지만, 더 오래 걷는 것은 반려견을 활동적이고 건강하게 유지시키는 좋은 방법이다. 만약 한 번에 길게 산책하는 것이 너무 힘들면 일과 전후로 나누어 산책하면 된다. 이러한 방식으로 활동하도록 격려하면 반려견의 체중과 건강 수준을 유지하는 동시에 그들의 수면 패턴을 정상회시키는 데에도 도움이 될 것이다.

늦은 시간에 산책해야 할 경우 보호자도 밝은 옷을 입고 반려견에게 시인성이 높은 코트를 착용시키면 길을 건널 때 쉽게 눈에 띄어 사고를 예방할 수 있다. 불빛이 있는 목걸이나 목줄을 하거나 반사 테이프를 부착하는 것도 좋은 방법이다. 날이 어두워지고 인적이 드물면 목줄을 풀어 주고 싶은 유혹이 생길지라도 어둠 속에서 반려견을 풀어주지 않도록 한다. 낮은 가시성으로 인하여 놓치게 되면 찾기가 어렵고 쉽게 방향을 잃을 수 있다.

가을이 깊어질수록 기온이 조금씩 내려가면서 비도 자주 내리므로 따뜻함을 유지하는 것이 중요하다. 만약 나이가 많은 노령견을 데리고 산책한다면, 추운 계절에 발생할 수 있는 관절염의 징후를 경감시키는데도 도움이 된다.

가을 산책은 즐길 거리도 많지만 주의해야 할 위험요소도 많다. 초가을의 위험요소로 가을 진드기(Harvest Mite)가 있다. 반려견의 발가락 사이를 아주 가까이에서 관찰하면 작고 미세한 주황색 점들을 발견할 수 있다. 이것은 극심한 가려움을 동반하여 반려견에게 말할 수 없는 고통을 줄 수 있다. 가을 진드기는 다음에 설명할 계절성 반려견 질환(Seasonal Canine Illness SCI)을 앓고 있는 반려견들에게서 흔히 발견되므로 산책하기 전에 진드기를 예방하는 스프레이를 뿌려주는 것이 도움된다. 스프레이의 화학적 장벽은 진드기 감염을 예방하는 데 효과적일 수 있고 발, 다리, 가슴, 배와 같은 넓은 노출 부위에 직접 적용할 수 있기 때문에 환부에 사용하는 제품보다는 스프레이를 사용하는 것이 좋다.

폐선충은 반려견에게 치명적인 결과를 초래할 수 있는 기생충이다. 가을 산책시 습한 지면에서 감염된 민달팽이와 달팽이에서 자주 발견되므로 항상 반려견을 가까이 두고 눈에 보이지 않을 때 주변을 뒤지는 일이 없도록 하여야 한다. 폐선충의 위험으로부터 반려견을 보호하는 효과적인 방법은 정기적인 기생충 치료를 하는 것이므로 항상 구충이 잘 되었는지 확인할 필요가 있다.

가을 독소도 특히 주의해야 한다. 몇몇 가을 산물들은 반려견에게 위험을 주기 때문에 산책하는 동안 예의 주시해야 한다. 상수리 열매는 반려견의 기도를 막을 뿐만 아니라, 먹을 경우 내부 장기 손상을 일으킬 수 있는 에스컬린(Aesculin)이라는 화학물질을 함유하고 있다. 도토리에도 반려견에게 독성이 있는 타닌산(Tannic Acid)이라는 성분이 들어있어 소화불량과 설사를 일으킬 수 있다. 심한 경우 도토리가 내부 장기 손상과 신장질환까지 일으킬 수 있다. 또한 젖은 나뭇잎 더미와도 안전한 거리를 유지해야 한다. 젖은 나뭇잎은 곰팡이와 박테리아의 완벽한 번식지로 반려견을 심하게 아프게 만들 수 있다.

계절성 반려견 질환(Seasonal Canine Illness, SCI)에 주의해야 한다. 계절성 반려견 질환의 원인은 아직 밝혀지지 않았다. 매년 8~11월 사이에 가장 흔히 볼 수 있는 질환이라 계절에 따른 이름으로 명명되었다. 계절성 반려견 질환은 모든 연령, 성별, 품종에서 발견되지만 고양이와 같은 다른 동물에게는 영향을 미치지 않는다. 반려견이 산림지대를 걸은 후에 24~72시간 이내에 증상이 나타날 가능성이 높다. 증상은 주로 위장관에 영향을 미치며 주요 증상으로는 구토, 설사, 복통, 피로, 혼수상태, 먹지 않음, 근육 떨림 등이 있다. 조기에 치료를 받으면 대부분 일주일 이내에 회복되지만 치료가 늦어지면 치명적일 수 있다. 계절성 반려견 질환으로 의심되면 동물병원을 내원하여 수의사의 진료를 받아야 한다.

버섯 또한 조심해야 한다. 인간에게 유독할 수 있는 버섯이 많이 있는 것처럼 반려견도 먹어서는 안되는 다양한 종류의 곰팡이가 있다. 외출할 때 할 수 있는 가장 좋은 방법은 반려견이 먹지 말아야 할 것을 삼키지 않도록 반려견을 주시하는 것이다. 특히 공이나 원반 가져오기 놀이를 하거나 반려견 장난감을 가지고 있을 때에는 더욱 주의해야 한다.

가을에 반려견을 데리고 산책할 때에는 나뭇잎 더미가 없는 지역을 선택하여 땅에 무엇이 있는지 명확하게 볼 수 있어야 한다. 산책 후에 반려견을 손질해주면 건강 문제가 발생하는 것을 예방할 수 있다.

5.4 겨울철 반려견 산책

일부 사람들에게는 몸을 움츠리게 하는 추운 겨울 날씨가 불쾌할 수 있으나 다른 사람들에게는 스노우보드, 스키 그리고 다른 겨울이 주는 즐거움으로 기분 좋은 시간이 될 수도 있다. 겨울에 대한 여러분의 관점이 어떻든 간에 중요한 점은 겨울은 반려견들이 더 특별한 보살핌을 필요로 하는 시기라는 것이다.

낮은 기온과 악천후로 인해 겨울은 반려견에게 실질적인 위험을 초래할 수 있다. 따라서 겨울에 산책을 나가기 위해서는 사전에 미리 계획을 수립하는 것이 중요하다. 산책하기 전에 날씨와 추위의 정도를 확인할 필요가 있다. 종종 바깥 날씨가 생각했던 것보다 더 추울 수 있다. 하나의 긴 산책로만을 선택하지 말고 날씨에 대해 확신이 없다면 상황에 따라 변경할 수 있는 산책로를 선택하도록 한다.

겨울철 눈이 내리면 반려견이 잘 보이지 않을 뿐만 아니라 산책 중에 차량이 가까이 오면 정차하기가 어려울 수 있으므로 운전자가 먼 거리에서도 볼 수 있도록 대책을 마련할 필요가 있다. 반려견을 더 눈에 잘 띄게 만드는 것은 안전에 매우 중요하다. 따라서 반려견을 잘 보이게 하기 위해서 반사되는 옷을 입히거나 LED 목걸이 또는 목줄을 사용하도록 한다. 또는 반려견의 목걸이나 목줄에 부착할 수 있는 조명도 있다. 그리고 자동차는 반려견에게 불안감을 줄 수 있으므로 되도록 교통량이 적은 지역으로 산책하도록 한다.

겨울은 해가 짧아 낮 시간이 길지 않으므로 가능하다면 낮 시간에 산책하도록 한다. 만약 목줄을 놓치게 되면 반려견을 찾을 수 있는 정보가 필요하므로 가시성을 높이는 반사 인식표를 착용한다.

얼음과 눈은 반려견의 발에 문제를 유발할 수 있다. 특히 땅에 소금이 있을 수 있는 지역을 걸을 경우에는 더욱 심해질 수 있다, 반려견의 발을 보호하려면 반려견 전용 부츠 또는 발 왁스를 사용하면 도움이 된다. 대부분의 반려견들이 신발을 신기 위해서는 익숙해지는 시간이 필요하므로, 천천히 시간을 늘려가면서 연습을 하도록 한다. 반려견 전용 부츠는 대부분 발목을 조이는 형태라서 발의 혈액 순환을 방해할 수 있으므로 부츠를 신기는 시간이 1시간을 넘지 않도록 해야 한다. 발 왁스는 발에 부가적인 안전 층을 구축 해준다. 발 왁스가 눈, 얼음, 얼음을 녹이는 화학 물질로부터 반려견의 발을 보호하도록 만들어졌는지 확인할 필요가 있다. 더 편안한 겨울 산책을 위해 반려견의 발가락 사이의 털을 짧게 잘라주도록 한다. 이 털에 얼음이 쌓여 일시적으로 다리를 절뚝거릴 수 있고 반려견이 걷기 어렵거나 고통스러워 할 수 있다. 더 좋은 방법은 부츠로 발을 덮어 다양한 겨울 위험으로부터 반려견을 보호하는 것이다. 겨울 부츠는 얼음을 제거하기 위해 길거리에 놓인 소금과 화학 물질로부터 반려견의 민감한 발바닥을 보호해준다. 여분의 발 단열재가 필요하지 않은 반려견에게는 발이 쉽게 미끄러져도 움직일 수 있는 얇은 고무 부츠를 착용시키면 도움이 된다.

그림 5-4. 겨울철 산책

반려견의 발이 갈라지고 상처가 벌어져 있는 경우에는 적절한 응급처치가 중요하다. 먼저 반려견의 상처를 물로 닦아주고 감염을 예방하기 위해 항균 구급 스프레이나 로션을 발라주고 깨끗한 거즈나 붕대로 주변을 감싸준다. 치유 과정에서는 걷는 것을 최소화하도록 한다. 반려견의 발이 아직 치유되는 동안 걸어야 한다면 자극을 방지하고 상처가 다시 벌어지지 않도록 보호하기 위해 부츠를 착용시킨다.

코트와 스웨터는 반려견에게 필요 없다고 생각할 수 있지만 매우 유용할 수 있다. 일부 반려견은 추운 온도를 견디고 습기를 쫓을 수 있는 훌륭한 털을 가지고 있지만 모든 반려견이 그러한 것은 아니다. 반려견 전용 겨울 코트는 바람막이가 되어 반려견을 바람과 추위로부터 보호하고, 반려견의 털이 젖거나 차가워지는 것을 막아준다. 더 오랫동안 따뜻함을 유지하기 위해 단열재를 추가할 수 있다. 젖은 상태의 반려견 전용 코트나 스웨터는 실제로 반려견의 털보다 바깥에서 더 춥게 만들 수 있으므로 긴 시간 산책하는 경우에는 갈아입을 수 있도록 여벌의 반려견 코트를 준비하고 사용한 후에는 완전히 건조한 후 보관하여야 한다.

시베리안 허스키 또는 알래스칸 말라뮤트와 같이 추위에 문제가 없는 견종이 아니라면 긴 산책을 위해 깊은 눈으로부터 보호할 필요가 있다. 차가운 눈이 반려견의 배에 닿으면 훨씬 빨리 차가워진다. 많은 반려견들은 배에 털이 없기 때문에 깊은 눈 속에서 걷는 것은 잠시 동안은 재미있을 수 있지만 장시간 산책하면 반려견의 배가 훨씬 더 차가워질 수 있다. 반려견의 건강을 위해 눈이 깨끗하게 치워진 인도와 산책로에서 산책하도록 한다.

반려견이 눈을 먹는 것이 해롭지 않다고 생각할지 모르지만 눈을 다량으로 섭취하면 좋지 않다. 눈을 약간 먹는 것은 피해를 입힐 가능성이 낮지만 많은 양을 섭취하면 위험할 수 있다. 눈 속에는 부동액, 화학 물질 또는 다른 오염물질이 포함되어 있다. 과도한 양의 눈을 섭취하면 일부 반려견들에게 설사와 구토를 포함한 장 장애를 유발할 수 있다. 이것을 **겨울나기 질병**(Winter Blap Disease)이라고 한다(Schuler, 2005). 여름에 물을 너무 많이 마셔도 이러한 구토 증상을 보이는데 이것을 **여름나기 질병**(Summer Blap Disease)이라고 한다. 산책하기 전에 수분을 공급해주고 산책을 나갈 때에는 신선한 물과 그릇을 휴대하도록 한다.

겨울 산책 중에 반려견이 발견한 것을 먹지 않도록 추가적인 예방 조치를 취할 필요가 있다. 화학 얼음 용해 제품, 염화칼슘, 부동액은 모두 겨울철 보도에서 매우 흔히 발견되며, 반려견에게 상당한 피해를 끼칠 수 있다. 심지어 반려견에게 안전한 제품에도 일정량의 독성이 있다. 염화칼슘은 빙점이 낮으며, 수분을 흡수해 스스로 물을 머금고 있는 성질이라 제설제로 가장 많이 사용하고 있는 화학약품이다. 수분을 흡수할 때 열을 발생시키며 이 때문에 피부에 화상이 생길 수 있다. 피부에 오래 닿아 있으면 피부의 수분을 빼앗아 건조하게 만들고 가려움증, 물집, 붉은 반점들이 생길 수 있다. 염화칼슘은 피부뿐만 아니라 먹었을 경우에도 위험하다. 염화칼슘은 독극물로 지정되어 있지 않고 생활 곳곳에 사용되고 있기 때문에 사람들도 그 위험성을 간과하기 쉽다. 염화칼슘이 생활 속에서 사용되는 대표적인 제품은 습기제거제이다. 반려견이 제습제를 입에 닿지 못하게 보호자가 잘 관리하면 먹을 일은 없지만 염화칼슘이 뿌려진 눈길을 산책하고 나서 몸이나 발에 묻은 것을 핥을 경우에는 응급상황이 될 가능성이 있다. 반려견이 부동액이나 다른 해로운 화학물질과 마주칠 수 있는 차고와 진입로에 가지 않도록 하는 것이 좋은 예방법이다. 부동액은 단맛이 나기 때문에 반려견들은 그것을 쉽게 핥거나 마실 수 있다. 부동액은 매우 독성이 강하며 소량으로도 치명적일 수 있다. 산책을 시작하기 전에 식사를 하도록 하여 산책하는 동안 배가 고프지 않도록 하여야 한다. 필요하면 주위를 분산시킬 수 있는 간식을 준비해 가도록 한다. 만약 30분 이상의 산책을 할 계획이라면 물을 보충하기 위해 신선한 물을 가져가야 한다.

동상(Frostbite)은 아이들처럼 눈 속에서 너무 즐거운 시간을 보내다보면 알아채지 못할 수도 있지만 실질적인 위협이 될 수 있다. 귀, 코, 발바닥, 꼬리는 동상이 발생할 수 있는 가장 흔한 부분이기 때문에 주의가 필요하다. 동상에 걸린 피부는 차갑고 창백하며 딱딱하다. 약간 따뜻해지며 빨갛고 부어오르는 경우도 있다. 반려견이 동상에 걸린 것으로 의심되면, 환부를 뜨거운 것이 아니라 따뜻한 천으로 한번 덮어준 후 담요로 다시 덮어준다. 감염을 유발하거나 영구적인 손상을 일으킬 수 있으므로 반려견이 환부를 핥거나 긁거나 씹도록 내버려 두지 않아야 한다.

추운 겨울 날씨는 반려견의 관절염과 같은 상태를 악화시킬 수 있다. 만약 반려견이 관절염을 앓고 있다면 겨울 산책시간을 더 짧게 하고 미끄럽거나 험한 지형은 피하도록 한다. 글루코사민(Glucosamine)이나 콘드로틴(Chondroitin)과 같은 천연 반려견 건강 보조제는 관절에 윤활유를 공급하고 관절염과 관련된 통증을 완화시키는 데 도움이 된다. 만약 반려견이 아침에 일어나서 또는 산책 중에 다리를 절뚝거리거나 뻣뻣한 모습을 보이면, 특히 노령견일 때에는 반려견 관절염 보충제를 먹이는 것도 좋은 방법이다.

얼어붙은 호수나 연못과 같이 얼음으로 덮인 지역을 걸을 때에는 목줄을 팽팽하게 유지하여야 하고 얼음 위를 돌아다니지 않도록 해야 한다. 얼음이 얼마나 단단한지 쉽게 알 수 있는 방법이 없을 뿐만 아니라 깨진 얼음 속으로 반려견과 함께 보호자를 끌어당길 수 있기 때문이다.

모든 사람들은 추운 날씨에 금속 물체를 핥지 말아야 한다는 것을 안다. 이것이 여러분처럼 반려견의 혀에도 위협을 줄 수 있으며 금속만이 문제가 되는 것은 아니다. 겨울에 산책시킬 때는 금속 가로등 기둥, 금속판, 맨홀 뚜껑, 전기 상자, 그리고 기타 금속 물체들이 감전의 위험이 있기 때문에 피해야 한다. 도로와 인도 위의 염화칼슘, 그리고 잘못된 배선들은 모두 반려견이 금속 물체 근처에 있거나 주변에 있을 때 감전의 원인이 될 수 있다. 반려견의 안전을 위해서 가까이 가지 않도록 하여야 한다.

반려견의 배설물이 눈과 함께 사라질 것이라고 생각하기 쉽지만 눈이 녹은 자리 주변에 그대로 남아 있을 수 있고 반려견과 인간 사이의 교차 오염을 조장할 수 있다. 항상 배변 봉투를 휴대하여 배설물을 제거하도록 한다.

비록 반려견들이 겨울에 여분의 층을 필요로 할지라도, 그것이 지방층이 아닌 털로부터 온다는 것을 기억해야 한다. 겨울에 밖에서 더 많은 시간을 보내는 반려견들은 더 많은 에너지를 필요로 하므로 그에 따라 사료 급여량을 적절히 조절해야 한다. 하지만, 반려견이 겨울 동안 야외에서 생활하지 않으면 추운 겨울이라도 보통 추가적인 칼로리가 필요하지는 않다. 심지어 움직임이 많지 않기 때문에 적은 칼로리가 요구될 수도 있다. 반려견은 항상 일정한 체중을 유지하는 것이 바람직하다. 계절에 따라 너무 많이 변하는 것은 건강에 좋지 않다. 반려견의 활동량에 주의하고 그에 따라 칼로리를 조절하도록 하여야 한다. 반려견이 추운 겨울 동안 건강한 털과 좋은 에너지를 보장하기 위해 건강한 식사를 하도록 해주어야 한다.

추운 날씨에도 반려견을 밖에서 놀게 할 수 있지만, 특히 소형견이거나 코트와 부츠를 착용시켰다고 할지라도 반려견을 오랫동안 방치해서는 안 된다. 반려견의 추위에 대한 신호를 관찰하여야 한다. 예를 들어 낑낑거리거나, 안으로 들어가고 싶어 문 앞에서 문을 열어주기를 기다리거나, 발을 과도하게 들거나, 핥거나, 떨고 있을 수 있다. 일부 견종들이 추위에 잘 견딜 수 있다고 할지라도 어떠한 반려견도 따뜻한 쉼터가 없이 장시간 밖에 두어서는 안 된다. 추운 날에 반려견의 실외 시간을 제한하는 것 외에도, 겨울에 차가운 바닥에서 자도록 내버려 두지 말아야 한다. 반려견이 따뜻하게 지낼 수 있도록 적절한 침구를 선택하는 것도 중요하다. 따뜻한 담요는 편안한 환경을 만들어 줄 수 있고 따뜻한 침대는 반려견이 차가운 타일이나 콘크리트에 닿지 않게 해준다. 반려견의 침대를 외풍, 차가운 타일 또는 카펫이 깔리지 않은 바닥에서 떨어진 따뜻한 곳에 두도록 한다.

여름에 차가 위험할 정도로 더워질 수 있는 것처럼, 얼어붙은 추운 온도는 반려견에게도 똑같이 위험하다. 외출을 할 때 데리고 다닐 수 없다면 집에 있도록 하는 것이 최선의 방법이다.

반려견들은 여름과 마찬가지로 겨울에도 빨리 탈수 증상을 보일 수 있으므로 신선한 물 제공은 반려견의 건강을 유지하는 데 필수이다. 많은 반려견들이 눈을 먹지만, 그것이 물의 대체물이 되어서는 안 된다. 물그릇을 잘 관찰하고 반려견이 항상 마실 수 있을 만큼 충분히 마시도록 해주어야 한다. 만약 반려견이 야외나 마당에서 시간을 보낸다면, 물에 접근할 수 있는지 확인하여야 한다.

겨울 산책을 하면서 모든 암염을 피하는 것은 거의 불가능하다. 따라서 겨울 산책 후에는 항상 발을 닦아주어야 한다. 따뜻한 물에 적신 수건과 타월을 사용하여 말리거나 반려견 전용 물티슈를 사용하면 편리하다. 반려견이 핥기 전에 발에 묻어있는 소금이나 얼음 용해 화학 물질을 닦아 주어야 한다. 그러나 가장 좋은 것은 티슈로 닦는 것보다는 흐르는 물에 충분히 닦아주는 것이 가장 좋다. 따뜻한 물에 발을 담가 뒀다가 말리는 것도 좋다. 몸에도 튀었다면 전신 목욕을 시켜야 한다. 발은 수건으로 건조하고 바셀린이나 풋밤을 얇게 발라주면 염화칼슘으로 인한 피부 탈수를 예방할 수 있다. 건조한 겨울 공기는 발을 거칠게 만들고 심지어 갈라지게 한다. 반려견이 발을 핥을 가능성이 있으므로 선택한 보습제가 무독성이고 반려견에게 안전한지 확인할 필요가 있다. 코코넛 오일로 만든 제품은 좋은 보습제로 보습 효과가 좋을 뿐만 아니라 섭취 시 지방과 비타민의 건강한 공급원이기도 하다.

만약 바깥 날씨가 정말 춥다면, 무리하여 산책을 하려고 노력할 필요는 없다. 가장 추운 달에는 반려견과 함께 실내 강좌를 신청하거나 실내 산책 공간을 활용하도록 한다. 반려견에게 충분한 활동이 이루어지면 지루해서 파괴적인 행동을 보일 가능성이 적어진다.

참고문헌

Schuler, D. (2005). The four types of dog vomit. theglitteringeye. http://theglitteringeye.com/the-four-types-of-dog-vomit/comment-page-2/

06
반려견 산책로 유형

06

반려견 산책로 유형

반려견이 산책할 수 있는 경로는 2가지 유형이 있다. 도로 및 보도와 같은 단단한 표면으로 이루어진 인공적인 경로, 잔디와 흙으로 만들어진 자연적인 경로가 있다. 이러한 유형의 경로에는 각각 고유한 장점과 단점이 있다.

반려견들은 특정 유형의 바닥재를 좋아하지 않는다(Sarah. 2019). 모든 것은 자연으로 귀결된다. 반려견들은 흙으로 된 표면에서 다니도록 진화되었다. 그들은 새벽부터 해질 때까지 흙 속에서 달리고, 뛰고, 굴을 파고, 뒹굴고 돌아다닐 수 있다. 이처럼, 그들의 발은 흙에 완벽하도록 진화되었다. 그들은 나뭇가지와 돌로부터 보호하는 거친 패드를 가지고 있으며, 땅을 파고 속도를 내기 위한 발톱을 가지고 있다. 일부 반려견은 진흙 지역이나 수영에 도움이 될 수 있는 물갈퀴를 가지고 있다. 사실 반려견의 발은 눈에서부터 바위가 많은 언덕까지, 심지어 물까지 거의 모든 자연 표면에 적합하다. 본질적으로 자연적인 표면에서 멀어질수록 반려견은 그곳을 피하려고 한다. 특히 가장 문제가 되는 바닥재는 연마된 대리석, 매끄러운 나무, 미끄럽게 포장된 콘크리트이다. 이 표면들의 단점은 매우 반사적이고 반짝거리기 때문에 자신의 모습이 비춰져 반려견들이 놀랄 수 있다. 그리고 이러한 표면을 청소하는 제품에는 종종 레몬 또는 소나무 향, 식초, 알코올 또는 암모니아가 포함되어 있어 반려견들에게는 매우 불쾌하고 자극적인 냄새로 느껴진다.

6.1 바위(Rock)

산책에서 다양한 모양과 크기의 바위를 만날 가능성이 있다. 반려견과 함께 바위 지역을 걸어야 할 때에는 항상 안전을 최우선으로 생각해야 한다. 정기적으로 바위 지역을 지나야 한다면 반려견 전용 신발이나 부츠를 착용시키도록 한다.

바위 지역을 산책할 때 반려견이 바위를 씹는 행동을 보일 수 있다(Arford, 2021). 돌을 씹고 먹는 것은 반려견에게 심각한 위험을 초래한다. 날카로운 모서리는 잇몸과 혀에 열상을 남길 수 있으며 매우 단단한 질감은 바위를 씹을 때 치아에 손상을 줄 수도 있다. 입을 손상시키지 않고 돌이나 자갈을 삼킬 수 있더라도 반려견은 돌을 섭취함으로써 피해를 입을 수 있다. 이러한 단단한 물질이 몸에 질식과 장 막힘을 야기한다. 이러한 행동을 **이식증**(異食症, Pica)이라고 한다. 이식증은 흡수 가능한 영양분이 없는 물질, 예컨대 종이, 점토, 금속, 분필, 흙, 유리, 모래 따위를 먹는 장애를 말한다. 이것은 영양실조, 기생충 또는 행동 문제와 같은 다양한 근본적인 문제로 인해 발생할 수 있다. 영양 결핍으로 반려견에게 칼슘, 철분 또는 인의 수치가 낮으면 일종의 보충제로 바위를 씹기도 한다. 이식증의 근본 원인이 무엇인지를 확인하기 위해서는 수의사와 상의하여 반려견의 전반적인 건강상태를 확인할 필요가 있다. 만약 건강에 문제가 없다면 행동적인 문제일 수 있다. 일반적으로 반려견들은 보호자의 관심을 원한다. 이럴 때에는 씹을 수 있는 장난감을 제공하고 칭찬하면 행동을 교정하는 데 도움이 될 수 있다. 또 다른 행동 문제는 불안이다. 반려견의 불안은 환경 변화, 과거의 외상, 또는 노화되고 있다는 단순한 사실로 인해 발생할 수 있다. 반려견에게 조용한 공간과 함께 씹거나 껴안을 수 있는 다른 것을 제공하면 도움이 된다. 이러한 행동을 계속 보이면 자갈이나 바위가 많은 지역을 피하기 위해서 산책하는 경로를 변경하는 것도 좋다.

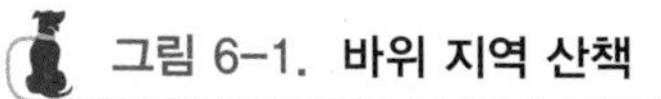
그림 6-1. 바위 지역 산책

6.2 판자(Boardwalks)

판자로 만들어 놓은 산책로는 다른 표면과 다르게 느껴질 뿐만 아니라 소리가 나거나 삐걱거리는 소리를 낼 수도 있다. 판자에서 못이 튀어 나와 있으면 부상의 위험이 있으므로 조심하도록 한다.

그림 6-2. **판자로된 산책길**

6.3 금속(Metal)

금속 표면은 열을 매우 빨리 흡수하므로 날씨가 더운 기간에는 항상 특정 금속 표면이 얼마나 뜨거웠는지 확인한 후 반려견이 걸을 수 있도록 하여야 한다. 반려견 신발 또는 부츠는 화상으로부터 민감한 발바닥을 보호해준다.

모든 사람들은 추운 날씨에 금속 물체를 핥지 말아야 한다는 것을 안다. 이것이 반려견의 혀에 여러분의 것과 같은 위협을 줄 수 있다. 겨울에 반려견을 산책시킬 때는 금속 램프 기둥, 금속판, 맨홀 뚜껑, 전기 박스, 그리고 다른 금속 물체들이 감전의 위험을 가지고 있기 때문에 피해야 한다. 녹는 온도, 도로와 보도 위의 얼음 소금, 그리고 잘못된 배선은 모두 반려견이 금속 물체 근처에 있거나 주변에 있을 때 감전의 원인이 될 수 있다. 안전을 위하여 가까이 가지 않도록 한다.

그림 6-3. **금속 표면**

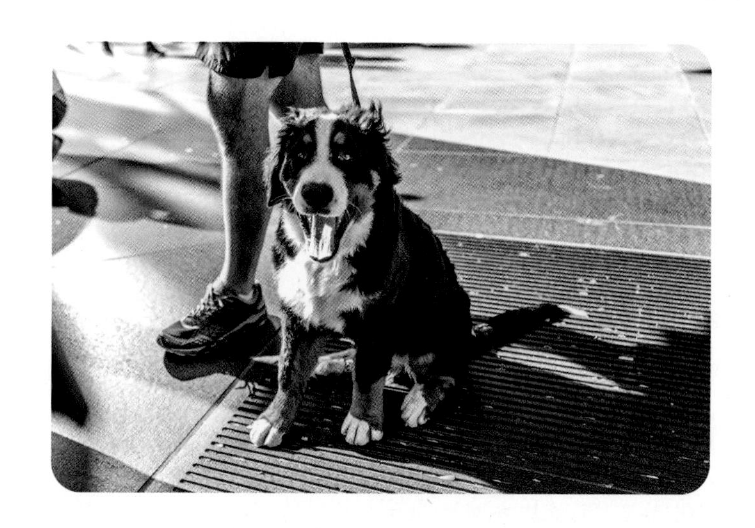

6.4 풀밭 또는 잔디밭(Grass)

반려견은 풀밭을 독특한 표면으로 생각하지 않는다. 그러나 야외에 처음 나온 어린 강아지에게는 상당한 변화일 수 있다. 풀밭이나 잔디밭처럼 사랑하는 사람을 하나로 모으는 것은 없다. 주변의 녹색 공간은 놀이 시간, 탐험, 그리고 기억 제작의 귀중한 연장선이다. 기온이 올라도 시원하게 유지하며 반려견과 함께 원반이나 공을 던지는 천연 풀밭과 잔디밭은 항상 시원하고 뛰어다니며 놀 수 있는 표면이다. 특히 여름 기온이 35℃ 이상 상승할 때는 더욱 그렇다. 그러나 천연 풀밭이나 잔디밭은 건강상의 위험 요소들을 많이 내재하고 있다.

인조 잔디는 비싸고 유해한 화학 물질, 비료, 살충제가 필요 없고 잔디를 깎을 필요도 없기 때문에 유지 관리에 비용이 적게 들어 여러 장소에 많이 설치되어 있다. 인조 잔디의 합성 섬유는 벼룩과 진드기가 표면에 자리 잡는 것을 방지해준다. 인조 잔디는 해충을 완전히 제거하지는 못하지만 많이 줄여준다. 반면 자연 잔디밭은 벼룩 및 진드기와 같은 기생충이 살 수 있어 알, 유충, 번데기, 성체 벼룩 또는 진드기의 주기를 제어하기가 매우 어렵다. 그러나 이러한 피를 빨아먹는 기생충은 인조 잔디에는 생기지 않기 때문에 풀에 의해 유발되는 계절성 알레르기를 줄일 수 있다. 반려견이 집안으로 들어올 때 발을 닦아줄 필요가 없고 벌에 쏘일 위험도 없다. 또한 인조 잔디는 날씨와 관계없이 항상 푸르름을 유지하며 천연 색소가 변색을 방지하기 때문에 요소에 장기간 노출되어도 생생한 녹색을 띤다. 계절과 날씨에 구애 받지 않고 산책할 수 있다. 일부 반려견은 인공 잔디 표면, 특히 새로 설치된 잔디 표면을 씹거나 핥고 싶은 충동을 느낄 수 있다. 인공 잔디는 화학적으로 처리된 천연 잔디보다 독성이 적기 때문에 일반적으로 괜찮지만 납으로 처리된 것이나 오래되었거나 수입된 인조 잔디 받침은 어린아이나 반려견이 섭취할 경우 해를 끼치는 것으로 알려져 있다.

반려견의 소변은 천연 잔디를 변색시키거나 더 이상 잔디가 자라지 않게 만든다. 반려견의 소변에 포함된 많은 양의 질소와 관련된 염분 때문에 반려견 소변 잔디 지점이 발생한다(O'Connor, & Koski, 2014). 암컷의 소변이 풀을 태운다는 비난을 받지만 수컷의 소변과 성분이 별반 다르지 않다(Harivandi, 2007). 암컷, 어린 강아지, 노령견, 소형견 및 일부 성인 수컷을 포함하여 쪼그리고 소변을 보는 모든 반려견은 한 곳에서 소변을 볼 때 풀을 태울 수 있다. 농축된 소변이 한 지점에 모이면 잔디가 손상된다. 대부분의 수컷들은 자신의 영역을 표시하기 위해 다리를 들어 소변을 보기 때문에 자연스레 잔디밭에 소변이 퍼트려져서 반려견 소변 지점이 그렇게 많이 발생하지 않는다. 반려견 소변 지점으로 인한 잔디 손상은 새롭게 잔디가 자라면서 저절로 해결된다.

풀밭이나 잔디밭에서 산책할 때 주의할 것은 풀 씨앗이다. 창 모양의 긴 잎을 가진 풀(Spear Grass), 새싹 보리(Barley Grass), 야생 귀리(Wild Oats), 참새 귀리(Brome Grass), 금 강아지풀(Yellow Foxtail Grass)과 같은 일부 풀 씨앗은 모두 뾰족한 씨앗 머리를 가지고 있다. 풀에서 문제를 일으키는 부분은 **가시랭이**(Awn)이다. 이것은 씨앗을 둘러싼 단단한 껍질로 날카로운 스파이크 머리와 뒤쪽으로 향해있는 강한 털이 있는 화살 모양을 하고 있다. 이러한 모양은 풀이 스스로 번식하는 데 도움이 된다. 날카로운 부분은 흙에 묻히는 것을 가능하게 하고 화살머리의 강한 털은 다시 흙 밖으로 빠지는 것을 막아준다. 흙의 수분은 씨앗이 토양 속에서 유지되도록 가시랭이를 부풀게 한다. 문제는 반려견의 털에 씨앗이 걸리면 피부 표면을 뚫고 들어간다는 것이다. 흙에서와 마찬가지로 이러한 모양은 앞으로는 이동이 가능하지만 뒤로는 이동할 수 없다. 반려견의 몸은 토양보다 밀도가 훨씬 낮기 때문에 씨앗이

그림 6-4. 잔디밭

몸에 들어가면 계속 이동하여 결국에는 방광, 폐, 척수, 심지어 뇌에까지 도달할 수 있다. 증상은 가시랭이가 몸에 들어가는 위치, 이동 경로 및 종착점에 따라 달라진다. 몸은 풀 씨앗을 이물질로 인식하고 그것을 제거하려고 하지만 감염을 일으키는 박테리아를 운반하는 역할을 하기 때문에 통증, 붓기 및 고름과 함께 강한 염증 반응 일으켜 종기(Abscess)를 만든다. 풀 씨앗을 제거하고 감염과 싸우려고 할 때 몸에서 발생하는 염증은 주변 구조물에 손상을 입히는데 폐, 척수 또는 뇌와 같은 특정 위치에서 염증이 나타나면 반려견에게 치명적일 수 있다.

종종 반려견의 피부 아래에 풀 씨앗이 박혀있는 것을 볼 수 있다. 발바닥에 주로 박히는데 박힌 부위에 발적과 부종으로 나타나며 고름이 나오기도 한다. 매우 고통스럽기 때문에 반려견이 발을 많이 핥게 된다. 또 다른 흔한 부위는 머리와 목 주위이다. 풀의 씨앗이 피부를 뚫을 뿐만 아니라 귀, 눈, 코, 목, 질 및 내장을 통해 몸 안으로 들어갈 수 있다. 반려견은 항상 코를 땅에 대고 냄새를 맡기 때문에 호흡을 할 때 코를 통해 풀 씨앗이 체내로 흡입된다. 몸 안에 들어간 풀 씨앗은 저항이 가장 적은 길을 선택해서 이동한다. 예를 들어, 흡입된 풀 씨앗이 폐로 들어가면 폐렴을 유발한다. 풀 씨앗은 폐에서 흉부 공간(폐 외부)으로 횡격막(가슴과 복부 사이의 근육)을 따라 척추 쪽으로 이동한 다음 척수로 올라간다. 이는 척수 질환을 야기하고 걷기에 어려움을 겪을 수 있다. 질에 들어간 잔디 씨앗은 종종 방광으로 들어가 방광염을 유발한다(Agut, et al., 2016; Hicks, et al, 2-16; Linon, et al, 2014; Vansteenkiste, et al., 2014; Whitty, et al, 2013).

풀 씨앗이 자주 박히는 또 다른 부위는 귀이다. 풀 씨앗 때문에 동물병원을 내원한 경우에 절반 정도는 풀 씨앗이 귀에 박혀있다. 풀 씨앗은 귀를 자극하고 감염을 유발할 뿐만 아니라 고막을 뚫고 귀 안쪽까지 감염을 일으킬 수 있다. 중간 길이의 털을 가진 반려견은 실제로 짧은 털이나 긴 털을 가진 반려견에 비해 3배 더 위험하다. 더 중요한 것은 털의 밀도이다. 중간 길이의 털은 더 높은 밀도의 아래 털을 가지고 있어 풀 씨앗을 가두어 피부에 밀착시킬 가능성이 더 높다. 들판에서 많은 시간을 보내고 농지에 자주 접근하는 반려견은 풀 씨앗의 영향을 받을 가능성이 2배 더 높다.

6.5 솔잎, 부엽토, 나무뿌리 (Pine Needles, Mulch, Tree Roots)

특정 종류의 소나무에는 반려견에게 위장 장애를 일으킬 수 있는 독소가 포함되어 있다. 이들의 솔잎을 섭취하면 잠재적으로 위장 증상과 무기력증을 유발할 수 있다. 소나무 종에 특별한 독소가 포함되어 있지 않더라도 솔잎은 자극제 역할을 할 수 있으며 끝이 뾰족하기 때문에 섬세한 위장관 점막에 외상을 입힐 위험이 있다. 따라서 다량의 솔잎을 섭취하면 반려견이 심각한 장폐색에 걸리기 쉽다.

부엽토(腐葉土, Mulch)는 풀이나 나뭇잎 따위가 썩어서 된 흙으로 토양에 유익한 영양소를 공급하고 수분을 유지하며 잡초를 줄이기 위해 나무뿌리 위에 덮어주는 흙이다. 미관상으로는 매력적이지만 특정 유형의 부엽토를 반려견이 섭취하면 중독되거나 알레르기 반응을 보일 수 있으며 위장이 막힐 수 있다. 코코아 껍질로 만든 부엽토는 특히 반려견에게 유독한 것으로 알려져 있다. 반려견에게 독성이 있는 카페인과 테오브로민이 다량 포함되어 있기 때문이다. 솔잎 부엽토를 삼키게 되면 반려견의 위 내부를 손상시킬 수 있다. 부엽토의 달콤한 냄새가 반려견을 유혹할 수 있으므로 산책시 주의하여 관찰하도록 한다.

 그림 6-5. **나무뿌리 지역**

6.6 모래(Sand)

모래는 모든 연령대의 반려견에게 매우 매력적인 표면이다. 반려견과 함께 모래 위를 걷는 것은 평소보다 다리를 더 높이 들어 올릴 수밖에 없기 때문에 훌륭한 운동이 된다. 특히 반려견이 평소에 무릎을 많이 굽히지 않는다면 모래 위를 걷는 것이 좋은 방법이다. 그러나 너무 뜨거운 모래는 발에 화상을 입힐 수 있다. 특히 여름 오후의 뜨거운 모래와 달아오른 아스팔트는 주의해야 한다. 반려견의 크기가 충분히 작으면 반려견을 안고 가거나 안을 수 없다면 발에 맞는 신발이나 영아용 양말을 신기는 것이 좋다. 여름에는 태양빛이 강한 오후는 피하고 이른 아침에 산책하는 것이 좋다. 마른 모래는 노령견에게 걷기가 훨씬 더 어렵게 만들어 관절에 무리를 줄 수 있으므로 마른 모래를 걸을 때에는 천천히 조심스럽게 걸어야 한다. 또한 나이가 많은 반려견의 활동을 관찰하여 피곤해한다면 휴식을 취하도록 한다.

그림 6-6. **모래밭**

6.7 자갈(Gravel)

자갈은 크기에 따라 반려견의 발을 다치게 할 수 있다. 조약돌이 발가락 사이 또는 발아래에 걸리면 더 고통스럽다. 따라서 반려견을 자갈에 노출시킬 때에는 주의해야 한다. 자갈에는 여러 종류가 있는데 완두콩 같은 자갈은 표면이 둥글기 때문에 반려견이 걷기 편하다. 날카롭고 뾰족한 자갈은 걷기 불편할 수 있으므로 반려견이 아프지 않도록 주의를 기울여야 한다. 반려견이 자갈 위를 걸을 때 절뚝거리거나 살며시 걸으면 어려움이 있다는 것이며, 발이 충분히 두껍지 않다는 것을 알려 주는 것이기 때문에 자갈 위를 더 자주 산책시킴으로써 반려견을 도울 수 있다. 매일 조금씩 자갈 위를 걷게 하면 발을 튼튼하게 하고 강화시키는데 도움이 된다. 연습을 통해 걷기 힘들었던 자갈 위를 정상적으로 걸어야 한다.

 그림 6-7. **자갈발**

6.8 포장도로(Road Pavement)

가장 일반적이고 자주 접하는 노면은 아마도 아스팔트일 것이다. 우리는 특히 대도시에서 다양한 포장도로를 접할 수 있다. 포장도로는 빠르게 가열되고 주변 공기보다 더 뜨거워지므로 외부가 더울 때 지면의 열기 때문에 맨발과 발바닥에 화상을 입을 수 있다. 반려견을 산책하기에 너무 더울 때 또는 발의 화상을 방지하는 방법을 아는 것은 반려견의 화상과 불편함을 예방하는 데 중요하다.

어떤 단단한 도로나 노면도 포장도로로 간주될 수 있고 콘크리트 표면도 반려견이 맨발로 걸을 수 없을 정도로 뜨거워질 수 있지만 특히 검은 아스팔트 포장도로가 뜨거워질 때는 특별한 관심을 가져야 한다. 공기의 온도는 포장도로의 온도와 같지 않다. 이것은 지면이 뜨거워지면 발바닥이 안전하지 않은 고온에 접근할 수 있다는 것을 의미한다. 아스팔트 온도는 공기 온도보다 최대 섭씨 15°C 더 높을 수 있으므로 포장도로와 공기 온도의 차이를 인식하는 것이 중요하다. 반려견의 발이 화상을 입는 데에는 섭씨 50°C의 포장도로에서 60초밖에 걸리지 않는다. 이는 포장도로 밖이 섭씨 25°C라고 해도 반려견이 충분히 오래 서있으면 발에 화상을 입을 정도로 뜨거울 수 있다는 것을 의미한다.

포장도로를 걷기에 너무 덥다면 잔디나 흙 위를 걷도록 한다. 이러한 표면은 단단한 포장도로만큼 가열되지 않으며 일반적으로 반려견이 걸어도 안전하다. 포장도로를 걷는 것이 불가피한 경우, 화상으로부터 반려견 발을 보호할 수 있는 신발, 양말, 부츠 등을 고려해 보도록 한다. 발 왁스를 신발이나 부츠를 신는 반려견에 대한 또 다른 대안이다. 걷기 전에 반려견의 발바닥에 특수 왁스를 바르면 빠르게 건조되면서도 쉽게 보호 장벽을 만들어 준다. 대부분의 발 왁스는 며칠 또는 일주일에 한 번만 발라주면 되며 반려견이 발을 핥는 경우에도 독성이 없다.

포장도로가 가열되기 전이나 식은 후에 산책하는 것이 발 화상을 예방할 수 있다. 때로는 단순히 산책 일정을 변경하는 것만으로도 반려견을 안전하게 보호할 수 있다. 반려견이 걸어 다니기에 안전한 포장도로가 언제인지 정확히 알기는 어려울 수 있지만 기온이 섭씨 25℃ 이하이면 대부분 괜찮다. 레이저 온도계로 포장도로가 뜨거운지 확인할 수 있으며, 또 다른 간단한 방법은 도로 위에 손바닥을 올려놓고 10초 동안 유지하기에 너무 뜨거우면 반려견이 걸을 수 없을 정도로 뜨거운 상태라고 볼 수 있다.

그림 6-8. **포장도로**

6.9 미끄러운 바닥재(DogLab, 2020)

대리석이나 장판이 깔린 미끄러운 바닥은 미관상 깔끔하고 청소도 용이하지만, 반려견에게는 미끄러워 바닥을 잡을 수 없기 때문에 얼음 위를 걷은 것처럼 위험할 수 있다. 이러한 상황은 반려견의 건강에 심각한 위험을 초래할 수 있다. 젊고 건강한 어린 강아지는 근육이나 인대가 파열될 위험이 있으며 노령견이나 특별한 도움이 필요한 반려견이 있다면 더 심각하다. 이러한 바닥 위를 걸을 때 비틀거리는 움직임은 관절염, 척추, 관절 또는 고관절 문제가 있는 노령견에게 돌이킬 수 없는 손상을 줄 수 있다.

미끄러운 바닥에서 반려견은 본능적으로 견인 메커니즘을 사용하여 발을 구부리고 발톱으로 움켜쥐려고 한다. 만약 이러한 방법으로 제어되지 못하면 반려견에게 절대적으로 두려움을 줄 수 있다. 동물은 발에 불안정함을 느낄 때 당황할 수 있으며 바닥이 미끄러우면 한곳에 서거나, 움직이거나, 멈추거나, 머무르기가 어렵다.

반려견은 특정 표면을 걷는 것을 두려워할 수 있다. 가장 일반적인 표면은 일반적으로 라미네이트 나무 바닥(Laminate wood flooring), 세라믹 타일(ceramic tile), 리놀륨(Linoleum) 또는 거리의 맨홀 덮개, 통풍구 등과 같은 미끄럽고 일정하지 않는 금속 표면이다. 리놀륨은 대부분의 반려견들에게 가장 무서운 미끄러운 표면일 것이다. 그럼에도 불구하고 대부분의 반려견들은 거의 평생 동안 리놀륨 마루에 노출되어 생활한다. 라미네이트 나무 바닥도 리놀륨만큼 미끄럽고 세라믹 타일도 꽤 미끄럽다. 하지만 그라우트(Grout)는 시멘트와 모래, 물을 섞어 만든 것으로, 표면이 덜 미끄러워 일종의 견인력을 제공한다.

그림 6-9. **미끄러운 바닥**

반려견이 미끄러운 표면 위를 걷는 것을 돕는 가장 좋은 방법은 느린 움직임과 이완이다. 빨리 걸어가면 견인력이 감소하고 견인력을 잃을수록 반려견은 공황 상태가 된다. 뿐만 아니라, 본능적으로 이상한 표면을 걷는 것에 대해서 긴장하는 반려견은 발톱을 펴고 걷는 경향이 있다. 이것은 흙과 진흙에 대한 견인력을 얻는 데 도움이 되지만 미끄러운 바닥에서는 더 많은 혼란을 야기하므로 편안하게 해주어야 한다. 노인들과 마찬가지로 노령견도 종종 균형이 잡히지 않고, 반사 신경이 그렇게 날카롭지 않으며, 근육이 위축된다.

미끄러운 바닥에서 반려견의 미끄러움을 줄일 수 있는 방법을 소개한다. 나무나 타일과 같이 미끄러운 바닥의 경우 반려견의 발톱이 길면 바닥을 잡는 능력이 떨어진다. 반려견의 발톱이 너무 길면 걸을 때 발가락 패드 대신 발톱에 무게를 싣기 때문이다. 또한 단단한 발톱은 딱딱한 바닥을 잡을 수 없다. 그리고 적절한 견인력이 없으면 반려견이 걸음을 옮길 때마다 미끄러워질 수 있으므로 자주 발톱을 다듬어 주어야 한다. 반려견의 발톱을 다듬어 주면 발가락 패드에 의존하여 바닥을 잡을 수 있게 된다. 발의 털을 잘라주면 단단한 바닥에서 견인력을 향상시키는 데 도움이 된다. 반려견은 발의 상단이나 하단에도 털이 많이 자라는데 반려견의 발을 들어 올리면 발바닥 사이에 털을 볼 수 있다. 이 털이 더 길어지면 발바닥을 덮을 수 있어서 반려견이 발을 내딛을 때, 이 긴 털을 밟고 미끄러져 넘어지게 된다. 이는 마치 미끄러운 슬리퍼를 신고 달리는 것과 같다. 따라서 긴 발바닥 털은 잘라주어야 한다. **반려견 양말**(Dog Socks)은 밑면에 미끄럼 방지 그립이 있어서 미끄러운 바닥에서 반려견이 견인력을 얻도록 돕는다. 반려견의 발에 맞는 크기를 선택할 수 있도록 한다.

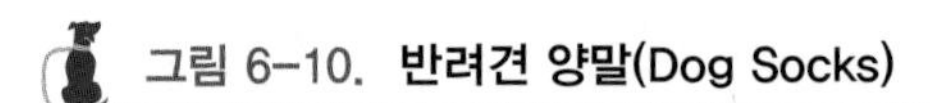
그림 6-10. 반려견 양말(Dog Socks)

반려견 부츠(Dog Boots)는 바위를 포함하여 모든 유형의 지형을 산책할 때 반려견이 견인력을 얻을 수 있도록 설계되었다. 부츠가 딱딱한 바닥재에 과잉일 수 있지만 반려견이 미끄러지지 않도록 하는 가장 좋은 방법이다. 또한 부츠에는 벨크로 스트랩이 있어 하루 종일 반려견의 발에 부착할 수 있어서 잘 벗겨지는 양말보다 도움이 된다. 반려견 부츠는 반려견의 크기에 맞게 적당한 사이즈를 착용시켜야 한다.

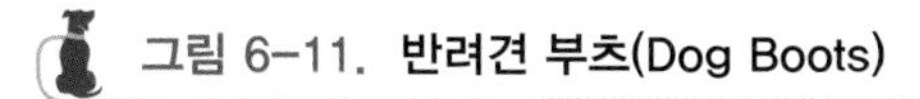

그림 6-11. **반려견 부츠(Dog Boots)**

반려견은 자연스럽게 발톱을 사용하여 잡는다. 외부에서는 이러한 견인력이 아무런 문제가 되지 않지만 미끄러운 표면이 많은 실내에서는 발톱을 사용하여 바닥을 잡을 수 없다. 카펫이나 타일과 같은 혼합 바닥재를 사용하는 경우라면 게이트나 안전문을 사용하여 지역을 분리하는 것도 좋다. **반려견 발가락 그립**(Dog Toe Grip)은 각 발톱에 끼워서 부착시키는 고무 조각으로, 일종의 발톱 부츠라고 생각하면 된다. 너무 작아 보이지 않을 수도 있지만 이 작은 발가락 그립은 나무나 라미네이트와 같은 매끄러운 표면을 잡을 수 있어서 반려견에게 추가적인 견인력을 제공하기에 충분하다. 발톱 그립의 주요 장점 중 하나는 부츠나 양말보다 반려견이 거부할 가능성이 훨씬 적다는 것이다.

발 왁스(Paw Wax)는 종종 얼음, 눈이나 뜨거운 포장도로로부터 반려견의 발을 보호하는 데 사용된다. 미끄러운 표면에 추가적인 그립을 제공할 수 있고 몇 초면 바를 수 있기 때문에 사용이 편리한 장점이 있다. 각 발에 소량의 왁스를 바르면 반려견에게 추가적인 견인력을 제공하는 장벽을 형성하게 된다. 발 왁스를 선택할 때에는 왁스에 미끄럼 방지 특성을 부여하는 밀랍이 포함되어 있는지 확인할 필요가 있다. 일부 발 왁스에는 파라핀 왁스만 포함되어 있어 실제로 미끄러짐을 더 악화시킬 수 있으므로 성분을 반드시 확인하도록 한다.

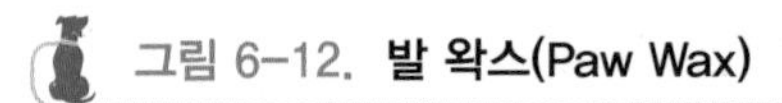
그림 6-12. **발 왁스(Paw Wax)**

발 미끄럼 방지 스프레이(Foot Spray)는 반려견의 발바닥을 향해 스프레이를 뿌리기만 하면 된다. 일단 건조되면 눈에 거의 띄지 않고 끈적끈적한 찌꺼기를 남기지도 않는다. 스프레이는 약 하루 정도 지속되는데 휴대하고 다니면서 미끄러운 표면을 걸을 때 반려견의 발에 스프레이를 뿌려주면 도움이 된다.

접착식 발 그립(Adhesive Paw Grip)은 반려견의 발바닥에 부착되는 스티커의 일종으로, 보호 비닐을 벗겨서 반려견의 발바닥에 직접 붙인다. 각 발 그립에는 나무 또는 비닐 바닥재에 눌렀을 때 강하게 유지되는 미끄럼 방지 패턴이 있는 제품도 있다. 반려견을 위해 바닥재를 교체하는 것도 고려해볼만한 대안이다. 양탄자, 스펀지 또는 고무는 반려견이 쉽게 잡을 수 있는 몇 가지 재료 중 하나이다. 바닥재 교체비용이 부담된다면 연동 바닥 타일(Interlocking Floor Tile)을 고려해 볼 수 있다. 고무로 만든 제품은 운동 공간을 설치할 때 자주 사용된다. 반려견은 무엇보다도 고무 표면을 걸을 때와 고무 표면을 잡는 데 문제가 없다. 연동 바닥 타일은 더 이상 필요하지 않은 경우 아래의 바닥을 손상시키지 않고 제거할 수 있기 때문에 편리하다.

6.10 양탄자(Carpet)

양탄자는 아마도 반려견이 걸을 수 있는 가장 쉬운 표면 중 하나일 것이다. 특히 양탄자는 반려견에게 뛰어난 견인력을 제공한다. 양탄자는 딱딱한 바닥과 달리 반려견 특히 아직 성장 균형을 찾지 못한 어린 강아지가 미끄러지지 않도록 해준다. 단단한 나무, 라미네이트, 비닐 또는 타일과 달리 양탄자에는 긁힘과 흠집이 쌓이지 않으므로 반려견의 발톱으로 인한 손상에 대해 걱정할 필요가 없다. 또한 양탄자는 소음을 흡수하므로 층간 소음 걱정이 많은 아파트에서 특히 좋다. 원하는 색상과 스타일을 선택할 수 있으며, 반려견은 낮잠을 잘 수 있는 부드럽고 따뜻한 양탄자 같은 소재의 바닥을 좋아한다.

그림 6-13. **양탄자**

참고문헌

Agut, A., Carrillo, J. D., Anson, A., Belda, E., & Soler, M. (2016). Imaging Diagnosis-Urethrovaginal Fistula Caused by a Migrating Grass Awn in the Vagina. Vet Radiol Ultrasound. 57(3), E30-33. doi: 10.1111/vru.12311

Arford, K. (2021). Why Do Dogs Eat Rocks?. American Kennel Club. https://www.akc.org/expert-advice/training/get-dog-to-stop-eating-rocks/

DogLab. (2020). 14 Tricks to stop your dog slipping and sliding on hard floors (wood, tiles etc.). https://doglab.com/stop-dog-slipping-on-floor/

Harivandi, A. (2007). Lawns 'n' Dogs. University of California Cooperative Extension. https://anrcatalog.ucanr.edu/pdf/8255.pdf.

Hicks, A., Golland, D., Heller, J., Malik, R., & Combs, M. (2016). Epidemiological investigation of grass seed foreign body-related disease in dogs of the Riverina District of rural Australia. Aust Vet J. 94(3), 67-75. doi: 10.1111/avj.12414

Linon, E., Geissbuhler, U., Karli, P., & Forterre, F. (2014). Atlantoaxial epidural abscess secondary to grass awn migration in a dog. Vet Comp Orthop Traumatol. 27(2), 155-158. doi: 10.3415/VCOT-13-07-0095

O'Connor, A. S., & Koski, T. (2014). Dog Urine Damage on Lawns: Causes, Cures, and Prevention. Colorado State University Extension. https://cmg.extension.colostate.edu/Gardennotes/553.pdf.

Sarah. (2019). Why Do Dogs Struggle to Walk on Some Surfaces?. MadPaws. https://www.madpaws.com.au/blog/dogs-surfaces/

Vansteenkiste, D. P., Lee, K. C., & Lamb, C. R. (2014). Computed tomographic findings in 44 dogs and 10 cats with grass seed foreign bodies. J Small Anim Pract. 55(11), 579-584. doi: 10.1111/jsap.12278

Whitty, C. C., Milner, H. R. & Oram, B. (2013). Oram B. Use of magnetic resonance imaging in the diagnosis of spinal empyema caused

by a migrating grass awn in a dog. N. Z. Vet J. 62(2), 115-118. doi: 10.1080/00480169.2012.731717

07
반려견 산책 도구 및 용품

07 반려견 산책 도구 및 용품

반려견과 산책을 하기 위해서는 도구가 필요하며 그러한 도구는 필수 도구와 선택 도구로 나눌 수 있다. 처음 반려견 산책에 필요한 도구를 구입하기 전에 본인 반려견의 견종을 잘 알고 있는 전문가를 찾아 조언을 받으면 시행착오를 줄일 수 있다.

7.1 산책 도구

가 목걸이(Bergman, 2020; Lau, 2020)

1) 평면 목걸이, 마팅게일 목걸이, 초크 목걸이

목걸이(Collar)의 종류는 매우 다양하나 가장 일반적으로 사용되고 있는 것은 평면 목걸이(Flat Collar), 마팅게일 목걸이(Martingale Collar), 초크 목걸이(Choke Collar)가 있다.

평면 목걸이는 사용이 단순하며 반려견이 편하기 때문에 보호자들이 가장 많이 사용하고 디자인도 다양하다는 점이 매력적이다. 일반적으로 천이나 가죽으로 되어 있으며, 반려견의 목의 크기에 따라 조절하여 고정하면 반려견이나 보호자가 잡아당기더라도 크기가 변하지 않는다. 목걸이의 크기는 착용할 때 손가락 2개가 들어갈 정도의 여유를 주면 목걸이가 목으로부터 빠지지 않으면서도 편안하게 목걸이를 착용시킬 수 있다. 이 목걸이는 인식표를 붙이는 데는 편리하지만 반려견에게는 좋지 않다. 훈련이 되어있지 않으면 이 목걸이는 반려견이 당기거나 뛰거나 할 때 반려견의 기관지와 목에 있는 다른 중요한 구조물에 압력을 가하더라도 당기거나 돌진하는 반려견을 통제하는데 거의 도움이 되지 않기 때문이다. 얼굴이 좁은 반려견들은 보호자가 앞쪽에서 목걸이를 잡아당기면 미끄러져 빠져나갈 수 있다. 따라서 평면 목걸이는 목줄을 거의 잡아당기지 않거나 전혀 당기지 않는 개에게 유용하다.

그림 7-1. **평면 목걸이(Flat Collar)**

마팅게일 목걸이는 평면 목걸이와 비슷하지만 조일 수 있는 부분이 있다는 점이 다르다. 목걸이는 2개의 고리로 구성되어 있는데, 큰 고리는 반려견의 목을 감싸는 표준 고리이고 작은 고리는 큰 고리에 부착되어 있다. 만약 보호자가 목줄을 잡아당기면 목걸이의 작은 고리 부분이 약간 당겨 조여지게 된다. 마팅게일 목걸이는 특히 훈련을 받고 있는 개들에게 유용하다. 작은 고리를 이용해서 교육이 필요할 때 조일 수 있기 때문이다. 마팅게일 목걸이는 미끄러지는 것을 어렵게 만들기 때문에 자주 목이 목걸이에서 빠지는 반려견들에게 적당하다.

그림 7-2. **마팅게일 목걸이(Martingale Collar 또는 Half Choke Collar)**

완전히 금속 사슬로 만들어진 초크 목걸이는 평면 목걸이와 반려견이 당길 때 조여지는 마팅게일 목걸이의 특징을 조합한 것이다. 초크는 조인다는 의미로 이름에서 알 수 있듯이 반려견에게 불편하고 위험하다. 적절한 훈련과 올바른 사용 방법 없이 사용하게 되면 이 목걸이는 반려견의 목을 조르는데도 불구하고 반려견이 당기거나 돌진하는 것을 막는 데 거의 도움이 되지 않는다. 이 목걸이는 반려견을 부정적 강화법(Negative Reinforcement)으로 훈련시키기 위해 설계되었기 때문에 걷는 동안 통증이나 불편함을 유발할 수 있다. 두려움이나 불안 요소가 있는 행동에 대해 처벌할 목적으로 사용하면 개의 불안과 공포를 증가시키고 반려견을 더 불안하게 만들 수 있으며, 공격성을 포함한 불안의 증상이 더 악화될 수 있다. 또한 제대로 사용하지 않으면 장기적으로 목에 부상을 입힐 수 있으므로 경험이 부족한 보호자에게는 바람직하지 않다.

 그림 7-3. **초크 목걸이(Choke Collar)**

 그림 7-4. **미끄러지는 목걸이(Slip Collar)**

목걸이는 일반적으로 편리한 선택이지만 목걸이를 선택하기 전에 반려견의 보행 습관과 성격을 이해하는 것이 중요하다. 보호자 옆에서 안전하게 걷고 앞으로 돌진하지 않는 반려견은 목에 부담을 덜 주기 때문에 목걸이 사용이 적합하다. 그러나 지속적으로 당기는 것은 장기적으로 건강에 해로울 수 있기 때문에 퍼그, 프렌치 불독 또는 기관지 질환이 있는 포메라니안 등 호흡기 질환이 발생하기 쉬운 품종에는 권장하지 않는다.

2) 스파이크 목걸이

스파이크 목걸이는 초크 목걸이처럼 반려견의 목 주위를 조이는 금속 목걸이다. 같은 방식으로 작동하는 플라스틱 버전도 있다. 초크 목걸이와의 차이점은 목걸이에 금속 스파이크가 추가되었다는 것이다. 이 목걸이는 초크 목걸이와 달리 조일 수 있는 정도가 제한된다. 대신 목걸이가 조여질 때 반려견의 목 주위에 있는 스파이크가 반려견의 피부에 압력을 가하게 된다. 일부 사람들은 반려견이 목걸이를 잡아당기거나 목걸이를 착용시키면 반응하기 때문에 스파이크 목걸이를 사용하라고 한다. 반려견들 중 많은 수가 불안하기 때문에 잡아당기거나 반응하기 때문에 스파이크 목걸이가 이러한 행동을 감소시킬 수 있지만, 항상 그렇지는 않다. 행동이 감소한다고 할지라도 반려견의 근본 원인은 감소하지 않기 때문에 잡아당길 때 목 주위를 찌르는 고통스러운 감각으로 인해 반려견의 불안은 감소하지 않는다. 보호자가 교정하지 않고 스파이크 목걸이를 착용한 상태에서 목걸이를 잡아당기면 불편하다는 것을 빠르게 배우는 반려견

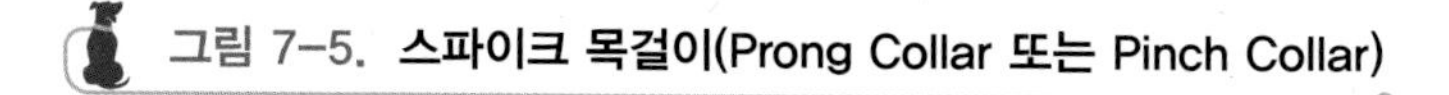
그림 7-5. **스파이크 목걸이(Prong Collar 또는 Pinch Collar)**

들도 있다. 이러한 유형의 반려견들은 침착하게 걷는 법을 배울 수 있으며 불안하거나 반응적이지 않다. 종종 보호자보다 더 빨리 걷고 싶거나 다른 방향을 선호하기 때문에 잡아당기기도 한다. 반려견이 걷는 동안 불편함이나 불안의 징후를 보이지 않는다면, 이러한 유형의 목걸이는 허용될 수 있다. 그러나 반려견에게 목걸이를 착용하고 멋지게 걷는 것을 가르치는 더 인도적인 방법들이 있다. 이러한 반려견들은 긍정적인 강화에 의한 느슨한 목줄 훈련에 잘 반응하는 경향이 있기 때문이다.

3) 충격 목걸이 또는 진동 목걸이(Wilson, 2020)

충격 목걸이는 사냥개를 훈련시키기 위해 1960년대에 처음 사용된 일종의 혐오 훈련 도구이다. 반려견이 지나치게 짖는 것에서부터 음식물에 침입하는 등 반려견의 완고하고 원치 않는 다양한 행동을 억제하기 위해 사용되며, 어린 강아지들이 가정에서 안전하게 머물거나 목줄이 없는 동안에도 가까이 있도록 훈련하고자 할 때 사용된다. 충격 목걸이는 처벌이 아니라 부정적이거나 안전하지 않은 행동을 억제하기 위한 목적으로 사용된다. 그 원리는 반려견의 원치 않는 행동을 약간 불편한 충격과 연관시키고 더 이상 충격이 필요하지 않을 때까지 행동을 중단시키는 것이다. 공식적으로 승인된 충격 목걸이에 의한 충격은 안전하기 때문에 반려견의 주의를 끌고 행동을 억제하는 데는 충분하지만, 지속적인 신체적 유해를 입히지는 않을 것이다. 대부분의 충격 목걸이는 충격의 강도를 여러 단계로 조절할 수 있으므로 원치 않는 행동에 대해서 적절히 단계를 설정할 수 있다. 예를 들어, 많은 충격 목걸이는 실제 충격이 반려견에게 전달되기 전에 경고 신호음이나 진동을 발생시킨다. 또한 이 경고음은 경고 신호음 또는 진동과 함께 "안돼!" 또는 "앉아!"라는 음성적 명령을 내려 원치 않는 행동을 예방할 수 있다. 충격 목걸이는 상황에 따라 충격을 조절할 수 있고, 바람직하지 않은 행동에 대해 빠른 훈련 결과를 얻을 수 있고, 원격으로 조정이 가능하며, 울타리를 하거나 훈련 전문가에게 의뢰하는 것보다는 비용이 저렴하다는 장점이 있다. 이처럼 교정의 강도를 조절할 수 있지만 일부 혐오적인 행동 수정 도구로 잘못 사용하는 경우가 있고, 충격으로 인하여 일부 상황에 대해서 두려움을 학습하게 되는 문제가 있다. 가장 중요한 문제는 충격 목걸이는 부정적 행동을 효과적으로 억제할 수 있지만 긍정적인 행동에 대해서는 보상하지 못한다는 점이다.

그림 7-6. **충격 목걸이(Shock Collar), 진동 목걸이(Vibrating Collar)**

특수 목적용 목걸이에는 GPS 목걸이와 야광 목걸이가 있다. GPS 목걸이는 반려견의 위치를 파악할 수 있게 해주며, 야광 목걸이는 다른 사람에게 쉽게 보일 수 있게 해준다.

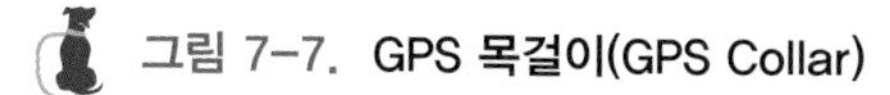

그림 7-7. **GPS 목걸이(GPS Collar)**

그림 7-8. 야광 목걸이(Luminous Collar)

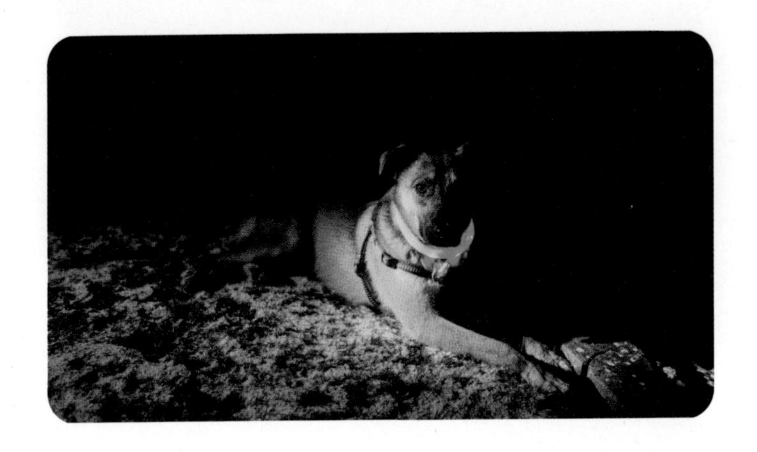

나 목줄(Bergman, 2020; Lau, 2020)

1) 목줄의 필요성

산책을 할 때에 목줄을 하는 것은 보호자의 당연한 의무이며 반려견의 생명을 안전하게 지키는 방법이다. 목줄을 하면 여러 가지 좋은 점이 있다.

가) 반려견을 분실하지 않는다.

목줄을 하지 않은 개들이 흥분하거나, 화가 나거나, 겁을 먹을 때, 대부분의 개들은 자연적인 자기보호 기술을 잃어버리고 거리로 달려나가거나, 다른 개와 싸우거나, 보호자의 명령을 완전히 무시한다. 보호자의 어떠한 명령도 이미 감정이 고조된 상태에서는 전혀 들리지 않게 된다. 개가 도망가서 잃어버리는 것 이외에도 지나가는 차에 치여서 부상을 당하거나 생명을 잃을 수도 있다. 또한 보호자 없이 혼자 돌아다니는 개는 다른 사람이 훔쳐갈 수도 있고 강제로 동물보호소로 끌려갈 수도 있다. 만약 보호자가 있는 지역이 아닌 다른 동물보호소로 끌려가면 입양되거나 안락사 될 수 있다. 개는 짧은 시간에도 상당히 먼 거리를 이동할 수 있다는 점을 기억하고 외출시에는 항상 목줄을 하고 보호자 가까이에 있게 해야 한다.

나) 이웃들과 사이좋게 지낼 수 있다.

모든 사람들이 개를 좋아하는 것은 아니다. 일부 문화권은 개를 가축처럼 인식하고 집에서 길들이기보다는 밖에서 사육해야 한다고 생각한다. 또 일부 문화권의 어떤 사람들은 개의 젖어있는 코와 털갈이에 대해 관대하지 못하다. 많은 사람들이 개에 대한 알레르기가 있다는 것도 주목할 필요가 있다. 이러한 사람들에게 노출되면 피부 가려움증과 호흡곤란, 심정지 등 다양한 산책 반응을 야기할 수 있다. 목줄을 하고 있는 개는 주인이 개를 통제할 수 있다는 것을 보여주고, 개와의 거리를 유지하고자 하는 사람들을 존중하고 있음을 나타낸다. 목줄을 하여 자신의 반려견으로 인해 주위 사람들에게 불쾌감을 주지 않도록 해야 한다.

다) 사람들에게 부상입히는 것을 예방할 수 있다.

의도적이든 아니든 개가 누군가를 물거나, 넘어뜨리거나, 부상을 입힐 수 있다. 개에게 목줄을 했다면 주인이 '합리적인 예방 조치를 취하고 있다'는 것을 보여주기 때문에 상황을 완화시키는데 도움이 된다.

라) 개들 사이의 싸움을 막을 수 있다.

목줄을 하지 않은 개는 다른 개와 싸움을 할 가능성이 더 많다. 목줄을 하지 않은 개는 다른 개의 영역으로 들어갈 수 있는데 묶여있는 개는 목줄을 하지 않은 개를 위협으로 인식하여 돌진하거나 덤벼들게 된다. 공격적이거나 매우 활동적인 개를 데리고 산책한다면, 자신의 개가 다른 개들에 대해 어떻게 행동하고 있는지 주의 깊게 관찰해야 한다. 만일을 대비해서 항상 목줄을 착용하고 입마개를 씌우도록 해야 한다. 자신이 산책시키고 있는 개가 흥분하면 다른 개들도 그들 또는 그들의 보호자를 공격하는 것으로 인식하여 두 마리의 개가 모두 부상으로 이어질 수 있으므로 이웃의 개들과 그들의 보호자를 잘 알지 못하는 경우에는 특히 더 조심하고 개를 항상 보호자의 통제 하에 두어야 한다.

마) 야생동물을 보호할 수 있다.

개가 목줄을 하지 않고 자유스럽게 돌아다니면 자연의 적이 될 수 있다. 땅에 둥지를 튼 새의 집을 파괴하거나 작은 포유동물에게 스트레스를 주며 식물을 파괴하고 아무곳에나 대소변을 보아 생태계의 자연스런 균형을 방해하기도 한다. 또한 야생동물을 통해 광견병 바이러스에 감염되기 쉽다.

바) 교통사고의 위험을 줄일 수 있다.

개들은 움직이는 물체를 쫓는 경향이 있다. 특히 그 물체가 빠르게 움직이면 그러한 경향은 더 심해진다. 이것은 자동차, 자전거, 다른 형태의 교통수단 그리고 고양이나 다람쥐와 같은 다른 동물들에 있어서도 매우 중요한 문제이다. 일반적으로 목줄을 하지 않은 개들이 집단을 이루면 이러한 상황이 주로 발생하는데 잘 행동하던 개조차도 갑자기 차가 다니는 도로를 달리거나 주차장에서 후진하는 사람에게 보이지 않을 수 있다. 또한 운전자가 목줄을 하지 않은 개를 피하려다가 사고를 유발할 수도 있다. 특히 자동차 충돌과 관련된 부상이 많은데, 자동차와 충돌하게 되면 피부상처는 물론 골절, 내출혈 등 심각한 부상이 따르게 된다. 어떠한 개도 보호자의 명령에 100% 응답하지는 않는다. 목줄 착용은 이러한 위험으로부터 개를 안전하게 지킬 수 있는 방법이다.

사) 알 수 없는 위험으로부터 보호할 수 있다.

목줄 착용은 개가 부상당하지 않도록 하는 가장 좋은 예방 방법 중의 하나이다. 개들은 매우 호기심이 많아서 사람들이 먹다 버린 음식 냄새를 맡을 수 있고 그것을 찾아 먹기도 한다. 어떤 보호자들은 나무나 풀밭 가까이에 가서 개가 충분히 냄새를 맡도록 하면서 시간을 보내기도 한다. 또한 개들은 서로의 배설물을 좋아하고 많은 개들은 고양이 배설물을 좋아하는데, 면역력이 떨어진 개의 똥을 먹는 개는 문제를 일으킬 수 있다. 따라서 목줄을 하면 오염된 물을 마시거나 살충제를 밟거나 진드기, 옻, 가시가 있는 식물 등에 가까이 가서 위험할 수 있는 상황을 예방할 수 있다.

개들은 종종 갑작스런 큰 소리와 빛에 대해 좋지 않은 반응을 보이곤 하는데, 특히 천둥소리와 불꽃놀이는 개에게 매우 심한 스트레스를 주게 된다. 이로 인해 불규칙하고 예측할 수 없는 행동이 발생할 수 있다. 개 본능이 발동하여 보호자나 다른 개와 주변 사람들을 다치게 하거나 도망칠 수도 있다. 목줄은 이러한 예측할 수 없는 행동에 대해서 모든 환경을 안전하게 도와준다.

아) 출산을 통제할 수 있다.

개를 중성화를 하지 않는 이유에는 여러 가지가 있지만 강아지를 얻고자 하는 것도 포함된다. 목줄은 번식기에 있는 개들로부터 원하지 않은 교배를 통한 출산을 예방할 수 있게 해준다.

자) 개 보호자가 문제가 있는 사람이 아니라는 것을 알릴 수 있다.

목줄을 하지 않는 것은 공공장소의 출입을 금지당하는 중요한 원인이다. 무례한 보호자 때문에 다른 사람들까지도 출입을 금지 당하게 될 수 있다. 개를 다룰 때에는 정중하게 행동함으로써 보호자가 좋은 이웃이 될 수 있음을 보여주어야 한다.

2) 목줄의 종류

가) 일반 목줄

대부분의 목줄은 줄, 손잡이, 반려견에게 목줄을 부착하는 클립으로 구성되어 있다. 반려견 산책의 경우 목줄의 길이는 1.5m 이하로 유지하도록 한다. 손에 쥐기 편한 소재가 좋으며, 반려견을 무겁게 하지 않을 만큼 가벼워야 한다. 버클은 반려견이 갑자기 당겨도 풀리거나 부러지지 않을 정도로 안전해야 한다. 반려견이 목줄을 씹는 경우에는 몇 가지 사항을 고려해 볼 수 있다. 하나는 금속 사슬로 만든 목줄을 사용하는 것이다. 이들은 보호자에게 무겁고 불편한 경향이 있으며 반려견의 치아를 손상시킬 수 있다. 플라스틱으로 덮인 금속 케이블로 만든 목줄은 뻣뻣하고 다루기가 어렵고 반려견의 치아에도 좋지 않을 수 있다. 이외에도 등산용 밧줄이나 이중으로 되어 있는 나일론 재질로 만든 목줄을 선택할 수도 있다.

그림 7-9. **목줄(Leash)**

가장 기본적인 목줄은 한쪽 끝에 간단한 고리가 있어 산책 중에 손목이나 손가락을 감싸지 않는 형태이다. 반려견을 통제하기 위해서는 목줄을 손으로 잡아야 하는데 이 때 손가락이나 손목에 목줄을 감아서 길이를 줄이거나 더 잘 통제하려고 해서는 안 된다. 반려견이 갑자기 달려가면 손가락이나 손목이 부러지거나 혈액 순환이 되지 않아 부상을 입을 수 있기 때문이다. 일부 목줄에는 줄 중간에 또 하나의 손잡이가 있다. 이 손잡이를 사용하면 두 손으로 목줄을 쉽게 잡을 수 있으며, 혼잡한 거리나 인도에 있을 때 반려견을 보호자 가까이에 위치시킬 수 있기 때문에 '**교통 손잡이**(Traffic Handle)'라고도 한다. 또 다른 형태는 **엄지 손잡이**(Thumb Handle)라고 하는 것이다. 이러한 형태의 목줄은 일반적으로 네오프렌으로 만든 더 넓은 손잡이를 가지고 있으며 엄지손가락이 들어갈 수 있는 구멍이 있다. 엄지손가락 구멍은 반려견이 잡아당기거나 목줄, 간식 및 배변 봉투를 실수로 떨어뜨리더라도 목줄을 놓치는 것을 방지해준다. 이 목줄을 '**핸즈 프리**(Hand-Free)'라고도 부르지만 여전히 손에 목줄을 잡고 있게 해준다.

나) 핸즈 프리 목줄

핸즈 프리 목줄은 목줄을 허리 벨트에 부착함으로써 손을 자유롭게 할 수 있다. 이 목줄은 반려견과 함께 달리는 사람들에게 인기가 있다. 또한 산책하는 동안 정중하게 걸을 수 있도록 훈련시키는 데 사용할 수도 있다. 강한 힘을 가진 반려견은 특히 미끄러운 표면에서 쉽게 보호자를 당길 수 있으므로 주의해야 한다. 이러한 문제를 해결하기 위해서 핸즈 프리 목줄 중에는 보호자가 넘어질 경우 벨트에서 쉽게 풀릴 수 있도록 한 장치가 되어 있다.

 그림 7-10. **핸즈 프리 목줄(Hands-Free Leashes)**

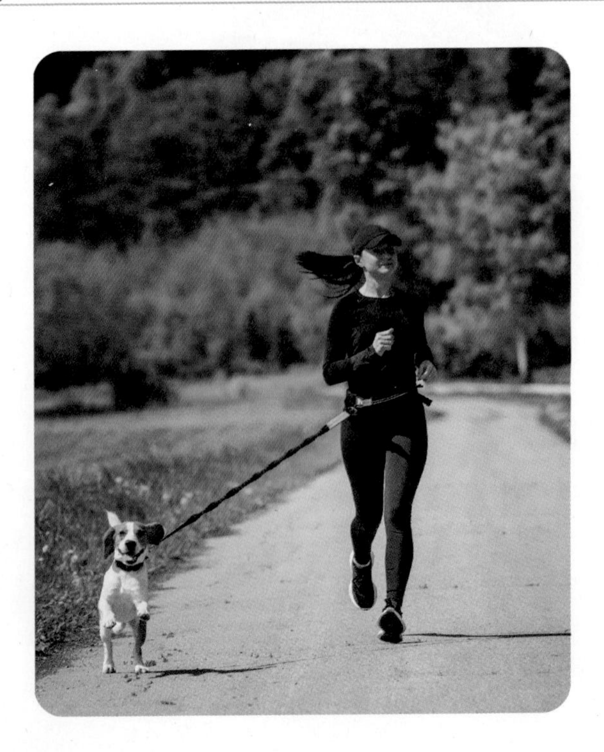

다) 자동줄

플라스틱 휴대용 덮개와 늘어나는 줄을 가지고 있는 자동줄은 보호자와 반려견 모두에게 위험하기 때문에 특정 상황을 제외하고는 권장하지 않는다. 일부 자동줄, 특히 가는 줄로 되어 있는 자동줄은 반려견과 보호자 사이에 있는 타인의 다리를 베거나 줄이 꼬인 경우 보호자의 손가락을 벨 수 있기 때문이다. 또한 보호자가 목줄을 감으려다가 줄에 의해 화상을 입을 수 있고 자동줄이 자동으로 감기면서 클립이 부러지고 목줄이 보호자의 얼굴로 향하면 얼굴과 눈에 부상을 입힐 수 있다. 반려견들도 이 줄에 얽혀있으면 비슷한 부상을 입을 수 있다. 많은 반려견들은 걷고 있는 동안 보호자가 목줄을 떨어뜨리면 바닥에 플라스틱 손잡이나 덮개가 부딪히는 소리에 겁을 먹게 된다. 반려견은 본능적으로 자동줄로부터 벗어나려고 하다가 부상을 입거나 목숨을 잃을 수도 있다.

그림 7-11. **자동줄(Retractable Leash)**

훈련의 관점에서 보면 자동줄은 매우 위험한 도구다. 자동줄을 이용하여 걷고 있는 반려견에게 당기지 않도록 가르치는 것은 쉬운 일이 아니다. 자동줄은 반려견에게 더 긴 길이를 제공함으로써 당기는 것에 대해서 보상을 받는다. 또한 자동줄은 보호자에게 통제권을 많이 주지 않는다. 일단 반려견이 자동줄이 충분히 펼쳐진 상태에서 보호자에게 돌아오거나 명령에 따라 멈추도록 훈련되어 있지 않은 한, 보호자는 자동줄을 빨리 줄일 방법이 없다. 잠금 장치는 사용하기 어려울 수 있으며, 이로 인해 여러 문제가 발생할 수 있다. 자동줄을 이용하는 동안 줄이 길어지면 반려견이 사람을 물거나 다른 개와 싸움을 하거나 차에 치일 수 있다. 자동줄이 이동의 자유를 준다는 매력이 있지만 그만큼의 위험도 크다. 자동줄은 명령에 따라 멈추고 부르면 돌아오도록 잘 훈련된 반려견들에게는 안전하게 사용할 수 있다. 따라서 자동줄은 반려견에게 안전한 넓은 들판이나 해변과 같은 곳에서만 사용되어야 한다. 즉, 다른 사람이 없고 자동줄에 걸릴 수 있는 장애물이나 다른 반려견이 없는 곳에서 어떤 것을 뒤쫓지 않고 부르면 돌아올 수 있는 반려견에게만 사용해야 한다는 것이다. 그럼에도 불구하고 보호자는 항상 자동줄에 의해 아무도 다치지 않도록 각별한 주의를 기울일 필요가 있다. 이러한 문제는 일반적인 목줄에서는 거의 발생할 수 있는 유형의 문제가 아니기 때문이다.

3) 목줄 당김

가) 목줄 당김의 문제

한 연구에서 목줄을 잡아당기는 것이 어떻게 개와 보호자에게 위험을 주는지를 보여주었다(Shabelansky, & Dowling-Guyer, 2016). 목줄을 당기는 개의 위험의 정도는 신체적 · 심리적 상태에 따라 다르지만, 부상으로 인한 결과는 일시적, 장기적 또는 영구적일 수 있다. 1992년 척추 지압사와 함께 스웨덴에서 반려견 클럽들에 소속된 400마리의 개를 대상으로 연구를 수행했으며, 보호자들은 자발적인 참여의 대가로 척추 지압사로부터 자신의 개들을 무료로 검사를 받을 수 있었다(Hallgren, 2016). 검사를 받은 개를 중에서 63%는 목과 척추에 부상이 있었으며, 공격성이나 과잉 활동 문제가 있는 개의 78%가 목과 척추 부상이 있었다. 목 부상이 있는 개들 중 91%는 목줄의 강한 채임을 경험했거나 목줄에 의해 목이 긴장되어 있었다. 이러한 연구결과는 목줄 처벌, 앞으로 나아가려는 개, 목줄을 채는 묶여있는 개는 척추 손상을 입을 수 있다는 것을 의미한다. 개 보호자의 약 70%가 목줄을 당기며(Blackwel, et al., 2008), 목걸이 또는 목줄의 당김이 개의 각막, 기관지, 후두 등에 손상을 입힌다(Pauli, et al., 2006). 목과 경추는 신체에서 가장 중요한 에너지 경로 중 하나이다. 머리와 목 사이에는 에너지 흐름과 관련된 림프절(Lymph Nodes), 턱밑샘(Submandibular Gland), 갑상선(Thyroid Gland), 기관(Trachea), 동맥(Artery), 정맥(Vein), 식도(Esophagus)가 지나가는데 이것이 중단되거나 제한되면 절뚝거림에서 피부 문제, 알레르기 및 암에 이르기까지 모든 문제가 발생할 수 있다.

나) 목줄 당김에 의한 부상 유형

① 목 부상

목줄을 세게 당기거나 채면 목에 심각한 손상을 줄 수 있다. 목 부상에는 멍, 편타증, 두통, 기관지 파열, 후두 손상, 척추 골절 등이 있으며 목과 척추 손상은 마비나 신경학적 문제를 일으킬 수 있다. 목줄을 당기는 것의 가장 큰 위험들 중 하나는 목을 조르거나 목걸이에 의해서 목이 졸리는 것이다. 목걸이와 목줄이 어떤 물건에 걸리거나 감싸게 되면 치명적일 수 있으며, 이러한 일들은 보호자가 상상하는 것보다 훨씬 더 자주 발생한다(Kerns, 2013). 보고에 의하면 매년 평균 2만 6천 마리(또는 하루에 71마리)가 목줄과 관련된 사고로 부상을 당했다고 한다(Fantegrossi, n. d.). 개는 목줄 당김을 언제 멈추어야 하는지를 알지 못한다. 만약 이성을 읽고 공황상태에 빠지면, 어떠한 희생을 치르더라도 거기에서 벗어나려고 노력한다. 이때 목걸이에 의한 압력으로 기도가 완전히 막히거나 심하면 목이 부러질 수도 있다. 이러한 상황을 보호자가 조금만 늦게 발견하게 되면 개는 생명을 잃을 수도 있다.

② 갑상선 기능 저하증(Hypothyroidism)

일반적으로 목걸이는 목의 갑상선 부위에 위치하게 된다. 개가 목줄을 당길 때마다 갑상선은 심각한 외상을 입게 되는데 신체의 면역 체계에 의한 치료과정에서 염증이 발생하고 그 결과로 갑상선 세포가 파괴된다. 갑상선 세포의 파괴는 갑상선 호르몬 결핍으로 이어져 갑상선 기능 저하증을 유발하게 된다. 갑상선이 모든 세포의 신진 대사를 제어하기 때문이다. 갑상선 기능이 저하되면 저에너지, 체중 증가, 피부 문제, 탈모, 귀 감염 및 장기 부전 등과 같은 증상이 나타난다.

③ 귀와 눈 문제

「개의 목에 압력을 가하는 것이 개의 안압에 미치는 영향」이라는 연구에서 목에 대한 압력이 눈의 안압에 영향을 미친다는 것을 확인하였다(Pauli, et al., 2006). 보호자가 개의 목줄을 통해 목에 힘을 가했을 때 가슴줄이 아닌 목걸이를 착용할 때가 가해지는 힘이 기준 값보다 크게 증가하게 된다. 이러한 유형의 안압은 이미 얇은 각막, 녹내장 또는 눈 부상을 앓고 있는 개에게 심각한 부상을 초래할 수 있다. 귀와 눈의 문제는 종종 목줄을 당기는 것과 관련이 있다. 개가 목줄을 당기면 목걸이가 머리로 들어가고 나오는 혈액과 림프액의 흐름을 제한하기 때문이다.

④ 미주 신경 문제(Vagus Nerve Issues)

미주 신경은 개의 신경계의 일부분이고 목 부위에서 시작된다. 이 신경은 개의 혈관에 있는 긴장을 조절하는데 도움을 주고, 개의 심장, 폐, 위장의 적절한 기능을 도와주기 때문에 온전하게 유지되는 것이 중요하다. 미주 신경이 목줄 당김을 통해 영향을 받으면 개들이 기절할 수도 있다. 목줄을 지속적으로 채고, 개 목걸이를 통해 압력을 가하는 것도 이 신경을 완전히 손상시켜서 결국 개의 수명을 단축시키는 원인이 될 수 있다.

⑤ 앞다리의 신경계 기능 장애

과도한 발 핥기와 앞다리 절뚝거림은 개의 목줄과 관련이 있을 수 있다. 목줄을 당기는 것은 앞다리와 관련된 신경에 영향을 준다. 이것은 발에 비정상적인 감각을 유발하여 개가 발을 핥기 시작할 수 있다. 종종 알레르기로 오진하기도 하는데 목걸이를 제거하고 목 부상을 치료하여야 한다.

⑥ 심리적 문제

혐오적인 방법을 사용하면 두려움, 불안, 공격성 및 스트레스의 위험을 포함하여 개의 복지에 좋지 않다. 또한 개를 훈련하기 위해 목걸이를 사용하고 목줄을 잡아당기는 것이 개와 주인과의 관계에 해로운 영향을 미친다(Fernandes, et al., 2017; Ziv,2017). 목줄을 당기는 것을 고치기 위해 일부 보호자들은 부정적인 처벌(Nerative Punishment)을 하게 되는데, 이것은 효과가 없다(Cooper, et al., 2014). 또한 긍정적인 처벌(Positive Punishment)도 개들의 목줄 당김의 행동 문제를 바꾸는데 거의 또는 전혀 영향을 미치지 않는다(Holz, 1968). 마지막으로, 개에게 소리 지르는 것과 다른 유사한 방법들도 목줄을 당기는 문제를 해결하지 못한다(Blackwell, et al., 2008). 일부 연구에서 **파괴적인 자극**(Disruptive Stimuli) 역할을 하는 도구들이 목줄 당김이 심한 개들에게 도움이 된다는 것을 보여준다. 파괴적인 자극이란 동물의 특정한 행동을 예방하거나 변화시키는 바람직하지 않은 자극을 의미한다. 이러한 자극에는 동물을 놀라게 하거나 겁을 주어 물러나게 하거나 특별한 행동을 유도하지 못하게 할 수 있는 순간적인 불빛인 스트로브(Strobe), 사이렌 또는 신호탄에 의해 발생하는 빛과 소리가 포함된다. 부정적이거나 긍정적인 처벌 방법과 비교해서, 이러한 도구를 사용하는 것은 개에게 단순히 '바람직하지 않은 사건'으로 작용하며, 이것은 결국 동물이 더 바람직한 행동으로 행동방향을 바꾸도록 이끌게 된다.

다) 목줄에 의한 부상 예방방법

개가 목줄을 당기는 것을 예방하는 것은 쉬운 일이 아니다. 특히, 매우 활동적이고 활력이 넘치는 개 또는 어린 강아지인 경우에는 더욱 어려운 일이다. 다음에서 목줄을 당김으로 생기는 위험을 최소화하기 위한 방법을 소개한다.

① 대립적 반사반응

대부분의 보호자는 문제를 해결하기 위해 목줄을 뒤로 당기는 것이 잘못되었음을 개에게 가르치려고 한다. 문제는 당기는 것이 당기는 것을 낳고 실제로 상황을 악화시킨다는 것이다. 대부분의 개들은 목줄이 목을 단단히 압박하면 숨이 막히고 조여서 기침을 유발할 때 당기는 것을 멈출 것이라고 생각하기 쉽다. 그런데 개는 더 세게 팽팽하게 당긴다. 목줄을 당기면 당기는 것이 촉진되는 이유는 '**대립적 반사반응**(Oppositional Reflex)'이라고 하는 과정 때문이다. 지속적이고 정서적이며 도전적인 방식으로 '대립적'이 아니라 잠재의식적인 신체 반사에 관한 것이다. 대립적 반사반응은 어떤 것을 한 방향으로 당길 때 몸이 기울어지면서 균형을 유지하기 위해 반대 방향으로 긴장하는 것을 말한다. 보호자가 목줄을 잡아당기면 개는 균형을 유지하기 위해 반사적으로 반대 방향으로 당기게 된다. 만약 보호자가 계속해서 목줄을 잡아당긴다면, 결국 승자는 없고 개와 보호자 간의 줄다리기로 변하게 되는 것이다.

② 준비운동

개가 목줄을 심하게 당기는 경향이 있을 때에는 산책을 하기 전에 반드시 준비운동을 하도록 한다. 개의 목과 몸을 마사지 해주면 근육이 이완되고 운동을 위한 몸이 준비된다. 충분한 준비운동 없이 갑작스럽게 움직이게 되면 몸에 무리를 줄 수 있기 때문이다. 산책을 시작하기 전에 준비운동 마사지를 해주고 목을 주의 깊게 관찰하도록 한다. 이러한 활동은 개가 마사지를 즐기고 보호자와의 유대를 강화하는데 도움이 된다.

③ 조금씩 천천히 걷기

처음부터 먼 거리를 산책하지 않고 여러 장소를 짧게 산책하도록 한다. 그렇다고 걷는 시간을 단축하지 말고, 개가 익숙한 냄새와 산만함에 둘러싸인 채 제대로 걷는 법을 배우는 충분한 시간을 보내야 한다.

④ 당기기 중지

보호자가 배우기가 가장 어려운 부분이다. 개가 대립적 반사 반응을 하는 것처럼 보호자도 개가 당기면 반사적으로 뒤로 물러나는 반사 반응을 보이게 된다. 따라서 개를 당기는 대신 멈춰서, 개의 이름을 부르거나 다른 방법으로 그들에게 대처하고, 목줄이 느슨할 때 계속 산책을 진행하도록 한다. 만약 개가 당기고 있다면 산책활동을 일시 중지하는 것이 중요하다.

⑤ 방향전환

만약 개가 여러 번 반복해도 이해하지 못한다면 보호자는 돌아서서 개가 보호자의 방향으로 가도록 격려하여야 한다. 개가 보호자를 따라잡으면, 보호자가 원래 가던 방향으로 돌아간다. 이것은 개에게 느슨한 줄이 되고 보호자와 함께 가야만 그 방향으로 갈 수 있다는 것을 가르치기 위함이다. 또한 빠른 걸음으로 걷는 것도 개가 따라오도록 격려하는 방법이 된다.

⑥ 넓은 장소에서 연습하기

어떤 개들은 연습할 공간이 조금 더 필요할 수 있다. 보도보다 더 넓은 공간이 확보된 지역에서 위의 방법들을 도와줄 수 있도록 더 긴 목줄을 가지고 시도한다. 길이가 3~5m인 목줄은 개가 이리저리 움직일 수 있게 하고 느슨한 줄에 익숙해지게 해준다. 개가 보호자에게 가까이 왔을 때 개에게 간식을 제공하여 격려한다.

⑦ 적절한 보상

어떤 개들은 칭찬을 갈망하지만 대다수의 개들은 간식, 쓰다듬기, 그리고 장난감을 좋아한다. 만약 개가 보호자의 옆에서 걸으면 보상을 하도록 한다. 보상은 간식을 주거나, 잠깐 동안 놀아주거나, 이동하기 전에 쓰다듬어 주는 것으로도 충분하다. 보상에 너그러운 보호자는 쉽게 개를 온순하게 만들 수 있다.

⑧ 적절한 장비 사용

목걸이와 목줄을 잡아당기는 근본적인 문제를 해결할 수 있는 최고의 방법은 목걸이와 목줄을 사용하지 않는 것이다. 그러나 현실적으로 목걸이와 목줄 없이 산책시키는 것은 법률적 문제를 떠나서 여러 가지 문제를 유발할 수 있기 때문에 불가능하다. 이에 대한 대안으로 가슴줄을 사용할 수 있다. 가슴줄은 목걸이와 목줄을 잡아당기는 것으로부터 발생하는 모든 범위의 위험을 피할 수 있는 가장 좋은 대안이다. 연구에 의하면 목줄보다 가슴줄이 훨씬 덜 위험하다고 한다. 가슴줄의 가장 큰 장점은 목걸이와 같이 좁은 영역에 압력이 집중되지 않고 몸 전체로 퍼진다. 당길 때 부상이 발생할 수 있는 훈련용 목걸이는 사용하지 않도록 한다. 그것은 개에게 제대로 걷는 법을 가르치지 않고, 대부분의 경우 개들은 고통을 참으면서 그것을 이겨내는 법을 배우게 하기 때문이다. 이것은 나중에 중요한 행동 문제들을 배울 수 있게 된다는 것을 의미한다. 대신 약간의 도움이 필요하면 당김을 제어하는 데 도움이 되도록 가슴 고리 가슴줄 사용을 권장한다. 이러한 도구는 교육을 보조하기 위한 것임을 기억하여야 한다. 장비는 바람직한 해결책이 아니기 때문에 장비를 사용하기보다는 보호자가 개에게 잘 걷도록 가르칠 필요가 있다.

⑨ 꾸준한 실행

목줄을 당기지 않도록 하는 것은 시간이 걸리는 교육이다. 따라서 조급한 마음을 가지지 말고 인내심을 가지고 일관성 있게 실행하여야 한다. 처음에는 큰 방해물이 없는 지역에서 천천히 시작하도록 한다. 연습을 할 수 없을 때는 목적지에 더 가까이 주차하거나 개를 데리고 다녀야 한다. 마음이 급하다고 해서 쉽게 포기하지 않도록 한다. 처음으로 다시 돌아가면 당기는 것이 더 심해질 수 있다. 이것은 당기는 것이 산책을 진행할 수 있는 방법이라고 개에게 재확인시키게 될 뿐이다. 이렇게 되면 나중에 고치기가 훨씬 더 힘들어진다.

라) 목줄 당김 대처 기술

반려견이 목줄을 당길 때 쉽게 주위를 환기시킬 수 있는 방법을 소개한다 (JoyfulDog, n. d.).

① 유턴(U-Turns)

반려견의 관심이 다른 곳에 집중되어 있으면 평소 반려견이 좋아하는 냄새나는 간식을 코에 대고 냄새를 맡게 하고 간식을 따라갈 수 있도록 한다. 간식을 사용하여 천천히 코를 뒤로 돌려 방향을 전환한다. 코를 안내하는 방법을 사용하여 계속 뒤로 이동한 다음 함께 돌고 나란히 걷는다. 또는 간식을 조금씩 주거나 조금 앞으로 던져서 반려견이 계속 움직이도록 한다.

② 목줄 감기(Walk Up The Leash)

반려견이 보호자보다 2m 정도 앞쪽에 있거나 침입자를 피하거나 다른 동물을 쫓아가려고 하면 이미 설명한 유턴과 같은 방법을 사용하기 어려울 수가 있다. 이때에는 먼저 반려견의 어깨나 머리가 있는 위치에 보호자가 위치하도록 가까이 가야 한다. 하지만 만약 보호자가 단순히 앞으로 걸어가서 거리를 줄이려고 하면, 반려견도 계속해서 앞으로 걸어가기 때문에 거리를 줄일 수 없다. 그렇다고 보호자가 목줄을 당기면 반려견도 자극을 받아 더 세게 당기면서 앞으로 나아가게 된다. 따라서 목줄에 가한 압력을 유지한 상태에서 반려견과의 거리를 빠르게 좁혀 나가면서 걸어간다. 반려견에게 다가갈 때에는 천천히 목줄을 감으면서 다가가야 하나 목줄이 느슨하게 되거나 압력이 가해지지 않도록 해야 한다. 보호자가 반려견의 어깨나 머리 위치까지 가까이 위치하게 되면 반려견이 보호자를 알아보게 될 것이다. 이 때 앞서 설명한 유턴을 수행하고, 간식을 사용하여 연결을 유지하면서 반려견이 관심을 가지고 있는 것으로부터 멀리 이동하도록 한다.

다 가슴줄(Harness)

1) 가슴줄 개념

가슴줄은 원래 개썰매와 같이 짐을 끌거나 장비를 부착하거나 단순히 주의를 끌기 위한 표시를 하기 위해 설계되었다. 현대의 개 가슴줄은 거의 모두 승마에서 사용되는 하네스를 기반으로 만들어진 것이다. 따라서 개 가슴줄을 이해하기 위해서는 말 하네스에 대한 이해가 선행되어야 한다. 말 하네스는 목 하네스(Neck and Girth Harness), 가슴 하네스(Breast Strap Harness), 전신 하네스(Collar and Harness) 3가지 유형이 있다(JK9, n. d.). 목 하네스는 2000년 전에 중국에서 유럽으로 전파된 것으로 고대 문명에서 징집된 동물을 위해 사용되었고, 그 시대의 기병대에 의해 전투에도 사용되었다. 가슴 하네스는 로마 시대에 목 하네스 질식문제를 해결하기 위하여 도입되었다. 호흡계에 가해진 물리적 압력으로 인해 징용 동물이 완전히 힘을 발휘할 수 없었지만 가슴 하네스를 사용하면 동물이 더 자유롭게 호흡할 수 있어 더 효율적으로 작업할 수 있다. 전신 하네스는 특정 동물이 무거운 짐을 끌기 위해 유럽에서 설계되었고 가장 일반적으로 사용되고 있다. 이 유형의 하네스는 말이 전체 무게를 사용할 수 있도록 가슴 하네스보다 더 인체 공학적인 디자인이다. 고대의 가슴줄은 공격군으로 적극적인 전투에 참여하는데 사용되었으며, 고대부터 현재까지는 썰매나 무거운 짐을 끌기 위해 사용되고 있다. 제1차 세계대전 중에는 구조 및 의료 용품을 운반하기 위해 사용되었으며 제1차 세계대전 이후에는 시각 장애인을 위해 사용되고 있다. 현재는 반려견 산책(야간 산책시 가시성이 높은 조끼 착용), 부상당한 개의 재활, 수영, 가슴줄을 이용한 구조, 표시 등 광범위한 분야에서 다양한 용도로 사용되고 있다.

2) 가슴줄 종류

가) 착용 위치에 따른 분류

현재 사용되고 있는 대부분의 가슴줄은 2가지 그룹으로 분류할 수 있다(Dogs, n. d.). **Y-가슴줄** 또는 **Y-하네스**(Y-Harnesses) 또는 **몸통 가슴줄** 또는 **몸통 하네스**(body harnesses)는 개의 목과 어깨 관절 사이에 위치하게 된다. 말의 멍에(Hame)를 생각하면 된다. 개의 가장 안정적이고 튼튼한 부분이 가슴이기 때문에 Y-가슴줄을 사용하면 척추와 가슴 근육의 힘을 최대한 활용할 수 있다. 즉, 효율적이고 인체 공학적인 방식으로 당길 수 있게 된다. Y-가슴줄은 무거운 짐을 당기는 작업 견을 위해 처음 개발되었다. 목줄의 압력을 개의 몸 전체에 골고루 분산시켜 개가 당기는 것을 더 편안하게 만들어 준다. 가장 적합한 용도는 목줄을 갑작스럽게 잡아 당겨서 약한 목과 척추가 쉽게 다칠 수 있는 소형견, 어린 강아지에 적합하다. 또한 일어서는 데 도움이 필요한 관절염이 있는 노령견에게도 좋다. 어느 한 지점에 너무 많은 압력을 가하지 않기 때문이다. 그러나 Y-가슴줄을 피해야하는 경우도 있다. 털을 더 민감하게 만드는 특정 피부 상태를 가진 개에게는 불편할 수 있기 때문이다. 만약 산책하면서 보호자를 끌고 가는 것을 좋아하는 반려견을 데리고 있다면, 이러한 유형의 가슴줄은 문제를 더 악화시킬 수 있다. 그것은 보호자에게 더 많은 통제력을 주지만, 또한 반려견들이 보호자를 더 쉽게 이끌 수 있도록 해주기 때문이다.

가슴줄 또는 가슴 하네스(Breast Strap Harnesses 또는 Chest Harnesses)는 가슴 뼈 위치에서 2개의 어깨 관절을 수평으로 연결하는 방식의 가슴줄로 착용이 쉽고, 조정이 간편하다. 이러한 가슴줄은 Y-가슴줄보다 착용하기 쉽지만 머리 위로 쉽게 빠질 수 있으므로 몸에 잘 맞아야 한다.

나) 고리 위치에 따른 분류

가슴줄은 고리의 위치에 따라 가슴 고리 가슴줄(Front Clip Harness), 등 고리 가슴줄(Back Clip Harness), 가슴 및 등 고리 가슴줄(Front and Back Clip Harness)로 분류할 수 있다.

가슴 고리 가슴줄은 몸통 가슴줄과 매우 유사하게 설계되었지만 가슴줄의 가슴 쪽에 고리가 있다. 이 수평 고리는 종종 어깨의 움직임을 부분적으로 제한하게 된다. 앞쪽에 목줄을 연결하면 당김을 방지하기 위해 개의 체중이 재분배되기 때문에, 느슨한 목줄을 유지하며 걷도록 적극적으로 개를 훈련시킬 필요가 있다. 가슴 고리 가슴줄에 가장 적합한 용도는 개의 가슴 중심에 고리가 있기 때문에 개가 당길 때마다 전진 운동량이 회전 에너지로 바뀌게 해준다. 즉, 개를 옆으로 향하게 하고 속도를 늦춰주는 효과가 있다. 당기면 가고 싶지 않은 방향으로 돌아가게 된다는 것을 금방 알게 된다. 그러나 가슴 고리 가슴줄은 장기적인 해결책이 아닌 교육 도구로 사용하기 위한 것이다. 반려견이 느슨한 목줄을 하고 산책하는 것을 학습하였다면 가슴 고리 가슴줄은 실제로 해로울 수 있다. 대부분의 가슴 고리 가슴줄은 목이 아닌 어깨에 맞추어져 있기 때문에 장기간 사용하면 실제로 개의 자연스러운 보행을 방해하고 영구적으로 변형될 수 있다. 대부분의 이중 기능은 어깨를 더 자유롭게 움직일 수 있도록 설계되어 있다. 이것은 훈련 효과를 약간 감소시킬 수 있지만 장기간 사용하는 데 더 적합하다. **등 고리 가슴줄**은 등 부분에 고리가 있는 경우로 목줄을 잡아당기지 않는 개에게 적합한 가슴줄이다. **가슴 및 등 고리 가슴줄**은 고리가 가슴과 등에 모두 있어 시간이 지남에 따라 요구 사항이 변경되는 반려견과 사람들에게 다용성을 제공한다.

일부 연구에 따르면 반려견이 가슴줄을 한 경우 더 세게 다리를 밀면서 반응할 수 있다고 한다. 이것은 반려견이 앞다리를 뻗어야 하는 활동에서 반려견의 앞다리에 압력이 가해져 잠재적으로 부상을 입힐 수 있음을 의미한다. 따라서 반려견이 목줄에 묶인 채로 당길 수 있도록 하는 것보다 반려견이 느슨한 목줄을 유지하며 걷도록 적절하게 훈련시키는 데 집중하는 것이 훨씬 더 중요하다.

3) 가슴줄 착용 방법

가슴줄도 여러 가지 장점이 있지만 잘못 착용하면 개의 이동성에 나쁜 영향을 미칠 수 있으므로 가슴줄이 잘 맞아야 한다. 잘못된 이동성은 관절 형태와 기능으로 이어질 수 있으며, 결국 비정상적으로 마모되어 염증과 관절염을 유발할 수 있다. 반려견의 가슴줄이 잘 맞는지 항상 확인하고, 당김을 방지하기 위해 가능한 한 빨리 느슨한 목줄로 걷는 방법을 반려견에게 교육을 시켜야 한다. 그렇지 않으면 반려견의 몸에 부정적인 영향을 미칠 수 있다.

모든 반려견은 다르기 때문에 모두를 위한 하나의 가슴줄은 존재하지 않는다. 예를 들어, 다리가 긴 견종은 다른 개와 다른 가슴줄이 필요하다. 반려견 등의 길이는 올바른 반려견 가슴줄 선택에 결정적인 역할을 한다. 가슴줄을 구입할 때 주의해야 할 사항은 가슴줄을 반려견에 맞게 적절하게 조정할 수 있어야 한다(Homeskooling 4 Dogs, n. d.). 가슴줄을 구입할 때 가장 중요한 측면 중 하나는 올바른 착용감이기 때문이다. 목줄에 장력이 있을 때 반려견의 가슴에 있는 고리가 기관지나 식도에 닿지 않도록 하여야 한다. 조절 가능한 허리 벨트는 척추에 가해지는 압력을 방지하고 반려견의 개별 크기에 맞게 조정이 가능하여야 한다. 이상적으로는 가슴줄의 버클이 뒷면에 있어 쉽게 끼고 뺄 수 있어야 한다. 가슴줄이 개의 어깨를 건드리지 않는다는 점도 유의하여야 한다.

적절하지 않은 가슴줄은 신체적 · 행동적으로 많은 피해를 줄 수 있다. 가슴줄은 서 있거나 앉을 때 조여서는 안 된다. 가슴줄이 마찰되어 질 수 있는 영역이 없어야 하며, 개가 서있는 동안 몸통 끈은 팔꿈치 뒤에 있어야 하며, 앉을 때 몸통 끈이 개의 팔꿈치(앞다리 뒤쪽)로 밀리지 않도록 팔꿈치 뒤에 충분히 있어야 한다. 가슴줄은 흉곽 뒤에 있을 정도로 멀리 떨어져 있어서는 안되며 움직임을 막아서도 안 된다. 가슴줄이 움직임을 방해하지 않고 어깨 확장(앞다리가 앞으로 뻗음)과 어깨 외전(앞다리가 옆으로 나옴)을 할 수 있는지 주의해야 한다. 목 부분은 목에 충분히 느슨하고 앞쪽으로 당겨서 목걸이처럼 맞지 않아야 하다. 가슴줄의 아랫부분은 목 주위가 아닌 앞가슴 뼈(흉골 상단)에 더 가깝게 걸어야 한다. 손가락 2~3개가 쉽게 그 아래로 들어갈 수 있도록 가슴줄을 느슨하게 유지하도록 한다. 가슴줄이 느슨하여 매달린 것처럼 보여서는 안되고, 딱 맞는 것처럼 보이지만 빡빡하지도 않아야 한다.

4) 가슴줄 사용시 고려사항

다음과 같은 경우에 가슴줄을 사용하는 것에 대해서 고려할 필요가 있다. 첫째, 반려견이 과도하게 당기거나 점프를 한다면 목줄을 가슴에 연결할 수 있는 가슴 고리 가슴줄을 사용하는 것이 좋다. 등 고리 가슴줄은 당김을 억제하는 데 큰 역할을 하지 못하기 때문이다. 둘째, 견종이 단두종인 경우에는 목걸이를 사용할 경우 기도에 더 많은 부담을 주기 때문에 가슴줄을 사용하는 것이 바람직하다. 셋째, 견종이 기관지 협착증(Tracheal Collapse)에 취약한 경우에 가슴줄 사용을 권장한다. 기관지 협착증은 기도의 연골에 영향을 미치는 질병으로 기도를 막을 수 있다. 이 질병은 일반적으로 토이 그룹, 특히 테리어 그룹에 흔하지만 단두종에도 발생하기 쉽다. 이러한 견종에게 목걸이는 손상된 기도에 부담을 줄 수 있다. 넷째, 좁은 두개골이나 두꺼운 목을 가지고 있는 반려견이 목을 뒤로 당기면 목걸이가 머리에서 바로 미끄러져 빠질 수 있다. 따라서 목걸이가 자주 빠지는 반려견인 경우에는 가슴줄을 사용하도록 한다. 다섯째, 위험한 야생 지형에서 반려견을 산책하는 경우에는 가슴줄이 더 많은 통제력을 제공하며 보호자의 노력을 최소화하도록 해준다. 여섯째, 반려견이 녹내장을 앓고 있는 경우에는 목걸이로 인하여 목 주위가 조여지면서 반려견의 기도뿐만 아니라 눈에도 압력이 가해지게 되는데 이것은 기존 녹내장을 악화시키거나 그 발달을 가속화 할 수 있다. 따라서 눈에 문제가 있는 반려견이 있는 경우에는 가슴줄을 권장한다. 일곱째, 반려견에게 관절염이나 이동성 문제가 있는 경우에 등 고리 가슴줄을 사용하여 목줄을 부드럽게 잡아당겨주면 반려견이 쉽게 올라가거나 방향을 바꾸거나 계단을 오를 수 있다. 마지막으로 반려견이 차에서 많은 시간을 보내야 하는 경우에는 가슴줄에 차량 뒷좌석의 안전벨트에 고정시킬 수 있는 부착물이 함께 제공되기 때문에 반려견을 차에 탑승시킬 때 안전벨트와 연결해 놓으면 모든 사람을 안전하게 보호하고 반려견에게도 편안함을 제공할 수 있게 된다.

5) 가슴줄의 이점

가슴줄을 사용하면 여러 가지 이점이 있다. 첫째, 크고 강한 반려견을 기르는 보호자에게 가슴줄은 더 많은 통제권을 제공한다. 크고 강한 반려견은 흥미진진한 자극과 냄새가 나는 경로에서 특히 관리하기 어려울 수 있다. 그러나 가슴줄은 포장도로나 공원에서 새, 고양이 또는 다른 개를 쫓아가려고 할 때 흥분한 반려견을 제대로 제어할 수 있다. 목걸이를 사용하면 목에 압력이 가해지고 목줄을 당기면 소형견에 부상을 일으킬 수 있지만 가슴줄은 등과 몸 전체로 압력을 분산시켜 주기 때문에 안전하다. 둘째, 더 나은 안전을 보장한다. 탈출에 대한 열망이 강한 반려견은 목걸이로부터 벗어나 목을 자유롭게 한 후 유혹하는 자극으로 갈 수 있는 방법을 찾으려고 노력할 것이다. 이것은 매우 염려스러운 일이고 반려견과 함께 번잡한 인도를 따라 걷는 동안 매우 위험할 수 있다. 또한 보호자가 찾기 어려운 어딘가로 달려가 숨을 수도 있다. 가슴줄은 신체의 넓은 영역을 커버하는 방식으로 고정되어 어깨, 다리 및 가슴을 통해 더 나은 안전을 제공한다. 이렇게 하면 반려견이 탈출하는 것을 완전히 제한할 수 있다. 셋째, 반려견이 목줄을 당기지 못하게 할 수 있다. 만약 반려견이 항상 목걸이에 연결되어 있는 목줄과 씨름한다면, 간단한 산책이 이러한 상황을 처리하려고 노력하는 보호자에게는 큰 어려움처럼 보일 수 있다. 반려견이 목줄을 당길 때마다 보호자가 끌려가면 이것은 반려견에게 당기는 것을 격려하는 것과 같다. 이때 보호자가 반려견을 위해 가슴줄을 사용하게 되면 반려견의 당김 동작을 억제할 수 있다. 넷째, 목과 기관의 부상을 피할 수 있다. 목줄에 부착된 목걸이를 당기면 반려견의 목 부위에 엄청난 부담을 주게 되며 결국 부상으로 이어지게 된다. 갑자기 통증이 느껴지는 것은 아니기 때문에 초기에 발견하기 어려울 수도 있지만 상태가 악화돼 점차 불편함이 커질 수 있다. 일부 소형견은 목이 매우 약하기 때문에 목줄에 묶인 목걸이를 한 번만 당겨도 심각한 목 부상과 심한 통증으로 이어질 수 있다. 이 때 가슴줄 사용은 더 나은 선택이 된다. 왜냐하면 가슴줄은 몸 전체로 압력을 분산시킴으로써 목의 부담을 줄여주기 때문이다. 목걸이를 사용하면 목 부위가 끊임없이 많은 압력에 노출되기 때문에 반려견의 기관지가 압박당할 위험이 항상 있다. 이것은 일부 반려견에게는 강렬한 기침으로 이어지게 된다. 소형견의 경우에는 쉽게 **기관 붕괴**가 될 수 있기 때문에 반려견의 기관지가 약해지고 조여짐으로써 호흡하기가 어려워진다. 목걸이를 사용하면 만성 질환을 악화시킬 수 있으므로 이러한 경우에는 가슴줄로 전환하는 것을 깊이 고려해야 한다. 다섯째, 목줄에 보호자가 감길 수 있다. 목줄은 잡아당기기가 쉽기 때문에 흥분한 반려견은 보호자의 다리, 손목, 손가락 등을 감아 얽히고 넘어져서 부상을 당할 수 있다. 만약 목줄이 가슴줄의 뒷면에 부착되어 있으면 개와의 엉킴을 막을 수 있다.

여섯째, 안구돌출증(Ocular Proptosis)을 예방할 수 있다. **안구돌출증**은 안와로부터 안구가 튀어나온 것을 의미한다. 반려견의 눈이 눈꺼풀에서 부풀어 오른 것처럼 보인다. 목걸이에 의해 목 부위 주변에 생성되는 압력은 이러한 심각한 상태를 유발할 수 있다.

 그림 7-12. **가슴줄 또는 하네스(Harness)**

라 머리줄(Head Halter)

머리줄은 입마개와 비슷하여 처음에는 무섭게 보일 수 있다. 그러나 입마개와 차이점은 반려견이 먹고, 마시고, 짖는 것과 같은 일상 활동을 박탈하지는 않는다는 것이다. 머리줄은 반려견과 걷는 동안 보호자에게 더 나은 통제력을 제공하기 때문에 초크 목걸이보다 더 나은 대안이다. 머리줄의 끈이 반려견의 코를 감싸고 다른 끈은 귀 바로 뒷 부분의 목을 감싸도록 되어 있다. 목줄은 반려견의 턱 아래에 있는 고리에 연결한다. 이것은 딱 맞고 편안해야 한다. 반려견이 당기면 머리줄이 코를 보호자 방향으로 향하게 되기 때문에 계속 당기는 것을 어렵게 만든다. 다소 폭력적으로 보일 수 있지만, 실제로는 반려견에게 고통을 주지 않으며, 목걸이에 의한 목 부상의 위험도 막아준다. 가장 좋은 점은 반려견의 당김에 의해 끌려가지 않아도 된다는 것이다.

전반적으로 반려견과 산책할 때에 어떤 유형의 제품을 사용하든 가장 적합한 제품을 결정하기 전에 반려견의 행동, 견종의 특성 및 습관을 이해하는 것이 중요하다.

 그림 7-13. **머리줄(Head Halter)**

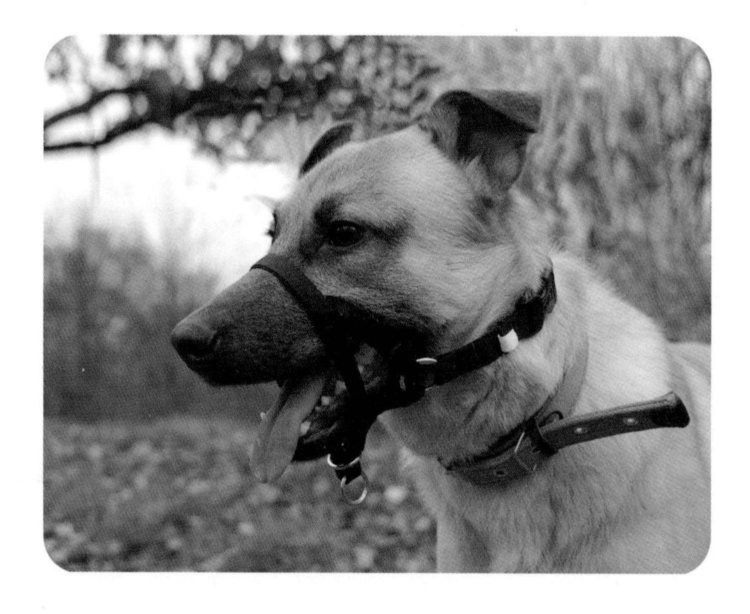

리마 원리 L.I.M.A. Principle

'LIMA'는 'Least Intrusive, Minimally Aversive(최소 강요, 최소 협오)'라는 단어의 약자이다. 리마는 훈련 또는 행동 변화 목표를 달성하는 데 성공할 가능성이 높은 일련의 인도적이고 효과적인 전술 중에서 최소한의 강요와 협오 전략을 사용하는 것을 의미한다(Lindsay, 2008). 리마는 다른 효과적인 개입과 전략 대신에 처벌의 사용을 허용하지 않는다. 대다수의 경우, 원하는 행동 변화는 동물의 환경, 신체적 복지, 그리고 고적적 조건화나 조작적 조건화에 집중함으로써 영향을 받을 수 있다.

목줄, 목걸이 및 가슴줄은 모두 안전하게 반려견을 관리하는 데 중요한 도구이다. 리마 원칙에 맞는 도구를 선택해야 하고 인도적으로 사용하는 것도 중요하다. 리마는 목걸이 또는 가슴줄 및 목줄이 반려견의 행동이나 기분에 부정적인 영향을 미치지 않으며 가능한 한 최소한의 불편함을 유발한다는 것을 의미한다. 이러한 목표를 달성하는 가장 좋은 방법은 반려견을 통제하기 위해 목줄, 가슴줄 또는 목걸이에만 의존하지 않는 것이다. 이러한 도구를 행복하고 산책 중에 잘 행동하는 반려견을 위해 긍정적 강화 훈련방법과 조합하도록 하여야 한다.

7.2 산책 용품

가 배변봉투

공공장소에서 반려견의 배설물을 치우는 것은 산책 중 즐거운 일이 아니지만 보호자는 공공의 건강을 생각하는 책임감을 가지고 치우도록 해야 한다. 배설물 처리를 덜 불쾌하게 만드는 한 가지 방법은 배변봉투를 사용하는 것이다. 배변봉투를 담을 수 있는 용기는 여러 가지 재질이 있지만 플라스틱 제품이 가볍고 튼튼하며 휴대와 관리가 쉽다.

그림 7-14. **배변봉투**(Poop Bag)

나 구급상자

반려견과 산책 중에 긴급 상황이 발생한다면 응급처치를 할 수 있어야 한다. 산책 중 응급 상황에 대비하는 가장 좋은 방법은 개 구급상자를 휴대하는 것이다. 구급상자에는 가위, 거즈 패드, 붕대 및 핀셋 등이 포함되어 있다. 응급처치 경험이 없는 보호자를 위하여 일반적으로 응급 상황에 신속하게 대응할 수 있는 응급처치 매뉴얼이 함께 제공된다. 자세한 사항은 15장 '반려견 산책과 응급처치'를 참고하기 바란다.

 그림 7-15. **구급상자(First Aid Kits)**

다 발 청소기

궂은 날씨에 반려견과 산책을 하면 자연스레 발에 진흙이나 이물질이 묻게 된다. 반려견은 자신의 더러운 발을 깨끗하게 하기 위하여 핥기도 한다. 발을 씻어 주면 좋으나 매일 반려견을 씻기는 것은 바람직하지 않다. 반려견의 피부에 균열과 염증을 일으킬 수 있고 불필요한 통증을 유발할 수 있기 때문이다. 모두를 위하여 산책 후에는 발을 씻겨야 하는데 수건이나 물티슈로 닦아줄 수도 있지만, 발 청소 도구를 사용하면 쉽고 편리하다. 발 청소 도구는 부드럽고 두꺼운 실리콘 강모가 있는 잡기 편한 텀블러 형태로 반려견의 발을 넣고 텀블러를 돌려주면 쉽게 세척이 된다. 이후 수건으로 닦아주면 끝난다.

 그림 7-16. **발 청소기(Paw Washer)**

 반려견 부츠

반려견은 박테리아, 추운 날씨, 뜨거운 포장도로 등의 위험에 취약하다. 또한 발을 핥으면 화학 물질을 섭취하게 되고 이는 심각한 건강 문제를 일으킬 수 있다. 돌 자갈이나 날카로운 나뭇가지로 인해 발을 다칠 수도 있다. 이러한 물건들은 부상 외에도 집안의 양탄자나 침대에 옮겨 올 수 있다. 반려견 부츠는 이러한 위험으로부터 반려견의 발을 보호해 줄 수 있다.

그림 7-17. **반려견 부츠(Dog Boots)**

마 반려견 배낭

반려견과 산책을 할 때 반려견이 멋지게 걸을 때 기분이 좋다. 그러나 붐비는 장소나 반려견이 걷기에 어려움이 있는 곳을 지날 때에는 안을 수도 있지만 배낭을 활용하여 운반하는 것도 좋은 방법이다. 또한 반려견 배낭에는 산책시 필요한 여러 용품을 넣어 갈 때에도 도움이 된다.

그림 7-18. **반려견 배낭(Dog Backpack)**

바 반려견 유모차

기본적으로 유모차는 이동 지원이 필요할 수 있는 반려견을 운송하기 위한 목적으로 사용된다. 모든 반려견이 그렇지는 않지만 유모차가 필요한 상황이 있다. 노령견들은 과거처럼 움직이지 못한다. 그러나 예전처럼 나가서 하루를 즐기고 싶어 한다. 야외의 따뜻한 태양과 신선한 공기는 모두의 건강에 도움이 되기 때문이다. 따라서 노령견들이 산책할 수 있는 더 쉬운 방법이 필요할 수 있다. 집으로 가는 길에 지친 노령견들은 산책이 짧아지지 않도록 반려견 유모차에 태울 수 있고 특히 반려견이 목줄을 당기고 있을 때 약간 불안정한 사람은 반려견 유모차를 사용하여 반려견과 함께 신선한 공기를 더 쉽게 즐길 수 있다.

 그림 7-19. **반려견 유모차(Dog Stroller)**

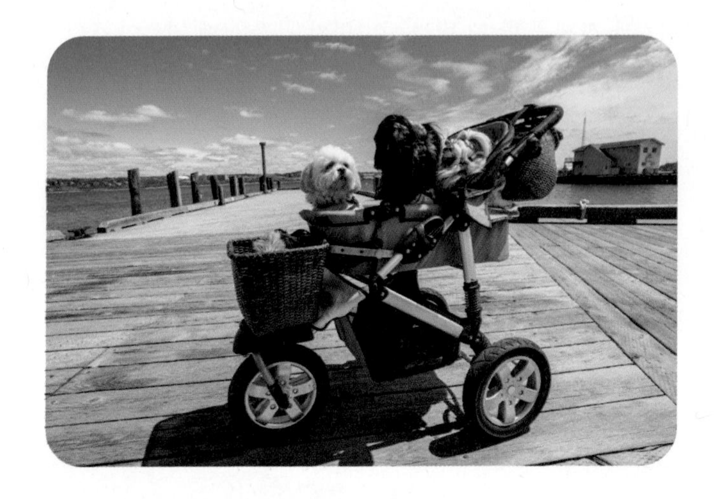

긴 산책을 좋아했지만 더 이상 멀리 갈 수 없는 수술이나 부상에서 회복 중이거나 장애가 있는 반려견은 반려견 유모차가 그들의 삶에 약간의 즐거움을 가져다 줄 수 있다. 유모차는 장애가 있는 반려견들을 위한 훌륭하고 효율적인 운송 수단이다. 반려견 유모차는 보호자에게는 운동을, 멀리 갈 수 없는 반려견에게는 환경을 강화할 수 있게 해준다. 심장 사상충 진단을 받은 반려견은 장기 손상을 방지하기 위해 몇 달 동안은 활동하지 않아야 한다. 심장 사상충에 양성인 반려견도 외출을 즐길 수 있도록 허용하는 것은 정신을 치료하는 데 도움이 될 것이다. 또한 외부 차단 소재는 모기가 반려견을 물고 질병을 퍼뜨리는 것을 방지한다. 고관절 이형성증이 있는 반려견은 종종 활동적인 삶을 살았던 대형견이다. 수술은 이러한 반려견들 중 일부를 도울 수 있지만 모든 반려견이 그러한 혜택을 받는 것은 아니다. 대형견에게도 어울리는 유모차가 있으며 유모차를 사용할 수 있으면 반려견이 부상을 악화시키지 않고 산책할 수 있도록 돕는다.

강아지 공장이나 학대 받은 개를 기르거나 입양하는 경우 유모차를 사용하면 개가 안전하다고 느끼도록 도울 수 있다. 항상 갇혀있었거나 학대를 받은 개는 사람이나 다른 개들과 함께 생활하는 방법을 전혀 이해하지 못할 수 있기 때문에 모든 행동이 부자연스럽고 공공장소에서 움츠릴 수 있다. 유모차는 이때 다른 개나 낯선 사람들로부터 멀리 있게 해준다. 상자가 집에서 반려견에게 안전한 장소가 될 수 있는 것처럼 유모차는 집 밖에서의 안전한 상자가 된다. 반려견 유모차는 공공장소에서 생활을 즐길 수 있는 첫걸음이 될 수 있다. 반려견이 공원의 모든 활동에 아이들이나 다른 반려견으로부터 압도당하고 있을 때에도 반려견에게 안전한 공간을 제공하면 외출에서 훨씬 스트레스를 덜 받을 수 있다.

보행량이 많고 바쁜 도시에 살고 있다면, 반려견을 산책시키는 것이 어려울 수 있다. 보행자가 너무 많아서 특히 사람들이 반려견을 보지 않으면 다칠 수 있다. 몸집이 작고 나이가 많은 노령견은 모든 활동으로부터 보호를 받는 것이 중요하다. 또한 혼잡한 도시에서 유모차를 사용하면 걸을 때 차에 치이거나 목줄이 보행자에게 부상입히는 것을 방지할 수 있다. 한적한 장소에서는 목줄을 사용하여 걷도록 하고 복잡한 번화가에서는 반려견 유모차를 사용하도록 한다. 반려견 유모차는 보호자가 반려견과 더 많은 장소에서 더 좋은 시간을 보낼 수 있도록 해준다. 더 많은 작업장, 상점 및 식당이 반려견 친화적이 됨에 따라 유모차에 반려견을 태우는 책임감 있는 보호자는 언제나 환영을 받게 될 것이다. 쇼핑 지역의 상점은 점점 더 반려견 출입을 허용하는 추세이다. 상점에서 반려견을 좋아하지 않더라도 유모차에 반려견을 태우면 반려견의 입장이 허용될 수 있다. 반려견 유모차를 사용하면 등, 어깨 및 목이 더 편하고 상점 내의 양탄자 위에 배설을 하거나 다른 쇼핑객을 방해하지 않게 되며 반려견이 무엇을 하고 있는지 걱정하지 않고 쇼핑하는데 집중할 수 있다. 또한 반려견 유모차를 사용하면 빠르게 쇼핑을 할 수 있으며 차에 혼자 두고 싶은 유혹을 덜 받게 된다. 반려견을 데리고 직장에 가야 하는 상황이라면 유모차가 많은 도움이 된다. 반려견 유모차는 차에서 사무실까지 쉽게 운반할 수 있도록 해주며, 반려견이 필요할 때 밀폐된 공간을 만들어주며, 낮잠을 잘 수 있는 안전하고 친숙한 공간을 제공한다.

보호자는 반려견의 발을 다치게 할 수 있는 산책로 상의 모든 위험요소로 부터 발을 보호해야 한다. 반려견 유모차는 반려견을 깨끗하게 유지하고 인도의 깨진 유리, 쓰레기, 화학 물질 또는 기타 위험 요소들로부터 발이 다치는 것을 예방할 수 있다. 일부 반려견은 더위를 잘 견디지 못한다. 더운 날에 집에 가둬두지 않고 유모차에 반려견을 태워 산책을 하면 더운 포장도로로부터 발을 보호할 수 있다. 퍼그, 불독, 페키니즈, 프렌치 불독, 보스턴 테리어 및 복서와 같은 일부 견종은 더운 날씨에 취약하다. 코가 눌려진 거의 모든 반려견은 고온에서 과열된다. 또한 겨울철과 같이 기온이 내려갈 때에는 얼음과 보도용 화학 물질의 위험으로부터 발을 보호할 수 있고 반려견이 코트를 입지 않더라도 유모차에 담요를 덮어 추위를 막아줄 수 있다.

스트레스를 받지 않고 동물병원 및 미용실을 방문할 수 있게 해준다. 어린 강아지들을 운반할 필요가 있을 때 유모차에 태워서 가게 되면 동물병원에서 어린 강아지들이 탈출할까봐 걱정할 필요가 없다. 질병이나 부상으로부터 회복

중인 반려견이 있을 때 대기실에 있는 다른 반려견들의 괴롭힘이나 탐색 없이 편안하고 스트레스 없이 동물병원으로 이동할 수 있다. 대기실에 있는 다른 병든 동물의 세균이 전염될까봐 걱정될 수도 있는데 유모차는 아픈 동물들이 하루 종일 방문했던 바닥이나 표면으로부터 반려견을 보호할 수 있게 해준다. 반려견을 위한 유모차는 반려견이 안전하다고 느끼는 아늑한 개인 공간에 반려견을 집어넣고 유모차를 밀기만 하면 되므로 보다 쉽게 외출할 수 있다. 반려견이 원하는 만큼 빨리 뛰거나 걸을 수 있게 해주고 산책시간이 충분하다고 느껴지면 반려견을 유모차에 태우고 유모차 안에서 반려견이 휴식을 취하는 동안 보호자는 운동을 계속할 수 있다.

소풍이나 축제 그리고 다른 야외 행사에 반려견을 동반하는 것은 즐겁고 재미있는 일이다. 그러나 많은 사람들, 공격적일 가능성이 있는 다른 반려견들, 벌레, 쓰레기 등 많은 부분을 조심해야 한다. 반려견 유모차는 반려견이 꼬리를 밟히거나 위험한 음식물을 삼키지 않고 다양한 야외 활동을 할 수 있도록 해준다. 태풍, 지진, 화재 또는 기타 비상사태에 대비하여 반려견을 안전하게 옮겨야 한다면 유모차가 좋은 대안이 될 수 있다. 반려견과 함께 익숙한 담요, 장난감, 간식, 음식, 물, 그릇 및 가방을 휴대하여 집에서 편안함을 제공하고 운송 중에 반려견이 느슨해지거나 두려움으로 도망치려고 하는 것을 예방할 수 있다. 반려견 유모차를 사용하면 보호자의 건강에도 도움이 되다. 반려견 유모차와 함께 걸으면 20% 더 많은 칼로리를 태울 수 있다(Kelly, 2013). 미국 운동위원회는 유모차와 함께 걷는 것이 아무것도 없이 걷는 것보다 더 나은 운동인지 여부를 알아보기 위한 연구를 수행했다. 위스콘신 대학에서 여성 산책자를 대상으로 일부는 유모차를 밀고 산책하게 하고 다른 일부는 그냥 걷도록 하였다. 연구결과 유모차를 밀었던 여성이 그렇지 않은 여성보다 심혈관 효과를 위한 최적의 심장박동수에 도달했고 칼로리를 20% 더 소모했다. 반려견을 유모차에 태우는 것만으로 시간당 약 170kcal(체중이 약 70kg 인 경우)를 태울 수 있다. 그리고 매일 한 시간 동안 유모차를 밀면 주당 1,190kcal, 한 달에 5,100kcal가 소모된다. 체중에 따라 칼로리 소모량이 다를 수 있으니 속도를 높이거나 언덕을 오르면 훨씬 더 많은 칼로리를 태울 수 있다. 시속 3km의 느린 속도에서 3mph의 중간 속도로 증가하면 체중이 70kg 인 경우 약 232kcal를 소모할 수 있다. 이는 주당 1,624kcal와 한 달에 6,960kcal가 된다. 빠른 속도로 언덕을 오르려면 시간당 약 422kcal를 소모한다.

반려견 유모차를 선택할 때에는 반려견이 편안할 수 있는 충분한 공간을 확보할 수 있도록 유모차의 크기와 무게에 주의하여야 한다. 다음은 반려견 유모차를 선택할 때 참고해야 할 사항이다.

- 앞면과 윗면에 덮개가 있어야 하고 덮개를 닫을 수 있어 유모차가 움직이는 동안 반려견이 튀어 나오지 않아야 한다.
- 반려견을 안에 보관하기 위해 상단 덮개를 지퍼로 잠그거나 단추로 닫을 수 있어야 한다.
- 비나 기타 악천후에 효과적이어야 한다.
- 유모차에 용품 보관 공간이 있어야 한다. 물과 음식과 같은 물품을 운반할 수 있는 공간은 긴 하이킹, 조깅 또는 산책을 할 때에 편리하다. 보관 공간이 없거나 용량이 제한된 반려견 유모차를 구입하면 필요한 물품들을 손에 들고 다녀야 하기 때문에 불편하다. 좋은 유모차는 뒷면이나 측면에 용품 보관 공간이 있다.

사 기타

1) 휴대용 물병

물을 가지고 다니는 것은 항상 좋은 생각이지만, 여러 마리의 반려견들에게 줄 수 있는 충분한 물을 가지고 다닌다면 무거워질 수 있다. 산책 중에 물을 쉽게 얻을 수 있으므로 물그릇이 포함된 휴대용 물병을 가지고 다니도록 한다. 몸이나 가방에 연결할 수 있는 고리가 있으면 더욱 편리하다.

그림 7-20. 휴대용 물병(Portable Pet Water Dispenser)

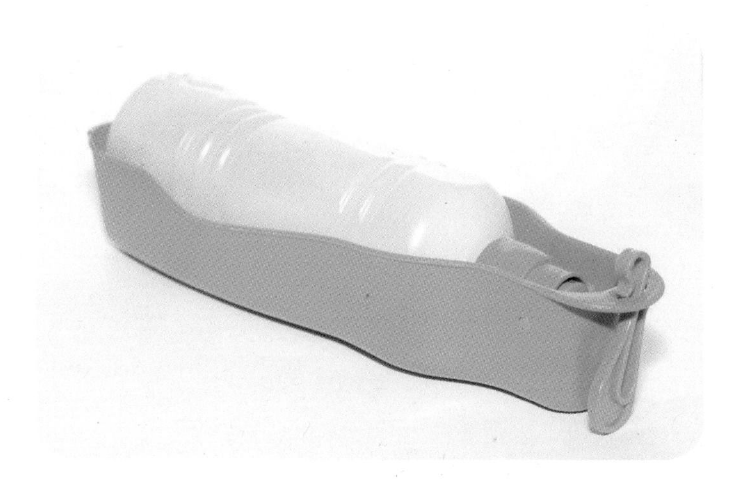

2) 간식

간식은 좋은 행동을 장려하고 문제행동을 보일 때 간단히 대처할 수 있는 필수품이다. 평소 좋아하는 간식이 있다면 더욱 좋다.

 그림 7-21. **간식(Treat)**

3) 휴대용 물티슈

걷고 있는 반려견이 약간 더럽거나 진흙투성이가 되었을 때처럼 깨끗하게 유지할 필요가 있을 때마다 사용할 수 있다. 또한 반려견이 배변한 이후에 항문을 닦아줄 때에도 도움이 된다.

 그림 7-22. **휴대용 물티슈(Disposable Wet Wipes)**

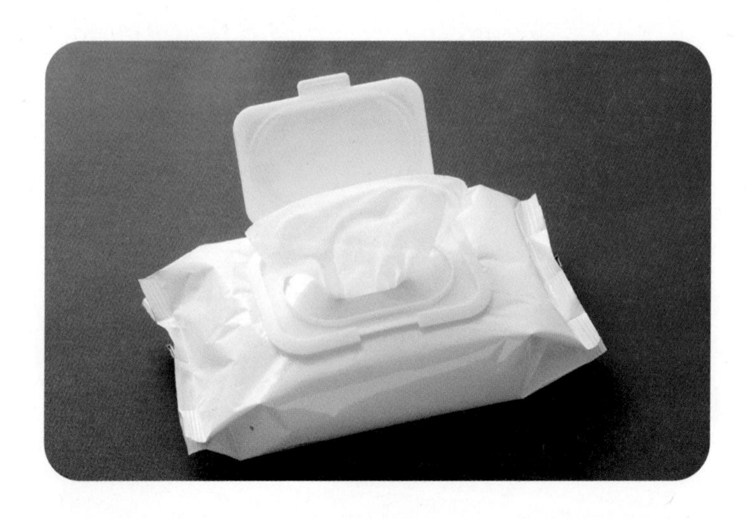

4) 인식표

반려견의 인식표는 법적으로 반드시 착용하도록 요구하고 있으며, 반려견을 분실하였을 때 우리가 찾을 수 있는 유일한 희망이다.

 그림 7-23. **인식표(Name Tag)**

5) 놀이 도구

넓고 안전한 장소에 있다면 걸어다는 산책 이외에도 다양한 활동을 할 수 있다. 이때 사용할 수 있는 도구들을 준비하면 더욱 산책이 재미있다. 평소에 반려견이 좋아하는 장난감이나 놀이 도구를 가지고 가도록 한다. 놀이를 위한 도구로는 원반, 공, 공 던지기 도구(Chuckit) 등이 있다.

그림 7-24. **반려견 놀이 도구**

가) 원반(Disk)

나) 공(Ball)

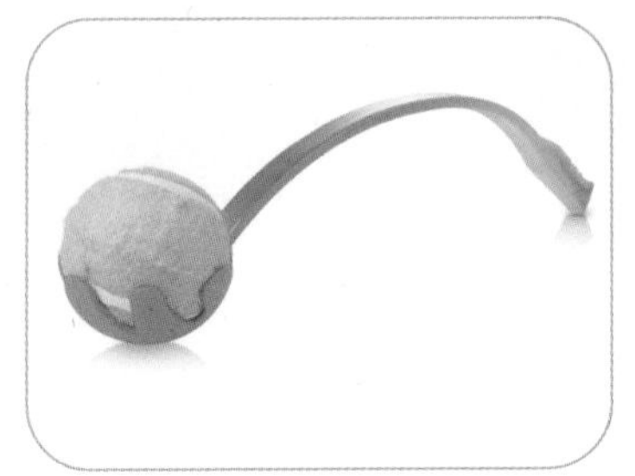

다) 공 던지기 도구(Chuckit)

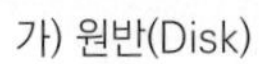

참고문헌

16 Reasons to Use a Dog Stroller. https://funstufffordogs.wordpress.com/2007/06/21/16-reasons-to-use-a-dog-stroller/

BeChewy. (2017). Should You Buy a Pet Stroller?. BeChewy. https://petcentral.chewy.com/should-you-buy-a-pet-stroller/

Bergman, L. (2020). Dog Walking Tools. VeterinaryPartner. https://veterinarypartner.vin.com/default.aspx?pid=19239&catId=102897&Id=9937765

Blackwell, E. J., Twells, C., Seawright, A., & Casey, R. A. (2008). The relationship between training methods and the occurrence of behavior problems, as reported by owners, in a population of domestic dogs. Journal of Veterinary Behavior, 3(5), 207-217.

Cooper, J. J., Cracknell, N., Hardiman, J., Wright, H., & Mills, D. (2014). The Welfare Consequences and Efficacy of Training Pet Dogs with Remote Electronic Training Collars in Comparison to Reward Based Training. PLoS One. 9(9): e102722. doi: 10.1371/journal.pone.0102722

Dogs. (n. d.). All You Need To Know About Buying A Dog Harness. Dogs. https://dogsofaustralia.com.au/lifestyle/buying-a-dog-harness/.

Fantegrossi. (n. d.) 71 Pups A Day Are Injured By A Collar, Is Your Dog Safe?. BarkPost. https://barkpost.com/good/collar-safety-awareness-week/

Fernandes, J. G., Olsson, A. S., de Castro, A. C. (2017). Do aversive-based training methods actually compromise dog welfare?: A literature review. Applied Animal Behaviour Science, 196, 1-12.

Hallgren, A. (2016). Back Problems in Dogs: Underlying causes for behavioral problems. AH BOOKS.

Holz, W. C. (1968). Punishment and rate of positive reinforcement. Journal of the Experimental Analysis of Behavior. 11(3), 285-292.

Homeskooling 4 Dogs. (n. d.). HARNESSES. Homeskooling 4 Dogs. https://www.homeskooling4dogs.com/harnesses.

JK9. (n. d.) Types and uses of dog harnesses. JK9.

JoyfulDog. (n. d.). Emergency Leash Techniques. JoyfulDog. https://joyfuldogllc.com/emergency-leash-techniques/

Kelly, J. (2013). Walking with stroller burns more calories. Pitsburgh Post-Gazette. https://www.post-gazette.com/health/2013/03/18/Walking-with-stroller-burns-more-calories/stories/201303180250

Kerns, N. (2013). When Dog Collars Become Deadly. WholeDogJournal.

https://www.whole-dog-journal.com/care/when-dog-collars-become-deadly/

Lau, S. (2020). THE BEST TOOLS FOR FIDO'S WALKS. Pets. https://www.petsmagazine.com.sg/a/features/exercise-and-training/1324/what-are-the-best-tools-to-use-when-walking-your-dog

Lindsay, S. R. (2008). Handbook of Applied Dog Behavior and Training, Volume 3, Procedures and Protocols. Wiley-Blackwell. 29, 726.

Pauli, A. M., Bentley, E., Diehl, K. A., & Miller, P. E. (2006). Effects of the Application of Neck Pressure by a Collar or Harness on Intraocular Pressure in Dogs. Journal of the American Animal Hospital Association. 42(3), 207-211.

Shabelansky, A., & Dowling-Guyer, S. (2016). Characteristics of Excitable Dog Behavior Based on Owners' Report from a Self-Selected Study. Animals (Basel). 6(3), 22. doi: 10.3390/ani6030022

Shivik, J. A., & Martin, D. J. (2000). Aversive and disruptive stimulus applications for managing predation.Wildlife Damage Management Conferences - Proceedings. 20.

https://digitalcommons.unl.edu/icwdm_wdmconfproc/20

Wilson, S. L. (2020). 8 Things To Know Before Buying A Shock Collar. Canine Journal. https://www.caninejournal.com/shock-collar-for-dogs/

Ziv, G. (2017). The effects of using aversive training methods in dogs – A review. Journal of Veterinary Behavior, 19, 50-60.

08
반려견 산책 교육

08

반려견 산책 교육

그림 8-1. **느슨한 목줄 걷기**

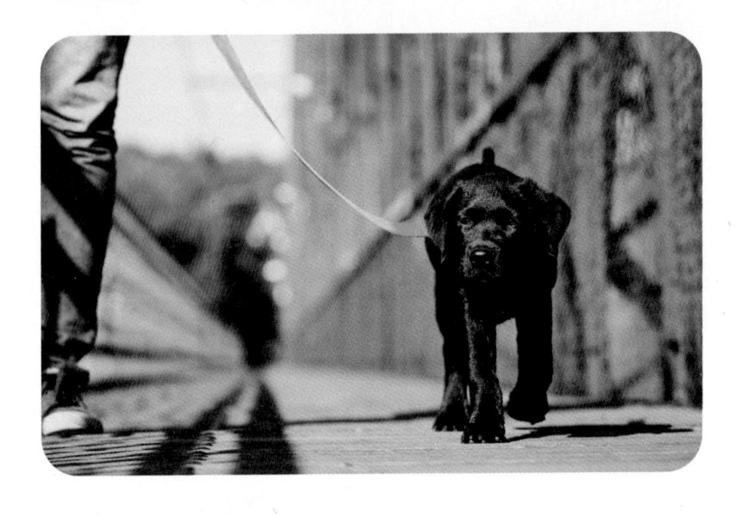

많은 사람들은 반려견이 목줄을 매고 정중하게 걷는 법을 선천적으로 알고 있다고 생각하지만 훈련이 필요한 기술이다. 반려견이 보호자 옆에서 행복하게 걷고, 보호자가 멈출 때 멈추고, 보호자가 돌 때 돌고, 보호자가 허락할 때만 냄새를 맡고 다른 반려견과 사람들을 지나 계속 보호자와 함께 있도록 훈련시켜야 한다. 반려견 산책을 위한 목줄 예절은 아마도 가장 도전적인 일이 될 것이다. 그러나 그것도 재미있고 노력할만한 가치가 있다.

반려견과 산책을 하기 위해서는 가장 먼저 목걸이와 목줄에 익숙해져야 한다(Donovan, 2019). 보호자와 놀고 간식을 주는 짧은 시간 동안 집에서 목걸이와 목줄을 착용시킨다. 반려견은 음식과 재미가 있기 때문에 목걸이와 목줄을 한 시간을 좋아하게 된다. 다만 처음 목걸이나 목줄을 착용시키면 이질감을 느끼기 때문에 처음부터 너무 오랜 시간 착용시키지 말고 적응 정도에 따라 조금씩 착용시간을 늘려나가도록 한다. 목걸이와 목줄이 어느 정도 익숙해지면 조용하고 주의가 산만하지 않은 장소를 찾아 목걸이와 목줄을 한 상태에서 보호자에게 돌아오도록 하는 교육을 하도록 한다. 반려견이 여러분을 향해 돌아서거나 여러분을 바라보는 순간 즉시 간식을 주고 칭찬을 한다. 몇 번 반복하면 반려견이 당신을 바라볼 뿐만 아니라 당신에게 다가오는 것을 보게 될 것이다.

8.1 나란히 걷기 교육하기

나란히 걷기(Heel) 명령이나 기술은 단순히 반려견이 보호자의 뒤에 또는 앞이 아닌 바로 옆에서 걸어가는 것을 의미한다. 반려견은 보호자와 함께 속도를 유지해야 한다. 보호자가 멈추면 반려견도 걷는 것을 멈추고 걸어가면 보호자와 함께 걸어가는 것을 의미한다. 반려견이 목줄을 당기지 않고 걷는 법을 배우도록 돕는 간단한 방법은 당길 때 앞으로 나아가는 것을 멈추고 옆에서 걸을 때 간식으로 보상하는 것이다. 반려견이 음식에 별로 관심이 없다면 간식을 주는 대신 장난감이나 공을 이용할 수 있다.

나란히 걷기를 교육하기 위해서는 먼저 맛있는 간식을 작은 조각으로 잘라서 준비한다. 집 안에서 시작하여 넓은 방을 돌아다니거나 복도를 오르내리며 걷는다. 반려견의 이름을 부르고 보호자가 함께 걷고 싶은 위치를 가리킨다(어느 쪽을 선택해도 상관은 없지만 기본적으로는 왼쪽이다). 위치가 결정되면 해당 위치에서 가까운 손으로 간식을 잡는다. 목줄은 반대쪽 손으로 잡도록 한다. 예를 들어, 반려견이 왼쪽에 있다고 하면 간식은 왼쪽 손에 목줄은 오른쪽 손에 잡는다. 한 걸음 앞으로 나간 다음 멈춘다. 반려견이 정확히 뒤꿈치 위치에 있지 않아도 괜찮다. 바지 재봉선에 맞춰 손으로 약간의 간식을 반려견에게 주고 칭찬한다. 이것은 반려견을 위치시키는 데 도움이 될 것이다. 한발씩 나가면서 반복하여 진행한다. 반려견이 더 많은 간식을 얻기 위해 보호자를 열심히 쳐다보고 있을 때, 반려견을 멈추고 간식을 주기 전에 한 걸음이 아닌 두 걸음을 나가도록 한다. 간식과 간식 사이에 점진적으로 발걸음을 증가시켜 나가도록 한다. 보호자가 반려견에게 말을 걸어 반려견이 계속 주의를 기울이도록 도울 수 있다. 반려견이 느슨한 목줄로 잘 걸을 때, 이런 종류의 걷기에 이름을 붙이도록 한다. "가자!", "출발" 등 자신의 원하는 단어를 사용하면 된다. 반려견이 더 이상 옆에서 걸을 필요가 없을 때 "잘했어!"라고 하면서 반려견을 풀어준다.

Tip

나란히 걷기는 복종 훈련과 대회에서 전통적으로 왼쪽을 의미한다. 보호자의 가슴 높이에 간식을 주는 손을 위치시킨다. 이는 간식을 따라가거나 간식이 닿지 않으면 점프를 하는 것을 방지하기 위함이다. 반려견이 간식을 얻기 위해서 보호자 앞쪽으로 가로질러 가는 것을 예방하기 위하여 반려견이 있는 위치의 손으로 간식을 주어야 한다. 반려견이 잘 수행하면 즉시 "잘했어!"와 함께 간식으로 보상해 주어야 한다.

8.2 편하게 걷기 교육하기

이것은 반려견이 나란히 걷기를 할 필요가 없는 편안한 순간에 사용할 수 있다. 유일한 규칙은 보호자 앞으로 나아갈 수 없다는 것을 기억하면 된다. 이 새로운 종류의 걷기를 알리는 단어를 선택하도록 한다. “자유 시간!” 또는 나란히 걷기와 다른 단어를 선택하여 사용하면 된다. 먼저 반려견에게 허용할 수 있는 목줄의 길이를 결정해야 한다. 만약 반려견을 2미터 길이의 목줄로 산책시킨다면, 보호자는 목줄 끝을 잡고 나머지는 느슨하게 매달리게 할 수도 있다. 만약 보호자가 목줄의 어느 부분을 손으로 잡고 있다면 그것을 풀었다 감았다 하지 말고 걷는 내내 그 상태를 유지하도록 한다. 이것은 반려견에게 어느 정도의 목줄을 사용할 수 있는지 가르치기 위해서이다. 반려견에게 신호(“자유 시간!”)를 주고 걷기 시작한다. 반려견이 냄새를 맡고, 위치를 바꾸고, 주위를 둘러보고, 때때로 누울 수도 있다. 이 때 당기는 것이 아니라면 편하게 하고 싶은 활동을 할 수 있도록 내버려 둔다. 만약 반려견이 앞으로 당기면, 다시 걷기 전에 움직이지 말고 보호자를 향해 돌아올 수 있도록 호출한다. 반려견이 다른 사람, 반려견 또는 다른 동물에 고정되어 있으면 반려견의 이름을 부르고 가능하면 반대 방향으로 이동한다. 보행자나 자전거 등으로 인하여 보호자 옆에서 나란히 걷기를 원한다면, 반려견을 부른 다음 나란히 걷기 명령(“가자!”)을 내린다.

8.3 반려견 산책 교육 시 주의사항

반려견 산책 교육 시 절대로 목줄을 당겨서는 안 된다. 반려견이 목줄의 끝을 당기면 즉시 멈추고 움직이지 않도록 한다. 즉, 반려견이 당기거나 돌진할 때 앞으로 움직이지 않도록 해야 한다. 반려견이 가고 싶은 곳으로 가는 유일한 방법은 목줄이 느슨해질 때라는 것을 반려견에게 가르쳐야 한다. 목줄이 느슨해지면 다시 걷기를 시작한다. 반려견에게 음성 신호(“가자!”)를 내리고 앞으로 걸어가도록 한다. 보호자가 멈춰 섰는데도 목줄을 계속 잡아당기면, 이때에는 방향을 바꿔 보는 것도 좋은 대안이다. 처음에는 빙빙 돌 수도 있지만 곧 반려견이 당기면 아무데도 가지 못한다는 것을 알게 될 것이다. 이때 반려견은 어느 길로 가야하는지 알아내기 위해 주의를 기울이는 법을 학습하게 된다.

집에서 나가면 반려견의 관심을 끌 수 있는 것들이 너무나도 많다. 동네의 모든 광경과 냄새를 탐험하기 위해 더 보람 있고 재미있게 해주어야 한다. 이를 위해 간식, 칭찬 및 행복한 목소리를 사용하도록 한다. 산책을 시작할 때에 반려견이 돌아서서 보호자를 바라볼 때마다 칭찬하고 간식을 준다. 클리커 교육을 시도하기로 결정한 경우라면 클리커를 사용하기에 좋은 시기이다. 반려견이 보호자에게 관심을 돌릴 때, 클릭하고 간식을 준다. 보호자에게 관심을 기울이는 것이 얼마나 보람이 있는지를 반려견에게 가르친다. 또한 보호자의 관심을 유지하기 위해 높고 행복한 어조로 반려견에게 말할 수 있다. 반려견의 관심을 끌기 위해 처음에는 많은 간식을 사용해야 할 수도 있다. 목줄에 약간의 여유가 있는 상태를 유지하기 위하여 반려견에게 가까이 있는 손을 사용하여 지속적으로 간식을 주도록 한다. 반려견이 보호자가 기대하는 것만큼, 더 오래 간식 간격을 기다릴 수 있으면 기다리면서 간식을 천천히 단계적으로 없앨 수 있다.

목줄 걷기는 시간이 오래 걸릴 수 있다. 처음에는 느슨한 목줄 걷기가 전혀 안될 수도 있다. 다른 곳에서 일어나고 있는 일이 보호자가 주는 간식과 칭찬이나 행복한 대화보다 더 흥미로울 수 있고, 주의를 분산시키기에 충분하지 않을 수도 있다. 이 경우에는 산만함에서 벗어나는 것이 가장 좋다. 음성 신호("가자!")를 내린 후에 반대 방향으로 걸어간다. 반려견을 끌어당길 필요없이 목줄을 잡고 그냥 가면 된다. 반려견은 따를 수밖에 없다. 이 때 반려견이 보호자와 함께 걷게 되면, 간식과 칭찬을 아끼지 않아야 한다.

반려견이 느슨한 목줄 걷기를 하게 하려면 일상과 방향을 바꾸면서 짧은 산책을 자주 해주어야 한다. 반려견이 지역에 익숙해지고 주의가 산만해질 가능성이 있다면 교육에 집중할 수 있는 곳에서 느슨한 목줄 걷기를 연습하도록 한다. 시간이 지나면 반려견은 올바른 느슨한 목줄 걷기를 배우게 될 것이다. 반려견이 교육에 얼마나 잘 반응하는지 여러 가지 요인이 영향을 미칠 수 있다. 흥분 수준, 정신 자극, 날씨, 건강, 주변 환경, 심지어 자신의 기분까지도 모두 기여할 수 있다. 반려견에게 침착하게 앉아서 잠시 기다리게 요청하는 것만으로도 흥분 수준을 낮추고 교육을 더 잘 받아들일 수 있다. 반려견이 차분할수록 집중할 수 있고 집중도가 높으면 교육 효과도 좋다. 가장 중요한 것은 교육과 일관성을 유지하는 것이다. 반려견을 교육시킬 때마다 학습한 내용을 강화해야 한다. 가족 구성원 모두가 반려견을 데리고 나갈 때에는 구성원들이 동일한 기술을 사용하고 있는지 확인할 필요가 있다.

8.4 반려견 산책 교육 시 보호자가 알아야 할 것

자신의 반려견에 대해서 잘 이해하고 있어야 한다. 반려견마다 각자의 개성을 가지고 있고 성격도 다 다르다. 자신의 반려견을 잘 이해하려고 노력하면 산책 중에 발생할 수 있는 문제들을 사전에 예방할 수 있다.

반려견의 신체언어를 알고 있어야 한다. 이완된 꼬리, 이완된 몸, 부드러운 눈을 가지고 있고 보호자에게 반응을 보이면 반려견이 침착하다는 것을 알 수 있어야 한다. 반려견은 보호자의 에너지를 감지할 수 있기 때문에 보호자도 침착하다는 것을 알리는 것이 중요하다. 반려견들이 신체 언어와 에너지로 보호자를 안내할 수 있도록 해야 한다. 두 마리의 반려견이 자신을 커 보이게 하고, 뻣뻣하고, 꼬리를 높이 들고, 눈을 고정하거나, 목줄을 팽팽하게 당기면서 계속 걸어가면 현재 자신의 반려견이 다른 반려견과 만날 준비가 되어 있지 않다는 것을 알고 있어야 한다.

목줄은 항상 착용시켜야 한다. 반려견은 목줄 없이 인도를 마음대로 걸어 다닐 수 있는 사람이 아니다. 반려견이 익숙하지 않은 반려견이나 상황에 어떻게 반응할지는 알 수 없다. 이처럼 목줄은 예기치 않은 상황에서 반려견을 보호해 줄 수 있음을 알아야 한다. 자동줄이 반려견에게 자유의 느낌을 주지만 안전한 상태에서만 사용해야 된다는 것을 알고 있어야 한다. 붐비는 지역이나 번화한 거리에서는 목줄의 길이를 엄격히 제한할 수 있어야 한다.

다른 반려동물과 보호자를 존중하고 반려동물 공공예절을 준수하여야 한다. 자신이 반려견을 사랑한다고 해서 다른 반려동물 보호자나 그들의 반려동물이 같은 감정을 공유할거라고 생각해서는 안 된다. 자신의 반려견은 친절할 수 있지만 모든 반려견이 다 그런 것은 아니다. 다른 반려견에게 다가가기 전에 항상 반려견 보호자에게 반려견에게 인사를 해도 좋은지 물어보아야 한다. 각 반려견은 독특하며 모든 반려견들이 새로운 상황에서 다르게 반응한다는 것을 기억하면 모든 사람을 위해 더 긍정적이고 동물 친화적인 환경이나 공동체를 조성할 수 있다. 야외에서 활동을 할 때 반려견에게서 발생하는 모든 문제는 모두 보호자의 책임이다. 따라서 책임감을 갖고 매 순간 활동을 관찰하고 살펴야 한다.

반려견과 산책하기 위해서는 준비물을 철저히 준비해야 한다. 특히 배변봉투를 항상 휴대하여 배변 후에는 배설물을 즉시 처리하고 주변을 정리하여야 한다. 배설물은 다른 사람이 밟아 그날의 기분을 망칠 수도 있고 공중 보건에도 문제가 된다는 것을 숙지하고 있어야 한다. 반려견 배설물은 박테리아와 기생충을 운반하여 냄새를 맡거나 만지거나 섭취하면 다른 반려견에게 전염될 수 있다. 그리고 사람들도 이러한 기생충과 접촉할 수 있으며 결과적으로 질병에 감염될 수 있다.

반려견이 짖는 것은 당연하다는 것임을 알아야 한다. 반려견의 짖기는 의사소통의 한 형태로 자신의 현 감정 상태를 나타내는 것이다. 반려견이 지나치게 짖는 경우에는 긍정적 훈련 기법을 사용하여 교육시키도록 한다. 긍정적 훈련 기법은 2장 '반려견 산책이론' 부분을 참조하기 바란다. 반려견의 관리는 보호자의 책임이라는 것을 알아야 한다. 반려견이 산책을 한 후에 스스로 이물질을 제거하고 씻을 수 없다는 것이다. 따라서 보호자는 산책과 같이 야외 활동을 마치고 집으로 돌아오면 항상 반려견의 건강상태를 점검하고 손질해 주어야 한다. 이것은 가족 구성원 모두를 위한 것이다.

참고문헌

Donovan, L. (2019). How to Teach a Puppy to Walk on a Leash. American Kennel Club. https://www.akc.org/expert-advice/training/teach-puppy-walk-leash/

09
반려견 산책의 실제

09

반려견 산책의 실제

9.1 반려견의 산책 요구량 (Drake, 2020; Figo, 2018; Sung, 2018)

가 산책 빈도

하루에 몇 번을 산책해야 하는지는 보호자와 반려견의 상태에 따라 달라진다. 보호자가 산책을 좋아하지 않으면 아침이나 저녁에 자유롭게 놀거나 다른 활동을 하는 한 번의 긴 산책을 더 선호할 수 있다. 이것은 사냥개, 포인터, 허스키와 같이 걷기를 좋아하는 반려견에게 해당된다. 목양견이나 테리어처럼 쉽게 지루해하는 반려견은 하루에 여러 번 나누어 산책하는 것을 더 선호한다. 노령견이나 어린 강아지는 관절과 뼈에 무리를 주지 않도록 자주 짧게 걷는 것이 좋다.

치와와, 푸들, 요크셔테리어와 같은 소형견들은 활동성이 적은 경향이 있다. 그러나 이러한 반려견들도 최적의 건강을 유지하기 위해 매일 운동이 필요하며, 규칙적인 산책은 공격성, 불안, 두려움 및 과잉 행동을 예방하는 데 도움이 된다. 일반적으로 소형견은 하루에 약 30분 정도 걷는 것이 필요하며, 이는 두 번으로 나누어 15분씩 걸어도 좋다. 소형견은 평균적인 사람의 보행을 따라 잡기 위해 빨리 걸어야 하기 때문에 더 짧은 걷기가 권장된다.

나이, 견종 또는 크기에 관계없이 모든 반려견은 정기적으로 걸어야 한다. 어린 강아지는 더 많은 에너지를 가지고 있으며 일반적으로 성견(5~8세) 및 노령견(9세 이상)보다 더 많은 운동이 필요하기 때문에 더 자주 걷는 것이 좋다. 성견에서 노령견들은 관절염, 근육 위축 또는 갑상선 기능 저하증이나 당뇨병과 같은 기타 질병으로 체력이 저하될 수 있다. 정신적으로는 산책을 하고 싶어 하지만 육체적으로는 따라가지 못하는 경우도 있다.

이동성에 문제가 있는 노령견과 부상이나 질병이 있는 반려견은 산책을 위한 체력이 제한될 수 있으므로 걷는 횟수를 줄여도 괜찮다. 테리어, 보더 콜리, 오스트레일리안 셰퍼드, 래브라도와 골든 리트리버와 같은 견종은 활동성이 높은 견종으로 더 자주 걷는 것이 도움이 된다. 그레이트 데인, 뉴펀들랜드, 마스티프, 그레이하운드, 불독과 같은 활동성이 적은 견종들은 하루에 한두 번의 짧은 산책만으로도 괜찮다.

나 산책 시간

반려견에게 필요한 정확한 운동 시간은 나이, 견종 및 크기에 따라 다르다. 만약 반려견이 아프거나, 나이가 많거나, 더 작은 견종이라면 사람들은 반려견을 많이 걷지 않게 할 수 있다(Westgarth, Knuiman, & Christian, 2016). 그러나 모든 반려견들은 매일 운동이 필요하다. 반려견과 걷는 데 필요한 시간은 반려견에 따라 달라지지만, 일반적으로 대부분의 건강한 반려견은 매일 최소 30~60분 정도 걸어야 하며, 강아지는 자랄 때까지 생후 월령에 따라 5분 비율로 운동을 해야 한다. 나이가 많은 노령견들에게 운동을 강요해서는 안 되며, 매일 적어도 10~15분 동안 밖으로 나가 움직이도록 권장한다.

일부 견종은 다른 견종보다 훨씬 더 많은 에너지를 가지고 있기 때문에 견종은 필요한 운동량에 큰 영향을 미친다. 크기 또한 중요한 고려사항으로 소형견은 보통 사람의 보행을 따라 가기 위해 좀 더 빠른 걸음으로 걸어야 하지만 대형견은 사람과 거의 같은 속도로 걷기 때문에 소형견은 대형견보다 산책에서 더 많은 운동을 할 수 있다. 또 하나의 고려사항은 반려견이 하는 활동형태로, 만약 반려견이 반려견 전용 공원에서 몇 시간 동안 뛰는 것을 좋아한다면, 더 짧은 산책을 할 수 있다. 일반적으로, 최소한 15분 동안 하루에 3~4회 반려견을 산책시켜야 한다. 하지만 이것은 반려견에 따라 다를 수 있으므로 반려견의 나이, 건강 수준 및 신체적 특징을 고려해서 걷는 거리를 정해야 한다. 예를 들어, 불독, 퍼그 및 기타 짧은 코를 가지고 있는 단두종들은 호흡기 질환에 취약하다. 따라서 너무 많이 운동하면 쉽게 과열 될 수 있으므로 걷기는 20~30분으로 유지해야 한다.

다 산책 거리

산책 거리는 반려견의 걸음걸이에 따라 크게 달라진다. 노령견이나 소형견과 함께 천천히 걷고 있다면, 멀리 걸어가지 않아도 되지만 좀 더 큰 반려견과 함께 활기차게 걷고 있다면 좀 더 먼 거리를 걸어가야 할 수도 있다. 경사, 지형, 날씨도 반려견을 산책시키는 데 영향을 줄 수 있다. 긴 목줄이나 자동줄을 착용시켰다면 보호자가 걷는 거리보다 반려견은 훨씬 먼 거리를 걸어가게 된다. 대부분의 반려견들은 1~5km의 산책이면 충분히 행복할 수 있다. 하지만 돌아다니는 것을 좋아하는 활동적인 반려견이라면 10km 이상을 걸어야 할 수도 있다. 어린 강아지는 자랄 때까지 3~5km 이상을 가면 안 된다. 반려견의 속도에 맞추도록 하고 거리보다 시간에 더 집중하도록 한다.

라 반려견의 운동 내성

대부분의 반려견은 신체 상태가 비교적 좋은 경우 매일 20~30분의 반려견 산책을 견딜 수 있다. 신체 건강이 좋은 일부 반려견은 최대 2시간까지 산책을 견디거나 한 번에 몇 시간 동안 하이킹을 할 수 있다. 그러나 과체중이나 비만견은 휴식을 취하지 않거나 심하게 헐떡거리지 않고 10분을 걷기 어렵다.

반려견의 현재 건강 상태에 따라 적절한 산책 시간을 파악하려면 반려견을 데리고 산책을 하면서 활동 에너지 수준을 관찰해야 한다. 도보로 25~30분 정도 걷다가 속도를 늦추어지기 시작하면 활동 에너지 수준이 점점 한계에 다가가고 있다는 것을 의미한다. 열심히 앞으로 나아가는 대신, 주변을 더 많이 보고 냄새를 맡는 것과 같이 주변 환경에 더 많은 관심을 갖기 시작할 수 있다. 따라서 느려지면 너무 멀리 걸어왔다는 것을 의미하므로 다음 산책에는 집으로 돌아가는 데 걸리는 시간을 고려해 산책을 더 짧게 해야 한다. 산책 중 활동 에너지 수준을 관찰해야 할 뿐만 아니라 집에 도착한 후 반려견의 행동도 관찰해야 한다. 반려견이 물을 마시고 즉시 자기의 휴식처로 가서 몇 시간 동안 움직이지 않고 있으면 산책이 과한 것이다. 반려견이 산책 중 또는 긴 산책에서 휴식을 취한 후에 절뚝거리기 시작하면 너무 많은 운동을 한 것이므로 다음에는 더 짧게 산책을 해야 한다.

운동에 대한 반려견의 내성은 건강하다면 증가할 수 있다. 몇 년 동안 뛰지 않았다면 마라톤에 참가하지 않듯이, 반려견이 몇 달 또는 몇 년 동안 앉아 있었다면 몇 시간 동안 걷거나 뛰거나 하이킹을 할 것으로 기대해서는 안 된다. 주 단위로 반려견의 운동량을 천천히 늘리도록 하며, 천천히 체력을 쌓고 몸을 적절하게 조절하면 부상과 통증도 피할 수 있다.

마 견종별 산책시 고려사항

마당에서 마음껏 뛰어다니는 반려견은 꼭 산책이 필요한지 의문이 있을 수 있다. 보호자와 함께 매일 산책하는 것은 보호자와의 유대를 강화하고 건강을 지킬 수 있기 때문에 모두를 위해서 좋은 일이다. 그러나 반려견을 걷게 하는 것이 항상 실용적인 것은 아니다. 만약 비가 오거나 너무 덥거나 추워서 산책을 할 수 없다면, 실내 활동으로 대체할 수 있다. 노령견은 매일 하는 산책을 좋아하지 않을 수 있다. 만약 반려견이 느린 속도로 산책을 한다면 충격이 덜한 활동으로 산책을 바꾸는 것이 좋다. 소형견들도 실내 활동을 통해 충분한 운동을 하고 마당에서 놀 수 있지만, 소형견이거나 노령견이라고 하더라도 일주일에 최소 두 번 정도는 야외 산책을 나가도록 하여야 한다. 반려견이 규칙적으로 산책을 통한 자극과 보호자와의 유대를 얻는 것이 중요하기 때문이다. 반려견이 행동에 문제가 있거나 지나치게 활기찬 것처럼 보이면 더 자주, 더 멀리 산책을 하거나 산책보다 더 높은 강도의 활동이 필요하다. 작고 에너지가 넘치는 반려견을 기르고 있다면 약간의 심장 운동을 제공하는 한 번의 긴 산책이 도움이 되며, 사냥개, 포인터 및 허스키와 같은 반려견은 동네 산책보다 여행 형태의 긴 산책을 선호할 수도 있다.

표 9-1. **견종별 산책 요구량**(Drake, 2020)

그룹	견종	빈도	시간	거리
허딩	셰퍼드 쉽독 콜리 코기	2~3회/일 여러 번 산책을 좋아함	최소 : 120분 더 큰 견종 + 추가 활동 필요 코기 : 60분	최소 : 13~16km 더 큰 견종 : 30km 이상 코기 : 8~13km
스포팅	포인터 스파니엘 리트리버 와이마리너 비즐라	2회/일 짧은 산책을 좋아함 긴 산책은 지루할 수 있음	최소 : 100분 더 큰 견종 + 추가 활동 필요 스파니엘 : 60분	최소 : 16~20km 더 큰 견종 : 50km 이상 작은 스파니엘 : 13~16km

표 9-1. **견종별 산책 요구량**(Drake, 2020) (계속)

그룹	견종	빈도	시간	거리
하운드	그레이하우드 아프간하운드 쿤하운드 폭스하운드 닥스훈트 로디지안리지백 울프하운드	1회/일 야외 활동과 다른 활동을 포함한 긴 산책을 좋아함	최소 소형견 : 30~60분 대형견 : 120분	최소 : 20~24km 더 큰 견종 : 30km 이상 작은 견종 : 8~16km
작은 테리어	에어데일 테리어 헤어레스 테리어 보더 테리어 슈나우져 폭스 테리어 랫 테리어 스코티쉬 테리어 케리 블루 테리어 레이크랜드 테리어 맨체스터 테리어	2회~/일 여러번 산책을 좋아함	대부분의 견종 : 60분 더 큰 견종 : 최대 120분	대부분의 견종 : 5~8km 더 큰 견종 : 최소 10~16km에서 최대 30km
큰 테리어 워킹	스패퍼스셔 불 테리어 복서 도베르만 그레이드 댄 그레이드 피레니즈 마스티프 로트와일러 마운틴 독 허스키	1회/일 산책하지 않을 때에는 아침이나 저녁에 다른 활동을 동반한 긴 하이킹을 좋아함	대부분의 견종 : 60~80분 허스키와 같은 활동성 견종 : 최대 180분	대부분의 견종 : 8~16km 활동견 : 최대 30km
넌스포팅 토이	에스키모 비숑 프리제 샤페이 불독 달마시안 푸들 스키퍼키 라사압소 말티즈	2회/일 아침과 저녁의 여러 번 산책을 좋아함	대부분의 견종 : 30~60분 달마시안, 스키퍼키 : 최대 120분	대부분의 견종 : 3~8km 달마시안 : 최대 16km 스키퍼키 : 최대 13km

9.2 반려견 산책 일정

반려견을 데리고 산책을 할 때 가장 중요한 것은 매일 반려견을 정해진 일정대로 유지하는 것으로 이상적인 반려견 산책 일정은 다음과 같다(Fox, 2014).

이상적인 일일 산책 일정

- 아침 식사 전 짧은 아침 산책
- 한낮의 짧은 산책 또는 배변 산책
- 저녁 식사 전에 더 오랜 산책이나 달리기
- 취침 직전에 또 다른 산책이나 배변 산책

이러한 일일 일정은 일반적으로 건강한 반려견의 식사, 운동 및 배변 욕구에 적합하다. 물론 모든 가족이 정확한 일정을 따를 수 있는 것은 아니다. 그러나 한 번의 긴 산책과 몇 번의 짧은 산책 또는 배변 산책은 많은 반려견에게 적합하다.

연구에 따르면 오전 10시가 반려견을 산책시키는 마법의 시간이라고 한다. 여기에는 다음의 4가지 이유가 있다. 첫째, 이 시간은 아침 식사를 소화할 시간이다. 사람과 마찬가지로, 반려견들도 종종 아침에 화장실에 가고 싶어 할 수 있다. 따라서 바닥을 깨끗하게 유지하고 싶다면, 아침에 일어났을 때 반려견을 밖으로 데리고 나가도록 한다. 하지만, 반려견들은 아침을 소화하기 전까지는 아침 배변을 하지 않는다. 오전 6~7시 사이에 아침 식사를 준다고 하면 오전 10시쯤에는 소화할 수 있는 충분한 시간을 주게 되는 것이다. 둘째, 이 시간은 거리가 붐비지 않는다. 오전 10시가 되면 대부분의 출근 차량과 보행자들은 도로에서 사라진다. 셋째, 이 시간에는 태양이 그렇게 뜨겁지 않다. 물론, 교통량이 적은 것이 목표라면 주중 업무 시간대에 언제든지 반려견을 산책시킬 수 있다. 그러나 산책을 하는 동안 시원함을 유지하려면 오전 10시가 좋은 시간이다. 넷째, 낮에 반려견을 산책시키면 저녁에 더 편안해질 수 있다. 만약 직장에서 하루 10시간 근무를 마치고 집으로 돌아오면 매우 피곤하고, 배도 고프고, 반려견과 함께 소파에서 쉬고 싶을 것이다. 단 문제가 있다면 반려견을 데리고 나가 산책을 해야 한다는 것이다. 반려견을 출근 전에 산책을 시켰다고 하더라도 10시간 이상을 집에 있었기 때문이다.

가 아침 산책

만약 보호자가 아침형 인간이라면 아침 일찍 반려견과 함께 산책하는 것은 반려견에게 놀라운 일이 될 수 있다. 아침에 산책을 하는 것은 반려견에게 좋은 일상의 감각을 만들어 주게 된다. 보호자는 매일 아침 6시, 7시, 또는 보호자가 반려견을 산책시키고 싶은 시간을 선택하여 일어나는 시간을 정하도록 한다. 일단 시간이 정해지면 주말에도 매일 그 시간에 정확히 일어나서 반려견을 데리고 산책을 나가야 한다. 이렇게 하면 반려견은 일상과 시간에 대한 감각을 가지게 된다.

그림 9-1. 아침 산책

이러한 아침 산책은 여러 가지 이점이 있다. 신선한 공기로 정신을 깨울 수 있다. 침대에서 일어나는 즉시 산책을 하면 밖에서 신선한 공기를 마시며 일어날 수 있다. 또한 신진 대사를 시작할 수 있다. 다시 말하지만, 침대에 누워있는 대신 옷을 입고 물 한 잔을 마시고 반려견과 함께 멋진 아침 산책을 할 수 있다. 아침 산책은 아침에 바로 일상에서 운동을 하게 도와준다. 산책 후에 휴식을 취할 수 있고 운동을 하면 엔드로핀이 분비되어 남은 하루 동안 더 좋은 기분을 유지할 수 있다. 아침 산책은 여름에도 산책하기 좋은 시간이다. 여름에는 햇볕이 가장 높은 낮 동안 정말 더워지는데, 시원한 여름 공기를 마실 수 있는 기회를 제공해주며 콘크리트와 아스팔트 거리, 보도들이 아직 햇빛에 의해서 뜨거워지지 않았기 때문에 반려견의 발을 보호할 수 있다. 아침 산책은 반려견의 에너지를 효율적으로 사용하도록 해준다. 보호자가 아침 일찍 출근해서 늦은 저녁까지 돌아오지 못하게 된다면 아침 산책을 하는 것이 좋다. 이것은 집의 가구나 벽과 같은 다른 것을 향해 넘쳐나는 에너지를 사용하지 않아도 되기 때문이다. 아침 산책은 잠시 일상을 잊게 해주고 자연을 즐길 수 있게 해준다. 휴대폰 없이 산책을 하면 새, 바람 등의 자연의 소리를 듣고 조용한 시간을 즐길 수 있게 된다.

나 저녁 산책

저녁 산책은 아침 산책을 나가기에는 너무 일찍 출근하는 사람, 아침에 일어나는 것을 싫어하고 일찍 퇴근하지 못하거나 퇴근 후에도 에너지가 넘치는 사람에게 적합할 수 있다. 저녁에 반려견을 데리고 산책을 하면 반려견은 피곤할 것이고 쉴 준비를 하게 하여 잠을 더 잘 잘 수 있게 한다. 발산할 에너지가 없기 때문에 보호자를 다시 깨울 가능성도 훨씬 적어진다.

저녁 산책은 직장의 업무로 부터 벗어나 스트레스를 해소하는 데에도 도움이 된다. 혼자서 반려견과 함께 산책하고 평화로운 시간을 보내는 것은 긴 스트레스를 받는 하루를 보낸 후 마음을 진정시키는 좋은 방법이다. 저녁이 되면 거리에 인적이 드물어 밖에 나가도 거의 아무도 만나지 않을 수 있다.

그림 9-2. **저녁 산책**

9.3 반려견 식사 전후의 산책

일반적으로 보호자들은 반려견이 식사를 한 후에 산책시키면 배가 부풀거나 위가 뒤틀릴까봐 걱정한다. 반면 식사를 주지 않고 산책을 하면 에너지가 없어서 무기력하고 배고픔을 느끼게 될 것이라고 생각한다. 식사 전후의 산책에 대한 장·단점에 대해 소개한다.

그림 9-3. 반려견 산책과 식사

가 식사 전 반려견 산책

식사 전에 반려견 산책을 하면 식사 후에 산책할 때 생기는 모든 건강상의 위험(고창증 등)을 피할 수 있다. 하지만, 식사 전에 반려견을 산책시켜야 하는 다른 실질적인 이유들이 있다.

1) 식사 전 반려견 산책의 위험성

반려견은 장기간 식사를 하지 않아도 건강을 꽤 오랫동안 유지할 수 있다. 대부분의 건강한 반려견들은 물만 있으면 음식 없이 최대 5~7일까지 견딜 수 있다. 따라서 반려견이 아직 식사를 하지 않았다고 하여도 안전하게 산책시킬 수 있으며 그 위험은 매우 적다. 하지만, 이것은 반려견을 굶길 수 있다는 것을 의미하거나, 음식 없이 긴 산책이나 격렬한 활동을 할 수 있다는 것을 의미하지는 않는다. 음식을 주지 않고 잠깐 산책하는 것은 괜찮을지 모르지만, 반려견이 긴 잠을 자고 일어났을 때나 장시간 걷거나 격렬한 활동을 하는 것은 권장되지 않는다.

사람처럼 반려견도 음식을 먹지 않고 산책시키면 무기력한 느낌, 현기증, 저에너지 등과 같은 증상을 보인다. 일반적으로 먹기 전에 건강한 성견을 데리고 산책하는 것은 문제가 되지 않는다. 그러나 반려견이 성장하는 어린 강아지인 경우, 암컷, 노령견, 먹지 못하는 반려견, 고혈당증에 걸리기 쉬운 작은 소형견인 경우에는 음식을 먹기 전에 걷거나 과도한 활동에 노출해서는 안 된다.

2) 식사 전 반려견 산책의 이점

공복에 반려견을 산책시키는 것은 특히 반려견이 과체중일 때는 도움이 될 수 있다. 사람은 공복 상태에서 운동하는 것이 먹은 상태에서 운동하는 것보다 더 많은 지방을 연소시킬 수 있다(Bhutani, et al., 2013). 반려견에게도 마찬가지이다. 공복 상태에 있는 반려견은 몸이 지방을 대사하게 하거나, 체중 감량을 돕는 케토시스(Ketosis) 상태에 들어가게 된다. 한 연구에 따르면 보통 시속 6km의 속도로 걷는 반려견은 킬로 당 0.8kcal를 소모한다(Bible, 2020). 이것은 9kg의 반려견이 한 시간 걷는 동안 약 64kcal를 소모한다는 것을 의미한다. 만약 반려견을 아침식사 전에 공복 상태로 산책을 하면 몸은 더 많은 지방 칼로리를 태울 것이고, 따라서 킬로 당 칼로리 연소율을 증가시키게 된다.

반려견이 걷기 전에 먹지 않으면(또는 간헐적인 식이요법을 하고 있을 때) 음식을 소화시키고 흡수하는 일을 하지 않아도 된다. 이러한 음식물로부터의 휴식은 간에서 방출된 폐기물을 보다 효율적으로 처리할 수 있게 해주며, 이는 신체의 독성 부하를 감소시킨다. 반려견의 몸에 지속적으로 음식을 소화하고 처리하는 데 휴식을 주는 것은 칼로리를 제한할 뿐만 아니라 다음과 같은 몇 가지 이점을 제공한다.

공복의 이점

- 미토콘드리아 기능 향상
- 장기가 기능을 복구하고 복원할 수 있는 기회 제공
- 대식세포(몸에 있는 쓰레기나 세포의 시체를 잡아먹는 역할을 담당하고 있는 세포) 활동 상승
- 위장과 설사와 같은 소화 증상의 전환

나 식사 후 반려견 산책

반려견의 필요한 에너지는 반려견마다 요구와 허용 범위가 다르고, 걷는 거리와 속도에 따라서도 다르다. 반려견은 10분 정도의 짧은 산책을 할 때에는 에너지가 많이 필요하지 않지만, 길고 활기찬 운동 산책을 위해서는 약간의 에너지가 더 필요할 수도 있다.

1) 식사 후 반려견 산책의 위험성

반려견들이 식사를 한 직후 너무 빨리 격렬한 운동을 하면 빠르게 고창증(Bloat 또는 Gastric Dilation Volvulus (GDV))을 경험할 수 있다. 걷는 것이 힘든 종류의 활동은 아니지만, 대부분의 산책하는 반려견들은 흥분해서 뛰어다니는 경향이 있기 때문에 식사 후 반려견을 걷게 하는 것은 위장이 부풀어 오르는 원인이 되고 그 자체로 비틀릴 수 있으며, 빨리 치료하지 않으면 반려견에게 생명을 위협할 수 있는 막힘을 일으킬 수 있다. 반려견에게 식사 직후 산책을 하면 소화관 내 순환 억제, 적절한 음식 소화 방해, 구토, 복통과 불편함, 경련과 같은 위험에 노출될 수 있다.

식사를 한 직후 반려견을 산책시키지 않는 주된 이유는 적절한 음식 소화를 돕기 위해서다. 부적절한 소화는 반려견이 건강 위험을 경험하도록 유도할 수 있다. 사람과 반려견은 식사를 하면 느려지는 데 몸이 방금 먹은 음식을 소화하기 위해 에너지를 사용하기 때문이다. 반려견이 식사를 한 후 휴식 기간을 갖도록 하는 것은 음식을 제대로 소화하여 에너지 수준이 다시 균형을 이루게 하는 데 매우 중요하다. 따라서 반려견의 건강 위험을 피하기 위해 식사를 한 후 적어도 2시간 동안 놀거나 운동(예 : 산책)을 해서는 안 된다. 그러나 휴식 시간은 반려견이 얼마나 많은 음식을 먹었느냐에 따라 달라질 수 있다. 작은 간식이나

가벼운 식사를 했을 경우에는 2시간까지 기다릴 필요없이 1시간 정도면 적절하다. 그러나 반려견이 정상적인 식사를 한 경우에는 2시간 권장 사항을 준수해야 한다. 평균적으로 음식이 우리보다 약간 느리게 움직이지만 장을 통한 음식 이동은 조금 더 빠르다. 반려견의 위장 이동 시간, 즉 식사를 완전히 소화시키는데 걸리는 시간은 6~8시간이다.

식사 후에 반려견을 산책시키기 위해 기다려야 하는 시간은 반려견이 먹은 양과 소화기관에 달려 있다. 따라서 다음과 같은 일반적인 규칙을 따르도록 한다.

반려견의 식사 이후 휴식 요구 시간

- 간식을 먹은 후 최소 30분
- 간단히 식사한 후 1시간
- 정상적인 식사를 한 후 2~3시간

2) 식사 후 반려견 산책의 이점

반려견의 운동은 운동성이나 그 과정을 통해 반려견 소화기관의 근육이 음식을 촉진하는 방식에 영향을 미친다. 반려견이 섭취한 음식을 모두 소화한 후에 산책을 하면 반려견의 건강에 도움이 된다. 행복과 건강에 도움이 되는 것이외에도, 다음 사항에도 도움이 된다. 식사 후에는 포도당 수치가 상승하는 경향이 있는데 걷는 것은 반려견의 혈당 수치를 안정되게 유지시켜 준다. 반려견이 걸을 때 사용하는 근육은 포도당을 에너지로 사용하기 때문에 혈액의 포도당이 사용되어 혈액 속의 포도당의 양을 줄여준다. 만약 반려견이 당뇨병을 앓고 있다면, 걷거나 운동을 하면 혈당 수치가 낮아질 수 있다. 그 외에도 체중 및 몸매 조절, 소화 및 비뇨기계 건강에도 도움이 된다.

9.4 연령별 반려견 산책

가 어린 강아지 산책(Geier, n.d.; Kristen, 2020)

그림 9-4. 어린 강아지 산책

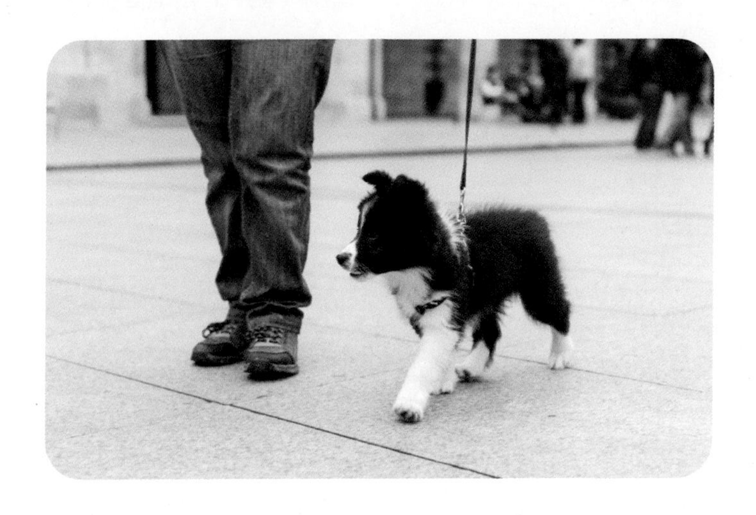

새롭게 어린 강아지를 분양받으면 즉시 데리고 나가 과시하고 싶은 유혹이 생길 수 있다. 그러나 강아지를 운동시키거나 안전하게 데리고 외출하기 전에 고려해야 할 요인이 있다. 첫째, 강아지의 나이, 견종, 그리고 다른 요인에 따라 강아지의 특정한 운동 필요성은 달라진다. 둘째, 강아지의 면역 체계와 예방접종 일정이다. 강아지는 면역 체계가 발달하고 있기 때문에 완전히 예방접종을 마칠 때까지 위험한 바이러스에 매우 취약하다. 이러한 이유로 강아지의 최종 예방접종을 마친 2주 후에 산책을 권장한다. 일반적으로 생후 16~18주가 되면 탐험할 준비가 되어 있고 충분히 보호받을 수 있다.

강아지가 매우 어릴 때의 산책은 주로 화장실에 가기 위해 밖에서 잠시 나가는 것으로 짧게 구성한다. 긴 운동 시간보다 실내 놀이에 훨씬 더 중점을 두는 것이 바람직하다. 영국 애견협회에 따르면 강아지를 얼마나 산책시킬지 결정할 때 좋은 규칙은 월령마다 5분 운동비율을 적용하는 것이다(The Kennel Club, n. d.). 이는 하루 평균 두 번의 산책을 기준으로 한다. 예를 들어 생후 5개월 된 강아지는 하루에 25분씩 2회, 8개월 된 강아지는 하루에 40분씩 2회 걸을 수 있다. 물론 이것은 단순히 시작점에 불과하며 강아지의 크기, 견종, 기질과 같은 다른 중요한 요소들을 고려하지 않았다.

강아지의 산책 시간은 연령과 예방접종 상태에 따라 결정되지만 견종에 따라 다르며, 신체적 운동처리능력에 의해서 결정된다. 강아지마다 다르지만 강아지가 얼마나 자주 걸어야 하는지를 알려주는 몇 가지 상식적인 고려 사항이 있다. 첫째, 신체와 정신의 에너지 수준을 고려하여야 한다. 모든 강아지는 노는 것을 좋아하지만 오스트레일리아 세퍼드처럼 에너지가 넘치는 견종은 퍼그보다도 더 오래 걸을 수 있다. 그리고 매우 똑똑한 보더 콜리는 다른 견종보다 더 많은 정신적 자극이 필요할 수 있다. 둘째, 현재의 크기와 성견이 되었을 때의 크기를 고려하여야 한다. 한 연구에 의하면 대형견과 초대형견의 과도한 운동과 정형외과 질환 사이의 잠재적 연관성이 있다(Carroll, 2011). 대형견과 초대형견의 강아지는 소형견의 강아지보다 뼈와 관절이 더 천천히 성숙한다. 그레이드 댄과 세인트 버나드와 같은 큰 반려견들은 적어도 생후 8개월이 될 때까지 긴 산책을 하지 말아야 한다. 물론 긴 산책은 반려견마다 다른 의미를 가진다. 다리가 긴 스텐다드 푸들에게 짧은 산책은 작은 토이 푸들에게는 마라톤처럼 느껴질 수 있다. 그렇기 때문에 강아지의 특정 크기를 고려하는 것이 중요하다.

치와와나 포메라니아와 같은 토이 그룹은 크기가 작고, 사료를 자주 먹어야 하며, 다리가 작기 때문에 긴 산책을 감당하기에는 무리가 있다. 그러나 토이 그룹의 강아지들은 매우 빨리 성장한다. 그래서 그들은 점프할 수 있고 심지어 비교적 어린 나이부터 민첩한 훈련을 시도할 수 있다. 반면에 알래스칸 말라뮤트, 블러드하운드, 버니즈 마운틴 독과 같은 대형견들은 작은 견종보다 적은 노력으로 먼 거리를 갈 수 있기 때문에 비교적 긴 산책이 가능하다. 그러나 일반적으로 반려견이 클수록 뼈와 관절이 완전히 성숙하는데 더 오랜 시간이 걸린다. 생후 6개월 된 잉글리시 마스티프는 하루 종일 산책할 수 있을 것 같이 느껴지지만, 만약 강아지 시절에 너무 먼 거리를 오랫동안 산책하게 되면 정형외과적인 문제를 유발할 수 있는 위험이 있다.

내열성은 고려해야 하는 또 다른 중요한 요소로 단두종은 혹서기에 운동하는 것을 견디는데 어려움이 있다. 그러나 보더 콜리와 같은 사역견은 내열성이 훨씬 강하기 때문에 더운 날씨를 잘 견딜 수 있다.

강아지가 아주 어릴 때에는 야외에서 배변 훈련을 하면서 아주 간단히 산책하는 것이 좋다. 강아지가 조금 성장하면 야외 배변 간격을 조금 더 자주하면서

이 중 2~3회 정도는 좀 더 먼 거리까지 산책하는 시간으로 바꾸어 나간다. 완전히 성장하면 최소한 하루에 한번 정도는 산책이 필요하며, 리트리버와 같은 활동적이고 지적인 견종은 하루에 적어도 2~3회의 산책이 필요하다.

강아지가 산책해야 하는 적절한 거리는 강아지의 크기, 견종, 연령에 따라 다르기 때문에 정답은 없다. 에너지 수준과 장거리를 걸을 수 있는 능력은 다른 것이다. 모든 강아지들은 엄청난 에너지가 있어 놀기를 좋아하지만, 어떤 강아지들은 다른 강아지들과 같은 거리를 걷는 것을 감당할 수 없을 수도 있기 때문이다. 강아지는 운동이 필요하지만, 너무 많이 걷는 것은 성장하는 반려견들에게 해로울 수 있다. 지나친 운동, 즉 '강제 운동'은 강아지를 너무 피곤하게 할 수 있고 잠재적으로 발달하는 관절에 손상을 줄 수 있다.

산책을 하면서 강아지가 보내는 신호를 주의 깊게 관찰해야 한다. 산책 중에 강아지가 앉거나 누워 있으면 강아지가 쉬어야 하고 산책이 끝났다는 분명한 신호가 된다. 이것은 강아지가 산책의 한계에 도달했다고 하는 것을 말하는 것이기 때문이다. 이러한 경우에는 강아지를 안고 집으로 돌아가 쉬도록 해주어야 한다.

강아지는 목걸이와 목줄에 익숙하지 않기 때문에 처음에는 낯설고 거부하게 된다. 그러나 인간과 함께 생활하고 산책하기 위해서는 목줄에 익숙해질 필요가 있다. 따라서 목걸이와 목줄에 익숙해지도록 일찍 가르치는 것이 좋다. 이러한 목걸이와 목줄에 익숙함과 함께 걷는 훈련은 가정에서 안전하게 연습할 수 있다. 예방접종을 하고 있는 동안에 충분히 연습하여 예방접종이 완전히 종료된 이후에는 정식적인 산책을 갈 수 있도록 하여야 한다.

강아지가 목줄을 착용하고 잘 걷도록 가르치는 첫 번째 단계는 강아지의 보행 도구(목걸이와 목줄)를 가능한 빨리 인식시키는 것이다. 강아지가 보행 도구의 냄새를 맡고 익숙해지게 하고, 도구에 대한 관심과 호기심에 칭찬과 보상을 해주도록 한다. 강아지의 처음 보행 도구를 착용할 때에는 과한 칭찬과 함께 맛있는 간식을 준 후 바로 보행 도구를 벗기도록 한다. 보행 도구의 착용 시간을 조금씩 늘리면서 매번 놀이와 간식, 그리고 언어적 격려로 긍정적인 경험을 하도록 해준다.

 그림 9-5. **강아지 목줄 적응시키기**

강아지가 보행 도구에 충분히 편안함을 느낀다고 판단되면, 이제 강아지가 걷는 동안 보호자의 곁에 머물도록 격려하기 시작해야 한다. 이 기술은 어렵지는 않지만 숙달하는 데는 시간이 좀 걸릴 수 있다. 강아지가 올바른 위치에 있을 때 계속 걷게 된다는 것을 강아지가 배워야 한다. 만약 강아지가 앞이나 뒤로 정해진 위치를 벗어나면, 강아지가 다시 올바른 위치로 돌아올 때까지 걷기를 멈추도록 한다. 처음에는 강아지가 혼란스러워할 수도 있지만 곧 계속해서 돌아다닐 수 있는 유일한 방법은 보호자의 곁에서 걷는 것이라는 것을 알게 될 것이다.

처음 산책을 하면 강아지가 탐색하기 위하여 천방지축으로 뛰어가려고 하는 것은 너무나 당연한 행동이다. 이때 목줄 당기기, 잡아채기, 고함을 지르기와 같은 행동을 하지 말고 가만히 서서 강아지가 올바른 위치에 돌아올 때까지 움직이지 않도록 한다. 강아지가 옆으로 돌아와 목줄을 느슨하게 하면 즉시 칭찬이나 맛있는 간식으로 즉시 보상하고, 다시 산책을 시작한다. 강아지는 보호자 옆에 머무르는 동안에는 칭찬과 즐거운 산책이 가능하지만 천방지축으로 뛰어다니면 좌절에 이르게 된다는 것을 배울 수 있도록 가능한 즉각적인 보상을 해주어야 한다. 이러한 목줄 교육은 매우 짧게 진행하고 시간이 지남에 따라 점진적으로 강화하도록 한다. 강아지가 목줄 교육을 하는 동안 앉아 있거나 누워있는 경우 강아지가 휴식을 필요로 한다는 명확한 신호이므로 즉시 교육을 중단하고 강아지에게 휴식을 취할 수 있는 기회를 제공한다.

나 노령견 산책

노령견은 예전만큼 빨리 움직이지 않을 수 있지만 규칙적인 운동과 걷기는 여전히 도움이 된다. 노령견이 어렸을 때와 똑같은 신체적 능력과 욕구를 가지고 있지 않더라도 계속 움직이는 것이 중요하다. 체중 증가는 관절과 뼈에 부담을 주어 특히 관절염으로 고통 받는 반려견에게는 해롭다. 활동성을 유지하면 비만을 예방하고 관절과 근육으로 가는 혈액과 산소의 흐름을 증가시켜 관절염의 영향을 줄일 수 있다. 또한 노령견에게 야외 산책은 정신적 자극의 기회를 제공한다. 이는 노령견의 치매 증상과 싸우는 데 중요하다.

1) 날씨에 대비하기

날씨는 반려견이 늙어 가면 더욱 중요한 요소가 된다. 폭풍과 압력 시스템은 극심한 추위와 더위처럼 관절에 영향을 미칠 수 있다. 건강 상태는 비정상적으로 건조하거나 습한 공기에서 증상이 악화될 수 있으므로 날씨에 대비하도록 한다. 날씨가 추우면 적절한 옷을 입히도록 한다. 나이가 들어서 더 따뜻함이 필요할 수 있다. 더우면 그늘을 유지하고 더 많은 휴식을 취한다. 날씨를 노령견이 감당할 수 없다면 대신 실내 운동을 고려하고 실외 시간을 제한한다. 하지만 악천후를 핑계로 운동을 완전히 건너뛰지는 말아야 한다.

2) 자주 짧게 산책하기

젊은 반려견은 에너지를 발산하기 위해 긴 산책을 즐길 수 있지만 노령견은 신체 활동으로 지치게 할 필요는 없다. 노령견을 위한 운동의 요점은 혈액 순환, 관절과 근육의 운동, 뇌의 움직임이다. 따라서 산책은 몸에 너무 많은 스트레스를 주지 않도록 충분히 짧아야 한다. 긴 산책 대신 자주 짧게 하는 산책은 노령견이 휴식을 취하고 회복할 수 있게 해주며, 노령견이 더 자주 소변을 보는 경우에도 도움이 된다. 산책 길이는 반려견의 품종, 크기 및 반려견별 의료 요구사항에 따라 달라질 수 있다.

3) 산책 시간 정하기

노령견은 일상이 더 예측 가능할 때 불안감을 덜 느끼기 때문에 정기적인 산책 일정을 유지하는 것이 중요하다. 매일 같은 시간에 반려견을 산책시키도록 한다. 필요에 따라 걷기를 더 추가할 수 있지만 일정을 유지하면 치매 증상을 줄이고 불안한 행동을 예방할 수 있다. 하루 중 특정 시간에 걷기가 더 쉬울 수 있기 때문에 시간을 확인하는 것도 중요하다. 온도는 일반적으로 태양이 높은 한낮에 더 덥고 해가 없는 아침이나 저녁에 더 시원하다. 거주지에 따라 가장 적합한 온도가 언제인지 산책 시간을 정하도록 한다.

4) 휴식과 수분 공급

노령견은 특히 산책 중에 휴식이 필요하며, 목이 마를 수 있으므로 물을 준비하도록 한다. 많은 반려견들은 자신의 한계를 알지 못하며 노년기에도 산책에 대한 흥분으로 휴식과 회복에 시간이 필요하다는 사실을 간과할 수 있다. 산책을 계속하기 전에 잠시 멈추어 냄새를 맡기 위한 휴식을 취하고, 목이 마르다는 징후가 보이지 않더라도 물을 조금 제공하도록 한다. 냄새를 맡도록 하는 것은 훌륭한 정신 운동이 될 수 있다. 반려견이 좋아하는 장소가 있다면, 산책을 계속하기 전에 잠시 그곳에서 멈추는 것이 중요하다.

5) 편안한 노면으로 산책

몸에 스트레스를 주지 않거나 관절과 뼈에 너무 많은 영향을 주지 않고 산책할 수 있는 좋은 장소를 찾기가 어려울 수 있다. 가능한 한 걷는 충격을 부드럽게 하기 위해 짧은 풀이나 흙이 가능한 많이 있는 곳이 가장 좋다. 긴 풀이나 모래는 더 부드럽게 걸을 수 있기 때문에 좋은 선택처럼 보일 수 있지만, 걷는 데 더 많은 노력이 필요하므로 노령견이 빨리 피곤할 수 있다. 때로는 포장된 표면이 유일한 선택인 경우가 있다. 대부분 겨울철에 부드러운 땅이 눈으로 덮여 있거나 땅이 너무 젖어 진흙투성이로 걸을 수 없을 경우 야외 산책을 제한하고 대신 부드러운 바닥이 있는 실내에서 운동하는 것이 좋다.

6) 특별한 요구사항 고려하기

일부 노령견은 돌아다닐 때 도움이 필요할 수 있다. 이동을 돕기 위해 휠체어 또는 기타 장치가 필요할 수도 있고, 발을 끌면 부상을 방지하기 위해 특수 부츠가 필요할 수도 있다. 반려견이 멀리 걸을 수 없더라도 외부에 있을 때 신선한 공기와 새로운 냄새를 즐길 수 있어 두뇌가 계속 작동하고 정신적 자극을 제공할 수 있다. 노령견의 경우 반려견 유모차를 이용해 산책하면 신체적 스트레스 없이 야외활동을 즐길 수 있다. 어떤 사람들은 이러한 모습이 우스꽝스럽다고 생각하거나 반려견을 이런 식으로 걷는 것에 대해 당신을 올바르지 않다고 판단할 수도 있지만, 다른 사람들의 이러한 생각을 지나치게 의식할 필요는 없다. 당신을 지금 가장 친한 친구에게 옳은 일을 하고 있는 것이다.

9.5 상황에 따른 반려견 산책

가 야간 반려견 산책(Bauhaus, 2018)

어두워진 후에 반려견과 함께 걷는 것은 재미있는 모험이 될 수 있지만, 야간에는 일반적인 안전만으로는 해결할 수 없는 잠재적인 위험이 발생할 수도 있다. 어두워진 후에 반려견을 산책시키면 일반적으로 낮 동안 처리할 필요가 없는 문제가 발생한다. 산책하는 사람이 어디로 향하는지 알기가 더 어려울 뿐만 아니라, 자동차, 조깅하는 사람, 자전거 타는 사람 및 기타 유형의 교통 체증으로 인하여 더 어려울 수 있다. 이 모든 것이 사고나 부상의 위험을 크게 증가시킬 수 있다. 적절한 야간 안전을 실천하면 야간에 반려견을 산책하는 것과 관련된 위험을 줄일 수 있을 뿐만 아니라 어두워진 후에 하는 산책에 대해 더 자신감을 가질 수 있다.

야간 산책에서 가장 중요한 것은 가시성을 높이는 것이다. 보호자와 반려견은 모두 야간에 가시성을 높이는 반사 장비를 착용하여 눈에 잘 보일 수 있도록 한다. 반사 장비에는 반사 조끼, 반사 목걸이, 반사 목줄 등이 있다. 또한 발광이나 점멸하는 장비들도 있다. 보호자 자신의 시야를 넓히려면 손전등을 들고 다니지 말고 등산객이나 동굴에서 착용하는 것과 같은 헤드램프를 착용하는 것도 좋다. 이것은 반려견을 더 잘 통제할 수 있도록 손을 자유롭게 해줄 것이고 또한 시력이나 목줄에 의지하지 않고도 반려견을 따라 잡을 수 있게 해 줄 것이다. 이외에도 운전자와 자전거 타는 사람의 눈에 잘 띄는 것도 중요하다. 어두운 색 옷을 입는 것을 피하고, 가능하다면 조명이 밝은 인도와 길을 산책하도록 한다.

 그림 9-6. **야간 반려견 산책**

반려견이 도망가거나, 목줄이 풀렸을 때 반려견을 찾을 수 있는 확률이 증가하기 때문에 야간 산책을 할 때에는 반드시 인식표를 착용시키도록 한다. 다른 사람들의 목소리가 들리는 범위가 안전하며, 다른 동물들로부터 안전하게 반려견을 지킬 수 있다. 도로에 빛과 반사 표면이 많다고 하더라도 교통에 관해서는 여전히 주의를 기울여야 한다. 가능한 도로에서 벗어나 항상 인도에서 산책하도록 한다. 도로에서 반려견과 함께 산책을 하면 차량에 부딪힐 위험이 커진다. 다가오는 차들을 주시하고 보호자를 보지 못하는 사람들로부터 벗어날 준비를 해야 한다. 만약 도로를 걸어야 한다면, 도로를 따라 오는 차들을 볼 수 있도록, 차량이 움직이는 방향과 반대되는 방향으로 걸어야 한다. 조명이 밝아서 보호자와 차량 운전자가 서로 잘 보이는 충분한 시야를 제공하는 지역을 걷도록 해야 한다.

길을 건널 때에는자동차들이 보행자가 있을 것으로 예상할 수 있도록 표시된 횡단보도로 건너는 것이 가장 좋다. 도로를 건널 때에는 신호등의 신호 지시에 따라 건너도록 하며 반드시 반려견의 목줄을 짧게 잡고 보호자 가까이 위치하도록 해야 한다. 또한, 운전자가 당신을 보지 못할 것이라고 전제하고 다가오는 차량 운전자가 여러분을 피할 것이라고 생각하고 행동해서는 안 된다. 차량 운전자가 당신을 못 봤을 수도 있으므로 여러분의 방향으로 오는 모든 차를 조심해야 한다.

야간 산책을 할 때에는 휴대전화를 사용하지 않도록 한다. 휴대전화를 사용하면 반려견, 교통상황, 다른 보행자 및 교통표지판에 주의를 기울일 수 없다. 그러나 긴급 사태가 발생할 때 휴대전화를 사용하면 생명을 구할 수 있다. 또한 대부분의 휴대전화에는 손전등 앱이 있어 편리하다. 밤에는 주변 환경에 대해 항상 알고 대비해야 하므로 이어폰을 착용하거나 음악을 듣지 않도록 한다. 자전거 타는 사람과 조깅하는 사람, 다른 반려견과 동물, 모든 종류의 다른 잠재적인 위험에 대비해야 한다.

야간에는 반드시 목줄을 사용하도록 한다. 밤에 반려견을 데리고 나가는 것은 보호자에게는 불리하다는 것을 알아야 한다. 반려견은 여러분보다 어둠 속에서 훨씬 더 잘 볼 수 있어서 반려견이 밤에 무언가를 쫓아가면 보호자가 쉽게 잃어버릴 수 있기 때문이다. 밤에는 반려견을 관찰하기가 어렵기 때문에 자동줄은 사용하는 것은 매우 위험할 수 있다. 자동줄은 잘 보이지 않기 때문에 야간에 다른 사람들에게는 목줄 없이 돌아다니는 떠돌이 반려견처럼 보인다. 자동줄로 인하여 보행자들이 걸려 넘어질 수도 있기 때문에 가급적 자동줄은 사용하지 않도록 한다.

반려견이 사람을 끌고 다니면, 불편할 뿐만 아니라 모두에게 위험할 수 있다. 반려견을 산책할 수 있도록 훈련된 반려견은 교통사고 위험이 적고 다른 사람을 따라가거나, 다른 반려견과 싸울 가능성이 줄어든다. 반려견들이 나이가 들면 시력에 문제가 생기기도 하고, 관절염과 같은 문제를 가질 수 있다. 밤에 시력이 저하되면, 장애물을 피하는 데 더 많은 어려움을 겪을 수 있다.

밤에 반려견을 산책시키는 것과 관련된 위험이 이미 충분하기 때문에 모험심 때문에 낯선 경로를 택하는 것은 좋은 생각은 아니다. 시야가 좁아지고 잠재적으로 위험한 보행 조건으로 인해 익숙하지 않은 경로를 택하면 위험한 결과를 초래할 수 있다. 경로를 변경하는 것은 반려견에게 추가 운동과 정신적 자극을 줄 수 있기 때문에 바람직하지 않다. 밤에 산책 나가기 전에 모든 경로를 잘 알고 있어야 한다.

나 비오는 날 산책(Ryder, 2019)

적당히 내리는 비와 소나기는 반려견 산책에 좋다. 기온이 낮고 시원한 날씨로 인해 걷기가 훨씬 더 편안해질 수 있기 때문이다. 그러나 모든 비오는 날이 반려견 산책에 좋은 것은 아니다. 뇌우가 있는 날 반려견을 데리고 야외 활동을 하는 것은 매우 부적절하다. 번개와 천둥소리는 반려견에게 스트레스를 주고 불안정하게 만들 수 있으며 뇌우에 대한 두려움을 유발할 수도 있다. 폭우나 뇌우 시에는 가급적이면 반려견과 실내에 있는 것이 가장 좋다. 산책을 시작하자마자 흠뻑 젖으면 매우 불편한 산책 경험이 될 수 있다. 따라서 산책을 나가기 전에 미리 산책 지역의 일기예보를 확인하고, 산책을 나간 후에 비가 온다면 반려견이 빗속을 걷는 동안 기상 상황이 점차 악화되지는 않는지 확인할 필요가 있다.

빗속에서 반려견과 걷는 것은 좋고 나쁨의 문제가 아니다. 문제는 비 자체의 위험이 아니라 비에 의해 생성되는 환경이다. 이러한 문제를 이해하면 반려견을 빗속에서 산책하는 것이 좋은지 아닌지를 결정하는데 도움이 된다.

가시성은 비오는 날 산책할 때 가장 중요한 안전 측면 중 하나다. 본질적으로, 가시성은 잠재적인 위험 상황으로부터 보호자와 반려견을 보호해줄 것이다. 비가 올 때 나가야 한다면 반려견을 산책시키기 좋은 시간을 선택해야 한다. 외부가 훨씬 어둡고 가시성이 중요하기 때문이다. 구름과 안개로 인해 시야가 제한되는 경우가 많기 때문에 반사 목걸이와 목줄을 착용시켜야 한다. 이것은 길을 건널 때 우리를 안전하게 보호해 줄 것이다.

 **그림 9-7. 비오는 날 산책**

비오는 날 산책을 할 때에는 반드시 목줄을 착용시키는 것이 좋다. 대부분의 반려견들은 보호자에게 매우 순종적이지만 비가 내리는 동안에는 평소보다 더 혼란스러울 수 있다. 하늘에서 쏟아지는 비와 천둥소리, 자동차가 지나가면서 빗물을 튀기고, 사람들은 비를 피하기 위하여 달려간다. 이 모든 소리는 잠재적으로 반려견의 불안을 유발하여 겁을 먹거나 흥분할 수 있다. 따라서 비오는 날에는 교통량이 증가하여 소음 수준이 높아지고 사고 위험이 커지므로 교통 체증을 피할 수 있는 한적한 공원이나 조용한 산책로를 선택하도록 한다.

빗속에서 산책하는 반려견을 위해 특별히 고안된 용품들이 많이 있다. 반려견 전용 비옷은 털이 젖는 것을 막아준다. 일반적으로 플라스틱으로 만들어지며 배꼽 아래에 벨크로 스트랩이 달려있어 착용이 쉽다. 비옷은 반려견이 입기에 크기가 적절하고 자연스러운 걷기나 달리기를 하는데 방해가 되지는 않는지 확인하여 구입한다. 또한 반려견에게 편안해야 하고 넘어질 위험이나 마찰을 일으키지 않아야 한다. 일부 보호자는 차가운 빗속을 걸으면 반려견이 저체온증에 걸리지는 않을지 염려한다. 단일모를 가지고 있는 반려견은 몸을 따뜻하게 유지하기 위한 밀도가 높은 털이 없기 때문에 문제가 될 수 있다. 춥고 비가 오는 날이라면 비옷 아래에 조끼나 점퍼를 입히면 반려견을 따뜻하고 건조하게 유지할 수 있다.

 그림 9-8. **반려견 전용 비옷**

비옷의 또 다른 대안은 반려견 전용 우산이다. 이 우산은 투명하며 우산 상단의 구멍을 통과하거나 목줄에 부착되는 연결고리가 있는 형태가 일반적이다. 폭우에는 효과적이지 않지만 적당히 내리는 비나 햇볕을 가리는 데에는 어느 정도 도움이 된다. 반려견 전용 장화도 도움이 된다. 발이 젖지 않도록 유지하는 것은 반려견 건강에 중요할 뿐만 아니라 집에 돌아오면 집 전체에 젖은 발자국을 남기는 것을 예방할 수 있다. 일부 고글은 긴 털을 가지고 있는 반려견에게 유용하며 내리는 빗방울이 눈을 괴롭히는 것을 방지하는 데에 도움이 된다.

비가 오는 날 산책할 때에는 번화가를 피하는 것이 좋다. 자동차가 혼잡한 도로에서는 물웅덩이로 인해 물튀김이 발생해 털이 젖을 가능성이 높기 때문이다. 비가 온다고 해서 반려견이 목이 마르지 않거나 탈수되지 않는다는 의미는 아니다. 반려견이 빗속을 걸을 때 마실 물과 물그릇을 항상 휴대하여야 한다. 비 자체가 반려견을 아프게 하지는 않지만 비에는 많은 먼지, 파편, 기름 및 기타 반려견의 건강에 문제를 일으킬 수 있는 물질들이 포함되어 있다. 또한 사방에 퍼져 있었던 동물 배설물이 빗물과 함께 모여 잠재적으로 반려견을 아프게 할 수 있는 빗물 웅덩이를 형성하게 되어 오염된 물웅덩이에 있는 물을 반려견이 마시면 건강이 위험해질 수 있다. 예를 들어, 고여 있는 웅덩이의 물을 마시면 렙토스피라증과 같은 질병에 감염될 수 있다.

산책을 나갈 때 반려견의 기질을 파악하고 평가하는 것은 매우 중요하다. 대부분의 견종은 비를 불편해하지 않지만 어떤 반려견들은 비를 맞으며 산책하는 것을 매우 불편해 할 수 있다. 반려견이 하늘에서 떨어지는 빗방울에 부정적인 반응을 보이는지 확인하기 위해 반려견의 행동을 주의 깊게 관찰할 필요가 있다. 만약 집 쪽으로 당기기 시작하거나 갑자기 걷기를 거부한다면, 이것은 반려견이 비를 맞으며 걷는 것을 좋아하지 않는다는 분명한 신호이다. 규칙적인 운동은 반려견에게 매우 중요하지만 심리적·정서적 복지보다 중요하지는 않다. 겁에 질려 있거나 스트레스를 받은 반려견에게 빗속을 계속 걷도록 강요하는 것은 앞으로 많은 산책을 거부하는 등 장기적으로 부정적인 결과를 초래할 수 있다. 비를 좋아하지 않는 반려견이라면 실내에서 놀게 하는 것이 더 바람직하다.

비가 내리는 동안 반려견은 감염, 벌레 물림, 수인성 질병에 노출될 수 있고, 날씨가 충분히 추울 경우 동상과 같은 다양한 유형의 위험에 취약할 수 있다. 따라서 모두의 안녕을 위해 비오는 날의 산책은 짧게 해야 한다. 산책 시간을 줄이게 되면 반려견이 에너지를 발산할 수 있는 다른 방법을 찾아야 한다. 반려견과 함께 실내 놀이를 하거나 새로운 기술을 가르쳐보도록 한다.

빗속에서 산책을 마친 후에는 먼저 마른 수건과 젖은 천으로 발과 다리에 묻어 있는 흙을 닦아내고 젖은 털을 가능한 빨리 말려주어야 한다. 젖은 털은 반려견의 체온을 현저히 낮출 수 있기 때문이다. 건조시킨 후에는 맛있는 식사나 간식을 제공하여 비오는 날의 산책이 좋은 경험으로 기억되도록 해야 한다.

다 여러 마리의 반려견과 산책(MasterClass, 2020)

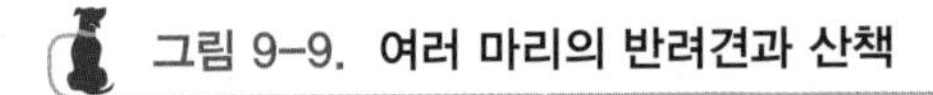
그림 9-9. 여러 마리의 반려견과 산책

반려견이 잘 즐긴다면 데리고 나가 산책하는 것은 재미있지만, 산책을 위해 반려견을 데리고 나가는 것이 힘들고 부담스러우면 그 산책은 자주 일어나지 않는다. 여러 마리의 반려견이 관련된 경우 보호자는 더욱 부담을 느낄 수밖에 없다. 한 마리의 반려견이 목줄을 끌어당기는 것도 힘든데, 완전한 썰매 팀이 근육을 사용하여 끌어당기는 것처럼 느껴지면 산책은 재미없고 안전하지도 않다. 특히 눈과 얼음이 있는 겨울철에는 더욱 심각하다. 다행히 여러 마리의 반려견을 산책할 때 안전하고 행복한 경험을 시킬 수 있는 다양한 방법이 있다.

1) 도구

목줄의 선택은 산책의 질에 영향을 미칠 수 있다. 여러 마리의 반려견을 위해 별도의 목줄을 선택할 때 관리가 쉽지 않으므로 자동줄은 피하도록 한다. 자동줄을 사용하여 산책을 하면 여러 마리의 반려견을 통제할 때 잠금 버튼을 누르기 힘들고 줄이 엉키지 않도록 하는 것도 어려울 수 있기 때문이다. 각 반려견마다 목줄을 사용할 수도 있지만 그러면 한 손에 여러 마리의 반려견 목줄을 잡아야 하기 때문에 그것 또한 쉬운 일이 아니다.

여러 마리를 산책시킬 때는 하나의 손잡이에 여러 반려견의 목줄을 연결할 수 있는 **목줄 연결기**(Dog Leash Coupler 또는 Leash Splitter)를 사용하면 도움이 된다(Keep Doggie Safe, 2017). 목줄 연결기는 O링으로 만들어진 제품들이 많은데 이것은 목줄들이 쉽게 엉킬 수 있다. 회전 걸쇠 방식으로 되어 있는 것은 이러한 엉킴을 방지할 수 있도록 해준다. 기본적으로 목줄 연결기는 2마리를 연결할 수 있는데 목줄 산책을 잘하고 서로 나란히 잘 걸을 수 있는 반려견의 경우에 적합하다. 3마리를 연결할 수 있는 목줄 연결기는 3마리의 반려견이 거의 같은 크기이고 함께 잘 걸을 때 적합하다. 만약 4마리를 동시에 산책시켜야 하는 경우에는 2~3마리씩 하나의 목줄 연결기에 연결한 후 다시 그 목줄 연결기들을 또 다른 목줄 연결기에 연결하면 된다. 하지만, 반려견의 기질, 크기, 그리고 걸음걸이 스타일이 완벽하게 일치하지 않으면 반려견들이 마찰을 일으킬 수 있다. 냄새를 맡는 것을 좋아하는 반려견 한 마리와 돌아다니는 것을 좋아하는 반려견 한 마리, 또는 다른 반려견 보다 몸무게가 많이 나가는 반려견 한 마리, 또는 배변을 할 때 혼자 있는 것을 좋아하는 반려견이 있다면 목줄 연결기에 의한 강제적 친밀감은 적어도 어느 반려견 한 마리의 산책을 불쾌하게 만들 수밖에 없다.

여러 마리의 반려견을 산책하는 동안 양손을 자유롭게 유지하기를 원하는 보호자는 허리에 핸즈프리 목줄(Hands-Free Leash)을 추천한다. 이는 허리와 어깨에 문제가 있는 보호자에게 특히 도움이 된다. 잠재적인 목줄 장력이 통증 지점에 집중되는 대신 몸의 중앙을 통해 분산되기 때문이다. 또한 물과 물그릇, 물티슈, 반려견의 배설물을 처리하고 넣어갈 수 있는 가방이 필요하다.

2) 산책방법 교육하기

반려견이 보호자와 단독으로 산책을 할 수 없다면, 여러 마리와 그룹으로 함께 걸을 때는 문제가 더 복잡해질 수 있다. 걱정해야 할 다른 반려견이 있을 때 제대로 행동하지 않는 반려견은 관리하기가 더 어려워지며, 어느 한 마리의 반려견이 당기거나 안절부절 못하는 것은 매우 침착한 반려견조차도 제대로 행동할 수 없게 만들 수 있다. 여러 마리의 반려견이 적절한 속도로 함께 걸으려면, 반려견이 행동하는 방법을 알 수 있도록 각 반려견을 개별적으로 훈련하는 것부터 시작해야 한다.

반려견이 목줄을 당기지 않도록 하는 것은 여러 마리의 반려견과 함께 산책하기 전에 반드시 습득해야 할 가장 중요한 행동 중 하나이다. 반려견이 앞쪽으로 당겨 목줄이 꽉 조이게 되면 즉시 걸음을 멈춘다. 반려견이 몇 걸음 뒤로 물러서서 목줄을 느슨하게 하면 다시 걷기 시작한다. 반려견이 꽉 조인 목줄이 되면 걷기를 멈춘다는 것을 이해할 때까지 자주 반복하여 습득시키도록 한다. 각각의 반려견들을 교육하여 충분히 느슨한 목줄 걷기가 되어 반려견들을 결합시킬 때가 되면, 어떤 반려견들은 함께 산책하는 것에 불편해하고 다른 반려견은 그렇지 않을 수도 있다. 이럴 때에는 각 반려견들을 다른 반려견들에게 미리 소개시켜주고, 서로 친구가 될 수 있도록 해야 한다. 일단 서로를 알게 되면, 산책 중에 함께 하는 반려견들에게 집중하지 않고 산책하는 상황에 집중하게 될 것이다. 여러 마리의 반려견이 같이 산책을 시작하기 전에 각 반려견을 개별적으로 아는 것이 매우 중요하다(Turner, 2018). 각각의 반려견과 함께 개별적으로 산책하고 어떻게 행동하는지 세심한 주의를 기울여 보는 것이 좋다. 반려견이 냄새를 맡기 위해 자주 멈추는지, 목줄을 당기는 경향이 있는지, 다른 반려견보다 더 많은 운동이 필요한지 등을 확인하도록 한다. 각 반려견의 걷는 속도와 개별적인 운동 요구사항을 고려하는 것이 중요하다. 반려견에 대해 더 많이 알수록 걷는 경험이 더 좋아지게 된다.

여러 마리의 반려견을 그룹으로 나누어 산책시키는 것은 좋은 방법이 아니다. 여러 마리의 반려견이 함께 걷기 어렵더라도 한 번에 같이 걷는 것이 좋다. 자신들이 뭔가 잘못했는지 궁금해 하며 집에 있게 하는 것은 불공평하며 남아 있는 반려견에게 좋지 않은 경험을 주게 된다. 만약 보호자가 모두 함께 데리고 나가는 것이 어렵겠다고 생각되면 친구나 가족에게 도움을 요청하는 것도 좋은 방법이다. 산책을 나가기 전에 반려견을 분류하는 것이 중요하다. 각 반려견의 필요를 분석한 후, 반려견들을 그룹으로 나눈다. 특히 큰 반려견은 비슷한 힘을 가진 그룹으로 나누도록 한다. 산책에서의 행동이나 특정 성향과 걷는 속도에 따라 반려견을 그룹화 한다. 한 번에 최적으로 조합된 그룹을 만들 수는 없으므로 산책을 진행할 때마다 조합을 조금씩 바꾸어 나가면서 구성하도록 한다.

보호자가 여러 마리의 반려견과 함께 산책하는 동안 행복하고 편안해야 한다. 따라서 반려견이 몸의 왼쪽 또는 오른쪽에서 자신과 관련하여 위치를 결정하는 것은 개인 선호도에 따라 달라질 수 있다. 당기지 않는 예의 바른 반려견들을 데리고 산책을 하면 목줄들을 한 손에 편안하게 잡을 수 있어 반려견이 더 가까이 다가 갈 수 있다. 또한 간헐적인 간식 주기를 위해 한 손을 자유롭게 사용할 수 있다. 반려견이 서로를 확인하고 경쟁할 때 목줄을 각각의 손에 모두 잡고 있으면 엉킴이 생길 수 있다는 것을 알아야 한다. 모든 반려견들이 아무리 예의 바르게 산책을 한다고 하더라도 가끔 목줄이 엉키기도 한다. 반려견들에게 "기다려!"를 가르치면 엉킨 목줄을 푸는 동안 움직이지 않게 할 수 있다. 이동 중에 가르치려면 잠시 멈추고 반려견에게 "기다려!"라고 말하면 된다. 다시 말하지만 이러한 교육을 할 때에는 항상 개별적으로 반려견을 교육시킨 후에 집단에 적용해야 한다.

3) 가장 느린 반려견에게 산책 속도 맞추기

각각 견종들의 에너지 수준은 몸집 크기에 비례하는 것은 아니지만 각기 다른 운동 능력을 가지고 있다. 무한한 에너지를 가진 치와와와 관절염 다리를 가진 독일산 셰퍼드가 있을 수 있다. 두 마리 이상의 반려견을 데리고 산책할 때에는 긴 산책에서 과로하지 않도록 여러 마리의 반려견 중에서 가장 느린 반려견을 기준으로 정해야 한다. 느린 반려견을 기준으로 산책의 초점을 맞추다 보면 무리 속의 다른 반려견이 상대적으로 짧은 산책으로 필요한 운동을 다하지 못할 수도 있다. 이러한 에너지가 넘치는 반려견에 대해서는 특별한 활동을 추가로 할 수 있도록 고려해야 한다.

4) 배변처리

여러 마리의 반려견을 데리고 산책할 때는 배변을 처리하는 것이 어려울 수 있다. 가장 쉬운 방법은 목줄을 발에 감고 배변을 처리하는 동안 몸의 전체 무게를 얹는 것이다. 이렇게 하면 필요한 배변 처리를 위해 양손을 자유롭게 사용할 수 있게 된다. 그러나 이 방법은 예기치 않게 움직이는 경향이 있는 반려견들이 없는 경우에만 안전한 방법이다.

5) 안전이 최우선

안전은 여러 마리의 반려견을 데리고 산책할 때 가장 중요한 것으로 보호자 자신의 체력 수준, 걸음 속도 등을 고려해야 한다. 자신이 감당할 수 있는 것보다 더 많은 반려견을 데리고 산책하는 것은 혼란스러울 뿐만 아니라 문제가 발생할 수도 있다. 또한 가능하다면 한 손으로도 목줄을 잡고 다른 한 손은 비상 상황에 대비하여 비워두도록 한다.

반려견을 데리고 산책할 때에는 두 마리인지 여섯 마리인지는 중요하지 않다. 각각의 반려견들이 충분히 산책 교육이 되어 있고 사교적이며 잘 행동하고 올바른 장비를 갖추고 모든 사람의 안전과 편안함을 염두에 두고 있다면 아무 문제가 되지 않는다.

6) 간식 준비하기

여러 마리의 반려견을 데리고 산책을 할 때는 어떤 일이 발생할지 예측할 수 없다. 목줄이 갑자기 끊어지거나, 고양이가 앞에서 뛰쳐나오거나, 큰 반려견의 목줄이 느슨해지면서 묶일 수도 있다. 특히 여러 마리를 데리고 산책하는 경우에는 예측 불가능한 상황에 대비해 항상 간식을 준비해 나가야 한다. 어려운 상황이나 돌발 상황이 발생하면 가져온 간식을 사용하여 주의를 분산시키고 통제력을 유지할 수 있도록 한다. 반려견이 지나치게 산만해지거나 과민해지기 시작한다면 해당 반려견에게 간식을 주고 진정시키도록 한다. 또한 산책하는 동안 좋은 행동을 보이는 반려견들에게는 간식으로 보상하고 격려하도록 한다.

7) 연습하기

한 번에 여러 마리의 반려견을 질서 정연하게 산책하는 법을 가르치는 것은 하루아침에 되지 않는다. 여러 마리의 반려견이 더 잘 걷도록 하는 가장 좋은 방법은 연습이다. 반려견을 데리고 단체 산책을 많이 하면 할수록, 반려견들은 점점 더 익숙해지고 더 잘하게 된다.

참고문헌

Bauhaus, J. M. (2018). Safety Tips for Walking Dogs at Night. Hill's. https://www.hillspet.com/dog-care/play-exercise/walking-dogs-safely-at-night.

Bhutani, S., Klempel, M. C., Kroeger, C. M., Trepanowski, J. F., & Varady, K. A. (2013). Alternate day fasting and endurance exercise combine to reduce body weight and favorably alter plasma lipids in obese humans. Obesity (Silver Spring), 21(7), 1370-1379.

Bible, C. (2020). Walking A Dog Before or After Eating: Risks, Benefits & More. CanineBible.

https://www.caninebible.com/walking-dog-before-or-after-eating/

Carroll, V. (2011). How Much Exercise is Too Much for My Puppy?. PETMD. https://www.petmd.com/blogs/purelypuppy/2011/june/how_much_exercise_is_too_much_for_my_puppy-11255.

Drake, C. (2020). Walk Your Dog: How Often, How Long, How Far?. Devotedtodog. https://devotedtodog.com/how-often-should-you-walk-your-dog/

Figo, S. B. (2020). How often should different sized dogs be walked?. FIGO. https://figopetinsurance.com/blog/how-often-should-different-sized-dogs-be-walked.

Fox, M. W. (2014). The best times of the day to feed and exercise dogs. The Washington Post. https://www.washingtonpost.com/local/the-best-times-of-the-day-to-feed-and-exercise-dogs/2014/12/18/e6dc3dfc-8005-11e4-8882-03cf08410beb_story.html?noredirect=on&utm_term=.b109b23f92d6

Geier, E. (n. d.). How Often Should I Walk My Puppy?. TheDogPeople. https://www.rover.com/blog/how-often-should-i-walk-my-puppy/

Keep Doggie Safe. (2017). How to Walk Multiple Dogs SAFELY. https://keepdoggiesafe.com/blogs/posts/how-to-walk-multiple-dogs-safely-done

Kristen, (2020). When And How Often Should I Walk My Puppy?. ReleasetheHounds, https://www.releasethehounds.ca/when-and-how-often-should-i-walk-my-puppy/

MasterClass. (2020). How to Walk Multiple Dogs at Once. MasterClass. https://www.masterclass.com/articles/how-to-walk-multiple-dogs-at-once#5-tips-for-walking-multiple-dogs.

Ryder, H. (2019). Tips and Essentials for Dog Walking in the Rain. dogIDcollar.com. https://www.dogidcollar.com/blogs/blog/dog-walking-in-the-rain.

Sung, W. (2018). How Often Should You Walk Your Dog?. PetMd. https://www.petmd.com/news/view/how-often-should-you-walk-your-dog-37552

The Kennel Club, (n. d.). Puppy and dog walking tips. https://www.thekennelclub.org.uk/dog-training/getting-started-in-dog-training/dog-training-and-games/puppy-and-dog-walking-tips/

Turner, J. F. (2018). How to Walk Several Dogs at Once: Tips and Necessary Materials. AnimalWised. https://www.animalwised.com/how-to-walk-several-dogs-at-once-tips-and-necessary-materials-653.html.

Westgarth, C., Knuiman, M., & Christian, H. E. (2016). Understanding how dogs encourage and motivate walking: cross-sectional findings from RESIDE. BMC Public Health, 16(1019). DOI: 10.1186/s12889-016-3660-2

10
재미있는 반려견 산책

10

재미있는 반려견 산책

우리 모두는 하루에 한 번 이상 반려견을 데리고 야외로 나가야 한다는 것을 알고 있지만 연구에 따르면 우리 중 약 30%는 그렇지 않다(Westgarth, Christian, & Christley, 2015). 우리 중 많은 사람들이 하루에 한 번도 반려견을 산책시키지 못하고 있는 가장 큰 이유는 그다지 흥미롭지 않기 때문이다. 매일 똑같은 일을 하는 것은 금방 지루해지고 매일 반려견과 함께 산책도 예외는 아니다. 매일 산책하는 것은 우리 반려견들의 일상생활에서 매우 중요한 부분이기 때문에, 이러한 일상 활동을 충실히 할 수 있도록 스스로에게 동기를 부여하는 방법을 찾는 것이 중요하다. 일상적인 걷기 습관을 지키는데 어려움을 겪고 있다면 더 재미있고 흥미롭게 만드는 방법을 찾아 볼 필요가 있다.

10.1 재미있는 반려견 산책 방법

가 산책 경로의 다양화

평소와 다른 새로운 장소로 가면 모두에게 더 재미있는 산책을 할 수 있는 기회를 제공한다. 호수로 나가거나 평소에 가지 않는 공원으로 걸어가 보는 것도 좋다. 이웃 마을로 경로를 선택하는 경우에도 산책을 더 재미있게 만들 수 있다. 좀 더 재미있는 집들이 있는 다른 마을들을 걸어볼 수 있는 기회를 제공하기 때문이다. 경로를 변경할 수 없는 경우에는 길 반대쪽으로 걷거나, 하루 중 다른 시간에 산책하거나, 평소의 경로를 앞뒤로 바꾸는 등 간단한 변화만 주어도 익숙한 것을 더 흥미롭게 만들 수 있다.

매일 같은 길을 걷는 것은 정말 지루할 수 있다. 많은 보호자들은 효과적이라고 생각하는 산책로를 선택하고 더 이상 고민하지 않고 그 산책로만 고수한다. 하지만 이러한 훌륭한 산책로도 시간이 지남에 따라 모두를 지루하게 할 수 있다. 활기를 불어넣고 싶다면 산책할 때 반대 방향으로 걷는 등 작은 변화를 주거나, 완전히 다른 것을 시도해보고 반려견 친화적인 공원이나 해변으로 가서 하이킹을 할 수도 있다.

나 산책 속도 변경

산책을 더 재미있게 만드는 가장 쉬운 방법은 걷는 속도를 변경하는 것이다. 빠르게 걷기와 느리게 걷기를 혼용하면 반려견이 경계를 유지하고 움직임에 반응하게 할 수 있다. 걷는 도중에 가벼운 조깅으로 속도를 높이고 "빨리!"와 같은 음성 신호를 보낸다. 1분 정도 지나면 평소 속도로 돌아가 "걷자!"'와 같은 다른 신호를 보낸다. 1분 후 바로 속도를 늦추고 "천천히!"라고 말한다. 그것들을 섞어 사용하여 각각의 길이를 예측할 수 없게 한다. 반려견은 곧 이러한 명령을 인식하고 보호자의 모든 음성 신호를 따르게 될 것이다. 만약 반려견 산책이 항상 빠르게 진행되었다면 주변을 즐길 수 있도록 속도를 늦추어 본다. 여유롭게 걸으면 주변의 풍경이 더 눈에 잘 들어올 수 있기 때문이다. 또한 속도를 맞추는 법을 배우면 더 나은 느슨한 목줄 걷기로 이어질 수 있다. 주기적으로 속도를 바꾸면 반려견에게 주의를 기울이고, 집중하고, 보호자 가까이 있도록 가르칠 수 있다.

다 새로운 학습이나 음악 감상

반려견과 함께 걸으면서 음악, 라디오, 오디오 북 등을 듣는 것도 즐거운 산책 방법 중의 하나이다. 음악을 좋아하는 사람은 자신이 좋아하는 노래를 듣는 것처럼 마음을 편안하게 해주는 것이 없다. 좋아하는 음악을 들으며 걸으면 더 빨리 그리고 신나게 걸을 수 있다. 그러나 항상 반려견을 관찰하고 있어야 하는 것을 잊어서는 안 된다. 이어폰은 한쪽 귀만 사용하고 다른 한쪽 귀로는 항상 주변 환경을 인식할 수 있어야 한다.

그림 10-1. **산책 중 음악 감상**

라 풍경 감상

반려견과 함께 산책하는 동안 다음 주에 해야 할 일이나 업무 계획 등을 생각할 때가 많다. 머리를 비우고 걷는 동안 풍경을 감상하는 시간을 가지도록 한다. 예쁜 꽃, 흥미로운 건물, 멀리 있는 새와 사람들의 소리 등 볼 것이 너무나도 많다. 이러한 일탈은 산책을 더욱 재미있게 만들어주며, 스트레스로부터 벗어나 휴식을 취하는데 도움이 된다.

그림 10-2. **풍경 감상**

마 사진 촬영

이러한 활동은 예쁜 사진을 찍기 위한 장소를 찾기 위해 주위를 더욱 적극적으로 살피게 된다. 반려견의 사랑스럽고 재미있는 사진을 촬영할 수도 있다. 산책한 후 사진을 소셜미디어를 통해 공유함으로써 다른 사람들과 일상을 공유할 수 있고 산책의 추억을 지속적으로 만들고 간직하도록 도와줄 수 있다.

그림 10-3. 산책 중 사진 촬영

바 운동

반려견과 정처 없이 그냥 걷는 것만으로도 좋은 운동이 된다. 더 효과적이려면 조금 더 빠른 속도로 걸으면 좋다. 걷는 동안 대화가 가능한 정도로 호흡이 거칠어질 때까지 걸으면 좋다. 더워지는 느낌이면 좋으나 땀을 너무 많이 흘릴 필요는 없다. 단, 반려견이 충분히 건강한 상태인지 사전에 확인하여야 한다.

평소 자주 걷던 익숙한 장소보다 조금 언덕이 많은 지역을 탐색해 보는 것도 좋다. 도시에 살고 있다면 계단이 많이 있는 길을 찾아보는 것도 좋다. 도전적인 새로운 장소를 찾는 것이 걷는 것을 더 재미있게 만들면서 동시에 반려견의 근육과 지구력을 키우는 데에도 도움이 된다.

그림 10-4. **산책 중 계단 오르기**

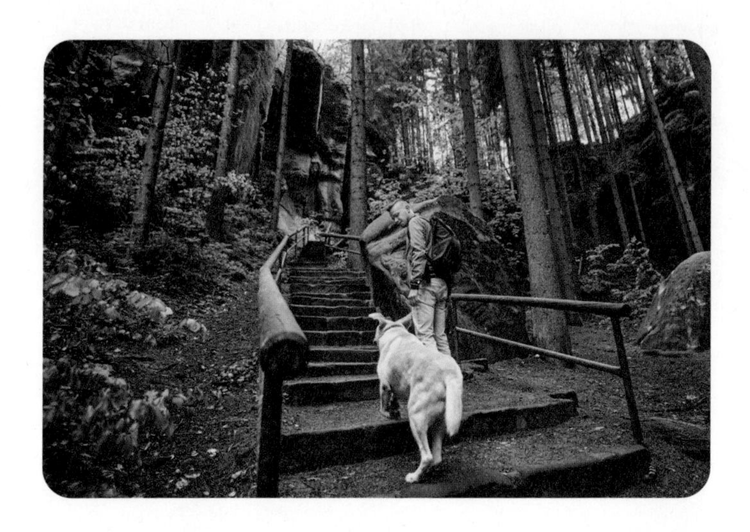

반려견이 빨리 걷는 것을 좋아한다면 더 빨리 갈 수 있는 대안으로 인라인 스케이트도 있다. 단, 사전에 반려견이 목줄을 착용한 상태에서도 잘 달릴 수 있는 훈련이 되어 있어야 한다. 보호자가 인라인 스케이트를 타면 반려견은 걷는 것보다 빠른 속도를 느끼며 또 다른 재미를 느낄 수도 있다.

그림 10-5. **반려견과 산책하며 인라인 스케이트 타기**

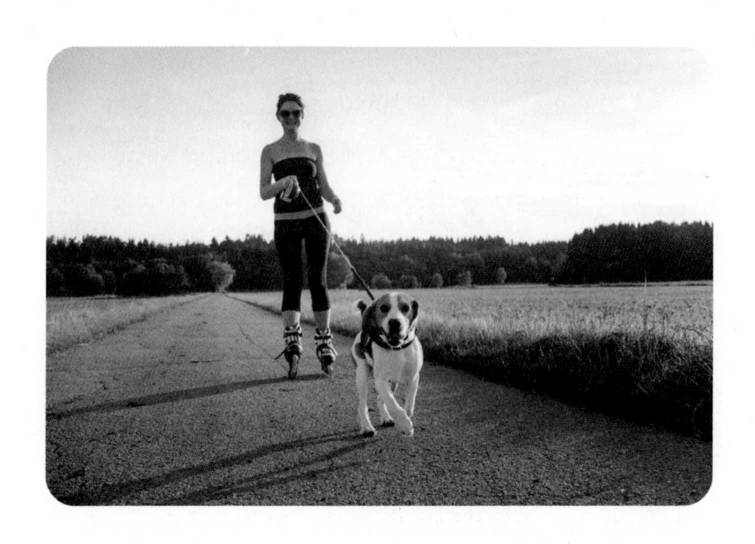

걷기만 하는 산책을 할 필요는 없다. 산책을 하다가 공원을 걷게 되면 가지고 간 장난감으로 잠시 놀이 시간을 가지는 것도 좋다. 공, 원반 또는 자신의 반려견이 가장 좋아하는 장난감은 더 많은 유대감을 제공하면서 산책에 재미를 더할 것이다. 하지만 놀이 시간은 반려견의 행동에 의해 결정된다는 것을 가르쳐야 한다. 예를 들어, 만약 반려견이 산책 중에 잘 행동했다면 원반던지기와 같은 놀이 활동으로 보상을 할 수 있다. 공원 등 넓은 장소이고 반려견이 공이나 원반 물어오기를 좋아하면 운동 시간으로 활용한다. 활동을 위해 공원이나 넓은 장소를 방문하기 전에 백신에 대한 최신 정보와 기생충으로부터 보호해야 한다. 반려견이 공격적이거나 다른 반려견과 사람들에게 사교적이지 못하면 공원에 가지 않도록 한다.

산책시 좋아하는 장난감을 가지고 가서 자신만의 반려견 산책 놀이를 만들어보도록 한다. 장난감을 던지면 가져오기 게임을 한다거나, 반려견이 "기다려!"라는 명령을 알고 있다면 산책을 잠시 멈추고 장난감을 숨기고 냄새를 맡고서 찾을 수 있는지 확인한다.

산책 놀이시 사용하기 좋은 장난감은 원반이다. 반려견이 원반을 던져서 땅에 떨어지기 전에 잡아오도록 할 수 있다. 이것은 특히 경로가 짧거나 활동적인 반려견인 경우에는 제한된 시간에 많은 활동을 할 수 있게 하는 좋은 방법이다.

그림 10-6. 원반 던지기

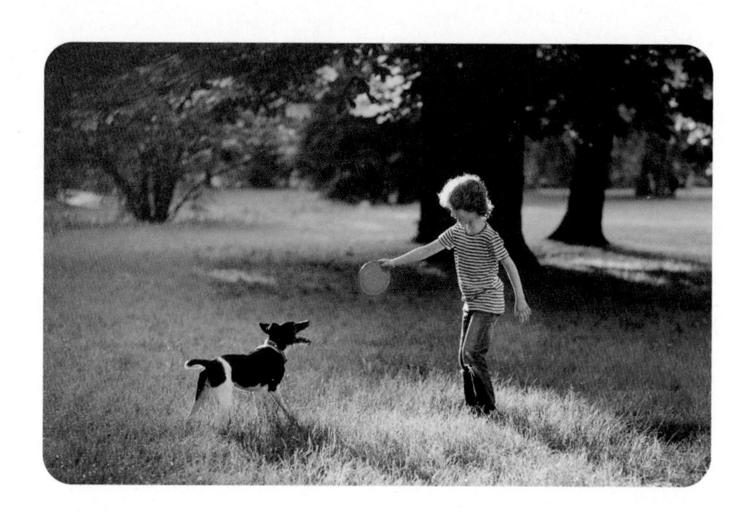

집에서나 훈련시간에만 지시를 따르는 반려견은 좋지 않다. 주변이 산만하여도 보호자의 요구를 따를 수 있도록 다양한 장소에서 훈련하는 것이 중요하다. 이러한 문제를 보완하기 위해 훈련 수업에서와 같은 방식으로 보상을 준비해야 한다. 산책이 일반적으로 새로운 명령을 배우는 장소는 아니지만 이미 알고 있는 훈련을 강화하는 좋은 방법이 될 수 있다. 반려견이 주인과 더 많은 상호작용을 하면 산책이 더 재미있을 가능성이 높다. 예를 들어, "앉아!"는 산책하는 동안 다른 동물이나 사람을 쫓고 싶어할 때나 반려견이 주인보다 앞으로 가려고 시도할 때에 시도해 보도록 한다. "이리와!"는 덜 흥미로운 장소에서 연습을 시작한다. 목줄을 착용한 상태에서 반려견에게 그 장소를 냄새 맡게 한 후 반려견 이름을 부르고 "이리와!"라고 한다. 즉시 돌아오면 칭찬하고 간식을 준다. 충분히 훈련이 되었으면 산책 중에 반려견이 다른 것에 관심을 가지고 있을 때 "이리와!"라고 하고 돌아오면 칭찬하고 간식을 준다.

그림 10-7. 산책 중 훈련

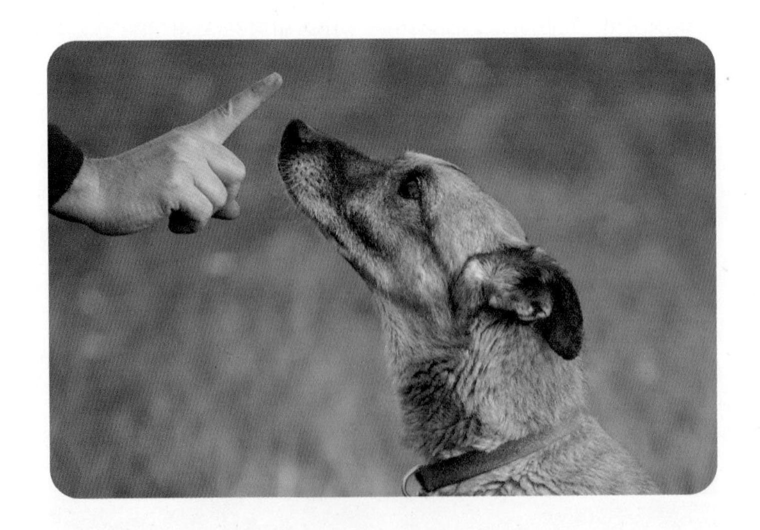

자 자연 장애물 이용

산책 중에 마주하는 장애물도 흥미로운 산책도구가 될 수 있다. 나무 사이를 교차하여 걷거나, 뛰어올라 벤치에 앉기, 낮은 담장 위를 걷기 등 주변을 살펴보면 충분히 안전하면서도 재미있는 것들이 많다. 보호자는 더 재미있게 만드는 산책 방법을 찾도록 노력해야 한다.

그림 10-8. **장애물 오르기**

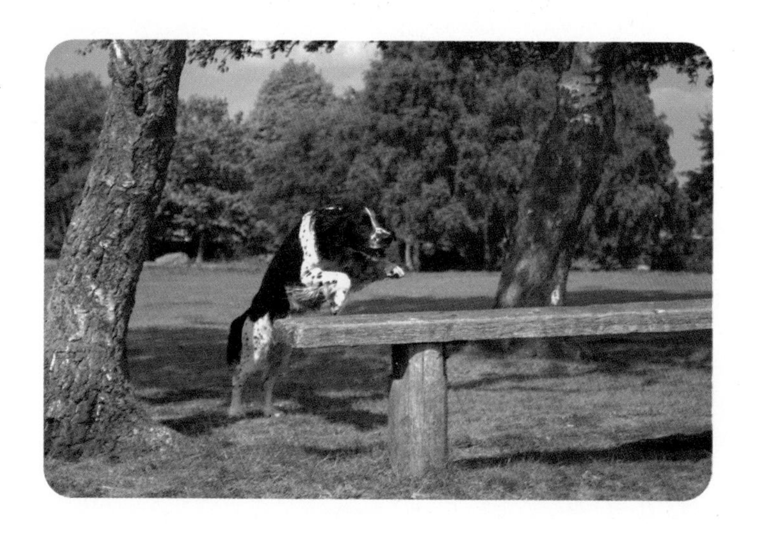

차 다른 반려견 보호자와 함께 걷기

여러분의 반려견이 좋은 친구라 하더라도 때때로 산책하러 나갈 때 이야기할 수 있는 다른 사람이 있다는 것은 좋은 일이다. 친구에게 전화를 걸거나 이웃의 다른 반려견 보호자에게 함께 산책시키기 위해 만날 수 있는지 알아보도록 한다. 만약 여러분이 정말로 이러한 일을 하고 싶다면, 자신만의 반려견 산책 모임을 만들어 보는 것도 재미있는 일이다.

또한 이러한 형태의 산책은 종간(사람과 동물) 또는 종내(반려견과 반려견) 사회화에도 도움이 된다. 반려견들이 서로 처음 만나게 되면 약간 거칠고 흥분 할 수도 있지만, 계속 함께하면 나란히 걷는 법을 배우게 된다. 이렇게 함께 걷는 것만으로도 반려견이 미래에 다른 반려견과 상호작용할 때 더 차분해지는 방법을 배울 수 있다. 반려견 공원만이 모두를 행복하게 하는 장소는 아니다. 공원에서 교제하는 것이 여러분의 반려견을 긴장하게 한다면, 무리를 지어 걸으면서 상호작용하는 것이 더 좋을 수도 있다.

그림 10-9. **다른 반려견 보호자와 산책**

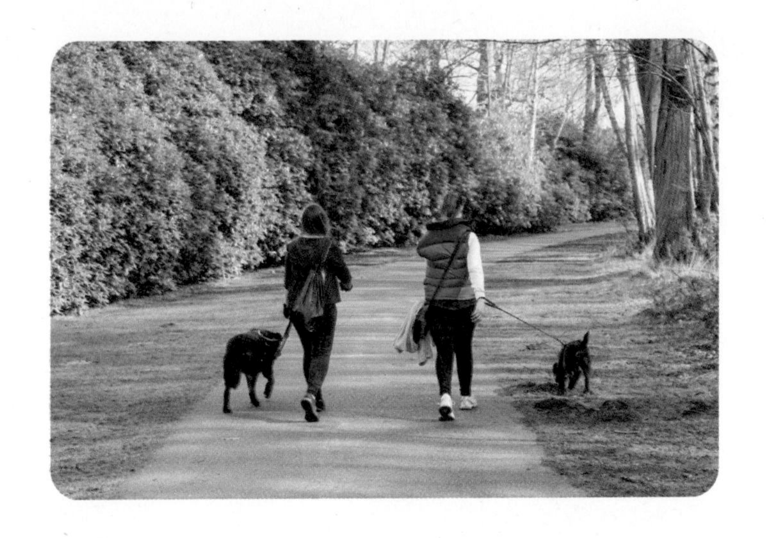

10.2 후각 산책

가 후각 산책의 필요성

모든 영장류는 인간처럼 육지를 걷는 것을 좋아한다. 우리는 친구들과 나란히 걷고, 함께 세상을 마주하고, 그날의 뉴스를 교환하는 것을 좋아한다. 걷는 동안 우리는 주변을 둘러보며 많은 에너지를 소비하고 경치를 즐기고 이웃의 변화에 주목한다. 그러나 반려견은 주로 인간이 생각하는 것보다 뛰어난 후각을 통해 세상에 대해 배우고 싶어 하지만 관심을 잘 기울이지 않는다. 반려견과 함께 산책하는 동안 반려견에게 냄새를 맡지 말라고 하는 것은 사람들에게 눈을 가리고 걸어 다니도록 하는 것과 같다. 사람은 눈을 중심으로 하는 생물이지만, 반려견은 코를 중심으로 하는 생물이기 때문이다. 인간의 코에는 평균 5~6백만 개의 후각 수용체가 있는 반면 반려견은 종에 따라 1억 개 이상의 후각 수용체를 가지고 있다. 블러드하운드와 같은 견종은 약 3억 개라는 엄청난 수의 후각 수용체를 가지고 있다. 반려견은 유리판에 찍힌 6주가 지난 지문도 감지할 수 있으며(King, et al., 1964), 보지 않고 온전히 냄새만으로 쌍둥이를 식별할 수도 있다(Kalmus, 1955). 이처럼 반려견의 높은 후각 민감도는 후각을 통해 사회적이고 상황적인 정보에 접근할 수 있게 해준다(Hecht, & Horowitz, 2015; Wells, 2017). 이것은 반려견들은 대부분 후각을 이용하여 서로 상호작용을 해야 한다는 것을 의미한다(Bradshaw, & Lea, 2015). 즉, 반려견들은 코에 의존하여 세상에 대한 중요한 것을 말하고 산책은 이웃의 정보를 파악하는 데 필요한 시간이 된다.

반려견 보호자만이 동물의 후각적 필요성을 무시하는 것은 아니다. 연구에 의하면 우리는 냄새가 동물의 행동과 복지에 미치는 영향을 인정하지 않음으로써 동물에게 해를 끼친다고 한다(Nielsen, et al., 2015). 이러한 냄새는 고통을 유발할 수도 있고 삶을 개선할 수도 있다. 따라서 우리가 산책을 '보고 말하면서 걷는 것'으로 정의할 수도 있듯이 반려견에게 산책은 **'한 가지 흥미로운 냄새에서 다른 냄새로 이동하는 것'**을 의미한다는 것을 명심해야 한다.

우리가 후각의 본질을 인정하는 것은 중요하지만 자연스러운 것은 아니다. 예를 들면, 임신 중 어미의 먹이에 아니스(Anise, 미나리과의 풀)가 포함되어 있었다면 태어난 어린 강아지는 아니스 향을 더 선호한다고 한다(Hepper, & Wells, 2006). 이것은 반려견이 태어나기도 전에 감정과 행동을 특정한 냄새와 연관시키는 법을 배울 수 있다는 것을 의미한다. 또한 반려견의 냄새에 대한 지각은 뇌의 한 쪽 부분이 지배적이다. 연구에 의하면 반려견들이 새로운 냄새를 맡을 때는 오른쪽 콧구멍을 사용하는 것을 선호하고, 냄새가 일상화되거나 위협적이지 않게 되면 왼쪽으로 바꾼다는 것을 발견했다(Siniscalchi, et al., 2011). 아드레날린이나 땀과 같은 자극적인 냄새를 맡은 반려견들은 절대 왼쪽 콧구멍으로 바꾸지 않았다.

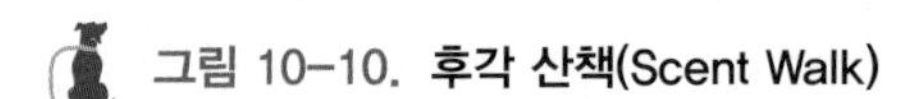
그림 10-10. **후각 산책(Scent Walk)**

나 후각 산책의 이점

1) 신체적 이점

프랑스의 현장 연구에 따르면 냄새 맡기는 실제로 반려견의 맥박을 낮추고, 냄새 맡기가 더 강할수록 맥박이 낮아진다고 한다(http://www.dogfieldstudy.com/node/1). 이 연구에서는 다양한 연령, 견종 및 성별의 반려견 61마리를 대상으로 1.5m의 목줄, 5m의 목줄, 그리고 목줄이 없는 산책을 비교하였다. 이 연구를 통해서 긴 목줄을 착용한 반려견들이 짧은 목줄(1.5m)을 착용한 반려견보다 거의 2.5시간 더 냄새를 맡았다. 반려견의 산책 유무 및 견종에 관계없이, 심지어 목줄 없이 산책한 경우에도 동일한 결과가 나타났다. 또한 긴 목줄을 착용한 반려견이 짧은 목줄을 착용한 반려견보다 280% 더 많은 시간을 보냈다. 이러한 연구를 통해서 냄새 맡기 활동은 반려견들의 진정 및 스트레스 해소에 도움이 되며, 신체 건강에 필수적이라는 것을 알 수 있다. 특히, 스트레스를 받거나 불안해하는 반려견에게는 매우 중요하다는 것도 알게 되었다.

2) 정신적 이점(King, n.d.)

모든 반려견들은 신체적으로 건강하게 지내기 위해 규칙적인 운동이 필요하다. 산책을 하는 것은 특히 활동성이 강하고 활력이 넘치는 반려견들에게 중요하다. 이러한 넘치는 활력을 쏟을 곳이 없으면 무언가를 씹거나 점점 통제가 어려워지면서 보호자가 원하지 않는 행동으로 변하게 된다. 긴 산책이나 달리기가 어린 강아지의 풍부한 에너지를 고갈시킬 수 있는 유일한 방법처럼 보이지만, 신체적 운동이 그들의 필요를 충족시키는 유일한 방법은 아니다. 만약 정말로 반려견을 피곤하게 하고 싶다면, 그들의 몸과 마음을 동시에 풍부하게 할 필요가 있다. 특정한 냄새를 맡고 나서 이에 동반한 정보를 해석하는 것은 반려견들의 정신 운동에 해당된다. 이것은 수 킬로를 달리거나 근육을 키우는 것은 아니지만 정신적 활동을 활발하게 하는데 도움이 된다.

반려견의 뇌를 운동시키면 나이가 들어감에 따라 인지 능력이 저하되는 것을 막을 수 있고, 어릴 때나 놀이를 열망할 때 신발을 씹는 것도 줄일 수 있다. 정신적으로 만족할 때까지 냄새를 맡을 수 있는 산책은 반려견의 신체적·정신적 필요를 모두 해결할 수 있는 좋은 방법이다. 반려견이 냄새 맡을 수 있는 시간을 충분히 주고 천천히 걷는 정신적 강화는 빠른 속도로 걷는 것보다 정신 활동 증가가 훨씬 크다(Johnstone, 2020). 이것은 더 짧은 냄새 맡기 산책이 그들을 지치게 할 수 있고 일반적으로 집에 있을 때 더 편안하고 파괴적이거나 장난스러운 행동을 보일 가능성이 적다는 것을 의미한다.

3) 기분 향상

일부 반려견은 높은 에너지 수준의 활동을 할 때 과도하게 흥분할 수 있지만, 반려견이 냄새를 맡는 자연스러운 행동을 활용하는 것은 차분하고 일반적으로 편안한 선택이다. 연구에 따르면 충분한 냄새 맡기 기회를 제공하면 반려견이 더 낙관적이라고 느낄 수 있다고 한다(Duranton, & Horowitz, 2019).

4) 선택권 제공

반려견은 모든 것을 보호자에게 의존한다. 움직임은 울타리와 목줄에 의해 제한되고, 앉으라는 지시를 받을 때 앉고, 먹으라는 지시에 먹고, 보호자가 시간이 되었을 때 걷는다. 반려견은 자신의 삶을 거의 통제할 수 없으며 지속적으로 제약되는 느낌은 정신 건강에 악영향을 미칠 수 있다. 연구에 따르면 자유의 부재는 종종 스트레스, 불안 및 우울증으로 이어진다고 한다. 선택을 할 수 있다는 것은 반려견에게 자신감을 주게 되며, 선택의 여지가 전혀 없다는 것은 스트레스를 피하거나 해소할 가능성이 없다는 것을 의미한다. 이것이 우울증으로 이어지고 무기력함을 학습하게 된다. 이 상태의 반려견은 더 이상 상황을 개선하려는 시도를 하지 않게 된다.

통제되지 않은 지역에서 반려견을 목줄에서 벗어나지 못하게 하는 것은 대부분 안전 때문이다. 소파에서 소변을 보거나 쓰레기통을 뒤지는 것과 같이 반려견의 행동이 적절하지 않은 상황도 또 다른 이유이다. 그러나 너무 많은 통제는 반려견에게 부정적인 영향을 줄 수 있기 때문에 산책은 반려견에게 약간의 여유를 주고 스스로 결정을 내릴 수 있는 기회가 된다. 전봇대의 냄새를 맡는 데 5분을 보내고 싶다면 그렇게 하도록 해주어야 한다. 선택할 기회는 반려견의 정신 건강에 큰 도움이 될 것이다. 반려견과 함께 산책하는 모든 순간에 반려견이 스스로 결정을 내리게 한다면 스트레스를 덜어줄 수 있다.

5) 의사소통

냄새 맡는 것도 반려견이 의사소통하는 방법의 중요한 부분이라는 것을 잊지 말아야 한다. 산책시 반려견이 냄새를 계속 맡는 것은 인근에 다른 반려견의 냄새 표시를 확인하고 있는 것이다. 이 냄새를 통해 반려견이 수컷인지 암컷인지, 익숙한 것인지 아닌지, 근처에 누가 있는지 여부를 알 수 있다. 냄새 맡기는 회유 보상 행위가 될 수도 있다. 자신이 다른 반려견에게 위협이 아니라는 것을 알리기 위해 땅을 킁킁 거리기 시작하면 반려견을 잡아당기지 말고 그대로 두면 양쪽 반려견 모두 긴장을 푸는 데 도움이 될 수 있다(Siniscalchi, et al., 2018).

다 후각 산책하는 방법

반려견을 데리고 산책을 시작할 때 긴 목줄이나 가슴줄을 착용시키고 처음 5분

정도 걷는 동안에는 냄새를 맡도록 한다. 이러한 형태의 냄새 맡기는 반려견들의 필요를 충족시키는 것이다. 이 5분의 냄새 맡기가 반려견의 나머지 산책 시간만큼이나 자극적이고 풍요로울 수 있다. 새로운 장소를 방문할 때마다 반려견에게 냄새를 맡을 수 있는 시간을 충분히 주어야 한다. 반려견들은 보호자들이 알고 싶어하는 것보다 그 지역에 대해 더 많이 궁금할 수 있고 냄새 맡기를 통해 더 많이 알 수 있게 된다. 보호자가 똑같은 방식으로 규칙적인 산책을 한다고 하더라도 반려견은 그 전에 몇 번을 갔는지에 관계없이 냄새를 항상 흥미로워 한다. 정보는 항상 변하기 때문에 냄새를 맡을 수 있는 기회는 처음 냄새를 맡았을 때처럼 수없이 반복해도 중요하다. 날씨는 냄새를 변화시켜 반려견이 냄새를 감지하고 처리하기가 더 쉽거나 어렵게 만든다. 심지어 매일 가장 익숙한 산책길에서도 새로운 냄새를 맡을 수 있다. 보호자는 규칙적인 산책을 하다보면 반려견이 최고의 냄새를 맡는 장소를 알 수 있게 된다. 그 장소는 다른 반려견들이 정기적으로 소변을 보는 곳이기 때문에 보호자들은 그 곳에서 냄새를 맡으면서 시간을 보내도록 해주어야 한다. 반려견은 그 냄새를 확인함으로써, 그 지역에 어떠한 반려견들이 있는지, 그들이 언제 지나갔는지, 그들의 나이, 성별, 크기, 건강, 스트레스 정도, 그리고 아마도 그들의 기분도 알아내고 있을 것이다. 만약 반려견이 냄새를 맡기 위해 멈춘다면, 목줄을 당기지 말고 냄새를 맡을 수 있도록 해야 한다. 그것은 우리가 흥미롭거나 중요한 것을 보려고 할 때 누군가 우리를 끌어당기는 것과 같다. 다시 움직이도록 격려하기 전에 냄새를 맡을 시간을 충분히 주어야 한다.

매주 시간을 내어 온전히 후각 산책을 하는 것도 좋다. 새로운 공원이나 야외 공간으로 가서 가슴줄 또는 목줄을 착용시키고 산책하는 내내 냄새를 맡도록 해주어야 한다. 냄새가 이끄는 곳이라면 어디든지 따라가도록 한다. 반려견이 냄새 맡는 것을 지켜보고 그들에게 냄새가 얼마나 중요한지 더 잘 이해하려고 노력하고 그들이 세상에 대해 무엇을 발견하는지 생각해 보도록 하자. 냄새를 매우 잘 맡는 반려견을 기르는 경우에는 산책 중에 냄새를 맡을 수 있도록 좋아하는 장난감이나 간식을 숨기는 것도 좋은 방법이다. 보호자가 장난감이나 간식을 숨기는 동안 대신해서 반려견을 잡아줄 수 있는 사람이 있다면 도움이 된다.

라 후각 활동

산책 중 냄새 맡기 이외에도 후각 활동을 할 수 있는 방법은 많다. 건식 사료 또는 간식을 풀이 우거진 안전한 환경에 뿌린 다음 반려견이 자연스럽게 찾아 먹게 하는 것은 반려견에게 추가 영양분을 쉽게 제공하는 방법이 될 수 있다. 이것은 제한된 운동을 할 수 있는 움직임이 적은 반려견에게 좋은 활동이며 긴장된 반려견이 더 편안하고 자신감을 느끼도록 돕는다. 비오는 날에는 실내에서 후각 매트를 사용하여 좁은 공간에서도 이런 종류의 활동을 할 수 있다.

그림 10-11. **후각 매트(Sniffing Mat)**

반려견이 냄새를 맡을 수 있는 보다 체계적인 학습 환경을 원한다면 일종의 후각 교육을 고려해 볼 수 있다. 이것은 반려견의 기술을 연마할 뿐만 아니라 유대감을 강화하는 좋은 방법이기 때문이다. 반려견은 특정 냄새를 식별하는 방법과 찾는 방법을 배우고 그것이 숨겨져 있던 위치에 대해 보호자에게 알린다. 후각 훈련의 많은 이점 중 하나는 견종, 나이, 또는 훈련 수준에 관계없이 반려견들이 이 활동을 배우고 즐길 수 있다는 것이다. 많은 반려견 전문가들은 후각 훈련이 자신감 증가, 학습의 즐거움 증가, 독립적으로 일할 수 있는 능력 향상, 반려견과 보호자 사이의 유대 강화와 같은 이점이 있다고 한다. 후각 훈련의 잠재적 이점 중 하나인 반려견의 감정 상태에 미치는 영향을 확인한 연구실험이 있다(Case, 2019; Duranton, & Horowitz, 2019). 이 연구에서는 보호자와 함께 집에 사는 다양한 견종의 성견 20마리가 실험을 위해 모집되었으며, 두 그룹 중 하나에 무작위로 배정되었다. 한 그룹은 후각 훈련 그룹으로 보호자와 반려견 10쌍이 주 1회씩 총 2회의 그룹 수업에 참여하도록 하였다. 첫 수업에는 보호자에게 후각 훈련을 소개하고 반려견들은 여러 개의 상자들 중 하나에 숨겨진 고가의 간식을 찾는 훈련을 받았다. 두 번째 수업에서는 좀 더 어려운 검색 훈련을 받았다. 보호자는 각 수업이 끝난 후 몇 주 동안 자신의 반려견과 함께 매일 정해진 후각 훈련을 하도록 하였다. 또 다른 그룹은 옆에서 걷기 그룹으로 보호자와 반려견이 주 1회씩 총 2회 그룹 수업에 참여하도록 했다. 이 수업에서는 보상 기반 접근법을 사용하여 목줄을 느슨하게 하여 옆에서 걷기를 지도하였다. 보호자들은 매일 반려견의 옆에서 걷기 연습을 수행했다. 2주간의 훈련 기간 후에 다시 각 반려견을 대상으로 인지 편향 실험을 실시했다. 반려견들은 3미터 떨어진 그릇에 고가의 간식이 있을 것으로 기대하고 같은 거리의 다른 쪽 그릇에는 빈 그릇이 있을 거라는 것을 기대하도록 훈련시켰다. 반려견들은 지속적으로 동일한 행동을 할 때까지 훈련이 진행되었다. 훈련이 종료된 후에 양 그릇이 있는 중간에 빈 그릇을 위치시키고 어떻게 행동하는지 관찰하였다. 실험 결과 2주간의 후각 훈련을 받은 그룹의 반려견들은 이전의 접근 방식에 비해 중간에 위치한 그릇에 잠복 기간 없이 더 쉽게 접근했다. 다시 말해, 후각 훈련을 배우고 2주 만에 반려견들은 훈련 전보다 더 빨리 음식이 담겨 있다고 생각하는 그릇에 다가갔다. 반대로 옆에서 걷기 그룹은 이 동작에 변화를 보여주지 않았다. 이 실험을 통해 인지 편향 실험의 관점에서 후각 훈련을 배운 후 중간 그릇에 더 빨리 접근하기로 결정하는 반려견들은 '낙관주의'가 증가되었다는 것을 알 수 있다. 즉, 반려견이 아무것도 기대하지 않는 것보다 보상을 더 많이 기대한다는 것을 의미한다. 왜냐하면 옆에서 걷기 그룹의 반려견들은 전혀 변화가 없었기 때문이다. 후각 훈련의 반려견들은 후각을 사용하여 탐색할 수 있는 기회에서 인지 능력이 향상되었거나 보호자의 지시와 무관하게 찾아다니는 즐거움을 배웠으며 훈련 후 보다 쉽게 이 활동에 참여했다. 단 2주 만에 후각 훈련을 즐기도록 훈련된 반려견들은 불확실한 의미의 자극을 조사할 의향이 더 많았다. 결론적으로 후각 훈련은 반려견이 독립적으로 일하고 스스로 선택하고 자율적으로 무언가를 확인하도록 장려했음을 확인시켜 주었다.

그림 10-12. **후각 훈련(Sniffing Training)**

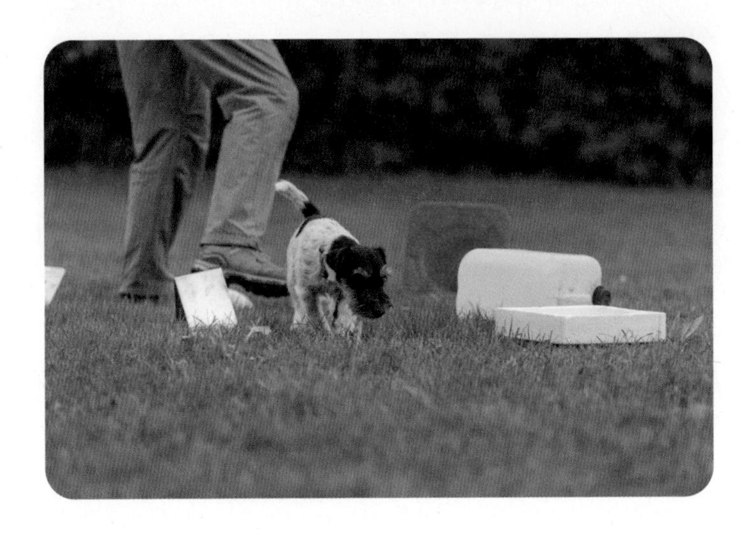

마 냄새 맡는 시간

만약 여러분에게 누군가가 "미술관에서 그림을 감상하는데 어느 정도의 시간이 필요할까요?"라고 물어본다고 하자. 정확한 대답을 하기는 어렵겠지만 아마 "보고 싶을 때까지"라고 말하는 것이 가장 적절한 답일 수 있다. 또한 누군가가 "노래를 들을 수 있는 시간은 얼마나 될까요?" 하고 물어보면 이때에도 "듣고 싶을 때까지"라고 대답하게 될 것이다. 누구도 좋아하는 그림을 보고 있을 때나 즐거운 음악을 듣고 있을 때 하던 일을 그만두고 가자고 하면 좋아할 사람은 없을 것이기 때문이다. 반려견이 산책 중에 냄새를 맡는 것도 이와 비슷하다. 냄새를 맡고 싶으면 충분히 냄새를 맡을 수 있도록 해주어야 한다.

산책은 반려견과 보호자 모두 서로에게 이익이 되어야 한다. 가장 이상적인 산책은 반려견이 충분히 냄새를 맡을 수 있고 보호자도 만족하는 행복한 산책일 것이다. 그러나 반려견에게 냄새를 마음껏 맡도록 하면 냄새 맡기에 지나치게 집중하여 걸어야 하거나 자리를 피해야 하는 상황에서 반려견이 보호자의 지시를 따르지 않을 수 있다. 또한 냄새 맡기를 제한하면 신체에는 도움이 되겠지만 냄새 맡기의 즐거움을 잃어버리게 되고 줄 당김과 같은 부정적인 경험을 반복하면서 산책에 대한 좋지 않은 기억들이 쌓일 수 있다. 따라서 가장 중요한 것은 보호자와 반려견이 모두 즐거운 산책이 되도록 걷기와 냄새 맡기를 조화롭게 하는 것이다.

모든 산책이 후각 산책일 필요는 없다. 출근하기 전에 반려견과 산책하는 경우에는 반려견과의 산책을 빨리 마쳐야 할 필요가 있다. 또는 날씨가 좋지 않아 오랜 시간 산책하는 것이 불편할 수 있다. 산책을 할 때에 도움이 되는 언어적 신호나 행동적 신호 등을 사전에 교육하면 도움이 된다. 만약 보호자가 반려견에게 돌아다니거나 냄새를 맡는 것을 허락했다고 할지라도, 반려견이 목줄을 당기기 시작한다면, 즉시 멈춤으로써 보호자를 더 멀리 끌어당기지 못하게 해야 한다. 목줄이 다시 느슨해지면 "좋아!"라고 칭찬을 한 후 다시 걷기 시작하도록 한다. 간식도 도움이 된다. 냄새 맡기를 시작하려고 할 때나 냄새 맡기를 하는 중에 이동을 하고자 한다면 반려견이 가장 좋아하는 맛있는 간식을 준비하여 제공해주면 보호자에게 주의를 집중시킬 수 있다. 또한 반려견의 이름을 부를 때 반응하여 보호자를 바라보면 이때에도 맛있는 간식을 주고 칭찬한 후 다시 산책을 하도록 한다. 산책 중에 반려견이 편안하게 냄새를 맡게 하면 어디서든지 냄새를 맡아도 되는구나라고 생각하여 산책 중에 멈추는 상황이 자주 발생할 수도 있다. 이럴 때에는 냄새를 편하게 맡아도 되는 지역과 냄새를 맡지 않고 그냥 걸어가야 하는 지역을 구분하는 것도 도움이 된다. 걸어야 하는 지역에서는 적절한 명령이나 간식을 제공하여 주의를 분산시켜 냄새 맡기를 제한하고, 냄새를 맡아도 되는 지역에서는 편하게 맡을 수 있도록 한다.

참고문헌

Bradshaw, J. W. S., & Lea, A. M. (2015). Dyadic Interactions Between Domestic Dogs. Anthrozoös : A multidisciplinary journal of the interactions of people and animals, 5(4), 245-253.

Case, L. P. (2019). Science Says: "Nose Work is Good for Your Dog!". The Science Dog. https://thesciencedog.com/2019/01/28/science-says-nose-work-is-good-for-your-dog/

Duranton, C., & Horowitz. A. (2019). Let Me Sniff! Nosework Induces Positive Judgment Bias In Pet Dogs. Applied Animal Behaviour Science, 211, 61-66. doi:10.1016/j.applanim.2018.12.009

Hecht, J., & Horowitz, A. (2015). Introduction to dog behaviour. In Animal Behaviour for Shelter Veterinarians and Staff, 1st ed.; Weiss, E., Mohan-Gibbons, H., Zawistowski, S., Eds.; Wiley-Blackwell: London, UK, 5-30, ISBN 978-1118711118.

Hepper, P. G., & Wells, D. L. (2006). Perinatal olfactory learning in the domestic dog. Chem Senses, 31(3), 207-212. doi: 10.1093/chemse/bjj020

Johnstone, G., (2020). Why You Should Let Your Dog Sniff on Their Walk. thesprucepets. https://www.thesprucepets.com/why-dogs-like-to-sniff-4687196

Kalmus, H. (1955). The discrimination by the nose of the dog of individual human odours and in particular of the odours of twins. British Journal of Animal Behaviour, 3, 25-31. https://doi.org/10.1016/S0950-5601(55)80072-X

King, A. (n.d.). Why It's Important To Let Your Dog Sniff During Walks. Ilovedogs. https://iheartdogs.com/why-its-important-to-let-your-dog-sniff-during-walks/

King, J. E., Becker, R. F., & Markee, J. E. (1964). Studies on olfactory discrimination in dogs: (3) ability to detect human odour trace. Animal Behaviour, 12(2-3), 311-315.

Nielsen, B. L., Jezierski, T., Bolhuis, J. E., Amo, L., Rosell, F., Oostindjer, M., Christensen, J. W., McKeegan, D. , Wells, D. L. and Hepper, P. (2015) Olfaction: an overlooked sensory modality in applied ethology and animal welfare. Frontiers in Veterinary Science, 2, 69. doi:10.3389/fvets.2015.00069

Siniscalchi, M. d'Ingeo, S., Minunno, M., & Quaranta, A. (2018). Communication In Dogs. Animals, 8(131), doi:10.3390/ani8080131

Siniscalchi, M., Sasso, R., Pepe, A. M., Dimatteo, S., Vallortigara, G., & Quaranta, A. (2011). Sniffing with the right nostril: lateralization of response to odour stimuli by dogs. Animal Behaviour, 82(2), 399-404.

Wells, D. L. (2017). Behaviour of Dogs. In The Ethology of Domestic Animals: An Introductory Text, 3rd ed.; Jensen, P., Ed.; CABI: Oxford, UK, 228-238, ISBN 9781786391650.

Westgarth, C., Christian, H. E., & Christley, R. M. (2015). Factors associated with daily walking of dogs. BMC Veterinary Research, 11(116). DOI 10.1186/s12917-015-0434-5.

11
반려견 산책의 위험 요소

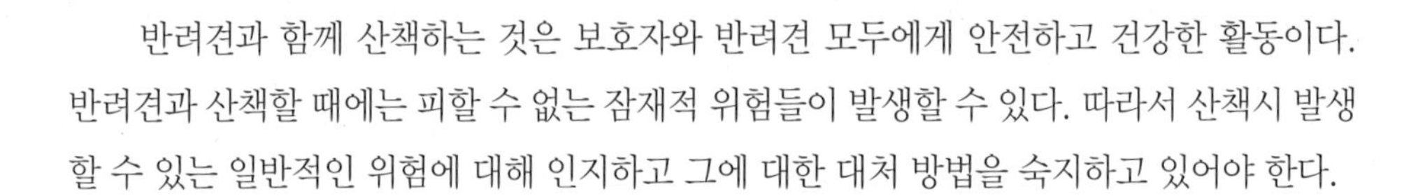

11 반려견 산책의 위험 요소

반려견과 함께 산책하는 것은 보호자와 반려견 모두에게 안전하고 건강한 활동이다. 반려견과 산책할 때에는 피할 수 없는 잠재적 위험들이 발생할 수 있다. 따라서 산책시 발생할 수 있는 일반적인 위험에 대해 인지하고 그에 대한 대처 방법을 숙지하고 있어야 한다.

11.1 반려견 산책 시 위험 요소

가 쓰레기

산책을 하다보면 닭뼈, 깨진 유리, 사탕, 껌 등 어떤 종류의 쓰레기가 있을지 알 수 없다. 산책 시 반려견은 길 근처에서 찾을 수 있는 모든 것을 맛보려고 한다. 특히 공원 산책 시에는 반려견이 버려진 닭뼈, 석쇠의 기름, 누군가가 버리고 간 식별 불가능한 음식찌꺼기 같은 것 등을 찾아먹을 위험이 높다. 이 모든 것들은 반려견이 삼킬 경우 목에 걸리거나 통증을 유발할 수 있다. 예를 들면 닭뼈는 질식 위험이 있으며 삼켰을 경우에는 뼈 조각들이 위벽에 상처를 내어 내부 출혈을 일으킬 수도 있다. 껌과 사탕은 설탕 대용물로 사용하고 있는 자일리톨을 포함하고 있을 수 있으며, 이는 반려견이 섭취하였을 때 독성을 발휘하여 간 부전을 일으킬 수 있다. 건포도가 들어 있는 빵은 반려견의 신장을 손상시킬 수 있다. 평소 반려견에게 유해한 음식을 잘 숙지하고 있는 것이 중요하다. 해로운 음식물 섭취로 인한 사고를 예방하기 위해서는 항상 산책시 주변에 반려견에게 해롭거나 위험한 쓰레기가 있는지 주의하여 관찰할 필요가 있다. 평소에 반려견이 이러한 유해한 쓰레기에 다가가는 것을 예방하기 위해서 “기다려!” 또는 “놔!” 등의 명령을 훈련하는 것도 좋은 방법이다.

 그림 11-1. **쓰레기(Garbage)**

나 고인 물

반려견은 웅덩이, 연못, 개울 등이 갈증을 해소하는 좋은 장소라고 생각할 수 있다. 미국 동물보호협회(ASPCA)는 반려견 보호자들에게 물흐름이 정체된 수원은 종종 심장 사상충을 전파하는 모기의 번식지이며, 고인 물은 종종 세균과 기생충에 오염되어 반려견들을 아프게 할 수 있다고 경고한다. 가장 치명적인 것 중에는 렙토스피라병(Leptospirosis : 사망에 이를 수 있음), 람플편모충(Giardia : 설사를 유발), 와포자충(Cryptosporidium : 탈수증을 일으키는 물 설사를 유발) 등이 있다. 교외나 더 외지의 시골 지역에 사는 반려견들이 개울, 강, 계곡에서 마시는 물은 훨씬 더 위험할 수 있다. 연못에서 발견된 푸른 녹조는 반려견에게 매우 독성이 강하다. 녹농균(綠膿菌, 슈도모나스과에 속하는 무산소성 간균)은 매우 고통스러운 귀 감염을 일으키는 물속의 흔한 유기체다. 비가 오면 농약으로 인한 유해한 화학물질이 담긴 물웅덩이가 생길 수 있고 인근 잔디밭이나 인근 농가의 거름을 씻어낸 물웅덩이가 생길 가능성도 있다. 이를 예방하고 반려견의 안전을 위해서는 임의의 물을 마시지 않도록 해야 한다. 반려견이 마실 물을 가지고 다니거나 집에 돌아와서 물을 마시게 하는 것이 바람직하다. 물에 대한 자세한 내용은 13장 '반려견 산책과 수분 섭취'를 참고하기 바란다.

그림 11-2. 웅덩이에 고인 물(Standing Water)

다 반려견 배설물

책임감 있는 보호자들은 항상 배설물을 처리하지만, 모든 사람들이 그렇게 배려하는 것은 아니다. 다른 반려견의 배설물을 먹는 것은 반려견들에게 비교적 정상적인 행동이지만, 보도 근처에서 발견된 배설물을 무작위로 먹는 것은 심각한 건강상의 위험이 된다. 반려견들은 기생충과 질병이 득실거리는 배설물을 섭취하게 될 수도 있다. 이미 배설물을 먹을 수 있는 간식으로 여기는 반려견들은 냄새를 맡아보고 먹는 것을 주저하지 않는다. 만약 반려견이 배설물을 먹는 것을 좋아한다면, 산책시 매우 경계할 필요가 있다.

라 날씨

극단적인 날씨는 모든 반려견에게 위험할 수 있다. 매우 덥거나 추운 날씨는 반려견들에게 해로울 수 있다. 매우 더운 날의 열사병(헐떡거림, 과도한 침 흘림, 잇몸 발적, 빨라진 심장박동수), 화상(특히, 밝은 색 털과 분홍색 피부를 가진 반려견에게 위험함), 뜨거운 포장도로에 의해 화상을 입은 발바닥 등의 증상에 주의하여야 한다. 밝고 붉은 코, 붉은 피부, 화상 또는 물집이 생긴 발을 가지고 있지는 않는지 잘 관찰할 필요가 있다. 매우 추운 날씨에는 창백함, 떨림, 귀찮음, 무기력, 동상과 같은 저체온(Hypothermia)의 증상이 있는지 관찰하여야 한다. 얇은 피부를 가진 견종이나 추운 날씨에 약한 견종인 경우에는 체온을 유지할 수 있는 옷이나 신발을 착용시키는 것도 좋은 대안이 된다.

마 태양

1) 햇볕 화상

짧은 털과 분홍색 피부를 가진 반려견들이 가장 위험하다. 털이 짧은 부위에 반려견 친화적인 자외선 차단제를 바르는 것이 중요하다. 반려견들이 햇볕에 너무 많은 시간을 보내게 되면 밝고 붉은색 코를 갖게 된다.

2) 발바닥 화상

뜨거운 포장도로는 발바닥 화상의 위험이 된다. 지면을 걸을 때 절뚝이거나 제대로 걸을 수 없다면, 반려견에게도 너무 뜨거운 것이다.

3) 열사병

털로 인하여 열에 취약하고, 너무 더워지면 목숨이 위험할 수 있다. 여름 햇볕이 그렇게 강하지 않은 아침이나 저녁에 반려견을 산책시키는 것이 가장 바람직하다.

바 살충제와 쥐약(Pesticides and Rodenticides)

살충제(Pesticides)와 쥐약(Rodenticides)은 흔히 사용되는 독성제이다. 이것들은 식물에서 해충을 박멸하고 쥐의 개체 수를 줄이는데는 좋으나, 반려견들에게도 매우 독성이 있다. 반려견은 살충제 등이 살포된 잔디밭에서 뒹굴거나, 공원에서 살충제가 묻을 식물을 먹거나, 해충을 죽이기 위해 내놓은 미끼를 킁킁거리며 냄새를 맡으면 노출될 수 있다. 만약 반려견이 살충제 등이 살포된 잔디 위에서 뒹굴면, 접촉 발진이 발생할 수도 있다. 반려견을 씻길 때 식기 세척용 세제를 사용하면 일반적으로 잔디에 살포하는 유성 제품들을 제거할 수 있기 때문에 도움이 된다.

살충제는 인간이 사는 거의 모든 지역에서 흔히 접할 수 있다. 정원, 농경지, 꽃밭, 건물에서 벌레를 막는 데는 좋으나 반려견에게는 안전하지 않다. 반려견이 최근에 조성된 잔디밭에서 놀면 더 많은 양의 유해한 화학물질에 노출된다. 대부분의 공공 공원과 보도는 안전하지만 어떤 잔디밭이 안전한지, 어떤 것이 화학물질로 덮여 있는지 알 수 없기 때문에 확실하지 않다면 주의를 기울이는 것이 바람직하다. 쥐약은 일반적으로 건물 기초 근처와 덤불 아래에 놓여져 반려견에게는 미끼 덩어리처럼 보인다. 만약 반려견이 쥐약을 먹은 것으로 판단되면 즉시 수의사에게 데려가야 한다.

사 목줄을 하지 않은 반려견

반려견에게 목줄을 하는 것은 모두의 안전을 위해 필수적이다. 목줄은 다른 반려견이 공격적이면 개입하는 것을 훨씬 쉽게 해주며 교통체증에 빠지거나, 다람쥐, 스케이트보드, 자전거를 쫓거나 길을 잃는 것을 예방할 수 있다. 또한 예상치 못한 상황이 발행하면 목줄은 반려견을 통제할 수 있도록 해준다. 목줄을 한 반려견은 목줄을 하지 않는 반려견이 접근할 때 위협을 느낄 수 있다. 목줄을 풀어준 보호자는 자기의 반려견이 매우 친절하고 공격적이지 않으며 물지 않는다고 하여도 주의하여야 한다. 목줄이 없는 반려견을 보게 되면 미연의 사고를 방지하기 위해 돌아서서 다른 방향으로 가도록 한다.

11.2 독성식물

반려견이 식물의 잎 냄새를 맡고 먹기를 좋아한다면, 반려견에게 유독한 독성식물(Toxic Plants)의 종류를 알고 있는 것이 도움이 된다. 유독한 식물 중 일부는 일반적으로 야외에서 흔히 볼 수 있는 식물이다. 여기에는 철쭉, 수선화, 페리윙클, 협죽도, 백합, 미나리아재비, 원추리 등이 포함된다. 반려견에게 유독한 식물인지 알 수 없다면, 반려견을 잠재적인 독성식물이 있는 곳으로부터 멀리 벗어나는 것이 가장 안전하다. 반려견이 허약, 구토, 현기증, 설사, 침을 흘리는 등의 독성 징후를 보이면 즉시 수의사에게 데려가야 한다. 반려견에게 위험한 식물과 안전한 식물에 대한 자세한 내용은 미국 동물보호협회(ASPCA)를 참조하기 바란다. 여기에서는 위험도가 높은 식물에 대해서만 간단히 살펴보도록 한다.

가 국화

- 위험 대상 : 개, 고양이, 말
- 독성 : 세스퀴테르펜(Sesquiterpene), 락톤(Lactones), 피레트린 및 기타 잠재적 자극제(Pyrethrins and Other Potential Irritants)
- 증상 : 구토, 설사, 과다한 침 흘림, 협동운동장애, 피부염

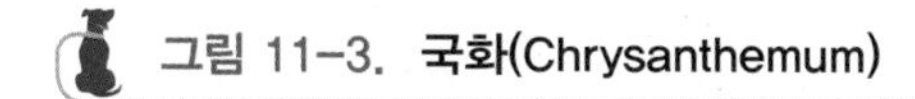

그림 11-3. 국화(Chrysanthemum)

나 남천나무

- 위험 대상: 개, 고양이, 말
- 독성 : 청산글리코시드(시안배당체, Cyanogenic Glycosides)
- 증상 : 허약, 협동운동장애, 발작, 혼수상태, 호흡 부전, 사망(반려동물에서 드묾)

그림 11-4. **남천나무(Heavenly Bamboo)**

다 델리피움(제비고깔)

- 위험 대상 : 개, 고양이, 말
- 독성 : 디테르펜 알칼로이드(Diterpene Alkaloids)
- 증상 : 식물의 독성은 계절적 변화와 현장 조건에 따라 달라질 수 있다. 식물이 성숙할수록 일반적으로 독성이 약해진다. 이 식물의 알칼로이드는 신경근육 마비를 일으킨다. 호흡마비로 사망에 이를 수 있는 심부전이 발생할 수 있다.

  변비(Constipation), 산통(Colic), 과다한 침 흘림(Increased Salivation), 근육 떨림(Muscle Tremors), 경직(Stiffness), 허약(Weakness), 드러누움(Recumbency), 경련(Convulsions) 등.

 그림 11-5. **델리피움(Larkspur)**

라 마취목

- 위험 대상 : 개, 고양이, 말
- 독성 : 그라야노톡신(Grayanotoxin)
- 증상 : 구토, 설사, 무기력, 심부전 등

그림 11-6. **마취목(Andromeda Japonica)**

마 베고니아

- 위험 대상 : 개, 고양이, 말
- 독성 : 수용성 칼슘 옥살염(Soluble Calcium Oxalates)
- 증상 : 신장 장애(방목 동물에서), 구토, 침흘림, 가장 독성이 강한 부분은 아래 부분임

그림 11-7. **베고니아(Begonia)**

바 사과나무

- 위험 대상 : 개, 고양이, 말
- 독성 : 청산가리로도 알려진 시안배당체(Cyanogenic Glycosides)
- 증상 : 줄기, 잎, 씨앗은 시안화(Cyanide)를 함유하고 있다. 특히 시드는 과정에서 독성이 생긴다. 벽돌색 점막, 팽창된 동공, 호흡 곤란, 헐떡거림, 쇼크.

그림 11-8. **사과나무(Apple Tree)**

사 살구나무

- 위험 대상 : 개, 고양이, 말
- 독성 : 일부 품종에서 발견되는 시안배당체(Cyanogenic Glycosides)
- 증상: 줄기, 잎, 씨앗은 시안화(Cyanide)를 함유하고 있다. 특히 시드는 과정에서 독성이 있다. 벽돌색 점막, 팽창된 동공, 호흡 곤란, 헐떡거림, 쇼크.

그림 11-9. **살구나무(Apricot Tree)**

아 소철

- 위험 대상 : 개, 고양이, 말
- 독성 : 사이카신(Cycasin), B-메틸아미노-l-알라닌(B-methylamino-L-alanine)
- 증상 : 구토(혈액을 동반할 수 있음), 흑색변, 황달, 심한 목마름, 혈액이 섞인 설사, 타박상, 간 부전, 사망. 씨앗 1~2개로도 반려견에게 치명적일 수 있음.

그림 11-10. **소철(Cycads)**

자 수선화

- 위험 대상 : 개, 고양이, 말
- 독성 : 리코린(Lycorine) 와 다른 알칼로이드(Other Alkaloids)
- 증상 : 구토, 설사, 다량 섭취는 경련/저혈압/떨림/심장 부정맥이 발생. 알뿌리가 가장 독성이 강한 부분임.

 그림 11-11. **수선화(Daffodil)**

차 시클라멘

- 위험 대상 : 개, 고양이
- 독성 : 테르페노이드 사포닌(Terpenoid Saponins)
- 증상 : 침 흘림, 구토, 설사, 덩이줄기(괴경)를 다량 섭취 시 심장박동 이상, 발작, 사망

그림 11-12. **시클라멘(Sowbread)**

카 심장풀

- 위험 대상 : 개, 고양이, 말
- 독성 : 강심배당체(Cardiac Glycosides)
- 증상 : 심장 부정맥, 구토, 설사, 허약, 심장 부전, 사망

그림 11-13. **심장풀(디기탈리스 Digitalis, 폭스글러브 Foxglove)**

타 아이비

- 위험 대상 : 개, 고양이, 말
- 독성 : 트리테르페노이드 사포닌(Triterpenoid Saponins), 헤더라게닌(Hederagenin)
- 증상 : 구토, 복통, 과도한 침흘림, 설사, 열매보다 잎에서 독성이 더 강함

 그림 11-14. **아이비(Branching Ivy)**

파 알로에

- 위험 대상 : 개, 고양이, 말
- 독성 : 사포닌(Saponins), 안트라퀴논(Anthraquinones)
- 증상 : 구토(말은 제외), 혼수, 설사. 젤은 식용으로 간주함.

그림 11-15. **알로에(Aloe)**

하 옥천앵두

- 위험 대상 : 개, 고양이, 말
- 독성 : 솔라닌(Solanine)
- 증상 : 위장 장애, 위장계의 궤양 가능성, 발작, 우울증, 호흡 저하, 쇼크

그림 11-16. **옥천앵두(Ornamental Pepper)**

거 은방울꽃

- 위험 대상 : 개, 고양이, 말
- 독성 : 카르데놀라이드(Cardenolides), 콘발라린(Convallarin, and Others)
- 증상 : 구토, 부정맥, 저혈압, 방향 감각 상실, 혼수상태, 발작

그림 11-17. **은방울꽃(Lily of the Valley)**

너 진달래, 철쭉

- 위험 대상 : 개, 고양이, 말
- 독성 : 그라야노톡신(Grayanotoxin)
- 증상 : 구토(말은 제외), 설사, 허약, 심부전

그림 11-18. **진달래(Azalea, Royal Azalea)**

더 페리윙클(일일초)

- 위험 대상 : 개, 고양이, 말
- 독성 : 식물성 알카로이드(Vinca Alkaloids)
- 증상 : 구토, 설사, 저혈압, 우울증, 떨림, 발작, 혼수상태, 사망

그림 11-19. 페리윙클(Periwinkle)

러 피마자

아주까리(Castor Oil Plant), 몰 빈 플랜트(Mole Bean Plant), 아프리카 원더 트리(African Wonder Tree)로도 잘 알려져 있는 식물

- 위험 대상 : 개, 고양이, 말
- 독성 : 리신(Ricin, 단백질 합성을 저해하는 독성 화합물)
- 증상 : 씨앗은 독성이 매우 강하다. 구강 자극, 입과 목의 화끈거림, 갈증, 구토, 설사, 신부전, 경련. 리신은 단백질 합성을 억제하는 독성이 강한 성분이다. 씨앗을 약 28g(1온스)만 섭취하면 치명적일 수 있다. 증상은 일반적으로 섭취 후 12~48시간 후에 발병하며, 증상이 진행되면 피가 섞인 설사, 경련, 혼수상태 및 사망에 이를 수 있다.
  식욕 상실, 과도한 갈증, 허약, 산통, 떨림, 땀, 조정력 상실, 호흡곤란, 진행성 중추신경계 저하, 발열 등.

 그림 11-20. **피마자(Castor Bean Plant)**

마 튤립

- 위험 대상 : 개, 고양이, 말
- 독성 : 튤리팔린 A와 B(Tulipalin A and B)
- 증상 : 구토, 우울, 설사, 침 흘림, 구근(알뿌리) 내 독소 농도가 가장 높음

그림 11-21. **튤립(Tulip)**

버 크로커스(사프란)

- 위험 대상 : 개, 고양이, 말
- 독성 : 칼처신 및 기타 알칼로이드(Colchicine and Other Alkaloids)
- 증상 : 혈액구토, 설사, 쇼크, 다양한 장기 손상, 골수 억제

그림 11-22. **크로커스(Autumn Crocus)**

서 협죽도

- 위험 대상 : 개, 고양이, 말
- 독성 : 강심배당체(Cardiac Glycosides)
- 증상 : 침 흘림, 복통, 설사, 산통, 우울증, 사망

그림 11-23. **협죽도(Oleander)**

어 회양목

- 위험 대상 : 개, 고양이, 말
- 독성 : 알칼로이드(Alkaloids)
- 증상 : 개와 고양이는 구토, 설사.
  말은 산통, 설사, 호흡 부전, 발작.

그림 11-24. **회양목(Boxwood)**

11.3 벼룩

가 벼룩(Bourne, et al., 2018)

벼룩은 포유류와 조류 등 온혈척추동물에 기생하는 벌레이다. 집에서 가장 흔히 발견되는 벼룩 해충은 고양이 벼룩이다. 개 벼룩 또한 문제가 될 수 있지만, 북아메리카에서 개와 고양이 모두를 감염시키는 것으로 밝혀진 것은 고양이 벼룩이다. 약 1.5~3.3mm(1/16~1/8inch)로 크기가 매우 작고, 날개가 없고, 어두운 갈색 또는 검은색, 좌우로 평평하게 보이는 6개의 다리가 있는 곤충이다. 벼룩은 몸길이의 약 200배인 약 33cm(13inch)까지 점프하는 것으로 알려져 있다.

날씨가 따뜻하고 습할 때 번성하는 벼룩은 반려견과 보호자 모두에게 큰 골칫거리이다. 많은 반려견들이 실내에서 생활하고 벼룩은 일 년 내내 집과 정원을 오염시킨다. 벼룩은 반려견에게 끊임없는 자극의 원천이고 여러 가지 질병을 옮길 수 있다. 벼룩은 벼룩 알레르기 피부염(Flea Allergy Dermatitis, FAD), 장내 촌충의 근원이 될 수 있으며, 심한 감염은 철결핍성빈혈을 유발할 수 있다. 집과 집 주변에 침입한 벼룩은 알레르기 반응을 일으키며 인간이 물리는 결과를 초래할 수 있다. 그 결과로 생기는 발진은 벼룩의 수와 개별적인 과민반응에 따라 가볍거나 광범위할 수 있다.

그림 11-25. 벼룩(Flea)

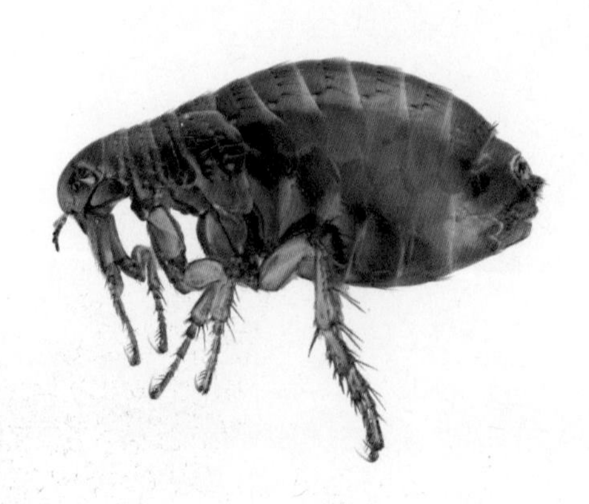

벼룩이 왜 그렇게 통제하기 어려운지 이해하기 위해서 벼룩의 생활주기와 습관에 대해 알면 도움이 된다. 벼룩은 알, 애벌레, 번데기, 성체의 4단계 발달 단계를 거치는데 성체가 된 벼룩은 거의 전적으로 숙주의 피를 빨아먹고 산다. 알은 숙주가 되는 반려견의 털에 쌓이다가 움직임에 의해 집이나 정원에 떨어지게 된다. 알은 1~10일 후에 애벌레로 부화한다. 부화는 따뜻(24~29℃)하고 습한 환경(50~90%)에서 더 잘된다. 이 애벌레들은 기어다니면서, 보통 양탄자의 밑바닥과 어둡고 구석진 먼지 층에서 발견되는데, 그곳은 생존에 필요한 유기물과 벼룩의 배설물을 찾을 수 있기 때문이다. 또한 애벌레들이 번성하기 위해서는 습기와 따뜻함이 필요하다. 애벌레는 보통 5~12일이 지나면 번데기 단계를 위해 고치를 형성한다. 번데기가 고치 안에서 성충이 되기 위해 성숙되면 이후 압력이나 열을 받아 고치에서 나오게 된다. 번데기 단계가 시작된 후 평균 1~4주 후에 성체가 된 어른 벼룩이 고치에서 나온다. 자극을 받지 않으면 번데기/고치 단계는 약 6개월 동안 휴면 상태에서 생존할 수 있으며, 다 자란 벼룩은 약 100일을 살 수 있다. 고치에서 나온 성체 벼룩은 숙주에 착륙한 후 10초 이내에 먹이를 먹기 시작한다.

벼룩은 숙주의 피부를 뚫고 들어가 더 효과적으로 혈액에 접근할 수 있도록 해주는 타액을 피부 상처에 주입하게 된다. 또한, 침에는 혈액이 응고되는 것을 막는 물질이 포함되어 있어 혈액 흡수를 더욱 용이하게 한다. 벼룩이 숙주의 혈액을 먹는 동안, 그들은 소화된 혈액을 부분적으로 배설하게 되는데, 이것은 종종 숙주에게 벼룩 배설물인 '**벼룩 먼지**(Flea Dirt)'를 남긴다. 이 벼룩 먼지는 숙주 환경에 떨어져 다시금 벼룩 유충의 영양 공급원이 될 것이다. 일단 어른 벼룩이 먹이를 주기 시작하면, 제거되지 않는 한, 성체 벼룩은 평생을 숙주에서 보낸다. 암컷 벼룩은 보통 먹이를 주기 시작한 지 이틀 후에 알을 낳기 시작하고 해당 숙주에게만 알을 낳는다. 성인 암컷 벼룩은 일생 동안 약 2,000개의 알을 낳을 수 있으며, 벼룩이 생산한 알은 주변 환경에 떨어지게 된다.

가정에서 벼룩이 성체로 발달하는데 적절한 장소로는 반려견의 침구, 가구 쿠션 및 두꺼운 양탄자가 있으며, 보호 구역 등 주로 반려견이 대부분의 시간을 보내는 장소이다. 나무나 타일 바닥은 벼룩 발달에 적합하지 않다. 마찬가지로, 지속적인 햇빛에 노출된 잔디밭의 열린 부분은 벼룩의 발달을 지원하지 않지만 그늘지고 습기가 많은 지역은 벼룩의 발달을 도와준다. 실외에 벼룩이 발달하기 좋은 장소는 개집, 화단, 정원, 계단이나 현관 아래 등이 있다. 반려견이 시간을 보내는 직사광선이 없는 곳은 벼룩이 들끓고 재감염의 근원이 될 수 있다.

벼룩의 침입을 통제하기 위해서는 반려견, 집, 정원에서 벼룩을 완벽히 제거해야 한다. 전체 벼룩 관리 프로그램에서 가장 중요한 원칙은 반려견의 환경뿐만 아니라 반려견과 다른 모든 반려견들도 동시에 다루어야 한다는 것이다. 벼룩 통합 관리 프로그램에는 사후 처리와 함께 반려견과 환경에 대한 좋은 위생과 치료가 포함되어 있다.

보호자들은 종종 벼룩의 침입을 제거하려는 노력을 기울이다가 좌절한다. 벼룩의 발달단계 중 번데기나 고치 단계는 벼룩의 개체수를 조절하지 못하는 모든 살충제에 내성을 가지기 때문이다. 번데기 단계는 140~170일 동안 휴면할 수 있어서 일부 지역에서는 실제로 벼룩이 겨울을 날 수도 있다. 흔한 실패 시나리오는 보호자가 벼룩을 치료하고 나서 1~2주 후에 벼룩의 전염이 돌아오는 것이다. 왜냐하면 새로운 성체들이 살충제에 강한 고치에서 나오기 때문이다. 또 다른 실패 원인은 근원점을 제거하지 못했거나 충분하지 않게 처리하였기 때문이다. 실내 및 실외 근원점은 벼룩이 많이 들끓고 반려견이 많이 이용하고 머무는 지역이다. 대부분의 환경에서 벼룩의 침입의 95%는 집이나 정원의 5% 내에 있다. 벼룩에 대한 대부분의 감염은 이러한 근원지점에 있다. 따라서 이 지점들은 적절하게 처리되어야 하고 보통 살충제를 뿌린 후 1~2주 후에 다시 살충제를 뿌려주어야 한다.

나 벼룩 관련 질병(Elliott, 2019; Hartz, n. d.)

1) 벼룩 알레르기 피부염(FAD Flea Allergy Dermatitis)

벼룩 알레르기 피부염은 반려견의 알레르기 반응을 일으키는 주요 원인이다(Hunter, n.d.). 알레르기 반응에서, 인체의 면역체계는 보통 무해한 물질(항원이라고 불림)에 과민반응을 보인다. 벼룩 알레르기 피부염은 반려견들의 가려움증의 흔한 원인이다. 성충 벼룩은 번식을 하기 위해 반려견을 물고 혈액을 섭취해야 한다. 벼룩은 일반적으로 혈액을 먹는 몇 분에서 몇 시간 동안을 제외하고는 반려견에 남아있지 않는다. 이것이 보호자들이 가까운 환경에 심각한 벼룩의 침해가 없는 한 종종 반려견으로 부터 살아있는 벼룩을 보지 못하는 이유이다. 벼룩이 혈액을 먹으려고 할 때, 그들은 피부에 소량의 침을 주입한다. 예민한 반려견들에게 심하게 가려운 반응을 일으키는 것은 침 속의 항원이나 단백질 때문이다. 벼룩 알레르기 피부염을 가진 반려견을 가렵게 하기 위해 벼룩이 계속 반려견에게 붙어 있어야 하는 것은 아니다. 한 번의 벼룩 물림이 며칠 동안 가려움증을 일으킬 수 있기 때문이다.

벼룩 알레르기 피부염은 모든 연령에 나타날 수 있지만 대부분은 2~5세 사이에 나타난다. 흡입된 알레르기(예: 꽃가루, 곰팡이, 먼지 진드기)와 같은 다른 형태의 알레르기를 가진 반려견은 벼룩에 매우 민감하기 때문에 다른 알레르기 조건이 없는 반려견보다 벼룩 알레르기 피부염에 훨씬 더 취약하다는 점에 유의해야 한다.

일부 반려견들은 벼룩 침에 심한 알레르기가 있고 벼룩에 한 번만 물려도 극심한 불편함을 경험할 수 있다. 일반적인 벼룩 알레르기 피부염 증상으로는 탈모(털빠짐), 피부 통증, 피부 균열, 피부 색소 침착, 집중 긁기가 있다.

 그림 11-26. **벼룩 취약지역(Flea Triangle)**

2) 벼룩 물림 빈혈(Flea-Bite Anemia)

반려견이 건강하고 활기찬 몸을 유지하기 위해서는 일정한 수의 적혈구가 있어야 하며, 너무 많은 출혈은 빈혈로 이어질 수 있다. 어떤 반려견이라도 벼룩에 물려 빈혈이 생길 수 있지만, 일부 반려견들은 더 민감한 반응을 보일 수도 있다. 작은 반려견과 강아지는 큰 반려견들보다 혈액량이 적고, 나이가 많거나 병든 반려견은 건강한 반려견만큼 빨리 혈액 세포를 만들 수 없다. 벼룩 한 마리는 하루에도 수백 번 반려견을 물어뜯을 수 있다. 짧은 시간 내에, 가벼운 전염병도 심각한 결과를 초래할 수 있으며, 매우 심한 경우는 생명에 치명적일 수 있다. 만약 반려견이 무기력, 약함 또는 잇몸이 창백한 증상을 보인다면, 즉시 수의사의 진료를 받아야 한다.

3) 촌충(Tapeworms)

반려견이 촌충 알이 들어있는 벼룩을 섭취한다면 촌충에 감염될 수 있다. 반려견의 소화기관 안에서, 촌충 알은 성인 촌충으로 성숙한다. 이 촌충은 반려견의 소장 내부에 고리를 걸고, 영양분이 소화기관을 통과할 때 영양분을 흡수한다. 때문에 촌충은 반려견에게 영양결핍, 체중감소, 그리고 쇠약함을 일으킬 수 있다. 촌충에 감염되면 피로감과 식욕부진 증상을 보이며, 심각한 감염은 만성 설사와 변비를 동반할 수 있다. 문제가 의심되면 반려견의 배설물(대변)을 살펴보도록 한다. 촌충은 작고 하얀 벌레 또는 쌀 알갱이처럼 보인다. 만약 반려견이 이미 촌충을 가지고 있다고 의심된다면, 즉시 수의사의 진료를 받도록 한다.

4) 발진열(Murine Typhus)

발진열이란 리케차 타이피(Rickettsia Typhi)라는 균에 감염되어 발생하는 급성 열성 전염병이다. 임상 증세는 발진티푸스(Epidemic Typhus)와 비슷하지만, 일반적으로 증세가 가벼우며 사망하는 경우는 거의 없다. 주로 가을철에 많이 발생하며, 농촌이나 곡물 창고같이 쥐가 많이 서식하는 지역에서 주로 발병한다.

발진열을 유발하는 리케차 타이피(Rickettsia Typhi)균은 발진열 환자의 혈액을 흡혈한 쥐벼룩이 다른 사람을 물거나 피부 상처, 비말을 통해 흡입되면 전염된다. 감염된 쥐벼룩은 감염원인인 리케차 타이피를 배설한다. 이때 사람이 감염된 쥐벼룩의 배설물을 문지르거나, 먼지나 벗겨진 상처를 통해 흡입하는 경우, 또는 쥐벼룩에 물린 경우 발진열에 감염될 수 있다.

리케차 타이피는 건조된 분변 속에서 수개월에서 1년간 생존하며, 56° C의 고온에서 30분간 가열하면 사멸한다. 이 질환은 집쥐가 있는 곳에는 어느 곳에서든 발생할 수 있다. 주병원소는 쥐나 쥐벼룩이지만, 고양이나 고양이 벼룩도 매개체가 될 수 있다. 한 번 걸리면 평생 면역되지만, 발진열을 예방하기 위해서는 벼룩에 물리지 않는 것이 중요하다. 환자로부터 직접 전파되지 않으므로, 환자를 격리하거나 소독하지 않아도 된다. 현재까지 예방 백신은 개발되지 않았다.

다 벼룩 예방법

벼룩을 제거하기 위하여 벼룩 빗을 비눗물에 담가 반려견의 털을 빗겨주면 반려견의 벼룩을 제거할 수 있다. 목욕을 하면 벼룩의 먼지를 씻어내고 가려움을 조절할 수 있다. 벼룩 관리의 다음 단계는 모든 반려견과 실내외 환경에 살충제를 동시에 적용하는 것이다. 개, 고양이, 페렛과 같은 모든 애완동물은 동시에 다루어야 하며, 자유로이 돌아다닐 수 있는 동물들은 환경으로부터 격리되어야 한다. 환경에서 벼룩을 성공적으로 제거하기 위해서는 반복적인 치료가 필요하다. 야외에서 보내는 시간을 제한하여 야생동물과 길 잃은 동물과의 접촉을 제한하고, 정기적으로 반려견을 목욕하고 빗질을 하여 벼룩을 확인한다. 벼룩은 따뜻하고 습한 계절을 선호하지만, 먹이를 줄 동물이 있다면 벼룩은 일 년 내내 살아남을 수 있다. 성인 벼룩을 죽이고 부화에서 새로운 것을 방지하기 위해 일 년 내내 벼룩을 제거하는 노력을 해야 한다.

그림 11-27. **벼룩을 주의 깊게 관찰할 부분**

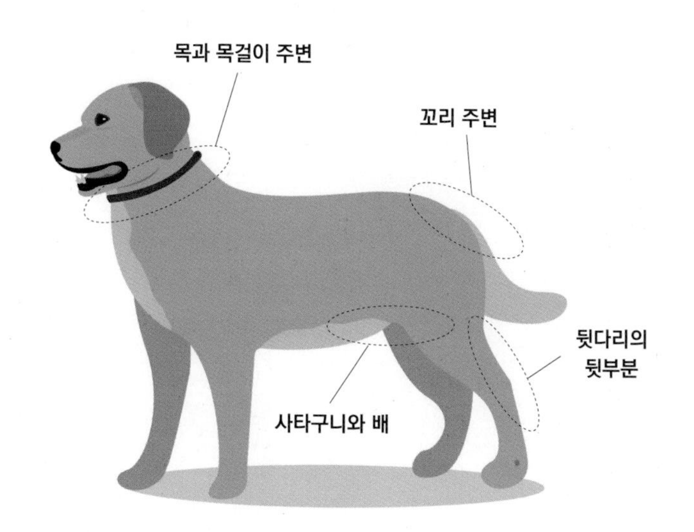

11.4 진드기

가 진드기(Federation of American Societies for Experimental Biology, 2014)

진드기는 거미강 기생진드기상목에 속하는 참진드기목(Ixodida) 또는 후기문진드기목(後氣門-目, Metastigmata) 절지동물의 총칭이다. 큰진드기라고도 부른다. 18속 900여 종으로 분류한다.

몸길이는 일반적으로 0.5~1mm이나 흡혈 진드기는 몸길이가 약 2mm에 이른다. 몸은 머리 · 가슴 · 배가 융합하여 한몸이며, 더듬이 · 겹눈 · 날개 등이 없고 네 쌍의 걷는 다리가 있다. 간단한 구조로 된 눈이 한두 쌍 있는데 대부분의 응애류에는 이것이 없어 응애와 구별된다. 참고로 응애(Mites)는 진드기아강에 속하는 진드기를 제외한 모든 절지동물의 총칭이다. 진드기를 큰진드기라고 부르는 대신에 응애는 작은진드기 또는 좀진드기라고 부른다. 몸길이가 1~2mm인 거미강의 동물이다. 전 세계적으로 분포하며 농업해충의 종류가 많다. 진드기는 몸길이 대비 가장 빠른 동물로 알려져 있다. 캘리포니아 남부에 서식하는 진드기(Paratarsotomus Macropalpis)는 몸집이 참깨 씨앗보다 작지만, 초당 자신의 몸길이의 322배에 달하는 거리를 뛰어갈 수 있다.

그림 11-28. 진드기(Tick)

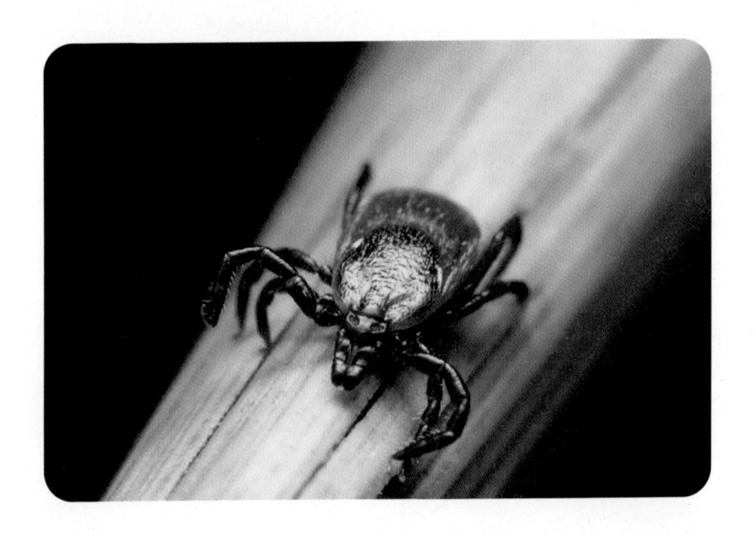

진드기 중에서 사람과 가축에 유해한 것은 약 10%에 불과하고 90%는 무해한 것으로 밝혀졌다. 진드기 중 많은 종류가 적어도 일생 중 어느 한 시기는 기생동물로서 살아간다. 이들은 동물의 피나 식물의 즙을 빨아먹으며 세포 조직을 먹어치우기도 한다. 또 다른 진드기들은 치즈 · 밀가루 · 곡물 등을 먹는다. 몇 종류의 진드기는 사람과 말 · 소 · 양 등의 피부를 뚫고 들어가 피부에 가려움과 반점 · 부스럼 · 딱지를 만들면서 옴을 일으킨다. 또한 사람에게 침입하는 털진드기는 기다란 지렁이 모양의 진드기로, 털주머니(모낭)와 지방분비선에 파고든다. 어떤 종류의 진드기는 집에서 기르는 날짐승을 공격한다. 가장 잘 알려진 것으로 새진드기가 있는데, 이 진드기는 밤에만 동물의 피를 빨아먹고 낮에는 갈라진 틈 속에 숨어 지낸다. 몇 종의 진드기는 진딧물을 먹으며, 또 다른 진드기들은 메뚜기 등의 곤충 알을 먹는다. 많은 진드기가 흙속에 살면서 죽은 동식물의 분해를 돕는다. 응애와 마찬가지로 형태에 변화가 많고 환경에 적응하는 모습도 다양하다.

나 진드기 매개 질병

진드기 중 유해한 진드기는 치명적인 질병을 매개하는 위험한 해충이다. 매년 수천 마리의 반려견이 위험한 진드기 전염병에 감염된다. 진드기는 반려견에 달라붙어 혈액을 빨아먹고 질병을 직접 전달하는 기생충이다. 진드기 매개 질병은 진드기가 반려견을 물어서 그 병원체를 반려견의 몸으로 전염시킬 때 발생한다. 이 병원균들 중 많은 것들이 인수공통인데, 이것은 사람도 감염시킬 수 있다는 것을 의미한다. 이 병원균들에 감염되기 위해서는 진드기 내에서 그들의 생명주기 단계를 완료해야 하기 때문에 질병은 반려견과 인간 사이에 직접적으로 퍼지지 않는다. 그러므로, 인간과 반려견이 아닌 가족들도 감염될 수 있지만, 질병을 옮기기 위해서는 직접적인 진드기 물림이 필요하다. 가장 흔한 진드기 매개 질병은 라임병, 에르리키아증, 아나플라즈마감염증, 바베시아증, 바르토넬라증, 개 헤파토주노증이 있다.

진드기를 매개로 하는 전염병은 다음과 같다.

1) 라임병(Lyme disease)(Tarantino, 2019)

라임병은 보렐리아 부르그도르페리(Borrelia Burgdorferi) 박테리아에 의해 발생한다. 라임은 사슴 진드기(Deer Tick)나 검은 다리 진드기(Black-legged Tick)에 의해 반려견에게 전달된다. 이 병을 전염시키기 위해서는 사슴 진드기가 36~48시간 동안 반려견에게 붙어있어야 한다. 미국 코네티컷주(Connecticut)의 대서양 해안에 위치한 조그마한 소도시 올드 라임(Old Lyme)에서 유래하여 라임병(Lyme Disease)이라고 부른다.

라임병에 노출된 대부분의 반려견들은 어떤 확인가능한 질병도 발병하지 않는다. 증상을 보이는 경우에는 관절에 영향을 미치며, 드물게는 신장에 영향을 미치기도 한다. 라임병에 감염되면 주로 관절의 염증에 의한 재발성 다리절음, 발열, 일반적 불쾌감 등의 증상을 보인다. 라임병에 걸린 많은 반려견들은 관절에 염증이 생겨 주기적으로 절게 된다. 때때로 이러한 다리 절음은 3~4일 동안만 지속되다가, 며칠에서 몇 주 후에 같은 다리나 다른 다리에서 재발한다. 이것은 **다리 이동 다리절음**(Shift-leg Lameness)으로 알려져 있다. 하나 이상의 관절이 붓고 열이 나며 아플 수 있다. 그 외 증상으로는 우울증, 림프절 비대, 식욕부진, 아치형 등과 함께 경직된 걸음, 접촉에 예민, 호흡곤란이 있다.

가장 좋은 예방법은 가능하다면 라임병이 흔한 진드기가 만연한 장소에 반려견을 데리고 가지 않는 것이다. 매일 반려견의 털과 피부를 확인하여 반려견에 숨어있는 진드기를 찾아서 제거하도록 한다. 진드기가 풍부한 지역에 거주하는 경우 라임 백신을 사용할 수 있으나 모든 반려견이 백신에 적합한 것은 아니므로 라임 백신 예방접종이 반려견에게 적합한지 수의사에게 확인하여야 한다.

2) 개 에르리키아증(Canine Ehrlichiosis)(PetMD, 2009 c)

일반적으로 개 에르리키아(Ehrlichia Canis) 와 에르리키아 르위니(Ehrlichia Lewinii)는 박테리아에 의해서 발생한다. 이 박테리아는 갈색 개 진드기(Brown Dog Tick) 또는 론 스타 진드기(Lone Star Tick)에 의해 전파된다. 이 유기체는 세포에 서식하는 박테리아의 일종으로 그 과정에서 백혈구를 파괴하게 된다. 1970년대 베트남에서 돌아온 군견이 감염된 것으로 밝혀지면서 처음에는 중대한 질병으로 주목받았다. 이 질병은 저먼 셰퍼드와 도베르만 핀셔르에서 특히 심각하다. 반려견을 감염시키는 것으로 알려진 가장 흔하고 전 세계적으로 가장 위험한 진드기 매개 질병 유기체 중 하나이다. 개 에르리키아증은 여러 신체면역 시스템에 영향을 미친다. 질병의 경중은 감염의 기간, 감염자의 면역 상태 및 박테리아의 변형 형태와 같은 요인에 따라 달라진다. 개 에르리키아증의 증상은 급성단계, 무증상 단계, 만성 단계의 3단계로 나누어진다. 급성단계는 감염된 진드기에 물린 후 약 1~3주에 나타나며 림프절 비대, 허약, 무기력, 우울증, 식욕부진, 호흡곤란, 사지 부종의 증상이 나타난다. 무증상 단계는 박테리아 임상적 증상 없이 여러 달 또는 여러 해 동안 존재하는 것을 말한다. 마지막 만성 단계에서는 비정상적인 출혈, 코피, 심각한 체중 감소, 발열, 폐의 염증으로 인한 호흡곤란, 관절 염증과 통증, 일부 동물의 발작, 조정 능력 부족, 머리 기울림, 눈통증, 빈혈, 신부전, 마비와 같은 증상을 보인다. 반려견을 자세히 관찰하고 만약 반려견의 어떤 부위든지 출혈이 시작되면 즉시 수의사의 진료를 받도록 한다. 반려견이 완전히 회복될 때까지 쉴 수 있는 조용한 공간을 제공하는 것이 좋다. 신체적 활동은 충격을 최소화 하면서 야외 산책도 짧게 해야 하며 진드기가 많이 존재하는 장소는 피하는 것이 좋다. 개 에르리키아증은 일반적인 감염이므로 거의 모든 지역에서 일 년 내내 조심하여야 한다. 가장 좋은 예방법은 반려견에게 진드기 방지 제품을 사용하여 진드기를 통제하고 매일 반려견의 피부와 털을 확인하는 것이다.

3) 개 아나플라즈마감염증(Canine Anaplasmosis)(Vogelsang, 2017)

개 아나플라즈마증은 반려견에서 다음의 2가지 형태로 나타나는 박테리아 질병이다. 아나플라즈마 파고시토필륨(Anaplasma Phagocytophilium)은 백혈구를 감염시키며, 아나플라즈마 플라티스(Anaplasma Platys)는 반려견의 혈소판을 감염시킨다. 아나플라즈마 플라티스는 갈색 개 진드기에 의해서 전파되며 아나플라즈마 파고시토필륨은 사슴 진드기와 서양 검은 다리 진드기에 의해서 전파된다. 또한 사슴 진드기와 서양 검은 다리 진드기는 다른 질병을 위한 매개체이기 때문에 다른 진드기 매개 질병에 공통으로 감염될 확률이 높다. 증상은 대개 처음 진드기에 물리고 전염된지 1~2주 내에 시작된다. 2가지 주요 아나플라즈마증 유기체가 서로 다른 종류의 세포를 감염시키므로, 어떤 유기체가 반려견을 감염시키느냐에 따라 증상들이 달라진다. 아나플라즈마 파고시토필륨이 더 일반적인 형태이다. 증상은 대체로 모호하고 특이하지 않아 의심이 가는 뚜렷한 징후가 없기 때문에 수의사가 진단을 내리기가 쉽지 않다. 보호자에 의해 가장 흔히 보고된 증상은 발열, 두통, 오한, 근육통이다. 반려견이 어떤 영향을 받을지 추측할 수 있지만, 반려견에게서 아나플라즈마증의 증상이 무엇인지 설명할 때 우리가 관찰할 수 있는 것으로 제한된다. 다리절음과 관절 통증, 무기력, 식욕부진, 발열, 더 일반적이기는 하지만 기침, 발작, 구토, 설사 증상들이 보고되고 있다. 아나플라즈마 플라티스는 응고작용을 하는 혈소판을 감염시킨다. 따라서 이러한 형태의 증상은 신체가 적절하게 출혈을 멈출 수 없는 것과 관련이 있으며, 코피뿐만 아니라 잇몸과 배에 멍과 붉은 반점이 생길 수 있다.

4) 개 바베시아증(Canine Babesiosis)(PetMD, 2009 b)

개 바베시아증은 바베시아(Babesia) 속 원생 기생충에 의해 유발되는 질병이다. 반려견의 감염은 진드기에 의한 전염과 반려견에게 물림, 수혈, 태반을 통한 혈액 전달을 통한 직접 전염에 의해 발생할 수 있다. 가장 흔한 전염 방식은 진드기에 물리는 것인데, 이는 바베시아 기생충이 숙주 포유류에 도달하기 위한 저장고로 진드기를 사용하기 때문이다. 잠복기는 평균 2주 정도지만 증상은 경미할 수 있으며 몇 달에서 몇 년 동안 진단되지 않는 경우도 있다. 일반적으로 미국 개 진드기와 갈색 개 진드기에 의해 전염된다. 피로프라즈마(Piroplasma)는 적혈구를 감염시키고 복제하여 직접적인 용혈성 빈혈과 면역 매개 용혈성 빈혈을 유발하며, 여기서 적혈구는 용혈(파괴)을 통해 분해되고 헤모글로빈은 체내로 방출된다. 이러한 헤모글로빈의 방출은 황달과 빈혈 증상으로 이어질 수 있으며, 특히 신체가 파괴되는 적혈구를 대체할 수 있는 충분한 새로운 적혈구를 생산할 수 없을 때 빈혈로 이어질 수 있다. 면역 매개 용혈성 빈혈은 기생충에 의한 적혈구 파괴보다 임상적으로 더 중요할 가능성이 있다. 왜냐하면 병의 심각성은 기생충혈증의 정도에 달려있지 않기 때문이다. 일반적으로 에너지 부족, 식욕부진, 창백한 잇몸, 발열, 복부 비대, 유색 소변, 노란색 또는 주황색 피부, 체중 감소, 변색된 대변의 증상을 보인다.

반려견이 진드기 서식지로 알려진 지역에서 시간을 보내는 경우 예방이 최선의 조치이다. 매일 반려견을 확인하고 진드기가 발견되면 즉시 제거하도록 한다. 진드기가 신체에 오래 머물수록 기생충의 전염 가능성이 높아질 가능성이 높다.

5) 개 바르토넬라증(Canine Bartonellosis)(PetMD, 2009 a)

바르토넬라증은 반려견과 고양이에게도 영향을 미칠 수 있는 그람 음성 박테리아(Gram-negative Bacteria)인 바르토넬라균(Bartonella)에 의해 야기되는 전염성 박테리아 질병이다. 사람에게서 바르토넬라 박테리아 감염은 고양이 긁는 병으로도 알려져 있지만, 고양이 긁는 병이나 반드시 물린 상처를 통해 얻어진 것은 아닐 수도 있다. 바르토넬라 종 박테리아는 벼룩, 모래파리, 이, 진드기(갈색 개진드기)를 통해 반려견에게 전염된다. 모래파리, 이, 벼룩, 진드기 같은 매개에 대한 노출 증가로 인해 목양견과 사냥견들은 위험에 처할 확률이 더 높다. 또한 이 질병은 반려견과 인간 모두 임상 증상의 공통적인 범위를 공유하고 있다는 것이다. 이것은 동물과 인간 사이에 전염될 수 있다는 것을 의미하는 인수공통전염병이다. 다행히도, 이 질병은 인간에게 치명적이지는 않지만, 에이즈 바이러스에 걸린 환자나 화학 치료를 받고 있는 환자들과 같이 면역력이 손상된 환자들에게는 위험이 크다. 증상은 발열, 비장과 간 비대, 다리절음, 림프절의 붓기와 염증, 심장 근육의 염증, 코의 염증과 자극, 눈의 염증, 구토, 설사, 기침, 발작, 관절염, 비강 고름 또는 코피, 뇌의 염증, 인간에서 나타나는 유사한 다른 많은 증상이 포함된다.

6) 개 헤파토주노증(Canine Hepatozoonosis)(Barnette, C., n. d.)

헤파토주노증은 헤파토존(Hepatozoon)으로 알려진 원생동물에 의해 발생하는 질병이다. 헤파토주노증을 유발할 수 있는 원생동물에는 헤파토준 카니스(Hepatozoon Canis)와 헤파토준 아메리카움(Hepatozoon Americanum)의 2가지 다른 종이 있다. 헤파토준 아메리카움은 미국 남부와 동남부 전역에서 가장 흔하지만, 다른 지역에서도 관찰된다. 헤파토준 카니스는 미국을 포함한 여러 나라에서 알려져 왔으며 열대 지역에서 가장 흔하다. 비록 두 종 모두 헤파토주노증의 원인이지만, 예상되는 질병의 과정과 치료법에 있어서 다르다. 헤파토준 아메리카움은 걸프만 진드기에 의해 전염된다. 반려견들은 성체 걸프 진드기를 먹거나 진드기의 애벌레 단계가 포함된 새나 설치류를 먹음으로써 감염된다. 진드기는 감염된 반려견에게 먹혀서 감염된다. 그리고 그들은 평생 동안 그 병을 스스로 옮긴다. 감염된 진드기는 또한 그들의 자손에게 질병을 전염시켜 감염이 퍼지게 하고 지역 진드기 집단 내에서 널리 퍼지게 할 수 있다. 반려견이 헤파토준 아메리카움에 감염된 걸프만 진드기를 먹은 후, 그 유기체는 진드기 안에서 방출되어 반려견의 장벽을 관통한다. 거기서부터 혈액이나 림프관에 의해 반려견의 비장, 간, 림프절, 골수, 폐, 췌장, 골격근으로 운반된다. 그것이 성숙하고 번식하기 시작하면서, 그 유기체는 감염 부위에 상당한 염증을 일으킬 수 있는 큰 낭종을 만든다. 심각한 염증을 일으키는 근육 낭종은 이 유기체의 일반적인 발견이다. 헤파토준 카니스는 진드기의 섭취에 의해서도 퍼지지만, 헤파토준 아메리카움과는 다른 종의 진드기와 관련이 있다. 반려견들은 감염된 성인 갈색 개 진드기를 섭취함으로써 헤파토준 카니스에 감염된다. 헤파토준 아메리카움의 경우와 같이, 진드기는 감염된 반려견에게 먹혀서 원생동물을 얻는다. 이 유기체는 진드기가 섭취된 후에 진드기에서 방출되고, 반려견의 장벽을 뚫고 비장, 간, 림프절, 골수, 폐, 췌장으로 이동한다. 헤파토준 아메리카움과 달리, 헤파토준 카니스는 일반적으로 근육 낭종을 만들거나 근육 염증을 일으키지 않는다. 헤파토준 아메리카움의 증상은 발열, 무기력, 식욕 감소, 체중 감소, 근육통/허약, 움직이기를 꺼리고 눈과 코에서 분비물이 나오는 것을 포함한다. 헤파토준 아메리카움의 증상은 종종 나타났다가 다시 사라지고 다시 반복될 수 있다. 치료를 하지 않으면 헤파토준 아메리카움은 혈관과 신장에 심각한 손상을 줄 수 있으며 종종 감염 후 1년 이내에 생명이 위험해질 수 있다. 반면 헤파토준 카니스에 감염된 반려견은 일반적으로 질병의 증상을 보이지 않는다. 그러나 기생충 수가 많은 일부 반려견에서는 질병이 더 심각해질 수 있으며 잠재적으로 생명을 위협할 수 있다. 가장 일반적으로 발열, 체중 감소 및 무기력 등의 증상이 관찰된다.

다 진드기 제거법(Tick Removal)(The Humane Society of the United States, n. d.)

반려견이 밖에서 많은 시간을 보내는 경우 진드기 검사는 일상생활의 일부가 되어야 한다.

1) 1단계 : 진드기 검사

반려견 몸 전체를 손가락으로 천천히 살펴본다. 혹시나 부어 오른 부위가 있다면 그 부위에 진드기가 파묻혀 있는지 확인한다. 반려견의 몸통과 함께 진드기가 선호하는 부분인 반려견의 발가락, 다리 주변, 귀 안쪽, 얼굴, 턱, 목 주변 등을 확인한다.

미국 49개 주에서 2018년 2월부터 2019년 1월까지 1,494마리의 반려견을 대상으로 진드기 감염에 대한 한 설문연구가 진행되었다(Saleh, et al., 2019). 반려견들은 주로 참진드기(Dermacentor Variabilis,35.6%), 사슴 진드기 (Ixodes Scapularis, 27.4%), 론 스타 진드기(Amblyomma Americanum. 23.1%) 및 뿔참진드기(Rhipicephalus Sanguineus, 11.5%)에 의해 감염되었다. 론 스타 진드기는 복부, 어깨, 서혜부에 가장 일반적으로 붙으며, 참진드기와 사슴 진드기는 머리, 목, 복부, 등에 붙고 뿔참진드기는 머리, 목, 복부, 다리, 발에 가장 흔하게 붙는다.

그림 11-29. 진드기가 잘 붙는 부분

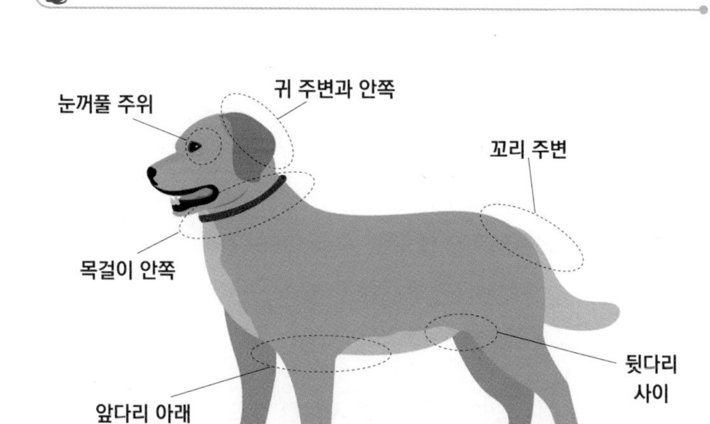

2) 2단계 : 진드기인지 확인하기

진드기는 검은색, 갈색 또는 황갈색일 수 있으며 다리가 8개 있다. 크기는 작을 수도 있고 클 수도 있다.

3) 3단계 : 안전한 제거(Orvis, 2020)

진드기를 제거하기 위해 장갑, 깨끗한 핀셋 또는 진드기 제거기(Tick Twister), 소독제 또는 방부제 크림(Disinfectant or Antiseptic Cream), 알코올(Isopropyl Aalcohol)을 준비한다.

피부와의 접촉을 피하기 위해 진드기를 취급하는 동안 항상 장갑을 착용하고 핀셋 또는 진드기 제거기를 사용하여 진드기를 제거한다. 핀셋을 사용할 때에는 반려견의 피부를 꼬집지 않도록 가능한 한 반려견의 피부에 가깝게 하여 확 잡아당기지 말고 천천히 뽑아야 한다. 왜냐하면 뽑다가 남은 것은 감염으로 이어질 수 있기 때문이다. 진드기 제거기를 사용할 때에는 진드기 근처의 반려견 피부에 제거기를 부드럽게 누른 후 제거기를 진드기 아래로 밀어서 당긴다.

그림 11-30. **핀셋을 사용한 진드기 제거**

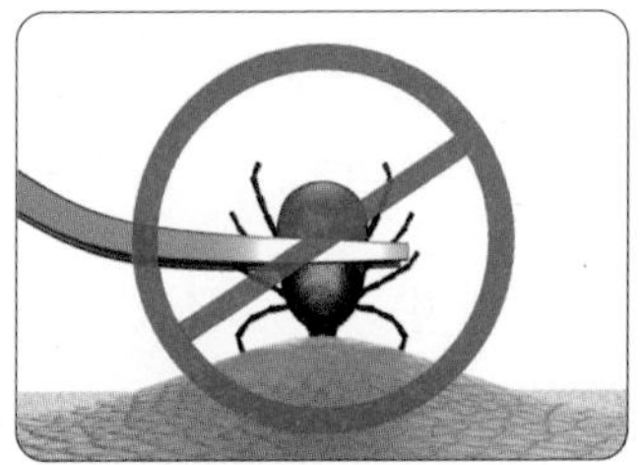

그림 11-31. **진드기 제거기를 사용한 진드기 제거**

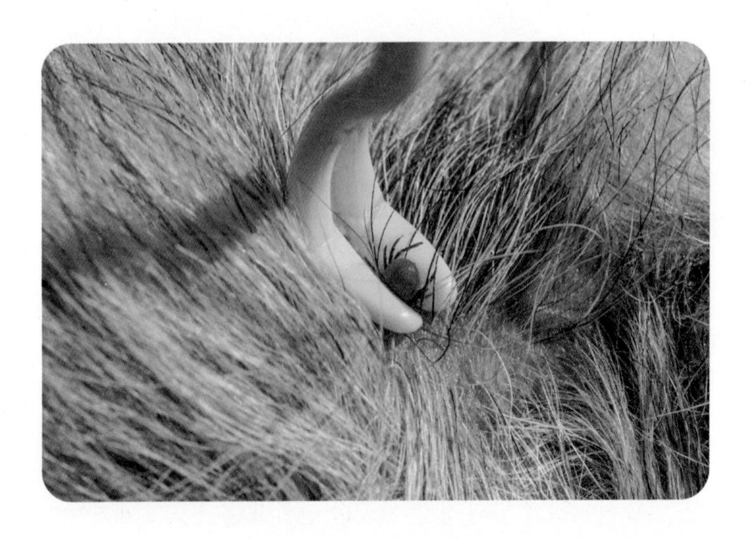

4) 4단계 : 정리 및 사후 관리

진드기를 제거 후에는 알코올이 든 병에 진드기를 넣고 진드기를 발견한 날짜를 기록하여 둔다. 반려견이 진드기 매개 질병의 증상을 보이기 시작하면 수의사는 이를 확인하거나 검사할 수 있다. 일부 증상에는 3~4일 동안 지속되는 관절염 또는 절뚝거림, 움직이기를 꺼림, 관절 부음, 발열, 피로, 림프절 부음, 식욕부진 및 신경학적 문제가 포함된다. 진드기 제거 후에는 손을 씻고, 반려견의 상처를 소독제로 닦고, 알코올로 핀셋을 세척한다. 진드기가 있는 부위를 주시하여 감염이 나타나는지 확인한다. 피부가 자극을 받거나 감염된 상태이면 동물병원에 방문하여 수의사의 진료를 받도록 한다.

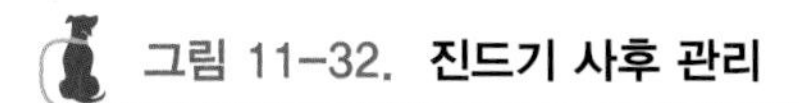
그림 11-32. **진드기 사후 관리**

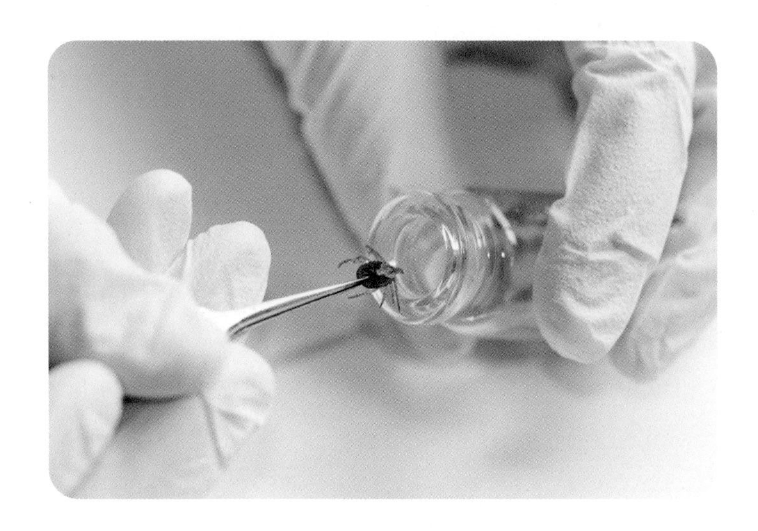

5) 5단계 : 향후 물림 방지

반려견이 야외에서 시간을 보내는 경우 정기적으로 진드기가 있는지 확인한다. 진드기는 숙주 간에 이동하므로 나무나 풀이 우거진 지역에서 야외 활동을 한 후에는 모든 가족 구성원을 확인하는 것이 중요하다. 반려견을 벼룩 빗으로 정기적으로 빗질하고, 진공청소기로 자주 청소하고, 반려견이 시간을 보내는 잔디밭을 짧게 깍아 정리하고, 매주 반려견 침구를 세탁하고, 무농약 반려견 샴푸로 씻기도록 한다.

라 산책 시 진드기 예방법

- 진드기 예방제품 사용하기(예방스프레이, 기피 목걸이 등)
- 풀밭이나 수풀이 우거진 곳은 가능하면 가지 않기
- 야외활동이 많은 반려견이라면 털을 짧게 잘라주기
- 진드기가 있을 만한 곳에 갈 땐 얇은 옷 입히기
- 풀밭, 등산로, 풀숲 주변 산책로 등 외출 후 씻기, 브러싱 등 꼼꼼하게 관리하기
- 풀숲이나 산에 다녀왔다면 깨끗하게 목욕시킨 후 진드기가 붙어있는지 꼼꼼히 확인하기

참고문헌

ASPCA(American Society for the Prevention of Cruelty to Animals. Poisonous Plants. 검색 2020.12.10 https://www.aspca.org/pet-care/animal-poison-control/toxic-and-non-toxic-plants?field_toxicity_value%5B%5D=02

Bernette, C., (n. d.). Hepatozoonosis in Dogs. VCA. https://vcahospitals.com/know-your-pet/hepatozoonosis-in-dogs

Bourne, D., Craig, M., Crittall, J., Elsheikha, H., Griffiths, K., Keyte, S., Merritt, B., Richardson, E., Stokes, L., Whitfield, V., & Wilson, A. (2018). Fleas and flea-borne diseases: biology, control & compliance. Companion Animal. 23(4). https://doi.org/10.12968/coan.2018.23.4.201

Elliott, P. (2019). How to Identify Canine Flea Problems. WikiHow. https://www.wikihow.com/Identify-Canine-Flea-Problems#:~:text=Fleas%20are%20a%20nuisance%20to%20dogs%2C%20and%20dog,your%20dog%20effectively%20for%20the%20pests.%20Part%201

Federation of American Societies for Experimental Biology (FASEB). (2014). Mite sets new record as world's fastest land animal. ScienceDaily. 검색 2020.12.25 www.sciencedaily.com/releases/2014/04/140427191124.htm

Hartz. (n. d.) Flea-Related Illnesses that Affect Your Dog. The Hartz Mountain Corporation. https://www.hartz.com/flea-related-illnesses-that-affect-your-dog/

Hunter, T. (n. d.). Flea Allergy Dermatitis in Dogs. VCA. https://vcahospitals.com/know-your-pet/allergy-flea-allergy-dermatitis-in-dogs

Orvis. (2020). How to Remove a Tick. ORVIS. https://news.orvis.com/dogs/how-to-remove-a-tick

PetMD. (2009 a). Bartonella Infection in Dogs. PETMD. https://www.petmd.com/dog/conditions/infectious-parasitic/c_dg_bartonellosis

PetMD. (2009 b). Parasite Infection (Babesiosis) in Dogs. PETMD. https://

www.petmd.com/dog/conditions/infectious-parasitic/c_dg_babesiosis.

PetMD. (2009 c). Rickettsial Infection in Dogs. PETMD. https://www.petmd.com/dog/conditions/infectious-parasitic/c_dg_ehrlichiosis

Saleh, M. N., Sundstrom, K. D., Duncan, K. T., Ientile, M. M., Jordy, J., Ghosh, P., & Little, S. E. (2019). Show us your ticks: a survey of ticks infesting dogs and cats across the USA. Parasites & Vectors volume 12 , Article number: 595. https://parasitesandvectors.biomedcentral.com/articles/10.1186/s13071-019-3847-3

Tarantino, M. (2019). 6 Tick Diseases in Dogs. PETMD. https://www.petmd.com/dog/conditions/infectious-parasitic/6-tick-diseases-dogs

The Humane Society of the United States. (n. d.). Getting a tick off of your dog. The Humane Society of the United States. https://www.humanesociety.org/resources/getting-tick-your-dog

Vogelsang, J. (2017). Anaplasmosis in Dogs. PETMD. https://www.petmd.com/dog/parasites/anaplasmosis-dogs

12

반려견 산책과 관련된 질병

12
반려견 산책과 관련된 질병

12.1 열사병(Heatstroke)

가 열사병의 개념

열사병은 여름철, 특히 덥고 습한 기후에서 반려견에게 흔히 발생하는 문제이다. 생명을 위협하는 이 상태는 모든 연령, 견종, 성별에 영향을 미칠 수 있다. 반려견은 사람만큼 열을 방출하는데 효율적이지 않다. 반려견은 열을 방출하기보다는 보존하도록 형성되어져 있기 때문에 사람보다 더 빨리 체온이 상승하는 경향이 있다(Merck, 2007). 반려견의 열사병은 다양한 전신 징후를 가진 40° C 이상의 비발열성 증가 체온으로 정의된다(Johnson, McMichael, & White, 2006). 반려견의 정상 체온은 38.5° C(37.5~39.2° C)인데 만약 42.8° C 이상으로 고열이 지속되면 생명을 위협할 수도 있다. 열사병을 빠르게 인식하고 치료를 시작하는 것은 반려견의 생명을 구할 확률을 높이는 데 매우 중요하다.

나 열사병의 원인

열사병이나 고열의 가장 흔한 원인은 환기가 잘되지 않는 차 안에 반려견을 두는 것이다. 이 상황에서 반려견의 체온은 짧은 몇 분 동안에도 빠르게 상승할 수 있다. 반려견은 발바닥에 상대적으로 땀샘이 적기 때문에 인간처럼 땀을 흘려 체온을 조절할 수 없다는 것을 기억하는 것이 중요하다. 체온을 조절하는 주된 방법은 헐떡거리는 것이다. 열사병의 다른 일반적인 원인으로는 더운 날 그늘이나 물을 제공하지 않고 마당에 방치하거나, 더운 온도에서 과도하거나 격렬한 운동을 하는 것이다. 흥분하거나 과도하게 운동을 하는 반려견은 환경 온도와 습도가 높지 않은 것처럼 보이더라도 때때로 위험하다. 환기가 잘되지 않는 환경이나 지붕이 햇볕에 달구어진 개집에 있는 경우에도 발생할 수 있다. 단두종과 같이 기도가 제한된 반려견은 더 위험할 수 있으며 이 견종에서 열사병의 임상 징후는 외부 온도와 습도가 약간만 상승해도 발생할 수 있다. 입마개를 하고 있는 반려견은 헐떡거리는 능력이 입마개에 의해 제한되기 때문에 더 큰 위험에 처할 수 있다. 열을 유발하는 모든 감염(발열)은 고열로 이어질 수 있다. 발작이나 심한 근육 경련도 근육 활동의 증가로 인해 체온을 상승시킬 수 있다.

반려견의 열사병 원인

- 환기가 부적절한 따뜻하고 덥고 습한 환경에 장시간 노출
  (예: 기상 조건 또는 환기되지 않은 방이나 자동차에 장시간 반려견이 있게 되는 경우)
- 부적절한 그늘
- 식수가 제공되지 않음
- 과도한 운동

다 열사병의 종류

열사병은 운동성 열사병(Exertional Heatstroke)과 비운동성 열사병(Nonexertional Heatstroke)으로 분류된다.

1) 운동성 열사병

운동성 열사병은 운동 중에 발생하며 환경에 적응하지 못하는 반려견에게 더 흔하다. 온도 적응 기간이 허용되는 경우 반려견은 열사병에 덜 취약해진다. 적응은 10~20일 이내에 부분적으로 적응하지만 최대 60일이 걸릴 수 있다(Hemmelgarn, & Gannon, 2012).

운동성 열사병은 사역견에서 발생할 수 있지만, 보호자가 일반적으로 더 많이 알기 때문에 덜 흔하다. 예를 들어 군견은 60° C의 환경 온도에서 부작용 없이 업무를 수행할 수 있다. 경주 후 그레이하운드는 열사병의 증상을 보이지 않으면서도 42° C까지의 높은 직장 온도를 일시적으로 가질 수 있다(Fluornoy, & Hepler, 2003).

2) 비운동성 열사병

비운동성 열사병은 적절한 냉각 수단이 없을 때 높은 환경 온도에 노출되어 발

생한다. 이것은 반려견이 주차된 차 안에 있거나 그늘과 물이 없는 마당에 남겨져 있을 때 볼 수 있다. 단두종 증후군, 심장병, 후두 마비, 비만, 기관 허탈 등 일부 소인성 요인들은 반려견이 스스로 열을 식히는 능력을 떨어뜨릴 수 있어 열사병에 걸릴 위험을 증가시킨다. 또한 이미 열사병 이력이 있는 반려견들은 다시 열사병에 걸리기 쉽다.

라 열사병에 약한 반려견

일반적으로, 체중이 50kg 이상이고, 퍼그와 프렌치 불독과 같은 단두종들이 가장 위험하다(Hall, Carter, & O'Neill, 2020). 다음의 견종들은 라브라도 리트리버에 비해서 열사병에 걸릴 확률이 상당히 높다(Segev, Aroch, Savoray, Kass, & Bruchim, 2015).

견종별 열사병에 걸릴 확률

- 차우차우(17배)
- 불독(14배)
- 프렌치 불독(6배)
- 프랑스 마스티프(6배)
- 그레이하운드(4배)
- 카발리에 킹 찰스 스패니얼(3배)
- 퍼그(3배)
- 잉글리시 스프링어 스패니얼(3배)
- 골든 리트리버(3배)

순종은 교잡종에 비해서 2배나 위험이 높다. 라브라도 리트리버를 기준으로 하는 것은 라브라도 리트리버가 순종이나 교잡종이 모두 비슷한 위험 확률을 가지고 있기 때문이다. 10kg 이상의 반려견은 10kg 이하의 반려견들보다 열사병에 걸릴 확률이 상당히 높다. 소형견은 복사면적에 비해 열저장비율이 높아 대형견에 비해 열손실이 빠르기 때문이다. 이는 소형견의 체온이 상승하기 위해서는 더 많은 시간이 걸린다는 것을 의미한다(Phillips, Coppinger, & Schimel, 1981; Young, Mosher, Erve, & Spector, 1959).

열사병 위험이 높은 대부분의 견종은 단두종이다. 사실, 단두종들은 라브라도 리트리버와 같은 평균 주둥이 길이를 가진 반려견들보다 열사병에 걸릴 확률이 2배나 높다. 단두종들은 이미 숨을 쉬거나 심지어 휴식할 때에도 숨 쉬는 것이 힘들기 때문에 체온이 상승할 가능성이 더 높다. 반려견들은 사람처럼 땀을 흘릴 수 없기 때문에 효과적으로 헐떡이는 것은 체온을 내리는데 필수적이다. 차우차우와 골든 리트리버도 두꺼운 이중모 때문에 열사병 위험이 높다. 체온이 상승할 때에 반려견의 두꺼운 털은 단열재 역할을 하여 뜨거운 공기를 가두어 열 손실을 제한한다. 이것은 더운 여름날 두꺼운 코트를 입고 있는 것과 같다.

반려견이 크고 무게가 많이 나갈수록 열사병의 위험성도 증가한다. 중요한 사실은 뚱뚱한 반려견이나 덩치가 크거나 근육질의 반려견들도 모두 동일하다는 것이다. 일반적으로 대형견은 10kg 미만의 소형견보다 열사병에 걸릴 확률이 높았고, 50kg 이상의 대형견은 열사병에 걸릴 확률이 3배 높았다. 2세 이상의 반려견들도 열사병의 위험이 높으며, 20세 이상의 노령견들은 열사병에 매우 취약하다. 이것은 젊은 반려견들이 더 활동적이며, 노령견은 심혈관 및 호흡 기능이 저하되고 과도한 열을 효율적으로 발산시키는 것이 어렵기 때문이다.

마 열사병 증상

열사병의 증상을 인식하고 반려견의 징후를 관찰한다.

그림 12-1. 열사병 징후

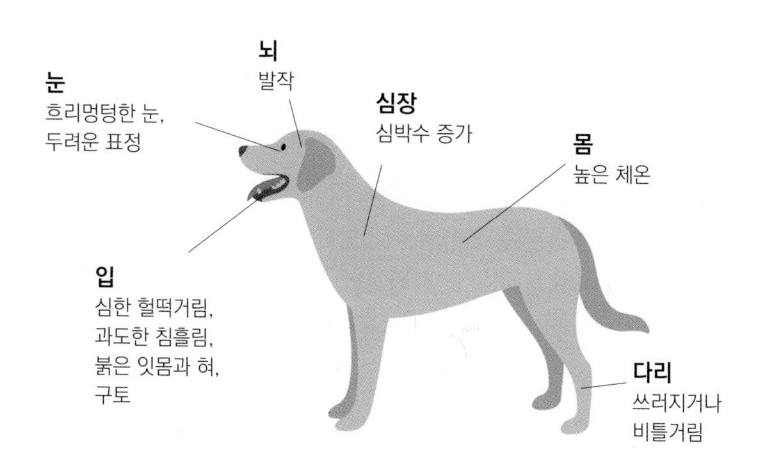

초기에 열사병에 걸리는 것은 반려견의 내부 장기의 영구적인 손상을 예방하는 데 도움이 될 수 있다. 열사병의 초기 징후는 다음과 같다(Huston, 2011).

열사병의 초기 징후

- 과도하거나 시끄러운 헐떡거림
- 극심한 갈증
- 빈번한 구토
- 붉은 잇몸과 혀
- 주둥이나 목 주위의 피부는 꼬집어도 복원되지 않음
- 진한 타액
- 심박수 증가

반려견의 열사병은 다음과 같은 증상이 나타나기 시작하면 악화될 수 있다(Huston, 2011).

위독한 열사병의 증상

- 호흡곤란 증가
- 밝은 빨간색으로 변한 다음 파란색 또는 자주색으로 변하는 잇몸
- 허약과 피로
- 방향 상실
- 쓰러짐 또는 혼수상태

바 열사병 대처방법

우선 반려견의 고온 스트레스가 확인되면, 빨리 실내 혹은 그늘이 있는 곳으로 반려견들을 옮기도록 한다. 가능하면 에어컨으로 온도 조절이 되거나 최소한 선풍기를 이용할 수 있는 곳으로 이동한다. 이 과정에서는 반려견의 활동을 제한하고 열사병의 위험이 사라질 때까지 뛰어다니지 못하게 해야 한다. 가능하다면 반려견을 걷도록 하지 말고 안아서 시원한 곳으로 데려가야 한다. 반려견에게 시원한 물을 제공하고, 처음에는 물의 양을 적게 주어야 하며, 사람이 먹는 이온음료를 주는 것은 바람직하지 않다. 반려견이 물에 관심이 없는 것처럼 보이면 시원하거나 실온의 저지방과 무염의 쇠고기 또는 닭고기 육수를 먹이는 것으로 대체할 수 있다. 반려견이 혼자서 물을 마실 수 없다면 강제로 먹이

지 말고 젖은 수건으로 입술, 잇몸, 혀를 적셔주도록 한다.

반려견의 체온을 낮추기 위해 시원한 물로 반려견을 적셔준다. 호스로 물을 직접 뿌려줄 경우에는 호스에서 나오는 물의 압력이 너무 높지 않게 조절하여 차가운 물을 반려견의 머리와 몸에 흘려준다. 물을 뿌려줄 때는 안개 분무나 물을 조금씩 점진적으로 뿌려주는 방식이 좋다. 너무 빨리 체온을 낮추면 다른 합병증을 유발할 수 있으므로 아주 차갑지 않은 물에 몸을 담글 수 있게 한다. 얼음물과 너무 차가운 물은 실제로 반려견의 냉각 과정을 늦출 수 있으므로 물이 너무 차갑지는 않은지 반드시 확인할 필요가 있다. 얼음물은 오히려 모공을 닫아서 몸 안의 열이 방출되지 못하게 하거나 오히려 저체온증을 유발할 수 있기 때문이다(Hemmelgarn, & Gannon, 2013). 발, 머리 및 꼬리 쪽 사지를 우선 적셔주며 뒷다리 사이와 겨드랑이에 시원한 물로 적신 수건을 놓아준다. 반려견의 열 내리기가 잘 된다고 하더라도 수의사에게 연락하는 것이 필수적이다. 열사병의 부작용으로 열로 인해 내부 장기가 손상될 수 있으며, 진단되지 않은 합병증이 발생하면 반려견에게 치명적일 수 있다.

반려견 발바닥을 소독용 알코올로 닦아준다. 반려견들의 발바닥도 열을 내보내는 곳이기 때문에 발바닥을 알코올 등으로 닦아주면 열을 내리는데 도움이 된다. 발이 털에 덮이지 않고 시원한 공기에 노출되어 있는지 확인한다. 반려견이 자칫 섭취하게 되면 해로울 수 있기 때문에 알코올을 너무 많이 사용하지 않도록 한다. 또한 시원하고 젖은 수건으로 닦아주되, 반려견의 체온이 갇힐 수 있기 때문에 수건으로 몸을 가리거나 덮지 않는다. 마찬가지 이유로, 몸에서 나오는 열을 몸 주위에 고정시킬 수 있는 밀폐된 곳에 넣지 않도록 한다. 차가운 타일 바닥에 놓고 선풍기 바람을 쐬게 한다. 만약에 온도를 어느 정도 낮추었다면, 직장 온도를 측정한다. 온도가 어느 정도 정상이 되었으면 물을 주는데, 물에 전해질이 있으면 더 좋다. 반려견이 어느 정도 안정화되었다면, 동물병원을 방문하여 수의사에게 혈액검사를 받아보는 것이 좋다.

사 열사병 예방

열사병 예방은 보호자 교육이 중요하다. 보호자는 열사병을 유발하거나 악화시킬 수 있는 여러 가지 상황에 주의해야 한다. 노령견이거나 비만한 반려견, 심장질환이나 발작의 병력이 있는 반려견은 열사병에 걸릴 가능성이 더 높고 열 증가에 대한 내성이 낮을 수 있다. 퍼그나 불독처럼 주둥이가 짧은 반려견은 체온을 내리기 위하여 수분을 증발시키고 발산하기 위해 헐떡거리는 것에 어려움을 겪으므로 위험이 더 높을 수 있다. 일부 특정 견종은 다른 견종만큼 열을 견디지 못할 수 있다. 매우 더운 기후 지역을 피해야 하는 견종으로는 불독, 복서, 세인트 버나드, 퍼그, 시추가 있다.

여름에는 절대 반려견을 밀폐된 차량에 혼자 두지 말아야 한다. 따뜻한 날에는 차량 내부의 온도가 위험 수준으로 빠르게 상승할 수 있다. 예를 들어, 30° C의 날에, 창문을 약간 연 차 안의 온도는 10분 안에 39° C까지 올라갈 수 있다. 30분 후에는 온도가 49° C까지 올라갈 것이다. 반려견은 돌이킬 수 없는 장기 손상을 입거나 죽을 수 있다. 계절에 맞게 반려견의 털을 손질하도록 한다. 특히 길고 두꺼운 털을 가진 반려견들은 여름의 가장 더운 기간 동안 털을 손질해야 할 수도 있다. 반려견에게 가벼운 여름 스타일로 털을 손질해주는 것은 과열을 예방하는 데 도움이 된다. 2~3cm 길이로 털을 깎아도 반려견은 태양으로부터 어느 정도 보호를 받을 수 있기 때문에 피부가 보이게 짧게 깎는 것을 좋지 않다. 매우 더운 날에는 반려견을 실내에 있게 해야 한다. 날씨가 매우 더울 경우, 하루 중 가장 더운 시간대에는 반려견이 에어컨이 완비된 집 안에 머물 수 있도록 한다. 이것이 불가능한 야외인 경우에는 안전하고 그늘진 지역에 있도록 해주어야 한다.

반려견이 매우 더운 날에 밖에 있다면, 반려견이 물과 그늘에 접근할 수 있는지 확인하고 물을 제공한다. 반려견이 강, 개울 또는 연못에 접근할 수 있다면 더운 날에는 시원함을 유지하기 위해 수영을 할 가능성이 높다. 반려견이 수영을 위해 물에 접근할 수 있도록 허용하거나 호스로 물을 뿌려주면 열사병을 예방하는 데 도움이 될 수 있다. 반려견이 수영을 잘 하지 못한다면, 수영하는 것을 감독하고 깊은 물에 가지 않도록 하여야 한다. 모든 반려견들이 수영을 잘하는 것은 아니므로 물에 천천히 적응하도록 하고, 보트를 탈 때는 구명조끼를 착용시키도록 한다. 수영을 할 때는 반려견이 수영장 물을 마시지 않도록 한다. 수영장 물은 반려견의 위를 상하게 할 수 있는 염소와 기타 화학물질들이 함유되어 있다. 수영 후에는 반려견을 씻겨서 털에 있는 염소나 소금을 제거한다.

12.2 발작(Seizure)

가 발작의 개념

발작은 반려견에게서 가장 자주 보고되는 신경 질환 중 하나이다. 반려견 발작은 반려견의 행동과 신체적인 움직임에 갑작스러운 단기적인 장애를 초래하는 뇌의 비정상적인 전기 활동의 결과이다(Fisher, van Emde, Blume, Elger, Genton, Lee, & Engel Jr, 2005). 뇌전증(Epilepsy)은 발작의 반복적인 증상을 설명하기 위해 사용되는 용어이다. 따라서 뇌전증은 발작을 유발하는 원인이며, 발작은 뇌전증의 결과이다. 반려견 뇌전증은 전 세계 반려견들에게 영향을 주는 **'침묵의 유행병'** 중 하나이다. 대부분의 반려견들에게 뇌전증은 수의사에 의한 엄격한 관리와 치료를 필요로 하는 평생 질병이다. 뇌전증의 경우, 발작은 한번 또는 연속해서 발생할 수 있으며, 드물고 예측 불가능하거나 일정한 간격으로 발생할 수 있다. 반려견 발작은 고관절 이형성증이나 벼룩과 진드기처럼 자주 언급되지는 않지만, 그것이 반려견에게 일어날 수 없다는 것을 의미하지는 않는다. 연구에 따르면 특발성 뇌전증(Idiopathic Epilepsy, 가장 흔한 반려견 발작 장애)은 모든 반려견의 0.5~5.7%에서 발생한다.

나 발작과 경련의 종류

반려견에게는 여러 종류의 발작이 있다(CannaPet, 2019; Mariani, 2013; PetMD, 2009; Risio, et al. 2015). 뇌종양, 독소, 저혈당, 특정 장기의 문제 등 반려견 뇌전증의 원인은 다양하다. 뇌전증의 종류는 일반적으로 원인에 의해 분류된다. 비록 다양한 원인이 있지만, 때때로 발작의 원인을 알지 못할 수도 있다. 그러한 종류의 발작을 **특발성 뇌전증**(Idiopathic Epilepsy)이라고 부른다. 특발성 뇌전증은 전형적으로 유전적 요인과 환경적 요인들의 조합에 의한 것으로 반복적인 발작의 근본적인 원인이 없는 것으로 보이는 어린 반려견에서 중년 반려견(6월령~6세)에 가장 자주 영향을 미친다. **구조적 뇌전증**(Structural Epilepsy)은 발작을 경험하는 일부 반려견들에게 해당되며, 근본적인 원인은 뇌 기능과 직접적으로 연관될 수 있다. 구조적 뇌전증을 유발할 수 있는 원인으로는 폐색 또는 불충분한 혈액 공급, 출혈, 감염, 염증, 머리 외상, 뇌종양, 발달 문제, 퇴행성 뇌 질환 등 다양하다. **반응성 뇌전증**(Reactive Epilepsy)은 낮은 혈당, 신부전 또는 간 부전과 같은 신진 대사 문제의 결과로 발생한다. 반응성 발작의 가장 빈번한 원인은 중독과 저혈당증이다(Brauer, Jambroszyk, & Tipold, 2011). **뇌전증 지속증**(Status Epilepticus)은 심각하고 생명을 위협하는 상황으로 5분 이상 지속되는 특징이 있다. 발작 활동을 중단하기 위해 정맥 항경련제가 즉시 주어지지 않으면 반려견은 죽거나 돌이킬 수 없는 뇌 손상을 입을 수 있다. 뇌전증 지속증이 발생하면 즉시 수의사의 치료를 받아야 한다.

일부 견종들은 그 질환에 더 높은 성향을 가지고 있다. 어떤 유형의 발작은 유전될 수 있다. 결과적으로, 대부분의 전문가들은 그 특성이 자손에게 전달될 수 있기 때문에 뇌전증으로 진단을 받은 반려견을 기르지 말 것을 권고한다. 반려견이 발작하는 횟수는 뇌의 뉴런 손상과 관련이 있다. 이것은 반려견이 다시 발작을 경험할 가능성이 더 높다는 것을 의미한다. 일반적인 발작은 뇌의 대부분에 영향을 미치며 양쪽 모두에 영향을 미친다. 부분 발작(Focal Seizure)은 뇌의 작은 부분에만 영향을 미친다. 부분 발작에서 기인하는 이차성 전신발작(Secondary Generalization)은 하나의 작은 부분에서 시작하지만 결국 나머지 뇌로 이어지는 발작이다.

다 반려견 발작과 경련의 원인

모든 반려견은 발작의 가능성이 있다(Huston, 2019; Link, 2015). 반려견의 몸 내부나 외부의 요인에 의해서 발작을 일으킬 수 있다. 환경, 집 주변 사물, 음식, 약물, 그리고 스트레스를 포함한 많은 잠재적인 발작 유발 요인이 있다. 정확한 발작 요인을 식별하기 어려울 수 있지만, 어떤 것이 발작 요인이 되기 위해서는, 반려견이 발작을 일으킨지 30시간 내에 발생해야만 한다. 이에 대한 유일한 예외는 예방접종이며, 이는 접종 후 최대 45일까지 발작을 일으킬 수 있다.

1) 환경 요인

반려견의 환경은 발작 사건에서 큰 역할을 할 수 있다. 반려견들은 밖에 있는 것을 좋아한다. 산책에서부터 반려견 공원, 뒷마당에 앉아 있는 등의 야외활동은 반려견의 삶에 큰 부분이 될 것이다. 안타깝게도, 야외에서 반려견이 발작을 일으킬 수 있는 많은 것들이 있다. 집 앞 마당이나 집 주변의 잔디밭을 병충해 없이 푸르게 유지하기 위해 비료 등 여러 가지 제품을 사용하게 되는데 이러한 제품에는 해로운 독성을 포함하고 있어 반려견에게 발작을 일으킬 수 있다. 제초제와 살충제는 반려견에게 발작을 일으킬 가능성이 있는 화학물질이 다량 함유되어 있다. 삼나무 대패밥과 같은 다른 위험 요소들도 반려견에게 해로울 수 있다. 게다가, 많은 꽃과 식물들이 반려견들에게 독이 되고, 이것도 발작을 일으킬 수도 있다.

2) 집 주변 요인

반려견들은 사람들처럼 신체적으로나 감정적으로 민감한 동물이다. 광민감성과 같은 것은 사람에게도 발작을 일으킬 수 있듯이 반려견에게도 발작을 일으킬 수 있다. 광민감성은 화려한 불빛이나 밝은 조명에 의한 반응을 의미한다. 예를 들어 크리스마스 트리 조명, 카메라 플래시, 번개를 들 수 있다. 반려견에게 발작을 일으킬 가능성이 있는 가정용품으로는 향초, 향수, 시끄러운 음악, 담배 연기가 포함된다. 송유, 등유, 뇌유, 유칼립투스, 붕소 또는 붕산, 벽면 얼룩, 폴리우레탄 냄새, 페인트 냄새 및 청소용 세제 등도 잠재적인 발작 유발 요인 제품이다. 위에 나열된 항목 중 어느 것도 집을 유지하는 데 절대적으로 필요하지 않기 때문에 반려견의 환경에서 완전히 제거할 수 있도록 한다. 완전히 제거할 수 없다면 유해한 제품이나 항목 중 하나를 사용할 때에는 반려견을 멀리에 두거나 최소화하여 사용하려는 노력이 필요하다. 소나무는 반려견에게 매우 독성이 있어 발작을 일으킬 수 있으므로, 크리스마스 시즌에 진짜 소나무를 사용하여 트리 장식할 때에는 반려견이 소나무 아래의 물을 마시지 않도록 하여야 한다.

3) 음식 요인

반려견의 발작의 요인은 또한 매일 먹는 식단에 포함된 무언가로 귀결될 수 있다. 반려견이 먹는 것은 절대적으로 발작의 잠재적 요인이 될 수 있다. 예를 들어 나트륨이 너무 높은 식단을 섭취하면 염분 독성이 발생할 수 있으며 발작과 췌장염을 유발할 수 있다. 이것은 항경련제로 브롬화 칼륨을 섭취하는 반려견에게 특히 해당된다. 식품 알레르기는 또한 반려견에게 발작을 일으키는 흔한 원인인데, 이것은 가공된 낮은 등급의 반려견 음식에 의해 야기된다. 이러한 음식들 중 일부에 포함된 화학물질, 방부제, 유화제는 반려견에게 해로울 수 있다. 발작을 일으킬 수 있는 특별한 음식과 허브도 있다. 토마토와 당근을 포함한 과일은 실제로 몇몇 반려견들에게 발작을 일으킬 수 있으며, 치즈와 같은 특정한 유제품들, 코티지 치즈와 우유 또한 위험한 음식이다. 위생적인 환경에서 조리되지 않은 돼지고기 제품은 문제가 될 수 있으며 일부 오염된 반려견 사료에서 발견되고 있다. 로즈마리, 살비아, 회향, 사프란과 같은 특정한 향신료들 또한 잠재적인 발작의 원인이다. 일반적으로 반려견에게 해롭다고 생각되는 호두와 카페인 또한 발작 유발 요인이 될 수 있다. 사료 항산화제인 에톡시퀸이 함유된 식품, 산화방지제인 BHA 또는 BHT를 사용한 음식이나 간식도 잠재적인 발작 유발 요인이다. MSG는 종종 식품에서 천연 조미료 등으로 언급되며, 심지어 위생적이지 않은 생가죽 간식과 돼지의 귀나 발과 같은 반려견 제품들도 잠재적으로 발작을 일으킬 수 있다. 상업적으로 생산된 일부 씹을 수 있는 제품은 표백 처리되어 있으며, 맛을 내기 위한 일부 제품은 종종 위에 열거된 화학 첨가물을 포함하기도 한다.

4) 약물 요인

반려견의 약품은 때때로 발작을 일으킬 수도 있다. 여기에는 백신, 심장사상충 약, 벼룩과 진드기 예방 약, 그리고 몇몇 다른 처방약들이 포함된다.

5) 스트레스 요인

스트레스는 반려견에게 발작을 일으킬 수도 있기 때문에 스트레스를 피하도록 항상 도와야 한다. 스트레스는 사실 인간에게 발작의 첫 번째 원인이지만 반려견에게는 덜 흔하다. 하지만, 반려견의 신체적·정서적 스트레스나 불안을 유발할 수 있는 몇 가지 요인들이 있다. 반려견에게 발작을 일으키는 신체적 스트레스 요인은 인간에게 보이는 것과 매우 유사하다. 가장 대표적인 것이 피로다. 인간처럼, 반려견들도 몸이 수면 각성 사이클로부터 변화하고 있을 때 종종 아침이나 밤에 발작을 일으킨다. 앞서 언급했듯이, 반려견들은 매우 감광적이기 때문에 카메라의 플래시, 텔레비전의 불빛, 크리스마스 전등, 심지어 번개에도 발작을 일으킬 수 있다. 또한 위에 열거된 바와 같이 반려견은 기압의 변화와 극도로 덥거나 추운 날씨로 인해 신체적으로 스트레스를 받을 수 있고, 이것이 원인이 되어 발작을 일으킬 수 있다. 폭풍우 또한 반려견을 발작을 일으킬 수 있을 만큼의 충분한 스트레스 요인이다.

반려견의 식단이나 일상의 갑작스러운 변화 또한 발작을 유발할 수 있는 스트레스 요인이다. 반려견들은 매우 명확한 내부 시계를 가지고 있다. 따라서 언제 음식을 먹거나 밖에 나갈 시간인지 혹은 보호자가 언제 집으로 돌아올 때인지 알고 있다. 일상의 변화는 친구나 친지를 방문하거나, 아이의 출산으로 인한 새로운 가족 구성원의 합류, 집 주변의 공사 등에 의해 야기될 수 있다. 식사를 하지 않거나, 식사를 건너뛰거나, 식사 간격이 너무 길어지면 저혈당을 유발할 수도 있고, 이것은 발작의 원인이 될 수도 있다.

다음으로 분리에 의한 불안을 들 수 있다. 너무 오랫동안 혼자 있게 되면 반려견에게 엄청난 스트레스를 줄 수 있고 발작을 일으킬 수 있다. 반대로, 장기간 활동과 흥분이 발작을 일으킬 수도 있다. 만약 반려견이 많은 다른 반려견이나 사람들과 함께 놀면서 긴 하루를 보낸다면, 종종 반려견이 감당하기 힘들 수도 있고 발작을 일으킬 수도 있다. 피해야 할 또 다른 스트레스는 시끄러운 논쟁이나 화난 목소리이다. 사람들이 반려견 주위에서 싸울 때, 반려견은 종종 사람들이 반려견 자신에게 화가 난다고 생각할 수 있다. 이것은 사실 반려견에게 최고의 스트레스이다. 반려견에게 감정적인 스트레스를 주는 다른 원인으로는 긴 자동차 여행, 수의사의 방문, 일반적인 긴장감과 불안감 등이 있다. 반려견의 발작 원인을 정확히 파악하기가 어렵기 때문에 확실하지 않다면 수의사의 조언을 구하도록 한다.

라 발작과 경련의 증상

사람과 마찬가지로, 반려견들도 발작이 올 때 종종 경고 신호를 보인다. 이 경고 신호는 편두통이나 다른 신경 장애를 경험하게 되는 인간과는 다른 전조 형태를 나타낸다. 반려견의 전조는 전형적으로 스트레스를 받거나, 무섭거나, 멍하거나, 걱정하는 형태로 나타난다. 또한 근육과 사지의 수축, 시각 장애, 심지어 장과 방광 조절의 상실을 경험할 수도 있다(Yin, 2008). 발작을 일으킨 반려견은 발작이 일어나기 전에 일종의 정신 상태가 바뀔 수 있으므로, 다른 신경학적 증상에도 주의하여야 한다. 동물들은 앞으로 일어날 어떤 사건에 대해 '육감'을 가지고 있고, 반려견 뇌전증도 그 중 하나이다. 어떤 반려견 보호자들은 반려견이 발작하기 직전에 보호자를 찾기도 한다고 한다(Yin, 2008).

발작의 1차적인 증상

- 물에서 수영하는 것처럼 다리를 허우적거리기
- 한쪽으로 쓰러짐
- 입에서 과도한 침 흘림이나 거품
- 미친 듯이 짖거나 낑낑거리기
- 머리 흔들기
- 요실금(정상적인 소변이나 배변 조절 능력 상실)
- 갑자기 시작되고 끝나는 불규칙한 발작
- 의식 상실
- 두드러진 정신 또는 행동의 변화
- 떨림이나 갑작스러운 경련같은 가벼운 경련
- 근육 떨림이나 경련(특히 얼굴)
- 공황, 당황 또는 혼란의 증상(멍한 상태나 표정)
- 사지의 경직
- 이를 딱딱거리거나 씹기
- 일시적 시력 상실
- 통제할 수 없는 흔들림과 떨림
- 구토
- 허약
- 매번 비슷한 증상이 나타나는 뇌전증 발작

반려견 발작의 평균 시간은 약 2분이다. 만약 발작이 5분 이상 지속된다면 반려견은 혼수상태에 빠지거나 내부 장기 손상을 입을 위험이 더 높아진다. 부분적인 발작의 경우, 발작은 반려견 뇌의 작은 부분에만 영향을 미치고 한쪽 다리, 몸의 한쪽 또는 얼굴에서만 볼 수 있다. 일단 발작이 끝나면 반려견은 아무 일도 없었던 것처럼 행동할 수도 있으나 대부분의 발작이 있었던 반려견들은 18~24시간 동안 변화된 행동 특성을 보일 것이다. 이것은 혼란과 방향 감각 상실뿐만 아니라 목표 없는 방황, 충동적인 행동, 순간적인 실명, 측대보, 목마름 증가, 심지어 식욕 증가를 포함한다. 즉시 회복될 수도 있고 최대 24시간이 소요될 수 있다. 일반적으로, 어린 반려견들은 더 심각한 뇌전증을 가지고 있다. 두 살이 되기 전이라면, 약물에 긍정적으로 반응하겠지만 반려견이 더 많은 발작을 일으킬수록 뇌의 뉴런들 사이에 더 많은 손상이 있을 가능성이 있다.

마 뇌전증과 발작을 경험할 가능성이 높은 견종

연령, 견종 또는 반려견의 기질에 관계없이 모든 반려견은 발작을 경험할 수 있다. 특발성 뇌전증은 알려지거나 명백한 원인이 없이 발생하는 반려견 발작의 유형이다. 특발성 뇌전증은 많은 견종에서 유전적인 것으로 알려져 있다. 이러한 견종의 반려견들은 뇌전증 검사를 받아야 하며, 만약 뇌전증으로 진단을 받으면, 번식을 위해 사용되어서는 안 된다. 유전성 뇌전증은 일반적으로 10개월~3세 사이의 반려견에게서 발생하지만, 빠르면 6개월령에 늦으면 5세에 발견된 경우도 있다.

뇌전증과 발작 발생율이 높은 견종

- 보더 콜리
- 오스트레일리안 셰퍼드
- 래브라도 리트리버
- 비글
- 벨기엔 테부렌
- 콜리
- 저먼 셰퍼드
- 셰틀랜드 쉽독
- 골든 리트리버
- 키스혼드
- 비슬라
- 피니시 스피츠
- 버니즈 마운틴 독
- 아일리시 울프하운드
- 잉글리시 스프링어 스패니얼

바 발작에 대한 관리

발작은 정면으로 대처하는 것이 가장 좋기 때문에 조기 발견과 치료가 필수적이다. 몇몇 더 심각한 종류의 뇌전증들은 다른 반려견들보다 어린 반려견들에게서 더 자주 발생하기 때문에 처음 문제의 증상이 있을 때 면밀하게 검사를 받도록 해야 한다. 비록 반려견이 특발성 뇌전증이나 다른 심각한 종류의 뇌전증을 가지고 있지 않다고 하더라도 이것은 반려견을 위한 올바른 치료 계획을 가질 수 있게 해준다. 반려견 발작이 일어나기 직전까지의 기간을 전조(Aura)라고 한다. 반려견들은 종종 전조 단계에서 불안하거나, 방향 감각을 잃거나, 안절부절 못하는 것처럼 보이고, 징징거리는 것을 포함한 신경질적인 행동을 보일 수 있다. 만약 반려견이 전조 단계에 있지만 여전히 돌아다니고 있는 징후를 보인다면, 발작이 시작되었을 때 다칠 위험이 없는 장소로 반려견을 인도해 주어야 한다. 반려견에게 발작이 시작되면 가장 먼저 해야 할 일은 침착함을 유지하는 것이다. 당황은 반려견을 더 불안하게 만들 수 있기 때문이다. 반려견에게 괜찮을 것이라고 확신시켜줄 수 있고 진정시켜 줄 수 있는 존재가 되어줄 필요가 있다.

반려견이 움직이는 것을 막지 않도록 한다. 발작 동안 움직임을 통제할 수 없고 보호자에게 달려들거나 공격할 수 있기 때문에 이 시간 동안은 반려견을 혼자 두도록 한다. 만약 반려견 근처에 가구, 의자 등이 있다면, 다치지 않도록 위험한 것들을 옮겨두도록 한다. 발작을 일으키는 동안 입 주위를 특히 조심해야 한다. 반려견은 근육의 기능을 통제할 수 없을 것이고, 만약 보호자의 손이 반려견의 머리나 입 근처에 있으면 쉽게 물릴 수 있기 때문이다. 반려견은 사람처럼 혀가 말려 들어가 질식할 위험은 없으니 걱정할 필요는 없다. 비록 많은 반려견들이 호수, 강, 심지어 뒷마당 수영장에서 수영하고 첨벙첨벙 뛰어다니는 것을 좋아할지라도, 뇌전증에 걸린 반려견을 깊은 물에 있지 않도록 해야 한다. 만약 반려견이 물속에서 발작을 일으킨다면, 안전한 곳으로 헤엄칠 수 없을 것이고 익사할 가능성이 있다. 만약 많은 물이 있는 지역에 산다면, 반려견이 물에 닿는 것을 막기 위해 울타리를 세우는 것을 고려해 볼 필요가 있다. 또는, 반려견을 위해 구명조끼를 구입하여 물속이나 근처에 있을 때마다 구명조끼를 입히는 것도 좋은 방법이다.

발작 후에는 반려견을 안심시키는 것이 중요하다. 반려견은 겁을 먹고, 혼란스럽고, 방향 감각을 잃기 쉬우므로, 조용한 목소리와 낮은 톤으로 달래주면서 쓰다듬어 주어야 한다. 반려견이 방향을 되찾고 정상적으로 행동할 때까지 상대적으로 정적인 상태를 유지하도록 한다. 만약 발작을 일으킨 후 너무 빨리 걷거나 뛰기 시작하면, 넘어져서 다치거나 벽에 부딪히거나, 계단 아래로 떨어질 수 있다. 반려견들은 발작 중에 배변을 조절할 수 없기 때문에 배변할 경우를 대비해 비닐봉지와 물티슈를 미리 준비할 필요가 있다. 발작이 몇 분 이상 계속되면 체온이 상승할 위험이 있으므로 선풍기를 틀어주고 발에 찬물을 뿌려 열을 식힐 수 있도록 도와주어야 한다. 발작이 끝나는 대로 수의사에게 연락하여 도움을 받도록 한다. 만약 반려견이 5분 이상 동안 발작을 일으키거나 의식이 없는 동안 여러 번 연속적으로 발작을 일으키면, 가능한 한 빨리 수의사에게 데려가야 한다. 발작이 길어지면 반려견의 체온이 상승할 수 있고, 호흡에 문제가 생길 수 있다. 이것은 뇌 손상의 위험을 증가시킬 수 있다.

12.3 동상(Frostbite)

가 동상의 개념(Hunter, n. d.)

동상은 극심한 추위로 인해 피부 및 기타 조직에 발생하는 손상이다. 주변 온도가 0° C 아래로 떨어지면 피부에 가까운 혈관이 좁아지거나 수축되기 시작한다. 이러한 혈관의 수축은 혈액을 신체의 중심 쪽으로 돌리고 신체의 더 차가운 부분으로부터 멀리 떨어짐으로써 핵심 체온을 보존하는데 도움을 준다. 신체가 장시간 추위에 노출되었을 때, 이 보호 메커니즘은 신체의 일부 영역, 특히 말단(예: 발, 귀, 꼬리)의 혈류를 매우 낮은 수준으로 감소시킬 수 있다. 차가운 온도와 감소된 혈액의 조합은 조직이 얼어서 심각한 조직 손상을 일으킬 수 있다. 동상은 심장에서 가장 먼 신체 부위와 노출된 표면적이 많은 조직에서 발생할 가능성이 가장 높다. 다음과 같은 조건일 때에는 반려견이 동상에 걸릴 위험이 훨씬 높아진다.

반려견이 동상에 걸릴 수 있는 조건

- 심장병이나 당뇨병과 같이 혈류에 영향을 미치는 모든 의료 조건
- 젖은 털
- 짧은 털
- 소형견
- 질병이 있거나 노령견

 그림 12-2. **동상(Frostbite)**

나 동상에 약한 신체 부위 및 견종

발, 귀, 꼬리는 영향을 받는 가장 흔한 부위이다. 만약 이 부분의 반려견 털이 젖어 있거나 축축하다면, 동상에 더 취약하다. 알래스칸 말라뮤트, 시베리안 허스키, 사모예드와 같은 북방견은 동상에 걸릴 위험이 낮으며 추운 날씨에 밖에 있는 것을 즐긴다. 북방견은 겨울에 눈밭을 뛰어다녀도 동상에 잘 걸리지 않기 때문이다. 연구에 의하면 정맥이 반려견 발에 따뜻한 혈액을 전달하는 동맥을 둘러싸고 있음을 발견했다(Ninomiya, et al. 2011.). 두 종류의 혈관이 너무 가까이에 있기 때문에 열을 서로 교환한다. 즉, 따뜻한 동맥이 시원한 정맥을 가열하게 되어 결과적으로 발의 온도는 균형을 유지하게 된다. 따뜻한 혈액이 패드 표면에 닿아 동상을 막아 주어 반려견이 체온을 너무 많이 잃지 않게 되는 것이다. 이것을 과학자들은 **역류 열교환기**(Counter-Current Heat Exchanger)라고 한다. 반려견 발의 혈관은 온도 변화에 따라 열리고 닫힌다는 사실도 발견했다. 이것은 필요한 곳에 따라 더 많거나 적은 혈액이 흐르도록 할 수 있다는 것을 의미한다. 그러나 모든 반려견은 극한 조건에서 동상에 걸릴 수 있으므로 겨울철에 외출할 때는 조심하는 것이 좋다. 이탈리아 그레이하운드의 꼬리처럼 길고 가는 꼬리는 콜리의 꼬리처럼 푹신한 꼬리보다 더 위험하다. 털은 또한 귀를 보호할 수 있으므로 저먼 셰퍼드는 불 테리어보다 귀에 동상이 걸릴 위험이 낮다.

동상에 취약한 반려견

- 소형견
- 털이 짧은 견종
- 노령견
- 어린 강아지
- 대사 또는 심장에 문제가 있는 반려견
- 체온 조절에 문제가 있는 반려견

다 동상에 의한 신체 반응 및 증상

반려견이 차가운 온도에 노출되면 신체는 단계적으로 반응하게 된다. 반려견의 털은 우리가 코트를 입고 있는 것처럼 단열 기능을 제공한다. 털이 차가운 공기에 노출되면 털세움(Pilo-Erection)이 일어난다. 우리가 소름이 돋았을 때 털이 쭈뼛서는 것과 비슷하고 생각하면 된다. 털은 공기를 가두기 위해서 직립하고 이 공기는 신체에 의해 따뜻해지며 추가적인 단열을 제공한다. 몸의 심부온도가 낮아지면 떨림(Shivering)이라고 알려진 골격근에 의한 비자발적 반사작용이 일어나 열을 발생시킴으로써 따뜻하게 한다. 인간과 같은 동물들은 모두 이와 같은 반응을 경험한다. 몸이 정말로 차가워지고 생명이 위험할 때, 몸은 말초조직을 수축함으로써 반응한다. 이것은 몸이 따뜻한 혈액을 보내는 곳을 선별한다는 것을 의미한다. 신체의 말단으로 가는 혈류량을 줄이면 그 부위의 조직이 죽게 될 수 있기 때문에 반려견에게 위험하다. 장기는 생명을 유지하는데 가장 중요한 역할을 하므로 혈액은 신체의 핵심부(심장, 간, 신장, 폐)에서 순환하고 신체가 정상 온도에 도달할 때까지 말단으로 가는 혈관을 수축시켜 일시적으로 차단한다. 이 단계에서 반려견이 응급처치를 받지 않거나 스스로 따뜻함을 느끼지 않으면 동상이 발생하게 된다. 이 반응으로 인해 얼어붙은 조직은 죽게 되어 반려견의 귀, 꼬리, 얼굴, 발바닥, 다리 및 수컷의 생식기 끝부분이 동상에 걸리게 된다.

동상과 관련된 임상 징후

- 피부 환부의 변색(종종 창백하거나, 회색 또는 푸르스름한 색을 띰)
- 만졌을 때 그 부위의 차가움 또는 잘 부러짐
- 신체 부위를 만질 때의 통증
- 환부의 붓기
- 물집이나 피부 궤양
- 피부가 검게 변하거나 죽은 부위

동상에 걸린 조직이 해동되면 염증으로 인해 붉어지고 매우 고통을 느낄 수 있다. 동상의 임상 징후가 나타나는 데 며칠이 걸리기도 한다. 특히 영향을 받은 부위가 작거나 꼬리나 귀 끝과 같이 하중을 받지 않는 부위에 있는 경우에는 더욱 그렇다. 심한 동상에 걸린 부위는 괴사되거나 죽게 될 것이다. 조직이 죽기 시작하면 진한 파란색에서 점차 검은색으로 변한다. 그런 다음 며칠에서 몇 주에 걸쳐 조직이 헐거워지거나 떨어진다. 이 기간 동안 2차 세균 감염으로 인해 고름이 생기거나 조직에서 악취가 날 수 있다. 심장병, 당뇨병 또는 신체 말단으로 혈류 감소를 유발하는 기타 질환이 있는 반려견은 동상에 걸릴 위험이 더 높다.

라 응급처치

동상 치료는 즉시 시작해야 하기 때문에 수의사의 도움을 받기 전에 가정에서 할 수 있는 응급처치 방법을 소개한다. 반려견을 가능한 한 빨리 따뜻한 공간으로 옮겨 체온을 올려주도록 한다. 반려견이 저체온증이나 낮은 심부 온도로 고통 받고 있을 수 있으므로, 먼저 건조하고 따뜻한 담요 또는 수건으로 천천히 감싸준다. 또한 뜨거운 물병을 수건으로 싸서 몸 가까이에 두면 반려견을 따뜻하게 하는 데 도움이 될 수 있다.

동상 부위를 40~42°C의 따뜻한 물로 조심스럽게 따뜻하게 해주어야 한다. 손을 물에 편안하게 넣을 수 있으면 적당한 온도이다. 이 온도 이상이 되면 추가 손상이 발생할 수 있다. 감염된 신체 부위를 따뜻한 물에 직접 담그거나 따뜻한 물을 해당 부위에 압착한다. 해당 부위가 따뜻해지면 조심스럽게 두드려 말린다. 반려견이 감염된 부위를 핥거나 긁지 않도록 해야 한다. 응급처치를 한 후에는 반려견을 따뜻한 수건이나 담요로 감싸안고 동물병원으로 이동한다.

응급처치 시 유의해야 할 사항

- 동상 부위를 따뜻하게 하는 데 뜨거운 물을 사용하지 않도록 한다. 더 많은 손상을 초래할 수 있다.
- 환부에 헤어 드라이어 또는 가열 패드 등으로 직접적인 열을 가하지 않도록 한다.
- 반려견 또는 환부를 마사지하거나 문지르지 않도록 한다.
- 외부의 추운 날씨로부터 계속해서 따뜻하게 유지할 수 없다면 환부를 따뜻하게 하지 않아야 한다. 조직이 다시 얼면 추가 손상이 발생할 수 있기 때문이다.
- 반려견에게 수의사가 처방하지 않은 진통제를 주어서는 안 된다. 사람이 먹는 진통제는 독성이 있을 수 있기 때문이다.

마 동상 예방법

동상을 치료하는 것보다 처음부터 동상을 예방하는 것이 바람직하다. 기본적으로 반려견 동상은 추운 온도에 장기간 노출되는 것을 피함으로써 예방할 수 있다. 또한 재킷, 스웨터, 부츠 및 기타 액세서리와 같은 의류는 특히 얇은 털을 가진 견종과 추운 날씨에 덜 익숙한 견종의 반려견을 보호하는 데 도움이 될 수 있다. 혈류를 손상시키는 당뇨병, 심장병 및 기타 상태는 반려견 동상의 위험을 증가시킨다. 이러한 만성 질환을 가진 반려견은 추운 온도에 장시간 노출되지 않아야 한다. 겨울철에 대부분의 시간 동안 반려견을 외부에 두어야 한다면 따뜻하게 지낼 수 있도록 담요를 주거나 방풍 개집을 만들어주는 것이 좋다. 기온이 5°C 이하로 내려가면 실내나 바람이 불지 않는 곳으로 반려견을 옮겨주어야 한다. 물을 피하고 충분히 따뜻하고 건조하게 유지하면 체온이 평소보다 더 빨리 떨어지는 것을 방지할 수 있다는 점을 기억하고, 충분히 따뜻하고 동상이나 저체온증의 징후가 없는지 확인하기 위해 자주 반려견을 살피는 것이 좋다.

참고문헌

Brauer, C, Jambroszyk, M. & Tipold, A. (2011). Metabolic and toxic causes of canine seizure disorders: A retrospective study of 96 cases. Vet J. 187(2), 272-275.

CannaPet, (2019 a). Dog Seizures: What Triggers Seizures in Dogs?. Canna-Pet. https://canna-pet.com/triggers-seizures-dogs/

CannaPet. (2019 b). Epilepsy in Dogs: Signs, Symptoms, & Treatment. Canna-Pet. https://canna-pet.com/epilepsy-dogs-signs-symptoms-treatment/

Fisher, R. S., van Emde, B. W., Blume, W., Elger, C., Genton, P., Lee, P., & Engel Jr, J. (2005). Epileptic seizures and epilepsy: definitions proposed by the International League Against Epilepsy (ILAE) and the International Bureau for Epilepsy (IBE) Epilepsia. 46, 470-472. doi: 10.1111/j.0013-9580.2005.66104.x.

Fluornoy, W. J., & Hepler, D. (2003). Heatstroke in dogs: Pathophysiology and predisposing factors. Compend Contin Edu Pract Vet., 25(6), 410-418.

Hall, E. J., Carter, A. J., & O'Neill, D. G. (2020). Incidence and risk factors for heat-related illness (heatstroke) in UK dogs under primary veterinary care in 2016. Scientific Reports, 10(9128).

Hemmelgarn, C., & Gannon, K. (2012 a). Heatstroke: Thermoregulation, pathophysiology, and predisposing factors. Compend Contin Educ Pract Vet, 35(7), E4.

Hemmelgarn, C, & Gannon, K. (2013 b). Heatstroke: Clinical signs, diagnosis, treatment, and prognosis. Compend Contin Educ Pract Vet., 35(7), E3.

https://www.nbcnews.com/health/health-news/dogs-can-get-heatstroke-too-here-s-which-breeds-are-n1231358

Hunter, T. (n. d.). Frostbite in Dogs. VCA. https://vcahospitals.com/know-your-pet/frostbite-in-dogs

Huston, L., (2011). Know the Signs of Heat Exhaustion in Dogs. Austin Dog Zone. http://www.austindogzone.com/all_things_dog/know-the-signs-of-heat-exhaustion-in-dogs/

Huston, L, (2019). What Causes Seizures in Dogs?. TheSprucePets. www.thesprucepets.com/what-causes-seizures-in-dogs-3384662.

Johnson, S. I., McMichael, M., & White, G. (2006). Heatstroke in small animal medicine: A clinical practice review. Journal of Veterinary Emergency and Critical Care, 16(2), 112-119.

Link, T., (2015). Vet Advice: Seizures in Dogs and Canine Epilepsy. Dogster. www.thebark.com/content/vet-advice-seizures-dogs-and-canine-epilepsy.

Mariani, C. L. (2013). Terminology and classification of seizures and epilepsy in veterinary patients. Top Companion Anim Med. 28(2), 34-41. doi: 10.1053/j.tcam.2013.06.008.

Merck, (2007). The Merck/Merial Manual for Pet Health, Merck Publishing. p3.

Ninomiya, H. Akiyama, E., Simazaki, K., Oguri, A., Jitsumoto, M., & Fukuyama, T. (2011). Functional anatomy of the footpad vasculature of dogs: scanning electron microscopy of vascular corrosion casts. Veterinary Dermatology, 22(6), 475-481. https://doi.org/10.1111/j.1365-3164.2011.00976.x

PetMD, (2009). Seizures and Convulsions in Dogs. PETMD. https://www.petmd.com/dog/conditions/neurological/c_dg_seizures_convulsions

Phillips, C. J., Coppinger, R. P. & Schimel, D. S. (1981). Hyperthermia in running sled dogs. J. Appl. Physiol. Respir. Environ. Exerc. Physiol 51, 135-142.

Risio, L. D., Bhatti, S., Muñana, K., Penderis, J., Stein, V., Tipold, A., Berendt, M., Farqhuar, R., Fischer, A., Long, S., Mandigers, P. J., Matiasek, K., Packer, R. M., Pakozdy, A., Patterson, N., Platt, S., Podell, M., Potschka, H., Batlle, M. P, Rusbridge, C., & Volk, H. A. (2015). International veterinary epilepsy task force consensus proposal: diagnostic approach to epilepsy in dogs. BMC Vet Res. 11, 148. doi: 10.1186/s12917-015-0462-1

Segev, G., Aroch, I., Savoray, M., Kass, P. H. & Bruchim, Y. (2015). A novel severity scoring system for dogs with heatstroke. J. Vet. Emerg. Crit. Care, 25, 240-247.

Yin, S. (2008). Vet Advice: Seizures in Dogs and Canine Epilepsy. The Bark.

Young, D. R., Mosher, R., Erve, P. & Spector, H. (1959). Body temperature and heat exchange during treadmill running in dogs. J. Appl. Physiol. 14, 839-843.

13
반려견 산책과 수분 섭취

13

반려견 산책과 수분 섭취

13.1 수분 섭취의 필요성

물이 모든 생물의 생존에 중요하다는 것은 잘 알려진 사실이며, 신체의 70~80%를 차지한다. 물은 모든 건강한 세포의 주요 구성요소로, 물 없이는 생물이 생존을 유지하기 어렵다. 인간은 음식 없이는 최대 3주까지 견딜 수 있지만 물이 없는 온화한 조건에서는 약 1주일 밖에 견디지 못한다. 반려견은 일반적으로 인간만큼 몸집이 크지 않기 때문에 음식 없이는 1주일까지, 물 없이 3일 정도까지는 견딜 수 있다. 따라서 반려견이 항상 수분을 잘 유지하여 능력을 최대한 발휘하고 탈수로 인해 발생할 수 있는 건강 문제를 예방하는 것이 매우 중요하다.

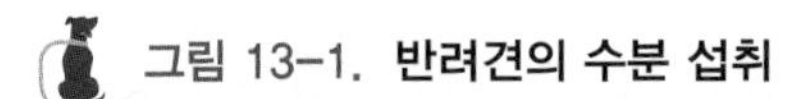

그림 13-1. **반려견의 수분 섭취**

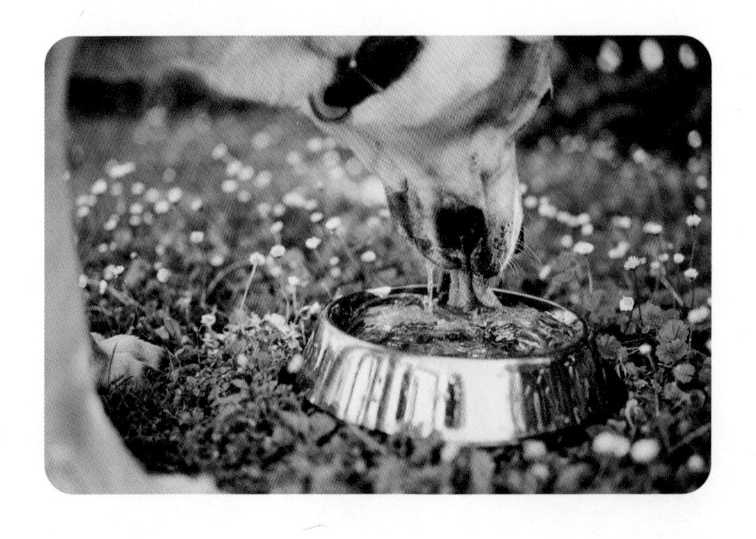

반려견의 적절한 수분 섭취는 여러 건강 문제를 예방하는 열쇠가 된다(Global Animal, n.d.). 첫째, 탈수를 피할 수 있게 한다. 반려견이 물을 충분히 마시지 않으면 쉽게 탈수될 수 있다. 탈수를 예방하는 것이 물을 마시는 가장 큰 이유이다. 탈수는 신장 손상, 간 손상 등 많은 건강 문제를 유발한다. 장기가 오랫동안 수분을 빼앗기면 완전히 기능이 중지될 수 있다. 둘째, 관절통 완화 및 건강에 도움이 된다. 수분은 중요한 장기 기능을 제공할 뿐만 아니라 관절을 부드럽고 움직일 수 있게 돕고 완충 역할을 한다. 이것은 궁극적으로 반려견이 움직이는 것을 쉽고 덜 고통스럽게 만들어준다. 관절이나 운동 문제가 있을 수 있는 노령견에게는 특히 중요하다. 셋째, 소화기 계통에 도움이 된다. 물은 반려견이 섭취하는 음식을 분해하는 데 도움이 되고 영양소의 흡수를 도와준다. 또한 장기가 소화 과정을 완전히 완료하는 데 필요한 효소와 산이 분비되도록 돕는다. 넷째, 폐기물 및 독소 제거에 도움이 된다. 반려견이 음식을 소화한 후에는 몸에 있는 노폐물을 제거해야 하는데 이때 수분은 그 과정에 관여하여 배뇨나 배변을 통해 배설하도록 도와준다. 다섯째, 정상 체온을 유지하게 해준다. 특히 더운 날에는 수분이 반려견의 체온 조절에 도움이 되기 때문에 매우 중요하다. 수분은 몸을 순환하고 식혀서 여름에 반려견이 과열되는 것을 방지하거나 더운 기후에서 밖에서 시간을 보낼 때 과열을 방지할 수 있다. 여섯째, 건강과 활력의 신호를 알려준다. 적절한 양의 물을 마시는 반려견은 대체적으로 건강하다. 반려견이 물을 마시는 습관이 바뀌면 건강에 문제가 있다는 신호일 수 있으므로 잘 지켜봐야 한다.

13.2 반려견의 일일 수분 섭취 요구량

반려견의 일일 수분 섭취 요구량은 반려견의 크기에 따라 크게 달라진다. 반려견이 클수록 더 많은 양의 물을 섭취해야 한다. 정상적인 반려견은 체중 1kg 당 50~60ml 또는 1파운드 당 1온스가 필요하다(National Research Council of the National Academies, 2006). 예를 들면, 5kg 정도의 소형견인 경우에는 250~300ml로 컵 한잔 정도의 수분 섭취가 요구된다.

표 13-1. **견종에 따른 수분 요구량(Tractive, 2021)**

체중	견종	활동수준	기온	건식사료	습식사료
5kg 이하	페키니즈, 푸들, 차우차우 등	일상적	20°C 미만	200~250ml	25~50ml
			20°C 초과	250~500ml	100~250ml
		활동적	20°C 미만	최대 500ml	최대 250ml
			20°C 초과	최대 750ml	최대 500ml
10kg 이하	바셋 하운드, 웨스트 하이랜드 화이트 테리어, 비글, 케인 테리어 등	일상적	20°C 미만	400~500ml	50~100ml
			20°C 초과	500~1,000ml	200~500ml
		활동적	20°C 미만	최대 1,000ml	최대 500ml
			20°C 초과	최대 1,500ml	최대 1,000ml
20kg 이하	보더 콜리, 달마시안 등	일상적	20°C 미만	800~1,000ml	100~200ml
			20°C 초과	1,000~2,000ml	400~1,000ml
		활동적	20°C 미만	최대 2,000ml	최대 1,000ml
			20°C 초과	최대 3,000ml	최대 2,000ml
30kg 이하	아프간 하운드, 포인터, 라브라도 리트리버, 박서 등	일상적	20°C 미만	1,200~1,500ml	150~300ml
			20°C 초과	1,500~3,000ml	600~1,500ml
		활동적	20°C 미만	최대 3,000ml	최대 1,500ml
			20°C 초과	최대 4,500ml	최대 3,000ml
40kg 이하	저먼 셰퍼드, 로트와일러, 자이언트 슈나우져, 버니즈 마운틴 독 등	일상적	20°C 미만	1,600~2,000ml	200~400ml
			20°C 초과	2,000~4,000ml	800~2,000ml
		활동적	20°C 미만	최대 4,000ml	최대 2,000ml
			20°C 초과	최대 6,000ml	최대 4,000ml

가 반려견 수분 요구량에 영향을 미치는 요인(Primovic, 2018)

1) 건식 사료와 통조림

건식 사료에는 약 15~30%의 수분이 들어있는 반면, 통조림에는 50~75%의 수분이 포함되어 있다. 따라서 통조림을 먹는 반려견은 물을 덜 필요하게 된다.

2) 체중

일반적으로 큰 반려견은 작은 반려견보다 더 많은 수분을 필요로 한다. 수분 요구량은 체중을 기준으로 하기 때문이다.

3) 나트륨

염분 함유가 높은 식품을 섭취하면 수분 섭취량을 늘릴 필요가 있다.

4) 운동 및 활동

더 활동적인 반려견은 일반적으로 더 많은 물을 마시고 필요로 한다.

5) 날씨

봄과 여름의 고온은 일반적으로 반려견을 헐떡거리게 한다. 헐떡거리는 것은 체온을 조절하는 데 도움이 되지만 수분을 잃는 방법이기도 하다. 반려견이 그늘에 접근할 수 있고 항상 깨끗한 물을 충분히 섭취하는 것이 중요하다.

6) 약물

일부 약물은 반려견의 수분 섭취량을 증가시킬 수 있다. 약물에는 푸로세미드(Furosemide, 일반적으로 라식스 Lasix라고 함)와 같은 스테로이드 또는 이뇨제가 포함될 수 있다.

7) 질병

신장 질환이나 당뇨병과 같은 일부 질병은 반려견의 갈증을 증가시킬 수 있다.

나 반려견이 물을 마시지 않는 이유(Tractive, 2021)

인간처럼 반려견도 일정량의 수분이 필요하기 때문에 물을 매일 마셔야 한다. 그러나 반려견이 물을 마시는 것을 거부할 때가 있다. 첫째, 날씨가 시원하고 평소보다 운동량이 적다면 목이 마르지 않을 수 있다. 이러한 이유라면 걱정할 필요는 없다. 활동 감소로 인한 물 소비량이 약간 감소하는 것은 문제가 되지는 않는다. 그러나 반려견이 지속적으로 물을 마시는 것을 거부하면 수의사와 상담하도록 한다. 반려견은 물 없이 하루 이상을 지내면 위험하기 때문이다. 둘째, 생소한 장소와 냄새 때문에 반려견이 물을 마시지 않을 수 있다. 반려견은 뛰어난 후각 덕분에 익숙한 수원과 익숙하지 않은 수원을 구별할 수 있다. 따라서 물의 냄새가 익숙하지 않은 것으로 인식되면 단순히 물을 마시기를 거부할 수 있다. 이때에는 평소 집에서 마셨던 물을 준비해서 제공해 주면 된다. 셋째, 특정 건강 문제로 인해 갈증이 변동될 수 있다. 당뇨병, 신장 질환과 같은 질병으로 인해 물에 대한 욕구가 완전히 감소할 수 있다. 방광염이나 요로 감염도 갈증을 감소시킬 수 있다. 따라서 반려견이 질병으로 인해 물을 마시지 않은 것이라고 의심되면 즉시 수의사의 도움을 받도록 한다. 수의사가 문제를 파악할 수 있도록 반려견의 물에 대한 행동을 기록해두는 것은 도움이 된다. 넷째, 나이가 많은 반려견은 물을 마시지 않을 수도 있다. 물에 가려면 너무 많은 노력이 필요하거나 식욕과 함께 갈증이 줄어들기 때문이다. 나이가 많은 반려견은 운동량이 적으므로 어린 반려견 만큼 목이 마르지 않는다. 그러나 나이가 많은 반려견도 적절한 수분 수준을 유지해야 하므로 물 마시는 것에 문제가 있으면 수분이 있는 음식으로 전환하는 것도 도움이 될 수 있다. 다섯째, 반려견은 일반적으로 연관하여 학습을 하게 된다. 두려움이나 고통을 겪는다면 그러한 부정적인 감정을 처음 경험한 상황과 연관시킨다. 예를 들어 반려견이 물그릇에서 물을 마시는 동안 누군가가 실수로 꼬리나 발을 밟은 경우와 같이 나쁜 경험을 했다면, 그 부정적인 경험을 물을 마시는 행위와 연관시킬 수 있다. 물 마시는 것에 대한 두려움을 없애기 위해 새로운 물그릇을 사용하거나 물그릇을 다른 장소로 이동시키는 것도 도움이 된다.

다 반려견에게 물을 마시게 하는 방법

어떠한 상황에서도 반려견은 규칙적으로 물을 마셔야 한다. 반려견이 예전처럼 물을 마시지 않는다면 물을 마시도록 설득할 수 있는 방법을 소개한다. 첫째, 물그릇의 위치를 변경하는 것만으로도 효과가 있을 수 있다. 둘째, 사료를 물과 혼합하는 것이다. 반려견은 그릇에서 물을 마시지 않지만 음식과 섞이면 행복하게 물을 마실 수 있다. 셋째, 물그릇이 깨끗한지 확인할 필요가 있다. 매우 쉽고 간단한 변화지만 의외로 효과적일 수 있다. 넷째, 반려견이 계속해서 물을 마시지 않거나 질병을 앓고 있다면 가능한 한 빨리 수의사의 도움을 받아야 한다. 질병이 있는 경우 적절한 수분 공급이 회복 과정에 중요하므로 전문적인 도움을 받는 것이 매우 중요하다. 다섯째, 반려견이 소음을 두려워한다면 금속으로 만든 물그릇을 피하고 가능하면 유리로 된 물그릇을 사용하도록 한다. 여섯째, 일부 반려견은 움직이는 물을 마시는 것을 선호한다. 따라서 반려견이 물을 충분히 마시지 않으면 호스를 사용하여 물을 주면 더 많이 마시게 할 수 있다. 일곱째, 물에 맛있는 것을 추가하면 물을 더 마시도록 격려할 수 있다. 가장 좋은 것은 작은 과일 조각이나 신선한 과일 주스를 조금 넣어주는 것이다. 사과나 딸기 같은 좋은 재료지만 포도는 피하도록 한다. 반려견에게 독성이 있기 때문이다. 또는 물그릇에 저염 닭고기 국물을 약간 추가하는 것도 도움이 된다. 국물에 포함된 소금과 칼로리는 반려견의 기분을 좋게 하는 데에도 도움이 된다. 식욕을 돋우기만 하면 되기 때문에 많은 양을 넣을 필요는 없다. 여덟째, 냉동과일주스와 같이 물이 풍부한 차가운 간식은 더 많은 물을 섭취하게 하는데 도움이 된다.

수분 섭취에 대한 권장 사항

- 반려견이 활동적이거나 더워하거나 구토 및 설사와 같은 체액 손실이 있는 경우 일일 수분 섭취 요구량보다 더 많은 물이 필요할 수 있다.
- 반려견에게 항상 깨끗한 물을 충분히 제공해주는 것이 좋다.
- 물그릇은 일주일에 두 번 철저히 세척해야 한다.
- 물그릇은 36~48시간 동안 먹을 수 있는 물을 담을 수 있을 만큼 용량이 커야 한다.
- 물그릇 하나는 외부에, 다른 하나는 실내에 제공한다. 여러 마리의 반려견이 있는 경우에는 물그릇을 반려견의 수만큼 두거나 최소한 2개 이상 두는 것이 좋다.

13.3 탈수와 물 중독

일반적으로 반려견은 신체의 80%가 수분으로 구성되어 있으며 이를 유지하여야 한다. 섭취한 수분양이 손실된 수분양보다 적게 되면 수분 부족으로 탈수를 유발하게 되며, 섭취한 수분양이 손실된 수분양보다 많게 되면 수분 과잉으로 물 중독에 이를 수 있다.

- 수분 섭취 〈 수분 손실 = 수분 부족(탈수, Dehydration)
- 수분 섭취 〉 수분 손실 = 수분 과잉(물 중독, Intoxication)

가 탈수(Dehydration)

1) 탈수 증상

섭취한 수분양이 손실된 수분양보다 적게 되면 수분 부족으로 탈수를 유발하게 되는데 반려견이 보일 수 있는 탈수 증상은 다음과 같다.

- 눈 : 움푹 들어간 건조해 보이는 눈
- 코 : 건조 와 갈라짐
- 입 : 건조하고 끈적거리는 잇몸
- 폐 : 지나친 헐떡거림
- 피부 : 탄력 상실
- 위: 식욕 부진, 설사 유무에 관계없이 구토, 에너지 수준 감소와 무기력
- 발 : 균형 상실
- 소변 : 매우 진함
- 등 : 만졌을 때 따뜻함

그림 13-2. **부위별 탈수 증상**

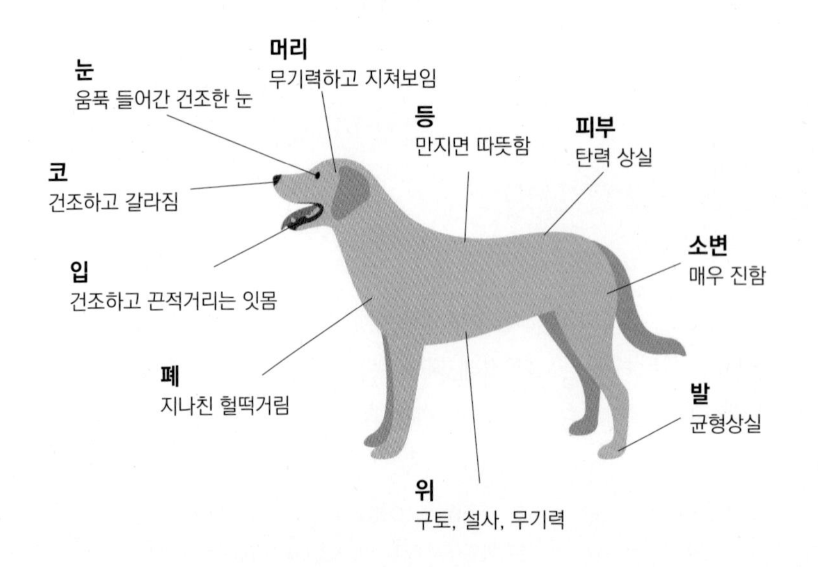

2) 탈수 상태 검사

반려견이 탈수 상태인지를 확인하는 방법은 피부 탄력 검사와 잇몸 압박 검사 2가지가 있다(Aldridge, & O'Dwyer, 2013).

가) 피부 탄력 검사

견갑골 근처의 피부를 엄지와 집게손가락으로 잡고 부드럽게 들어 올린 다음 놓아본다. 제자리로 돌아가는 것을 주의 깊게 관찰한다. 일반적으로 수분이 잘 공급된 반려견은 피부가 즉시 원래 위치로 되돌아온다. 그러나 탈수된 반려견의 피부는 제자리로 돌아가는 데 더 오래 걸린다. 이것을 **스킨 텐트**(Skin Tent)라고 한다.

나) 잇몸 압박 검사(모세혈관 보충시간, Capillary Refill Time)

반려견의 입술을 들어 올린 후 잇몸의 색깔을 확인한다. 반려견의 잇몸을 엄지나 검지로 눌러 하얗게 보이도록 한다. 손가락을 떼고 색이 얼마나 빨리 돌아오는지 확인한다. 수분이 풍부한 반려견은 눌렀던 부분이 거의 즉시 정상적인 분홍색으로 돌아온다. 그러나 탈수 된 반려견의 경우 모세관 보충 시간이 훨씬 더 오래 걸린다.

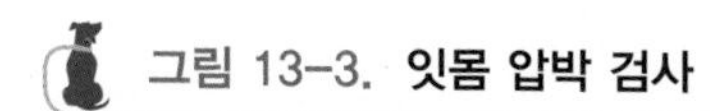

그림 13-3. **잇몸 압박 검사**

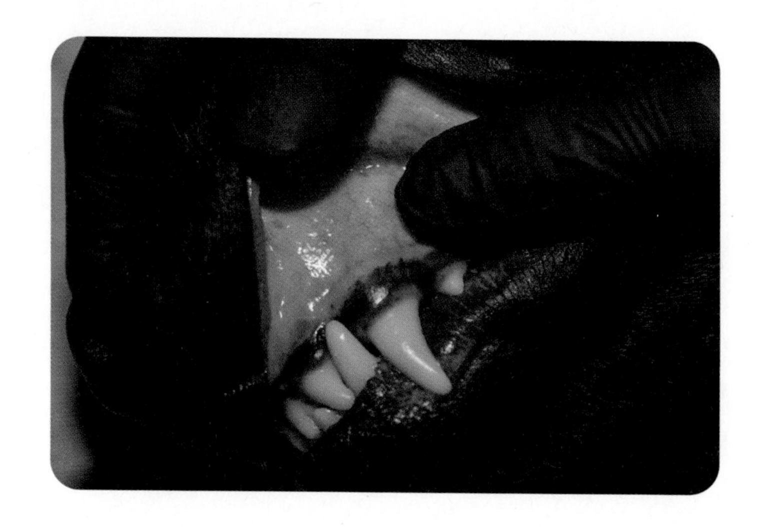

3) 탈수 예방

반려견의 상태가 심각한 질병에 의한 것이 아니라면 충분한 수분을 제공하면 탈수를 예방할 수 있다. 반려견이 원할 때마다 물을 마실 수 있도록 집 주변에 여러 개의 물그릇을 놓아주도록 한다. 산책이나 외출을 할 때에는 휴대용 물그릇과 생수를 준비한다. 또 다른 방법은 정오(태양이 최고조에 달하고 외부 온도가 최고 온도일 때)에 격렬한 신체 활동을 피하고 따뜻한 날씨에 외부에서 보내는 시간을 제한하는 것이다. 격렬하게 놀거나 운동을 한 후에는 반려견에게 물을 소량 제공해주어야 한다. 물그릇에 물을 조금만 붓고 일정 시간이 지나면 보충해 준다. 아무리 물이 먹고 싶다고 하여도 너무 빨리 마시지 않도록 하는 것이 중요하다. 자동 물그릇, 반려견 분수, 외부 마개가 부착되어 있는 물 공급 용품은 하루 종일 직장에서 일하고 집에 물그릇을 채우지 않는 보호자를 위한 대안이다. 매 식사 때마다 여분으로 깨끗한 물 한 그릇을 더 제공하도록 한다.

나 물 중독(Water Intoxication)(Miller, 2020)

반려견이 물을 다량으로 섭취하게 되면 세포 밖의 나트륨 수준이 고갈되는데 이를 **저나트륨 혈증**(Hyponatremia)이라고 한다. 다량의 물을 섭취하면 신체는 균형을 재조정하기 위한 노력의 일환으로 세포 내부의 액체 섭취를 증가시킴으로써 저혈액 나트륨에 반응하게 된다. 간 등 일부 장기는 팽창된 세포의 부피가 늘어나는 것을 수용할 수 있지만, 특히 두개골에 싸여 있는 뇌는 이러한 팽창을 수용할 수 없다. 반대로 염분이 있는 물을 너무 많이 마시면 혈액에 나트륨 수준이 증가하게 된다. 이것을 **고나트륨 혈증**(Hypernatremia)이라고 한다.

반려견들의 경우 수영이나 물놀이 등을 할 때 과도한 물 섭취가 자주 발생한다. 심지어 정원 호스나 스프링클러에서 흘러나오는 물줄기를 가지고 놀아도 물 중독으로 이어질 수 있다. 과잉 섭취된 수분을 제거하기 위해 신체가 더 열심히 일을 함으로써 작은 반려견들은 큰 반려견들보다 더 큰 위험에 처할 수 있다. 반려견이 물에 중독되면 협응 부족, 무기력, 메스꺼움, 팽만감, 구토, 동공 확장, 흐릿한 눈, 창백한 잇몸, 과도한 타액 분비와 같은 가벼운 증상에서 심하면 호흡곤란, 쓰러짐, 의식상실, 발작, 혼수상태, 사망에 이르게 된다. 대형견인 경우 적절한 조치를 취하지 않으면 7~8시간 내에 사망에 이를 수 있으며 소형견의 경우에는 3~4시간 내에 사망에 이를 수 있다.

 그림 13-4. **물 중독**

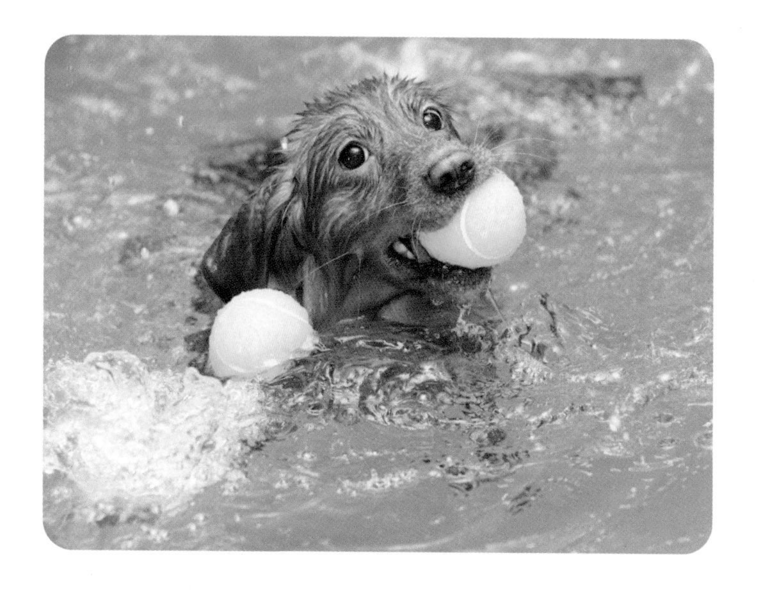

1) 물 중독의 위험 요소

가) 반려견의 크기

소형견은 대형견보다 신체에서 요구되는 물의 양이 상대적으로 적기 때문에 물에 중독될 가능성이 더 높다.

나) 물에 대한 접근성

연못, 호수, 수영장 등 다량의 물이 있는 장소를 쉽게 접근할수록 물에 중독될 가능성이 더 높다.

다) 지방의 양

반려견의 신체에 지방이 많은 경우에는 여분의 물을 흡수할 수 있는 조직이 상대적으로 많으나 지방이 적은 경우에는 여분의 물을 흡수할 수 있는 조직이 없기 때문에 더 취약하다.

라) 물의 공급양

반려견에게 제공되는 물의 양이 체중과 비례하여 섭취하여도 안전한 양을 공급하여야 하나 그렇지 않고 한 번에 많은 양을 주게 되면 물 중독에 노출될 위험이 높아진다.

마) 반려견의 성격

매우 활동적인 반려견이나 물과 관련된 놀이를 좋아하는 반려견은 그렇지 않는 반려견보다 물 중독 위험이 더 높다.

2) 물 중독 예방

물 중독은 갑자기 일어날 수 있기 때문에 가장 좋은 치료법은 예방하는 것이다.

- 물과 관련된 놀이를 할 때에는 보호자가 항상 지켜보고 있어야 한다.
- 물에서 놀 때에는 적당히 놀 수 있도록 시간을 제한해야 한다. 한 번에 약 15분 이내가 적당하다.
- 항상 수분 섭취가 적절하여 보호자 몰래 물을 먹지 않도록 잘 관찰하여야 한다.
- 물에서 놀이를 할 때에는 동그란 장난감보다는 납작한 장난감을 사용하도록 한다. 동그란 장난감은 납작한 장난감보다 더 많이 입을 벌려야 하기 때문에 상대적으로 납작한 장난감보다 더 많은 물을 섭취할 가능성이 높다.
- 1년에 1회 정도 신장을 검사하여 문제가 없는지 확인할 필요가 있다.
- 다량의 물이 있는 수원에 자유롭게 접근하지 못하도록 해야 한다.

13.4 기타 물 관련 위험(Miller, 2020; Tudor, 2015)

가 해조류 중독(Algae Poisoning)

해조류는 반려견에게는 독성이 있다. 조류가 피부에 묻으면 반려견과 인간 모두에게 매우 심한 발진을 일으킬 수 있으므로 물에서 나오자마자 완전히 씻어내야 한다. 해조류가 있는 물을 마실 때, 단순히 배탈을 일으키는 것 이상으로 간, 장, 신장 및 중추신경계에 해로운 영향을 미칠 수 있다. 반려견이 구토, 설사 증상을 보이거나 걷는데 어려움이 있다면 즉시 수의사와 상담하도록 한다.

그림 13-5. **해조류(Algae)**

나 남조류 중독(Blue-Green Algae Poisoning)

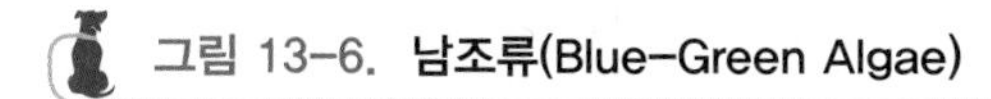

그림 13-6. **남조류(Blue-Green Algae)**

따뜻한 날씨는 담수 또는 기수성 지역(바다와 담수가 만나는 지역의 물, 바다에 인접한 호수 지역의 물)에 있는 남조류의 거대한 성장을 촉진시킬 수 있다. 조류의

퀴퀴하거나 불쾌한 냄새는 종종 반려견들에게 매력적이다. 조류에 감염된 물에서 수영을 하면 피부발진을 일으킬 수 있으므로 가능한 한 빨리 씻겨야 한다. 조류로 오염된 물을 마신 반려견들의 경우 조류의 독소가 신장, 간, 내장, 그리고 신경계에 영향을 미칠 수 있다. 남조류 중독의 초기 증상은 구토, 설사, 나약함, 보행 곤란이다. 이 경우 즉각적인 수의학적 치료가 요구된다.

다 기생충과 박테리아(Parasites and Bacteria)

작은 호수, 연못, 심지어 웅덩이와 같은 담수 지역에는 다양한 기생충과 박테리아가 서식할 수 있다. 지아르디아(Giardia)와 크립토스포르디움(Cryptosporidium)은 가장 흔한 기생충이다. 이 기생충은 위장 장애를 일으켜 구토와 설사를 유발한다. 대부분의 반려견은 감염에서 빨리 회복되지만, 면역 체계가 손상된 어린 강아지와 노령견은 심각한 영향을 받을 수 있으며 회복을 위해 약물과 식이요법이 필요하다.

렙토스피라증(Leptospirosis)은 설치류와 물에서 소변을 보는 다른 작은 동물에 의해 오염된 작은 수역에서도 발견될 수 있다. 수인성 기생충만큼 흔하지는 않지만 이 박테리아는 오염된 물을 마시는 반려견에게는 훨씬 더 위험하다. 렙토스피라증은 신장에 손상을 일으켜 신장 손상 및 간 기능 부전으로 이어질 수 있다. 감염된 반려견은 무기력하고 구토 증상을 보일 수 있다. 조기 진단 및 치료를 하면 장기적인 신장 또는 간 문제를 겪지는 않는다. 백신은 질병을 예방하는데 사용할 수 있지만 알레르기 반응을 일으키는 경향과 질병을 효과적으로 예방하는 데 필요한 예방접종 빈도 때문에 다소 논란의 여지가 있다.

라 해파리(Jellyfish)

해안에 밀려들어오는 해파리는 해변을 돌아다니는 반려견에게 매우 흔하게 발견된다. 이 생물의 촉수에는 해파리의 종류에 따라 효능이 다른 독소를 분비하는 기관이 있다. 모래에 촉수를 말리거나 해초에 섞여 있는 촉수도 독소를 방출할 수 있다. 촉수에 접촉되거나 물린 반려견은 약한 국소 알레르기 반응을 보일 수 있고, 더 심각한 과민반응을 일으킬 수도 있다.

반려견에게 해파리 위험은 고통스럽고 치명적이다. 특히, 탐색하면서 냄새를 맡을 때 얼굴 또는 코, 혀에 쏘일 가능성이 높다. 이 부위에 쏘이면 부위 중 하나에서 부종과 호흡곤란을 초래할 수 있다. 반려견이 해파리에 쏘일 경우 즉시 수의사의 진료를 받아야 한다. 해당 부위에 촉수가 아직 붙어있다면 빨리 제거해야 한다. 해파리의 촉수는 몇 주 동안 계속 반응할 수 있기 때문이다.

그림 13-7. **해파리(Jellyfish)**

마 바닷물 중독(Salt Water Poisoning)

반려견은 바다에서 장난치는 것을 좋아하지만 바닷물을 너무 많이 마시면 위험하다. 바닷물에 젖은 테니스 공이나 기타 흡수성 장난감들에는 이 장난감을 물어오는 반려견에게 문제를 일으키기에 충분한 소금이 포함되어 있다. 소금물을 약간 섭취하면 '**해변 설사**(Beach Diarrhea)'가 발생할 수 있다. 장의 과도한 염분(또는 고나트륨혈증)은 혈액에서 장으로 물을 끌어와 설사를 유발한다. 때때로 혈액과 점액을 포함한 설사를 하기도 한다. 반려견이 다량의 소금물을 마시면 고나트륨혈증으로 인해 구토, 탈수, 협응 장애, 발작이 발생할 수 있으며 수의학적 치료가 필요할 수 있다.

바닷물에서 나와 15분마다 휴식을 취하게 하면서 신선한 물을 마시게 하면 소금 중독을 피할 수 있다. 반려견이 스스로 물을 마시지 않을 경우 뚜껑이 달린 물병을 사용하여 입에 물을 뿌려주도록 한다.

바 익사(Drowning)

물에서의 활동으로 지친 반려견과 물에서 밖으로 나올 때의 가파른 경사도를 조심해야 한다. 반려견이 수영장에 있든 놀이 때문에 개방된 물에 있든 지친 반려견은 물에서 나오기 위해 약간의 도움이 필요할 수도 있다. 따라서 익사의 위험을 막기 위해 항상 반려견 구명조끼를 사용하는 것이 바람직하다.

참고문헌

Aldridge, P., & O'Dwyer, L. (2013). Practical Emergency and Critical Care Veterinary Nursing, Wiley-Blackwell.

Global Animal. (n. d.). WHY WATER IS SO IMPORTANT FOR DOGS. Global Animal. https://www.globalanimal.org/2018/09/25/why-water-is-so-important-for-dogs/149881/.

Miller, D. B. (2020). The Guide to Water Intoxication in Dogs. topdogtips. https://topdogtips.com/water-intoxication-in-dogs/#Home_Treatment_for_Dog8217s_Water_Intoxication_Issue

National Research Council of the National Academies, (2006). Chapter 9. Water. Nutrient Requirements of Dogs and Cats. Washington, DC: National Academies Press, 246-250.

Primovic, D. (2018). How Much Water Should a Dog Drink?. PetPlace. https://www.petplace.com/article/dogs/pet-health/dog-health/dog-diet-nutrition/how-much-water-should-a-dog-drink/

Tractive. (2021). Your dog won't drink water? Top 5 reasons why & what you can do. Tractive. https://tractive.com/blog/en/good-to-know/my-dog-wont-drink-water

Tudor, K. (2015). Dangers in Water Are Often Invisible. PETMD. https://www.petmd.com/blogs/thedailyvet/ken-tudor/2015/july/dangers-water-are-often-invisible-32893

14

맹견과의 산책 및 개 물림

14
맹견과의 산책 및 개 물림

14.1 맹견에 관한 법률

맹견(猛犬)은 매우 사나운 개를 말한다. 동물보호법 제13조의2(맹견의 관리)에서 맹견의 소유자는 3개월 이상의 맹견을 동반하여 외출할 때에는 반드시 목줄과 입마개를 하도록 의무화하고 있다. 또한 동물보호법 시행령 제6조의2(보험의 가입)에 따라 요건을 모두 충족하는 보험에 가입해야 한다. 동물보호법 제13조의3(맹견의 출입금지 등)에 따라 맹견은 어떠한 경우에도 어린이가 있는 시설(어린이집, 유치원, 초등학교, 특수학교 등)에 들어갈 수 없다. 동물보호법 시행규칙 제1조의3(맹견의 범위)에 맹견의 범위를 정의하고 있다.

맹견의 범위

- 도사견과 그 잡종의 개
- 아메리칸 핏불테리어와 그 잡종의 개
- 아메리칸 스태퍼드셔 테리어와 그 잡종의 개
- 스태퍼드셔 불 테리어와 그 잡종의 개
- 로트와일러와 그 잡종의 개

14.2 맹견과의 산책

사람이나 다른 반려견에게 공격적인 개와 함께 걷는 것은 물림 사고의 위험이 높으며, 보호자의 불안과 낙담으로 이어질 수 있다. 이러한 무력감은 맹견 보호자들에게 자신의 행동에 심한 당혹감을 느끼면서 맹견과 함께 걷는 것을 두렵게 만든다. 이것은 더 이상 반려견을 데리고 산책을 해야 하는지에 대해서 진지하게 고민하게 하거나 산책을 포기하는 것을 고려하게 만든다. 우리는 반려견이 저지른 일에 대해서는 보호자에게 큰 책임을 지게 하는 시대에 살고 있으며, 엄격한 동물보호법이 있고 사회가 특정 품종의 개 또는 공격성을 암시하는 행동을 보여주는 개를 용납하지 않는 시대에 살고 있다. 개를 마당에만 있게 하거나 사람이나 다른 개가 없는 심야시간에 산책하지 않는 한 무엇을 할 수 있을지 망설이게 된다. 물론, 회피는 우리가 최소한 어느 정도의 통제력을 가질 수 있다는 것을 의미하지만, 그것이 개의 문제 행동을 막지는 못한다. 장기적인 회피 전략을 사용하는 것은 불안한 개가 그러한 상황에 대처하는 방법을 배우는데 아무런 도움이 되지 않는다.

보호자들이 반려견을 돕기 위해 취할 수 있는 여러 가지 방법이 있다(Farricelli, 2020). 이러한 방법들이 모든 사람을 위한 하나의 해결책은 아니기 때문에 다른 각도에서 문제를 해결하기 위해 종종 다계층 지원 시스템이 필요하다는 것을 인식하는 것이 중요하다.

가 반려견 친화적인 도구 착용

맹견 보호자가 직면하는 가장 큰 장애물 중 하나는 목줄을 과도하게 당기는 것이다. 맹견을 산책시킬 때 맹견이 목줄을 과도하게 당기면 통제력을 잃을 위험이 있고 보호자의 자신감을 크게 떨어뜨릴 수 있다. 부정적이고 강압적인 훈련 도구로 알려져 있는 초크 목걸이나 스파이크 목걸이를 착용시켜 행동 문제를 교정하고 싶을 수 있다. 이러한 도구를 사용하는 것은 교정을 위한 것이지만 장기적으로 부정적인 영향을 미칠 수 있다. 따라서 혐오스러운 도구와 기술의 사

그림 14-1. **가슴줄**

용은 권장되지 않는다. 부정적인 감정적 영향 외에도 이러한 훈련 도구는 목 및 갑상선의 부상을 초래할 수 있다. 다행이 긍정적인 교육이 가능한 훈련 도구로 가슴줄이 있다. 가슴줄 중에서는 가슴에 목줄을 연결할 수 있는 고리가 있는 유형이 있다. 이 가슴줄은 목 부위에 부담을 주지 않으면서도 보호자가 더 자신감 있게 걸을 수 있도록 더 나은 수준의 통제력을 제공해 준다. 가슴줄은 훈련 도구일뿐 맹견을 완전히 통제할 수 없기 때문에 보호자는 여전히 행동을 교정하고 훈련하고 위험한 상황에 빠지지 않도록 해야 한다.

나 입마개 사용

공격적이며 다른 사람이나 개를 물 수 있다는 두려움이 있다면 안전이 가장 중요하다. 맹견을 더 잘 제어할 수 있도록 입마개를 사용하는 것도 고려할 수 있다. 이것은 개가 이미 물은 경험이 있는 경우에는 특히 입마개 사용이 중요하다. 과거에 물은 적이 없더라도 스트레스가 많은 상황에 처했을 때 어떤 개라도 물 수 있다는 점을 고려하면 맹견에게 입마개 착용은 필수이다. 입마개를 사용하면 보호자는 개 물림과 같은 최악의 상황이 발생할 가능성이 적기 때문에 심리적 안정감을 느낄 수 있다. 그러나 부적절하게 사용하면 보호자에게 잘못된 보안 감각을 제공하여 일반적으로 노출되지 않는 상황에 개를 노출시키기 때문에 오히려 개의 공격성을 악화시킬 수 있다.

그림 14-2. 입마개

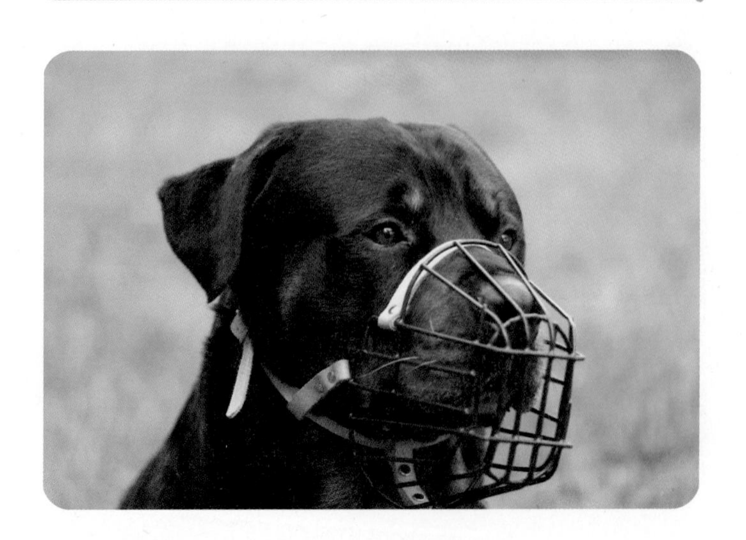

다 문제 상황 방지

돌진하고, 짖고, 으르렁거리는 상황을 연상시키는 상황에 개를 두지 않도록 해야 한다. 이러한 행동 관리는 개의 행동 문제를 해결하지는 못하지만 올바른 방향으로 나아가는 이정표가 되는 시작점이다. 행동 관리는 좋은 행동 수정 프로그램을 위한 길을 열어 준다. 이것의 목표는 상황을 악화시킬 수 있는 자극에 노출되지 않도록 보호하는 것이다.

라 다른 사람이나 개를 만날 때를 항상 대비

산책 중에 다른 사람이나 개를 피하기 위해 최선의 노력을 했음에도 불구하고 만날 경우에는 공간이 충분하다면 길 반대편으로 걸어가도록 한다. 가방이나 우산과 같은 큰 물건을 들고 다니면서 다른 사람이나 개가 보이지 않도록 한다. 자동차, 덤불, 나무, 벤치 및 쓰레기통과 같은 시각적 장벽으로 사용할 수 있는 주변 물체를 활용한다. 이러한 물체들은 산책 경로를 다양하게 선택하도록 한다. 만약, 산책 중에 목줄이 없이 다가오는 개가 있다면 주의를 분산시킬 계획을 세워야 한다. 예를 들어, 간식을 던져 다가오는 개의 주의를 분산시킬 수 있다.

그림 14-3. **공기 경적**(Air Horn)

궁극적인 싸움을 막을 수 있는 물품을 휴대한다. 이러한 물품을 사용하려는 의도는 가능한 한 해를 끼치지 않기 위함이다. 일반적인 훈련 상황이 아닌 싸움이 발생한 경우에만 사용해야 한다. 싸움이 시작될 때 개를 분리시키기 위해서 소음을 사용하는 것이 도움이 될 수 있다. 내부에 동전이 들어있는 작은 금속 소음 통(Shake Can)을 흔들거나 작은 공기 경적(Air Horn)을 울릴 수 있다. 이때, 공기 경적은 개의 귀 바로 옆에서 사용하지 않도록 한다.

마 개를 항상 한계치 이하로 유지

개를 한계치 이하로 유지하는 가장 좋은 방법은 충분히 거리를 멀리하는 것이다. 다른 개들과 거리가 멀수록 더 차분해질 가능성이 높다.

바 긍정적 연결 형성

이 방법의 목표는 다른 사람이나 개를 볼 때마다 간식을 먹여 긍정적인 연관성을 만드는 것이다. 간식을 주면 개는 다른 개의 존재를 두려워하기보다는 개를 보는 것을 기대하기 시작하게 된다.

14.3 개 물림

가 개 물림 현황

개 물림 사고는 보건 의료 시스템에서 상당한 비용을 차지하는 세계적 공공 보건 문제로(Benson, Edwards, Schiff, Williams, & Visotsky, 2006) 개에게 물린 상처는 사람에게 정신적 · 신체적 영향을 줄 뿐만 아니라 개의 행복에도 영향을 미친다(Abuabara, 2006; Knobel, et al., 2005; Overall, & Love, 2001; Peters, Sottiaux, Appelboom, & Kahn,2004). 일반적으로 사람을 문 개는 보호소로 보내지거나 심각한 경우 안락사시키게 된다(Kass, New, Scarlett, & Salman, 2001).

성인은 주로 팔다리를 물리며 어린아이들은 얼굴과 목 부분을 많이 물린다(Meints, Syrnyk, & De Keuster, 2010). 반려견 보호자가 아닌 경우, 공공장소나 외부 놀이 활동을 하는 동안 물린 경우에 이전의 피해자들보다 상처의 심각도가 더 심한 경향이 있다(Cornelissen, & Hopster, 2010). 개가 사람을 물게 된 배경을 이해하는 것이 사고 예방에 중요하다. 신체적 학대나 의료 시술, 장난감이나 먹이를 사용한 유인 행동 등이 이런 상황을 유발하기도 한다.

개 물림 사례(연예인 최 모씨 가족 한식당 사건)

유명 한식당 대표 김 모씨가 2017년 9월 30일 서울 압구정동 자택 엘리베이터 앞에서 연예인 최 모씨 가족의 반려견 프렌치 불독에게 왼쪽 정강이를 물리는 사고를 당하고 병원에서 패혈증 진단을 받은지 7일만에 사망함

우리나라 소방청의 자료에 의하면 119구급대가 개 물림사고로 병원에 이송한 환자는 2016년 2,111명, 2017년 2,404명, 2018년 2,368명으로 2017년보다는 약간 감소하기는 했으나, 매년 2천여 명 이상이 사고를 당하고 있다(곽희창, 2019). 또한, 계절별로는 야외활동이 많은 5~10월까지가 월 평균 226명으로 연 평균 191명보다 18%가 더 많았다. 연령별로는 50대 1,550명, 40대 1,241명, 60대 962명, 70대 718명 순으로 노년층이 젊은 층보다 더 많이 사고를 당한다.

2017년 질병관리본부 조사에 따르면 동물에게 물린 사고는 2012년 606건에서 2016년 820건으로 급증하였다. 사고 중에서는 개에 물린 사고가 723건(88%)으로 가장 많았다. 고양이 82건(10%), 너구리 3건, 기타 야생동물 3건(0.4%) 순이다. 물린 부위는 손과 손가락이 393건(44.6%)으로 가장 많았고, 다리 272건(30.8%), 팔 124건(14.1%), 얼굴 30건(3.4%) 순이였다. 물린 뒤 상처소독만 한 경우는 568건(69.3%)이다. 이외에 백신 접종(92건)과 상처 소독 및 봉합(36건) 등의 치료를 받은 것으로 나타났다.

미국 질병관리본부에 따르면, 매년 약 450만 명이 개에게 물리고, 그 중 80만 명은 치료를 받는다고 한다. 미국 인구는 2021년 약 3억 3천 290만 명으로 이는 미국인 74명 중 1명이 개에게 물리고 있다는 것을 의미하며, 우리나라 인구는 2021년 약 5천 182만 명으로 이는 국민 2만 명 중 1명이 물린다는 것을 의미한다.

나 개가 사람을 무는 이유

개는 아무 이유 없이 사람들을 물지 않는다. 개들은 다양한 이유로 물지만, 가

장 일반적으로는 무언가에 대한 반응인 경우가 많다. 어린 강아지, 음식, 장난감과 같이 그들에게 소중한 것을 보호하기 위해 물 수 있다. 개는 자신의 영역이나 먹이, 장난감, 심지어 사람까지도 보호할 대상이라고 생각하기 때문이다. 제대로 훈련 받은 암컷도 어린 새끼가 있을 때에는 공격성을 보이기도 한다. 어미 개가 새끼 주위에 있는 경우 접근을 삼가하도록 한다. 보호자는 어미 개와 새끼를 위한 안전한 장소를 마련해 주어야 한다. 목축견이나 경비견의 경우에는 최고의 공격자가 될 여지가 충분하다. 개의 소유 행동을 최소화하기 위해서 개에게 "기다려!" 등 특정 명령어에 대해 반응하도록 가르치는 것이 중요하다. 이러한 유형의 훈련은 공격성을 예방하는데 도움이 된다. 가정에 어린 아이가 있는 경우에는 간식이나 사료를 먹고 있을 때 개를 괴롭혀서는 안 된다는 것을 가르쳐야 한다.

개들은 몸이 좋지 않을 때 물 수 있다. 개가 만성 통증이나 심각한 귓병, 고관절이형성이 있다면, 개를 조심스레 다뤄야 하고 아픈 부위를 함부로 만져서는 안 된다. 보호자들은 반려견이 특별한 이유 없이 이상 행동을 할 경우에 통증 호소를 무는 것으로 표현할 수 있음을 생각해보고 수의사의 진료를 받는 것도 좋은 예방 방법이 될 수 있다.

개들은 겁을 먹거나 놀라서 물 수도 있다. 개는 낯선 환경이나 수의사, 낯선 사람과 접촉 시 일반적으로 공포를 느끼게 된다. 낯설어하는 개에게 무작정 접근하는 것을 삼가해야 한다. 특히 개가 자고 있을 때 갑자기 놀라게 하거나 괴롭히는 경우 개의 공포증을 촉발하게 되니 반드시 유의하고, 반려견이 어릴 때부터 사회화 훈련을 통해 공포심을 완화하도록 노력해야 한다. 개들은 놀이 중에 물 수 있다. 비록 놀이 중에 살짝 깨무는 것이 개에게는 재미있을지 모르지만, 사람들에게는 위험할 수 있다. 때문에 장난스럽게 개와 줄다리기를 하는 것은 피하는 것이 좋다. 이런 종류의 활동들은 개를 지나치게 흥분하게 만들 수 있고, 자칫 사람을 물거나 공격할 수도 있기 때문이다.

영국 리버풀 대학에서 2016년 1월부터 2017년 3월까지 'Dog Bite(개 물기)', 'Dog Attack(개 공격)' 등 키워드로 검색한 유튜브 영상 143개를 표본으로 삼아 개가 사람을 무는 과정을 파악하였다(Owczarczak-Garstecka, Watkins, Christley, & Westgarth, 2018).

이 연구를 통해서 다음의 사실을 알게 되었다.

개 물림 사고 징후(영국 리버플 대학 연구, 2018)

- 사람이 개한테 물리기 약 20초 전 신체 접촉이 많다.
- 특히 사람이 개 위에 기대서거나 개를 밟았을 때 개한테 많이 물린다.
- 치와와, 저먼 셰퍼드, 핏 불, 래브라도 리트리버 같은 종이 사람을 잘 문다.
- 개 물림 피해자 중 약 70%는 남성이었고 절반 이상이 어린이나 영유아이다.

개 물람 사고 발생시 무엇보다도 개에게 물린 맥락을 이해하는 것이 물림 사고 예방에 매우 중요하다. 개 물림 사고 통계를 통해 살펴본 것처럼 대부분은 안전하며, 선진국에서는 개에게 물리는 일이 드문다. 다음은 개 물림 및 공격에 대해 기억해야 할 사항이다.

개 물림 사고 유의사항

- 광견병에 의한 사망은 백신이 없는 지역에서 일반적이다.
- 성인보다는 아이들이 물린 확률이 높다.
- 여성은 남성보다 물릴 가능성이 적다.
- 불안하고 긴장하는 사람들은 물릴 가능성이 높다.
- 핏 불은 2019년 미국에서 발생한 48건의 개 공격 사망자 중 33명을 사망시켰다.
- 대부분의 국가에서는 핏 불을 기르는 것을 금지하고 있다.
- 개 물림은 방지할 수 있다.

전 세계적으로 개를 기르는 사람이 증가함에 따라 개에 물리거나 공격받을 가능성이 증가할 것이다. 개에게 물리는 것은 매우 일반적이지만, 물림을 방지하고 자신을 보호할 수 있는 방법을 이해하고 있으면 개 공격이 발생하더라도 공격이 사망으로 끝날 가능성은 매우 낮아진다.

다 위험한 견종

우리나라에서는 동물보호법 시행규칙 제1조의3(맹견의 범위)에서 위험한 견종을 정의하고 있다. 연구에 의하면 아키타, 복서, 차우차우, 도베르만 핀셔, 저먼 셰퍼드, 자이언트 슈나우저, 허스키, 래브라도 리트리버, 마스티프, 핏 불, 로트와일러, 그리고 많은 다른 혼합 품종을 포함한 46개 이상의 품종이 치명적인 공격과 연관되어 있다(DogBite.org, 2018).

표 14-1. 가장 치명적인 견종(2005~2017, 미국)

견종	사망자 수	전체의 비율
핏 불 Pit Bull	284명	65.6%
로트와일러 Rottweiler	45명	10.4%
저먼 셰퍼드 German Shepherd	20명	4.6%
혼합견 Mixed-breed	17명	3.9%
아메리칸 불독 American Bulldog	15명	3.5%
시베리안 허스키 Siberian Husky	13명	3.0%
알 수 없음	11명	2.5%
라브라도 리트리버 Labrador Retriever	9명	2.1%
박서 Boxer	7명	1.6%

출처 : DogBite.org, 2018.

또한 2019년에 발표한 연구에 의하면, 짧고 넓은 머리를 가진 30~45kg(66-100파운드)의 개들이 물 가능성이 가장 높다고 한다(Essig Jr., Sheehan, Rikhi, Elmaraghy, & Christophel, 2019). 이 연구 결과는 1970년부터 현재까지의 문헌을 검토한 것으로 물린 부상과 함께 보고되는 상위 6개의 견종은 다음과 같다.

개 물림 사고 대표 견종

1. 알 수 없음
2. 핏 불 Pit Bull
3. 혼합 견종 Mixed-Breed
4. 저먼 셰퍼드 German Shepherd
5. 테리어 Terrier
6. 로트와일러 Rottweiler

이러한 연구결과는 개 물림 사고를 접수한 것을 근거로 한다는 것에 주목할 필요가 있다. 일반적으로 개 물림 사고의 피해자들은 그 피해가 그리 심하지 않다고 생각하여 작은 개나 중간 크기의 개들에 의한 물림이나 공격에 대해서는 보고할 가능성이 적다. 하지만, 작은 품종이 물 가능성이 적다는 것을 의미하지는 않는다. 따라서 견종과 상관없이 공격 징후를 주의하고 조심할 필요가 있다.

미국 국립 개 연구위원회에 의해 2000~2015년의 데이터를 분석한 결과에 의하면, 개 물림에 의한 사망한 것과 관련된 7가지 통제 가능한 요인이 있다. 15년 동안 보고된 개 물림 사망자 중 75.5%가 다음 11개 기준의 4개 이상을 갖는 것으로 나타났다(Dog Bite-Related Fatalities, n.d.).

개 물림 사고 통제 가능 요인 7가지

- 개입할 수 있는 신체 건강한 사람이 없음(86.9%)
- 개와 친숙하지 않은 피해자(83.7%)
- 개를 중성화하지 않는 개 보호자(77.9%)
- 연령이나 신체 조건에 관계없이 희생자의 개와의 상호작용 능력(68.7%)
- 반려견이 아닌 상주 개로 기르는 주인(70.4%)
- 개에 대한 보호자의 잘못된 관리(39.3%)
- 보호자의 개 학대 또는 방치(20.6%)

개에게 물린 상처의 81%는 전혀 부상을 입히지 않거나 의료적 처치가 필요 없는 가벼운 부상이다. 대중매체를 통해서 개 물림 사고에 대한 내용이 자주 나오면서 사람들이 개 물림에 의한 사망의 위험에 매우 불안해하고 있다. 그러나 사실은 다른 이유로 인한 사망 위험이 더 높다. 대홍수성 폭풍: 66,335명 중 1명, 말벌 및 꿀벌과의 접촉: 63,225명 중 1명, 항공 운송 사고: 9,821명 중 1명, 화기: 6,905명 중 1명, 음식 흡입 및 섭취로 인한 질식: 3,461명 중 1명, 심장질환과 암: 7명 중 1명이 사망한다. 사람이 개에게 물리거나 공격으로 인해서 죽을 확률은 118,776분의 1로(Odds of Dying, n.d) 결국 개에게 물린 것보다 음식이나 심장병과 암으로 질식사할 가능성이 훨씬 더 높다.

대부분의 개에게 물리는 것은 70% 이상이 중성화되지 않은 개에 의해서 이루어진다. 미국의 개에게 물린 사고의 통계에 따르면, 중성화하지 않은 수컷개가 중성화된 개보다 물 가능성이 2.6배 더 높다고 한다. 치명적인 개 공격의 25%가 사슬에 묶여있는 개에 의해 가해진 것이다. 2018년 미국 질병관리본부의 개에게 물린 사고의 통계는 사슬에 묶여 있는 개들이 물거나 공격할 가능성이 2.8배 더 높다는 것을 밝혀냈다. 현재도 많은 개들이 적합하지 않은 환경에서 살고 있다.

개에게 물린 사람 5명 중 1명 정도는 의학적 치료를 필요로 한다. 치명적인 개 공격 중 가장 높은 비율은 2005~2017년까지 13년 동안 0~2세의 희생자였다(DogBite.org, 2018). 개에게 물린 상처의 가장 흔한 희생자는 아이들이였고 성인보다 훨씬 더 심하게 다칠 가능성이 있다. 어린 아이들에게 영향을 미치는 대부분의 개 물림은 일상적인 활동 동안 그리고 친숙한 개들과 상호작용하는 동안 발생한다.

미국 수의사회(AVMA, American Veterinary Medical Association)는 개에게 물린 상처와 심각한 부상에 대한 기존의 연구를 분석하기 위해 심층적인 문헌 검토를 실시했다. 연구 결과, 가장 위험한 것으로 두드러지는 단일 품종이 없다는 것이다. 이는 개의 위험한 행동을 예측할 수 있는 믿을 수 있는 표식이나 예측 변수가 아니라는 것을 의미한다. 더 우수하고 신뢰할 수 있는 지표에는 보호자 행동, 훈련, 성별, 중성화 상태, 개의 위치(도시 대 시골), 시간 또는 지리적 위치의 다양한 소유권 등이 포함된다. 예를 들어, 종종 핏 불 유형의 개들이 심각하고 치명적으로 공격한다고 보고하지만 이건 그 견종과 관련된 특성이 아니며 그들이 특정한 고위험 지역에 있고 개싸움에 이용되고 범죄나 폭력 행위에 관여하는 개인들에 의해 소유될 가능성이 높기 때문이라는 것이다. 그러므로 공격적인 행동을 하는 핏 불은 그들의 과거 경험을 반영한 것뿐이다.

라 개 물림과 관련 법률

동물보호법 이외에도 개 물림 사고 발생 시 손해배상책임, 개 물림 피해자의 상해 · 사망 여부에 따른 과실치상 · 과실치사죄, 벌금형 등이 규정되어 있다. 자세한 내용은 4장 '반려견 관련 법률'을 참고하기 바란다.

마 동물 물림과 관련된 주요 질환

동물한테 물리면 패혈증, 파상풍, 광견병(개) 등의 질환이 가장 많이 발생한다.

1) 패혈증(Sepsis)

주로 세균(박테리아)에 감염돼 전신에 심각한 염증 반응이 나타나는 질환이다. 세균이 핏속으로 들어가 혈액을 타고 돌아다니면서 전신에 염증을 일으킨다.

세균뿐 아니라 바이러스 · 진균에 감염돼 발생할 수 있다. 혼자 치료할 수 없기 때문에 발열 · 구토 · 설사나 숨이 가빠지는 등 이상 증상이 있으면 즉시 병원에 가서 치료를 받아야 한다. 체온이 38° C 이상으로 올라가는 고열, 36° C 이하로 내려가는 저체온증, 호흡수 분당 24회 이상, 분당 90회 이상의 심박수, 혈액 검사상 백혈구 수 증가 · 감소 중 2가지 이상의 증상을 보이면 패혈증으로 본다. 발병 후 짧은 시간 내에 사망할 수 있으나, 치료 결과는 환자의 건강 상태에 큰 영향을 받는다. 사망률은 20~60%로 보고되고 있다. 건강 상태에 따라 장기가 손상되면서 장기 기능이 저하되고 쇼크가 발생해 사망할 수 있다.

2) 파상풍(Tetanus)

파상풍은 상처에 침입한 균이 생성하는 독소가 사람의 신경에 이상을 유발하여 근육 경련, 호흡 마비 등을 일으키는 질환이다. 혐기성 그람 양성 간균인 클로스트리듐테타니(Clostridium Tetani)라는 원인균에 의해 발생한다. 치료를 하지 않으면 생명을 위협할 수 있어 병원에서 즉각적인 치료가 필요하다. 다행히도, 파상풍은 백신을 통해 예방할 수 있다. 그러나 백신의 효과가 영구적이지 지 않기 때문에 면역력을 보장하기 위해서는 10년마다 추가 접종이 필요하다.

3) 광견병(Rabies)

광견병 바이러스를 가진 동물에게 사람이 물려서 생기는 질병이다. 개뿐 아니라 고양이 · 여우 · 너구리에게 물려도 감염될 수 있다. 전 세계적으로는 광견병을 전파시키는 데 가장 중요한 원인이 되는 동물은 집에서 기르는 개이다. 바이러스에 감염된 동물의 침 속에 광견병 바이러스가 존재한다. 광견병에 걸린 동물이 사람을 물었을 때 감염된 동물의 침 속에 있던 바이러스가 전파된다. 광견병에 걸리면 발열 · 구토 증상이 나타나며 또 물을 마실 때 목에 통증을 느끼고 물을 무서워한다(이때문에 공수병으로도 불림). 사람에서 잠복기는 보통 4~8주 정도로 길다. 초기에 진단하기 어렵기 때문에 동물이 광견병에 감염됐는지를 확인하는 것이 가장 빠르다. 국내에서는 2005년부터 사람에서 광견병이 발생하지 않았다. 1999~2004년에 광견병 환자 6명이 발생했는데 모두 사망하면서 2006년 7월부터 광견병 예방 백신에 건강보험이 적용되기 시작하였다.

바 개 물림 사고 조치 방법

개 물림 사고가 발생하면 피해자는 즉시 경찰에 신고하여야 한다. 사건이 발생한 장소 주변에 있던 목격자의 협조를 받고 즉시 병원 치료를 받도록 한다. 치료비는 민사상 손해배상의 대상이 되어 해당 동물의 보호자로부터 배상을 받을 수 있다. 향후 분쟁에 대비하여 사건 내용을 정리해 두도록 한다.

가해한 개의 보호자는 해당 개를 사람으로부터 즉시 격리시키도록 한다. 동물의 전염병 예방접종 실시 여부를 고지하여 2차 피해가 발생하지 않도록 하여야 한다. 가능하면 피해자와 적절한 합의를 통해서 원만하게 문제를 해결하도록 한다.

사 개 물림 관련 이론

반려견의 행동을 이해하면 상황에 대한 대응을 예측하고 원치 않는 행동을 예방하기 위하여 적극적인 태도를 취하는 데 도움이 될 수 있다.

1) 촉발 자극 축적(Trigger Stacking)(Williams, 2020)

촉발 자극은 불쾌한 자극으로, 개의 스트레스 요인을 의미하며 촉발 자극이 계속해서 쌓이는 것을 촉발 자극 축적이라고 한다. 촉발 자극이 축적되어 여러 종류의 스트레스가 동시에 발생하면 모든 개는 물 수 있다. 또한 모든 개는 물게 되는 임계값을 가지고 있다. 개도 하루를 지내면서 촉발 자극이라고 하는 스트레스 요인들을 만나게 된다. 촉발 자극은 개에게 반응을 일으키게 하는 모든 것이 포함된다. 이러한 촉발 자극은 긍정적인 행동을 일으킬 수도 있지만 원치 않는 결과를 초래할 수도 있다. 촉발 자극에는 광경, 소리, 심지어 냄새도 포함될 수 있다. 개가 불편한 자극의 수와 강도(촉발 자극 축적)에 압도되면 무는 것으로 반응할 수 있다.

촉발 자극 축적은 3가지 요인 즉, 자극(스트레스 요인), 시간의 흐름, 반응성 임계값으로 구성된다. 이해를 돕기 위해 예를 들어 설명하면, 어떤 직장인이 출근하기 전 커피를 마시기 위해 커피를 샀는데 길이 미끄러워 넘어지면서 커피를 엎질러서 옷이 엉망이 되었다. 그날따라 교통체증이 심하여 출근이 늦어져 결국 지각을 하였고 직장 상사로부터 지각한 것에 대해서 문책을 받았다. 당일 맡은 업무가 많아서 정시에 퇴근하지 못하고 늦게까지 근무를 해야 했다. 늦은 밤

힘든 몸을 이끌고 집에 들어갔는데 어린 아이들이 집을 엉망으로 만들어서 정리를 해야만 했다. 만약 여러분이 이러한 상황에 있다면 어떻게 하겠는가? 이러한 일들이 분산되어 발생하면 우리는 각 사안에 대해서 개별적으로 잘 반응할 수도 있다. 그러나 이러한 모든 상황이 하루에 모두 발생하면 여러분은 인내의 한계에 도달하여 소리를 지르거나 물건을 던지는 등의 행동을 할 수도 있을 것이다. 개들도 마찬가지이다. 반려견도 불쾌한 자극인 스트레스 요인에 노출될 때마다 아드레날린과 코티솔 같은 스트레스 호르몬이 분비된다. 만약 이 스트레스가 계속 쌓이게 되면, 결국 개는 반응하게 될 것이다. 스트레스 호르몬은 정상으로 돌아가는데 오랜 시간이 걸릴 수 있다. 그 기간 동안, 개는 반응성이 더 강해지기 때문에, 보호자는 흥분한 개와 모두를 안전하게 지키기 위해 개의 환경을 관리해야 한다.

개들은 갑자기 물지 않는다. 보호자는 개들이 스트레스를 받고 있는 징후를 인지하고 그에 따라 적절하게 행동할 필요가 있다. 모든 개들은 성격이 다르며 어떤 자극에도 두려움을 느끼거나 불안해 할 수 있다. 보호자가 개를 이해하는 것은 불쾌한 자극의 수와 강도를 줄이기 위해 능동적으로 행동하도록 도울 수 있고, 더 차분하고 덜 반응하는 사랑스러운 반려견이 되도록 도울 수 있다. 보호자는 반려견이 스트레스를 받는 몇몇 자극에 대해 둔감하게 만들고 역조건화하기 위해 노력해야 한다.

개가 느끼는 일반적인 불쾌한 자극

- 개가 불편한 상황에서 탈출할 수 없는 것처럼 갇혀있는 느낌
- 과거의 부정적인 경험(개가 부정적인 일이 있었던 장소로 돌아가면 두려워하거나 불안해 할 수 있음)
- 사람들이 너무 빨리 접근하고 개의 구역을 침입(포옹 포함)
- 지나친 자극이나 흥분
- 다른 개에 의해 위협 받는 느낌(특히 목줄로 묶여있는 상태의 개에게 접근하는 경우)
- 경계나 영역 방어
- 잡기(수의사 또는 집에서 귀 또는 눈에 약을 넣어주려고 할 때)
- 큰 소리(소리 지름, 소방차, 불꽃놀이, 크고 날카로운 소리 등)
- 불규칙하게 움직이거나 예측할 수 없는 어린 아이들
- 자전거, 스케이트보드, 스쿠터
- 낯선 사람 또는 수염이 있는 사람들, 또는 모자나 마스크, 안경을 착용한 사람들

촉발 자극 축적을 방지하기 위해서 먼저 보호자는 개의 성격과 임계 수준을 이해해야 한다. 스트레스를 받을 상황에 반려견을 그대로 두지 않으며, 개의 불쾌한 자극을 이해하고 촉발 자극 축적을 피하도록 한다. 개가 나타내는 비언어적 단서를 주의 깊게 관찰하고, 자극이 축적되거나 악화되지 않도록 개를 그 상황에서 벗어나게 해주어야 한다.

2) 개의 공격성 사다리

모든 개들은 물 수 있다. 개들은 모두 이빨을 가지고 있고, 필요하다면 모두 그것을 사용할 능력이 있다. 절대로 물지 않을 거라고 생각하는 것은 위험하다. 많은 개들은 일생 동안 물지 않으려고 노력한다. 왜냐하면 무는 단계에 도달하기 전에 다른 경고를 사용하는 것을 선택하기 때문이다. 개들은 인간처럼 말을 할 수 없기 때문에, 그들의 불편함과 상호작용을 끝내려는 욕구를 전달하기 위해 대부분 시각적 단서에 의존한다. 공격성 사다리는 감정의 고도를 묘사하는 시각적 단서의 청사진이며, 낮은 경계의 단서들을 인식하고 상황을 강화시키지 않고 정확하게 반응하는 것이 더 이상 고조되는 것을 방지하고 궁극적으로 물리는 것을 막을 수 있다(Shepherd, 2009). 하지만, 각각의 개들은 과거의 경험과 삶의 역사를 모두 가지고 있고, 과거에 그들에게 효과가 있었던 신호인지 아닌지에 따라 행동이 달라질 수 있다는 것을 알아야 한다. 공격성 사다리를 보면, 개들이 얼마나 많은 신호를 보낼 수 있는지 그리고 물기 전에 얼마나 많은 것을 할 수 있는지를 알 수 있다. 보호자가 경고 신호를 이해하고 있다면, 으르렁거리거나, 입 다물기나 물기는 놀랄 일이 아니다. 의사소통의 초기 징후를 발견하는 것은 개가 자신의 감정을 더 명확하게 할 필요를 느끼기 전에 개에게 도움을 주고 불편함을 인식할 수 있게 해준다.

공격성 사다리의 하단부에 하품을 하거나, 눈을 깜빡거리거나, 코를 핥거나, 머리를 멀리 돌리는 등의 행동은 개가 불편함을 느낀다는 것이다. "걱정된다", "불안하다" 또는 "진정해달라"고 말하고 있는 것이다. 공격성 사다리의 위로 올라가면 으르렁거리거나 입 다물거나 물기 등의 행동이 "물러나라!"는 확실한 의사표현을 하고 있다. 이는 "당장 나를 혼자 있게 내버려둬" 또는 "그냥 가버려"라고 말하고 있는 것이다. 공격성 사다리의 색상들은 신호등으로 녹색 영역은 불안의 시작이며 주황색 영역은 위험에 가까워지고 있으며 빨간색 영역은 위험 영역을 의미한다.

이러한 공격성 사다리는 반려견이 어느 정도 스트레스를 받았는지를 이해하는데 도움이 된다. 의사표시를 더 빨리 인식할수록 반려견을 더 빨리 도와줄 수 있다. 모든 개는 다르기 때문에 공격성 사다리를 정확하게 따르는 것은 아니다. 특정 기질의 개 또는 이전 학습 경험은 더 빨리 특정 단계에 도달할 수 있게 한다. 그러나 개가 녹색 영역에 있을 때 인식하는 것은 공격성 사다리에 더 올라갈 확률을 낮추는 데 도움이 된다.

그림 14-4. 개 공격성 사다리

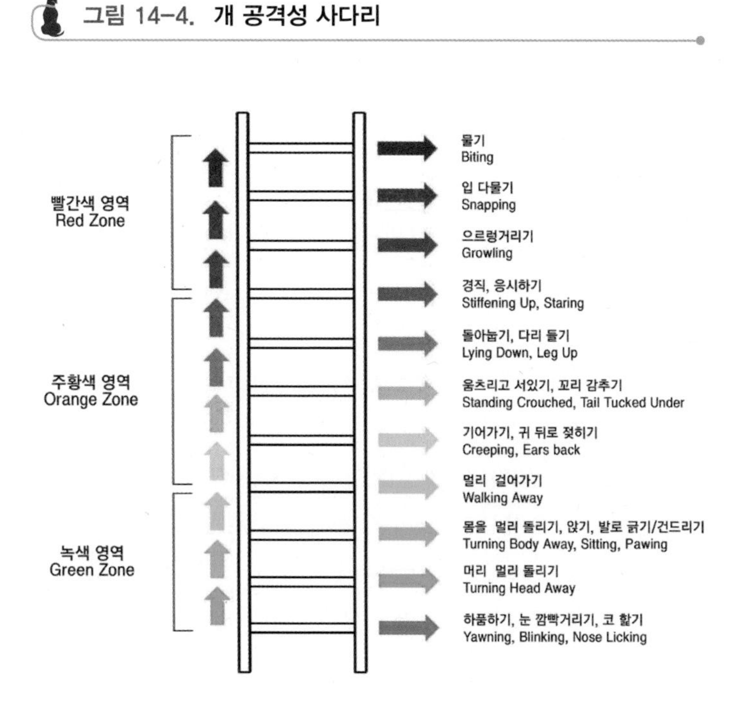

가) 녹색 영역 : 하품하기, 눈 깜빡거리기, 코 핥기, 머리 및 몸 멀리 돌리기, 앉기, 발로 긁기 및 건드리기

녹색 영역에서 개는 약간 불안하며 눈 깜박거리기, 하품하기 또는 코 핥기와 같은 변위 행동으로 시작된다. 눈의 흰 부위도 이 시점에서 볼 수 있다. 개가 이러한 신호를 보인다 할지라도 여전히 보호자에게 응답할 수 있는 마음의 상태에 있으며 보호자에게서 정보를 처리하고 이전에 스트레스가 적은 상황에서 배운 행동을 연습할 수 있어야 한다. 이 시점에서 역조건화를 사용하여 스트레스 자극을 보상과 결합할 수 있다.

두려움은 강화할 수 없다. 때때로 사람들은 개가 두렵다고 신체 언어를 표시할 때 보상하는 것을 주저한다. 왜냐하면 그 행동을 강화시키고 싶지 않기 때문이다. 그러나 두려움은 감정이고 감정은 강화할 수 없다. 보상을 사용하면 반려견이 무서운 무언가와 더 긍정적인 관계를 맺고, 정서적 · 행동적 반응을 점차 변화시킬 수 있다. 만약 반려견이 10m 떨어진 다른 개를 보고 하품을 하거나 코를 핥는다면, 몇 걸음 뒤로 물러서서 현 상황에 대해 반려견에게 보상을 하도록 한다. 만약 신체 언어가 완화되면, 약간 더 가까이 다가갈 수 있지만, 항상 녹색 영역의 신호가 다시 나타나지는 않는지 지켜보아야 한다. 만약 반려견이 사람과의 상호작용을 하는 중에 하품을 하거나, 눈을 깜빡이거나, 고개를 돌린다면, 이 경고 신호에 따라 즉시 상호작용을 중지하고 반려견에게 휴식을 제공하도록 한다. 보호자가 반려견에게 계속적으로 보상을 해주면 반려견과 다른 사람 사이에는 잠깐의 휴식을 유지할 수 있게 된다. 반려견이 계속해서 상호작용을 할 수도 있지만 이것이 완전히 그의 선택인지 확인하고 또 다른 경고 신호를 보이지는 않는지 지켜보아야 한다.

만약 초기 경고 신호들이 무시된다면, 반려견은 스트레스를 받는 자극으로부터 멀어지기 위하여 머리와 몸을 돌리기 시작할 것이고, 발을 들어 올리거나 앉을 수도 있다. 이러한 행동들에 주목하고 반려견을 멀리 움직일 수 있도록 해주어야 한다. 만약 그렇지 않다면, 다음 단계는 스스로 멀어지기 위하여 노력하는 것이 될 것이기 때문이다. 이런 일이 일어날 때, 개는 종종 목줄이나 밀폐된 공간에 갇혀 있기 때문에 멀어지는 것이 불가능할 수도 있다. 또한 멀리 가기 위한 노력이 상호작용을 계속하고 싶어 하는 사람이나 개에 의해서 중지되거나 다시 상호작용을 위해 되돌아가려는 보호자에 의해서 중지될 수 있다. 스트레스가 많은 상황에서 벗어나면 안도감을 느끼고 이 선택을 강화하게 되므로 개가 더 많은 녹색 또는 주황색 신호를 보이기 시작할 때에는 반려견의 선택을 지지한 후에 역조건화 활동을 하여야 한다. 반려견이 걱정하거나 스트레스를 받기 시작할 때 안심시키는 것은 매우 중요하다.

일부 개는 점프를 하거나 가까이 다가와 보호자의 도움을 요구한다. 반려견이 뛰거나 보호자의 다리를 긁기 시작하면 보호자는 반려견과 상호작용을 통해서 안도감을 주어야 한다. 보호자는 좀 더 차분한 반응을 유도하기 위하여 간식을 사용하여 주의를 분산시키거나 반려견과 눈높이를 맞추기 위해 웅크리고 앉아 반려견을 쓰다듬어 주도록 한다. 만약 접근하는 사람이나 다른 개를 피하기 위해 보호자에게 가까이 다가온다면 밀어내지 말고 안심하려고 노력하는 그 선택을 보상해주도록 한다. 보호자는 반려견의 안전한 공간이 되어야 한다는 것을 기억하여야 한다.

나) 주황색 영역 : 멀리 걸어가기, 기어가기, 귀 뒤로 젖히기, 움츠리고 서있기, 꼬리 감추기, 돌아눕기, 경직, 응시하기

개가 도망갈 수 없고 녹색 영역 신호가 무시되면 주황색 영역으로 이동하게 된다. 이러한 신호들 중 많은 것들이 잘못 해석될 수 있고, 멀리 걸어가는 개들은 종종 그 상황으로 다시 돌아오기 위해 멈추거나 격려를 받는다. 사람들은 개가 상호작용하도록 격려하기 위해 웅크리고 앉아 우스운 소리를 낼 수도 있고 또는 강제로 이끌려 돌아가게 될 수도 있다. 멀리 걸어가는 것이 효과가 없을 때, 개는 귀를 뒤로 당기거나 돌아눕는다. 이를 복종이나 배 마사지를 원하는 것으로 오해하기 쉽다. 실제로, 일부 개들에게는 그것을 원할 수도 있지만 자신의 높은 불안감을 전달하기 위한 시도일 수 있다. 배를 보여 돌아눕거나 꼬리를 감추고 움츠리고 있는 개는 위안을 받거나 안심하기 위하여 바로 탈출을 시도하지는 않는다. 즉, 그것은 단지 상황을 유도하는 불안에서 벗어나 약간의 여유와 안도감을 찾는 것이다. 반려견은 보호자가 자신의 신호를 존중하고 행동을 취할 수 있다는 것을 알 필요가 있다. 만약 개가 멀리 가려고 하면 그대로 두도록 한다. 만약 그가 등을 대고 구르거나, 몸을 움츠리거나, 꼬리를 아래로 숨기면, 그 상황으로부터 반려견을 멀어지도록 이동한다. 반려견은 약간의 휴식을 취하면 긴장을 풀 수 있을 것이고, 보호자와 조금 떨어진 곳에서 좋은 관계를 맺을 수 있는 일을 할 수도 있다. 하지만 그 상황에 대처하지 못하고 완전한 휴식이 필요할 수도 있다.

만약 반려견이 간식을 거부하거나 믿을 수 있는 신호들에 반응하지 않는다면 그것은 대처하기 위해 노력하고 있고 더 많은 여유와 상황으로부터의 휴식을 필요로 한다는 신호이다. 개가 투쟁과 도피 모드(Fight & Flight Mode)로 들어갈 때, 그들의 소화 시스템은 모든 에너지가 생존에 집중되어 있기 때문에 정지될 것이다. 이것은 그들에게 더 이상 음식을 통한 보상이 중요하지 않고 그들은 보호자와 소통하는 능력을 잃을지도 모른다. 스트레스를 주는 자극으로부터 여유를 갖는 것은 그들을 다시 녹색 영역으로 데려갈 수 있다. 이것은 흥분 수준을 낮추고 더 빨리 진정하도록 도와준다. 녹색 신호가 지속되거나 주황색 신호가 다시 나타나면 즉시 상황을 벗어나야 한다.

빨간색 영역의 경계선에 있지만, 놓치기 쉬운 다음 신호는 경직과 응시하기이다. 이것은 으르렁거리거나 입 다물기, 물기 직전에 매우 짧은 순간 일어날 수 있으므로, 경직이나 응시하는 것은 매우 심각하게 고려되어야 한다. 이 순간에는 망설이지 말고 반려견을 그 상황에서 즉시 벗어나게 해야 한다. 입 다물기나 물었던 과거 전력이 있거나 으르렁거리는 것으로 처벌받은 개는 물려고 곧장 가기 전에 아주 잠깐 동안 경직될 수도 있기 때문에 어떤 상황에서도 무시할 수 없다. 일단 그 상황에서 벗어나면, 흥분상태를 가라앉히고 긴장을 풀 수 있도록 간식 주기와 같은 진정시키는 활동을 하도록 해야 한다. 위험 구역에 다다랐기 때문에 스트레스 수준은 높을 것이고 반려견이 진정할 시간이 필요할 것이라는 것을 기억하여야 한다.

다) 빨간색 영역 : 으르렁거리기, 입 다물기, 물기

빨간색 영역의 신호들은 거의 눈에 띄지 않는 신호들이다. 으르렁거리는 소리는 '당신이 하고 있는 일을 멈추라'는 확실한 의사 표현이므로, 절대 으르렁거리는 것을 처벌하면 안 된다. 으르렁거리는 개를 처벌하게 되면 보호자는 이미 대처하기 위해 노력하고 있는 개에게 스트레스와 공포를 더하게 되고 이는 앞으로 이 신호를 보일 가능성이 낮아지게 되는 것을 의미한다. 으르렁거리는 것을 처벌하면 보호자는 이 의사소통의 의미를 제거하는 것으로 개가 다음에 공격성 사다리의 이 지점에 도달할 때 곧바로 물 수 있는 가능성을 높이게 만드는 것이다. 입 다물기는 보통 우리가 주의할 수 있을 만큼 충분히 강하지만, 더 밀어붙이게 되면 개가 물 수 있다. 무는 것은 개가 다른 선택의 여지가 없을 때 행동하는 최후의 수단이다. 이러한 일이 갑자기 발생하는 것은 아니다. 누군가가 이전의 모든 경고 신호를 무시한 것에 대한 잘못이므로 무조건 개의 잘못으로 보고 비난해서는 안 된다.

라) 단계를 건너뛰기

어떤 개들은 공격성 사다리의 높은 단계에 더 빨리 오르고, 어떤 개들은 많은 신호를 건너뛰고, 어떤 개들은 거의 또는 전혀 경고하지 않고 물 수 있다. 어떤 경우에는 이것이 유전적으로 영향을 받을 수 있지만 대부분의 경우 과거의 학습 경험일 가능이 매우 높다. 개는 강화되는 어떤 경고 신호도 보이지 않고 처음부터 무는 경우는 거의 없다. 무는 것이 매우 효과적이라는 것을 이전에 배웠기 때문에 개는 매우 적거나 매우 빠른 경고 후에 다시 물 수도 있다.

어떤 개들은 녹색과 주황색 영역의 신호를 모두 사용하는 것이 효과적이지 않다는 것을 배울 것이다. 이들 중 어느 것도 성공적으로 그들의 감정을 전달하지 못했지만, 즉시 무는 것으로 무서운 것을 사라지게 만들었기 때문이다. 무는 것이 즉시 효과가 있다는 것을 학습하면 낮은 신호을 보내는데 시간을 낭비하지 않게 된다. 또한 신호가 받아들여지고 원하는 결과를 성공적으로 달성할 때 큰 안도감이 있기 때문에 몇 번 물기가 성공하면 매우 효과적인 행동으로써 이것을 빠르게 강화시키게 된다. 마찬가지로, 녹색 영역의 신호가 신속하고 성공적으로 받아지면, 이러한 신호들은 잘 강화되고 반복될 가능성이 더 높아질 것이다. 만약 하품과 코를 핥는 것이 스트레스를 주는 상황에서 여지를 만든다면, 공격성 사다리의 더 높은 단계에 올라가거나 더 강한 신호를 전달할 필요가 없게 된다. 하지만 으르렁거리거나 물기 말고는 아무 효과가 없다면 이것들은 가장 강화된 의사소통 신호가 될 것이다. 보호자는 반려견의 영원한 지지자라는 것을 기억하여야 한다. 반려견은 보호자를 믿고 의지할 수 있어야 한다. 만약 그가 불확실하거나 불편한 감정을 보인 적이 있다면 반려견이 감정을 더 명확하게 표현하기 전에 적절한 조치를 취하고 그를 도와야 한다.

아 세계보건기구의 개 물림 예방 지침

광견병은 대부분 개 물림을 통해서 확산되고, 특히 5~14세 사이의 어린이들에게는 치명적이다. 광견병을 예방하는 가장 좋은 방법은 예방접종을 하고 물기를 방지하는 것이다. 세계보건기구(WHO)는 광견병을 제거하기 위해서 개 물림을 예방할 수 있는 방법을 다음과 같이 제시하고 있다.

1) 방해하거나 놀라게 하지 말 것(특히 개가 먹고 있거나 묶여 있을 때)

Don't disturb me when I am with my toys, my puppies, in a car, behind a fence or when I am asleep or ill.

"장난감이나 어린 강아지가 있을 때, 차 안, 울타리 뒤, 잠들거나 아플 때 방해하지 말아주세요!"

 그림 14-5. **개를 방해하거나 놀라게 하지 말 것**

출처 : https://www.who.int/rabies/resources/educational_material_children/en/

가) 반응

본능적으로 개들은 자신의 것을 보호하고 가능한 위협에 대응한다. 즉, 자신의 지역, 보호자, 어린 강아지, 음식, 장난감을 보호한다. 또한 소유물을 잃어버렸을 때 두려움이나 위협을 느끼고, 그 결과로 물 수도 있다. 밀폐된 공간에 묶여 있거나 갇혀 있는 개들은 사람들이나 개들과 교류할 기회가 상대적으로 더 적다. 이것은 그들을 더 좌절하게 만들며, 방어적인 공격성을 증가시켜 물 수도 있다.

나) 아동 · 청소년 대상 교육방법

- 개의 반응을 누군가가 그들의 공간을 침범했을 때 아동청소년들이 느낄 수 있는 반응과 연관시킨다. 여러분은 장난감이나 음식을 빼앗는 형제나 자매의 예를 사용할 수 있다.
- 개가 어린이를 물 때 가장 일반적인 상황을 보여준다.
- 개가 물 수 있는 여러 가지 상황을 역할 연기하도록 한다. 한 아이는 개의 역할을 맡을 수 있고, 다른 아이는 사람을 연기할 수 있다. 아주 어린 아이들을 위해 인형을 이용해서 보여줄 수도 있다.

2) 화가 나거나 무서워할 때는 가까이 가지 말 것

> When I am angry, I will show my teeth. When I am scared, my tail will be between my legs and I will try to run away.
>
> "화가 나면 이를 드러낼 거야. 내가 무서울 때, 내 꼬리는 내 다리 사이에 있을 것이고 나는 도망가려고 노력할 거야!"

가) 반응

개들은 위협을 받거나 두려움을 느낄 때, 물 수 있다는 것을 몸으로 말한다. 만약 어린이들이 이 신체 신호를 인식하는 것을 배운다면, 그들은 겁먹고 위협을 받는 개에게 가까이 가는 것을 피할 수 있고 사고를 예방할 수 있다.

개들은 화가 나거나 공격적일 때 입술을 뒤로 젖히고, 이빨을 드러내고, 으르렁거리고, 털을 세우고, 꼬리를 공중에서 곧게 세운다. 겁먹거나 무서울 때에는 멀리 움직이고, 코를 핥고, 꼬리를 감추고, 귀를 뒤로 평평하게 하고 이빨을 드러낸다.

그림 14-6. 개가 화가 나있거나 무서워하는 경우 가까이 가지 않기

출처 : https://www.who.int/rabies/resources/educational_material_children/en/

나) 아동 · 청소년 대상 교육방법

- 화났을 때와 무서워할 때의 그림을 사용하여 아동 · 청소년에게 어떤 개가 화가 났는지, 어떤 개가 겁에 질렸는지를 분별할 수 있게 한다. 신호의 의미가 무엇인지 예를 들어 설명하고, 개의 털이 서있는 것은 "가까이 오지 마"를 의미한다는 것을 알려준다.
- 아이들에게 색칠할 수 있는 그림카드를 주고 개가 화나거나 두려워한다는 것

을 의미하는 신체의 주요 부분을 색칠해 볼 수 있도록 한다.

– 학령기 아동 · 청소년들은 다양한 종류의 개 행동을 역할 연기해 볼 수 있다.

3) 개가 묶여있지 않을 때 접근해도 움직이지 말 것

- Stand still like a tree trunk.
- If you fall over, curl up and stay as still and heavy as a rock.
- 나무줄기처럼 가만히 있어야 한다.
- 넘어진 경우 몸을 웅크리고 바위처럼 움직이지 말아야 한다.

가) 반응

개는 움직이거나 소리를 내는 것을 쫓는 경향이 있다. 만약 여러분이 도망치거나 소리를 지르면, 개가 물 가능성이 훨씬 더 높아진다. 하지만 만약 누군가가 조용히 있으면 그 개는 빠르게 그 사람에게 흥미를 잃는다. 이것은 개가 멀어지고 물리는 것을 막을 시간을 벌어준다.

① 나무 자세(Tree Trunk)

똑바로 서서 나무처럼 팔을 옆으로 붙이고, 머리를 숙이고, 눈을 감고, 소리를 내지 않고 가만히 있어야 한다.

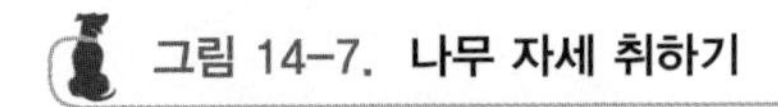
그림 14-7. 나무 자세 취하기

출처 : https://www.who.int/rabies/resources/educational_material_children/en/

② 바위 자세(Rock)

이미 넘어져 있는 경우에는 태아가 뱃속에서 웅크린 자세와 같이 움직이지 않고 무게감을 유지하면서 얼굴과 배를 보호해야 한다. 개가 흥분을 가라앉히고 차분해지면 조용히 멀리 이동한다.

 **그림 14-8. 바위 자세 취하기**

출처 : https://www.who.int/rabies/resources/educational_material_children/en/

나) 아동 · 청소년 대상 교육방법

- 그림 14-7, 14-8처럼 나무 자세와 바위 자세를 연습하도록 한다.
- 소그룹으로 나누어 한 아이에게 반려견인 척하고 뛰거나 소리를 지르는 아이들을 뒤쫓아오라고 한다. 이때 개 역할을 한 사람은 나무 자세나 바위 자세를 취한 사람들을 무시해야 한다. 게임이 끝날 때, 그들에게 다시 그 자세를 상기시켜 주도록 한다.

4) 천천히 그리고 조용히 다가갈 것

- Ask my owner or your parents/guardian's permission before you touch me.
- Let me sniff your hand before you touch me.
- When you stroke me, stroke my back first.
- 개를 만지기 전에 보호자의 허락을 받는다.
- 개를 만지기 전에 손 냄새를 먼저 맡게끔 한다.
- 개를 쓰다듬을 때는 등부터 천천히 쓰다듬어준다.

가) 반응

많은 개들이 쓰다듬는 것을 좋아하지만 항상 그렇지는 않다. 만약 개가 쓰다듬는 것을 원하지 않을 때 개를 쓰다듬으려고 한다면 개는 무는 것으로 반응할 수 있다.

나) 아동 · 청소년 대상 교육방법

- 개를 쓰다듬기 전에 항상 보호자의 허락을 받아야 한다. 개가 있으면 항상 성인을 동반해야 한다. 개의 머리에서 자신의 얼굴을 멀리하면서 천천히, 느긋하게 개에게 접근하여야 한다.
- 만약 개가 뒤로 물러난다면, 그대로 두어야 한다.
- 개를 쓰다듬기 전에, 개가 당신을 알아볼 수 있도록 당신의 손 냄새를 맡도록 해야 한다.
- 손을 보호하기 위해 주먹 모양을 유지하도록 한다.
- 등이나 옆구리를 따라 개를 쓰다듬어야 한다.

그림 14-9. **천천히 조용하게 다가가기**

출처 : https://www.who.int/rabies/resources/educational_material_children/en/

다) 개를 쓰다듬는 방법

- 각 단계에서 그림을 활용할 것
- 아이들에게 앞에서 언급한 각각의 점을 강조하기 위해 상황을 역할 연기하도록 요청할 것(혹은 아주 작은 아이들에게는 인형을 사용하도록 한다)

5) 만약 개가 물면 빨리 행동해야 한다. 상처를 씻고 응급처치를 받을 수 있는 곳을 방문해야 한다.

가) 반응

부모님께 물렸다고 말하는 것을 잊지 말아야 한다. 그 개가 어떤 개이며, 언제, 어디서 물었는지를 말해야 한다. 만약 개가 광견병 예방주사를 맞지 않았다면, 그것은 바이러스에 감염되고 사람들을 감염시킬 수 있다. 보건 당국은 개를 찾기 위해 수색하고 음식과 물이 있는 안전한 장소에 개를 보관해야 한다. 광견병은 치명적인 질병이며 아이를 무는 개를 감시하는 것은 그들의 생명을 구할지도 모른다.

나) 아동 · 청소년 대상 교육방법

- 부모님께 물린 것과 그 개를 찾을 수 있는 장소를 말씀드려야 한다.
- 즉시 바이러스를 제거하기 위하여 비누와 물로 상처를 15분 동안 씻는다.
- 가능한 한 빨리 가장 가까운 응급처치센터 또는 진료소로 이동한다.
- 개를 식별하기 위해 가능한 한 많은 정보를 정확하게 기억해야 한다. 여기에는 색상, 크기, 품종, 개가 있던 위치 등이 포함되어야 한다.
  (그 개가 광견병 예방주사를 맞았는지 알고 있나요?, 보호자가 있다면?)
- 기억할 수 있는 다른 항목에 대한 세부 정보를 제공한다.

 이 정보는 의료 전문가들이 여러분에게 광견병 백신을 투여할지 여부를 결정하는 데 도움이 될 것이다.

그림 14-10. 상처를 씻고 응급처치하기

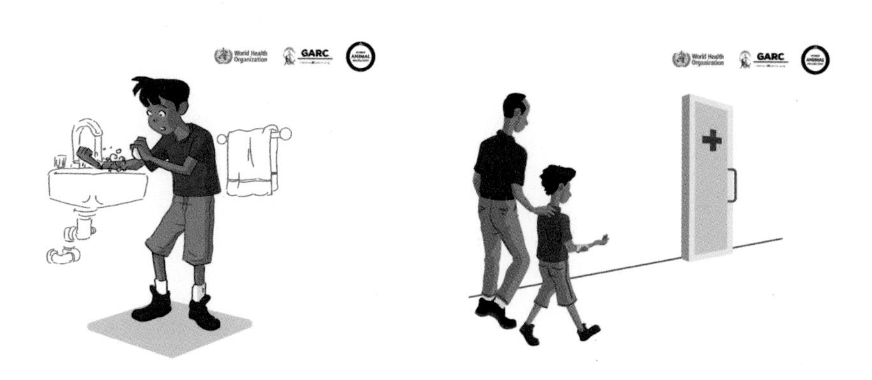

출처 : https://www.who.int/rabies/resources/educational_material_children/en/

자 개 물림 예방 방법

1) 사회화 하기

사회화는 개가 무는 것을 막는 좋은 방법이다. 반려견의 사회화는 반려견이 다른 상황에서 편안함을 느낄 수 있도록 도와준다. 어린 강아지 때부터 다른 사람 또는 다른 동물들과 만나게 하여 사회성을 향상시키면 강아지는 나이가 들면서 다른 상황에서 더 편안함을 느끼게 된다. 개의 통제를 확실히 하기 위해 공공장소에서는 목줄을 사용하는 것도 좋은 방법이다.

2) 보호자로서의 책임감 갖기

반려견 보호자의 책임감은 개에게 물리는 것을 막기 위한 가장 기본적인 의무이다. 개에게 물릴 위험을 줄이는 데 도움을 줄 수 있는 보호자의 책임감의 가장 기본은 가족에게 적절한 개를 신중하게 고르는 것, 적절한 훈련, 규칙적인 운동, 그리고 반려견의 중성화 등이 포함된다.

3) 교육하기

자신과 자녀가 개에게 접근하는 방법 등에 대해 교육한다.

4) 위험 상황 인식 및 회피하기

위험한 상황을 고조시키는 것을 피하는 방법과 개와 상호작용해야 할 때와 하지 않을 때를 이해하는 것이 중요하다.

개와 상호작용을 피해야 하는 상황의 예

- 개가 보호자와 함께 있지 않는 경우
- 개가 보호자와 함께 있지만 보호자가 개를 만지도록 허락하지 않은 경우
- 개가 울타리의 반대편에 있는 경우(개를 만지기 위해서 울타리를 넘거나 통과하지 않아야 함)
- 개가 자고 있거나 먹고 있는 경우
- 개가 아프거나 부상을 입은 경우
- 개가 어린 강아지와 함께 휴식하고 있거나 어린 강아지를 매우 보호하고 당신의 존재에 대해 염려하는 것처럼 보이는 경우
- 개가 장난감을 가지고 놀고 있는 경우
- 개가 으르렁거리는 소리를 내거나 짖는 경우
- 개가 혼자 있기 위해 숨거나 그러한 장소를 탐색하고 있는 경우

5) 신체언어 이해하기

반려견의 신체언어를 이해하는 것은 도움이 될 수 있다. 사람처럼 개도 몸짓, 자세와 발성에 의존하여 자신을 표현하고 의사소통을 한다. 우리가 항상 정확하게 반려견의 신체 언어를 읽을 수는 없지만, 반려견이 스트레스를 받고, 두려워하거나, 위협을 느끼는지에 대한 유용한 단서를 얻을 수 있다.

개 물림 예방 유의사항

- 주변에 보호자가 없거나 보호자가 접근하지 말라고 경고하는 경우 피할 것
- 개가 무서워하거나 불안하거나 부상을 입은 것처럼 보인다면 접근하지 말 것
- 개에게 여유와 존중을 제공할 것
- 개가 자고 있거나 먹고 장난감을 가지고 노는 경우 멀리할 것
- 개가 으르렁거리는 경우 거리를 유지할 것
- 침착함을 유지하고 불안한 행동을 피할 것
- 개 근처에 아이들이 있으면 주의 관찰할 것
- 저소득 국가로 여행하는 경우 길 잃은 개를 주의할 것
- 개가 있는 울타리를 넘어서 가까이 가지 말 것
- 자신의 일을 하고 있는 장애인 도우미견에게서 멀리할 것

참고문헌

곽희창, (2019). 하루 6명꼴 개 물림사고로 119구급대 출동. 소방청.

Abuabara, A. (2006). A review of facial injuries due to dog bites. Medicina Oral, Patología Oral y Cirugía Bucal (Internet) 11, 348-350.

Benson, L. S., Edwards, S. L., Schiff, A. P., Williams, C. S. & Visotsky, J. L. (2006). Dog and cat bites to the hand: treatment and cost assessment. The Journal of hand surgery, 31, 468-473.

Cornelissen, J. M. & Hopster, H. (2010). Dog bites in The Netherlands: A study of victims, injuries, circumstances and aggressors to support evaluation of breed specific legislation. The Veterinary Journal 186, 292-298.

DogBite.org, (2018). U.S. Dog Bite Fatalities: Breeds of Dogs Involved, Age Groups and Other Factors Over a 13-Year Period (2005 to 2017). Retrieved from https://www.dogsbite.org/reports/13-years-us-dog-bite-fatalities-2005-2017-dogsbite.pdf

Dog Bite-Related Fatalities, (n.d.). National Canine Research Council. Retrieved from https://www.nationalcanineresearchcouncil.com/injurious-dog-bites/dog-bite-related-fatalities

Essig Jr., G. F., Sheehan, C., Rikhi, S., Elmaraghy, C. A., & Christophel, J. (2019). Dog bite injuries to the face: Is there risk with breed ownership? A systematic review with meta-analysis. International Journal of Pediatric Otorhinolaryngology, 117, 182-188. https://doi.org/10.1016/j.ijporl.2018.11.028

Farricelli, A. (2020). How to Walk a Dog That Is Aggressive Towards Other Dogs. PetHelpful. https://pethelpful.com/dogs/How-to-Walk-a-Dog-Who-is-Aggressive-Towards-other-Dogs

Kass, P. H., New, J. J. C., Scarlett, J. M. & Salman, M. D. (2001). Understanding Animal Companion Surplus in the United States: Relinquishment of

Nonadoptables to Animal Shelters for Euthanasia. Journal of Applied Animal Welfare Science 4, 237-248.

Knobel, D. L. Cleaveland, S., Coleman, P. G., Fèvre, E. M., Meltzer, M. I., Miranda, M. E. G., Shaw, A., Zinsstag, J., & Meslin, F. X. (2005). Re-evaluating the burden of rabies in Africa and Asia. Bulletin of the World health Organization 83, 360-368.

Meints, K., Syrnyk, C. & De Keuster, T. (2010). Why do children get bitten in the face? Injury Prevention 16, A172-A173.

Odds of Dying, (n.d). National Safety Council. Retrieved from https://injuryfacts.nsc.org/all-injuries/preventable-death-overview/odds-of-dying/

Overall, K. L. & Love, M. (2001). Dog bites to humans-demography, epidemiology, injury, and risk. Journal of the American Veterinary Medical Association 218, 1923-1934.

Owczarczak-Garstecka, S. C., Watkins, F., Christley, R., & Westgarth, C. (2018). Online videos indicate human and dog behaviour preceding dog bites and the context in which bites occur. Scientific Reports, 8 (1) DOI: 10.1038/s41598-018-25671-7

Peters, V., Sottiaux, M., Appelboom, J. & Kahn, A. (2004). Posttraumatic stress disorder after dog bites in children. The Journal of pediatrics 144, 121-122.

Shepherd, K. (2009). Ladder of aggression. BSAVA Manual of Canine and Feline Behavioural Medicine, 13-16.

https://lifewithrumer.com/2020/08/17/the-canine-ladder-of-communication/

https://www.who.int/rabies/resources/educational_material_children/en/

Williams, A. (2020). Trigger Stacking. Carolina Boxer Rescue. http://www.carolinaboxerrescue.org/cbr-newsletter/2020/5/26/trigger-stacking

15

반려견 산책과 응급처치

15

반려견 산책과 응급처치

15.1 응급처치

응급처치의 사전적 의미는 갑작스러운 병이나 상처의 위급한 고비를 넘기기 위하여 임시로 하는 치료를 말한다. 즉, 응급처치는 의학적 응급상황에서 제공되는 초기 치료이다. 응급처치를 하는 목적은 응급환자의 생명을 보존하고, 통증과 불편함을 감소시켜 영구적 장애 또는 손상의 위험을 최소화하는 것이다.

가 응급상황에서 가장 먼저 해야 할 일

보호자와 반려견에 대한 추가적인 위협이 있는지 침착하게 현장을 평가하도록 한다. 이것은 모든 사람의 안전을 위해 매우 중요하다. 반려견을 따뜻하고(열사병의 경우 제외) 최대한 조용하게 유지하고, 외상, 특히 다리 부러짐 또는 신경학적 증상이 있는 경우에는 움직임을 최소화하여야 한다. 동물병원에 연락하여 상황을 알리고 구체적인 응급처치 조언을 받도록 한다. 다친 반려견을 안전하게 옮기거나 이송하기 위해서는 누군가의 도움이 필요하므로 도움을 요청하도록 한다. 소형견은 휴대용 운반용기에 넣거나 튼튼한 널판지 상자와 같은 적절한 용기를 사용한다. 휴대용 운반용기에 쉽고 안전하게 접근할 수 있도록 상단을 제거하는 것이 좋고, 다친 반려견을 작은 문으로 무리하게 밀어 넣지 않도록 한다. 큰 반려견의 경우 적절한 크기의 튼튼한 나무 조각과 같은 단단한 재료로 만든 임시 들것을 사용한다. 휴대용 운반용기, 상자 또는 들것 위에 담요를 깔아서 부드럽고 조심스럽게 이동한 후 가능한 한 빨리 동물병원으로 이송한다.

나 다친 반려견을 진정시키는 방법

반려견이 부상을 입게 되면 대부분은 당황하거나 방향 감각을 잃을 수 있다. 긴급 상황의 스트레스로 인해 평소 온순한 동물도 공격적으로 행동할 수 있다. 대부분의 당황한 반려견은 차분하기는 하지만 그렇다고 할지라도 다친 반려견에게 다가 가거나 만질 때에는 주의해야 한다. 부상당한 반려견을 돕고자 하는 모든 구조대원의 안전을 확보하는 것이 무엇보다도 중요하기 때문이다.

1) 입마개 만들기

목줄, 벨트, 양말, 로프 또는 스트랩으로 임시 입마개를 만들 수 있다. 다양한 재료로 반려견의 주둥이를 감싸고 반려견이 물지 않도록 조인다. 반려견은 턱을 열 수 있는 근육이 하나뿐이므로 일단 턱이 닫히면 상대적으로 안전하게 입을 유지할 수 있다. 반려견은 코가 다치거나 막히지 않는 한 콧구멍을 통해 숨을 쉴 수 있기 때문에 호흡이 힘들까봐 걱정하지 않아도 된다.

2) 감싸기

다루기 힘든 반려견은 몸을 담요나 수건으로 감싸도록 한다. 이때 호흡을 편하게 하도록 머리는 노출된 상태를 유지한다.

3) 고정시키기

척추 부상이 의심되는 경우에는 반려견을 판자 위에 올려놓고 줄로 고정한다. 머리와 목을 고정하는 데 특별한 주의를 기울이도록 한다.

15.2 일반적이고 심각한 응급상황

가 외상(Trauma)

반려견에게 일어나는 모든 종류의 부상이나 사고는 외상으로 간주된다. 주요 유형의 외상은 자동차에 치이거나, 반려견들끼리 싸우거나, 높은 곳에서 떨어지거나, 다른 외상성 사건을 경험하는 것을 말한다. 날카로운 것에 발을 베이거나 발톱이 찢어지는 것 같은 경미한 부상도 외상에 포함된다. 외상을 입은 반려견은 쇼크, 상처, 골절, 머리 외상, 내부 부상 등을 경험할 수 있다. 쇼크는 외상

피해자에서 특히 일반적이다.

나 독소 노출(Toxin Exposure)

많은 물질들이 반려견에게 독이 된다(Stregowski, 2019). 반려견은 독성이 있는 것을 섭취하거나 위험한 화학 물질과 접촉할 수 있다. 증상은 독소의 종류와 노출의 종류와 양에 따라 달라진다.

다 호흡곤란(Respiratory Distress)

반려견은 다양한 이유로 인해 호흡 장애를 일으킬 수 있으며 어떤 경우에는 반려견이 질식할 수 있다. 만약 반려견이 호흡에 문제가 있거나 호흡이 멈춘다면, 가장 심각한 응급상황 중 하나이고 즉시 주의가 필요하다. 호흡기 질환의 징후로는 호흡 활동 증가(예: 호흡을 위해 헐떡거리거나 토하는 소리를 내는 것), 잇몸 및 기타 점막이 파란색, 보라색 또는 회색으로 변하는 것이다.

라 발작(Seizure)

발작은 비정상적인 뇌 활동의 결과이다. 다양한 원인과 징후를 가질 수 있고, 의식의 변화나 손실을 동반하기도 한다. 가장 심각한 발작은 폭력적이고 오래 지속될 수 있다.

마 열사병(Heat Stroke)

반려견은 체온이 상승하면 열사병이 발생할 수 있다. 일사병(Heat Exhausion)보다 더 심각한 열사병은 빠르게 사망에 이를 수 있다. 열사병의 가장 일반적인 징후에는 체온 상승이 포함된다. 직장 온도가 40° C 이상이면 의학적 주의가 요구되며, 41° C 이상이면 열사병에 해당한다.

바 위확장증(Gastric Dilatation-Volvulus, GDV)

흔히 고창증이라고 불리는 위확장증은 위장이 팽창했다가 회전하면서 위 안에 가스를 가두어 위장과 비장으로 가는 혈액 공급을 차단하는 응급의학적 질환이다. 일반적으로 팽창된 복부, 헛구역질 또는 토하기, 심각한 무기력, 과도한 침 흘림,

심한 헐떡임, 불안 또는 심장박동이 느려짐, 잇몸이 창백해지는 증상을 보인다.

사 갑작스러운 심장마비(Sudden Cardiac Arrest)

심장마비는 심장이 더 이상 뛰지 않는 것으로, 의식을 잃고 쓰러져 숨이 멈추게 된다. 반려견들은 인간과 같은 방식으로 심장 마비를 겪지는 않지만 궁극적으로 심장을 멈추게 하는 심부전을 경험할 수 있다. 심정지는 순환기 및 호흡기가 정지할 때 발생한다. 간단히 말하면 심장의 기능이 멈췄다는 것을 의미한다. 심장 근육은 몸 전체에 혈액을 공급하는데 심장이 혈액의 공급을 중지하게 되면 몸은 정상적으로 기능을 할 수 없다. 반려견이 심장마비를 겪게 되면 반려견은 쓰러져 의식을 잃고 숨이 멈춘다. 모든 다른 신체 기능들이 빠르게 정지하기 시작하기 때문에 반려견을 빠른 시간 내에 소생시킬 수 없다면 사망에 이르게 된다. 일반적으로 뇌와 다른 기관들이 약 4~6분 이내에 산소가 공급되지 않으면 반려견은 살 수 없다. 만약 생각할 수 없는 일이 일어나고 반려견의 심장이 갑자기 멈춘다면, 보호자가 할 수 있는 유일한 행동은 가능한 한 빨리 심폐소생술을 시도하는 것이다.

15.3 질식(Choking)

가 질식 상황과 질식 증상

질식은 딱딱하거나 수분에 팽창하는 음식을 제대로 씹지 않고 삼켰을 경우 또는 장난감, 개 껌과 같은 막대기 모양의 물건이나 사과, 끈적이는 음식, 견과류, 뼈(특히 족발 뼈) 등 기도를 막을 수 있는 이물질이나 음식을 덩어리째 삼켰을 경우에 발생할 수 있다. 질식에 의한 호흡곤란은 단시간 내에 생명을 위협할 정도로 위험하기 때문에 빠른 처치가 없으면 수 분 내에 생명을 잃을 수도 있다. 음식이나 이물질 때문에 기도가 막히면 반려견은 사람과 마찬가지로 패닉에 빠지게 된다. 일반적으로 질식된 반려견은 얼굴이나 입 주변을 미친 듯이 발로 긁고, 제대로 숨을 들이마실 수가 없으며 침을 흘리게 된다. 증상이 심각하지 않은 경우 기침을 하기도 하며 심각한 경우 숨을 들이쉴 때 고음의 잡음(Wheezing Sound)이 들리거나, 혀나 잇몸이 푸르게 변하는 '청색증'이 발생하거나, 눈이 튀어나올 것처럼 보이기도 한다. 적절한 응급처치가 없다면 결국 산소 부족으로 의식을 잃을 수 있다. 질식된 반려견을 다룰 때는 매우 조심해야 한다. 평온한 동물도 숨을 쉴 수 없으면 당황할 수 있다.

나 질식에 대한 응급처치

1) 등 두드리기와 손가락으로 입안 훑기

우선 반려견이 질식 상태인 것으로 보이면 즉시 입을 벌려 이물질이 목구멍을 막고 있지는 않은지 눈으로 확인한다. 확인되면 손가락(가능하면 새끼손가락)을 가능한 한 깊숙이 입안으로 넣어 목구멍을 막고 있는 이물질을 제거해 준다. 이물질이 쉽게 제거되지 않는다면 강제적으로 제거하지 않아야 한다. 손가락으로 훑다가 이물질을 오히려 더 깊숙이 밀어 넣을 수 있으니 주의하도록 한다. 이물질 여부를 육안으로 확인하거나 제거하려 할 때 패닉에 빠진 반려견이 물 수 있으니 물리지 않도록 자기 방어하는 것도 매우 중요하다. 이물질이 쉽게 제거되지 않는다면 한 손으로 가슴을 살짝 받치고 반려견의 뒤에서 반려견의 어깨 사이를 손바닥으로 4~5회 정도 강하고 빠르게 두드리면서 이물질 제거를 시도해 본다.

그림 15-1. 입 속의 이물질 제거 방법

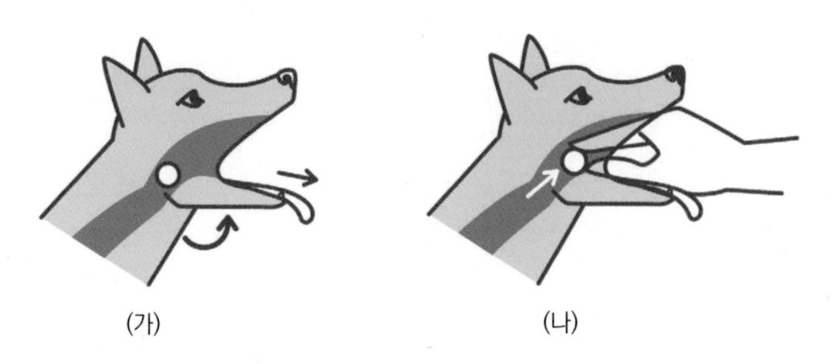

(가) (나)

(가) 반려견의 입을 벌린 후 혀를 당기고 목을 반드시 한 후 이물질의 위치를 확인한다.
(나) 입 속에 손을 집어넣어 이물질을 제거한다. 이때 목 안으로 이물질이 들어가지 않도록 주의하여야 한다.

2) 하임리히법(Heimlich maneuver 또는 abdominal thrusts)

입안에 이물질이 보이지 않고 의식은 있지만 숨을 제대로 쉬지 못한다면 하임리히법을 사용한다. 이 방법은 질식사고가 빈번한 영유아 혹은 성인에게도 사용하는 방법이다. 반려견의 뒷다리를 세워서 서게 한 후 반려견의 뒤에서 한 손은 주먹을 쥐고 엄지손가락을 반려견의 갈비뼈 바로 아래 복부 중앙에 위치시킨다. 이때 반려견의 크기에 따라서 보호자는 무릎을 꿇어야 할 수도 있다. 다른 한 손으로는 주먹 쥔 손을 감싼다. 이어 팔에 힘을 줘서 반려견의 복부를 안쪽에서 위로 강하게 밀어 올리기를 5회 실시한다. 이때 효과가 없으면 반복해서 시행한다. 하임리히법을 정확하게 시행하지 못하면 반려견에게 심각한 부상을 입힐 수 있으므로 주의해야 한다. 이물질 존재 여부를 반드시 재확인 후 정확한 방법으로 시행한다. 몇 차례 반복해도 호흡이 개선되지 않는다면 멈추고 응급치료를 위해 동물병원으로 바로 내원한다.

 그림 15-2. **하임리히법**

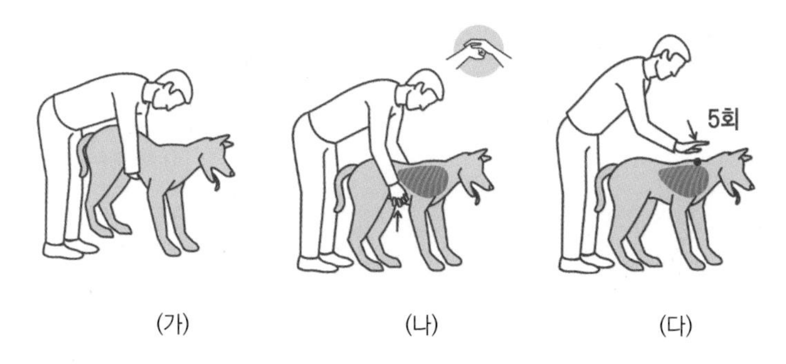

(가) 이물질을 제거하기 위하여 뒷다리를 들어올린다.

(나) 반려견의 뒤에서 한 손은 주먹을 쥐고 엄지손가락을 반려견의 갈비뼈 바로 아래 복부 중앙에 위치시킨다. 이때 반려견의 크기에 따라서 보호자는 무릎을 꿇어야 할 수도 있다. 다른 한 손으로는 주먹 쥔 손을 감싼다. 이어 팔에 힘을 줘서 반려견의 복부를 안쪽에서 위로 강하게 밀어 올리기를 여러번 시행한다. 이때 효과가 없으면 반복 실시한다.

(다) 만약 하임리히법으로 이물질이 제거되지 않으면, 견갑골 사이의 등 부분을 손으로 5회 두드려 준다.

3) 반려견 심폐소생술(Canine CPR)

가) 인공호흡(Artificial Respiration)

반려견이 숨 쉬기를 힘들어할 때나 잇몸이 퍼렇게 변하고 눈의 초점이 흐려지거나 의식을 잃는 등의 증상을 보이면 인공호흡을 실시한다. 인공호흡을 시행하기 전에 반드시 반려견의 맥박을 확인한다. 맥박이 뛰고 있지 않다면 인공호흡과 심폐소생술을 동시에 실시한다.

① 등을 대고 다리를 멀리 향하게 하도록 반려견을 오른쪽으로 눕힌다.

② 머리를 위로 젖힌 후 입을 벌려 가래나 이물질이 없는지 확인한다. 이물질이 있다면 혀를 당긴 후 손가락으로 제거한다.

③ 목을 쭉 잡아당겨 목과 몸통을 일자로 만들고, 공기가 새어나가지 않도록 주둥이를 손으로 움켜잡는다.

④ 콧구멍 안으로 3초간 숨을 불어 넣는다. 숨을 불어 넣을 때 반대쪽 손을 반려견의 가슴에 올려 가슴이 부풀어 오르는지 확인한다.

⑤ ④를 실시한 후 입과 손을 떼고 3초간 폐에서 자연스럽게 공기가 나올 수 있도록 한다.

⑥ 스스로 호흡할 수 있을 때까지 4~5회 반복한다.

나) 심폐소생술(Cardiopullmonary Resuscitation, CPR)

반려견이 숨을 쉬지 않고 가슴이나 뒷다리 안쪽에 손을 얹었을 때 맥박이 느껴지지 않는다면 당장 심폐소생술을 실시해야 한다. 심장이 정지된 상태로 시간을 지체하면 반려견의 생명에 무엇보다 큰 영향을 주기 때문에 최대한 빨리 실시하는 것이 중요하다. 단, 심각한 출혈이 의심되는 경우에는 심폐소생술을 할 때 각별한 주의가 필요하다. 자칫 체내 혈액량을 부족하게 만들어 위험해질 수 있기 때문이다.

① 반려견을 오른쪽으로 눕히고, 한 손을 반려견의 가슴에 올린다. 반려견의 왼쪽 몸통이 하늘을 향하도록 한다.

② 손으로 반려견의 심장 위치를 찾는다. 심장의 위치는 앞다리를 구부렸을 때 반려견의 팔꿈치가 몸통에 닿는 부분이다.

③ 14kg 이하의 소형견은 가슴을 엄지와 네 손가락으로 감싸 안는다. 그리고 엄지와 네 손가락으로 가슴이 4cm가량 들어가도록 움켜쥐듯 마사지한다. 만약 반려견의 몸무게가 14kg 이상인 중 · 대형견은 손가락 대신 손바닥을 이용하고 체중을 실어 다소 세게 마사지한다. 심장의 위치와 마사지 속도는 동일해야 한다.

④ 1초에 1.5~2회, 1분에 100회 정도의 속도로 실시하고, 마사지 10~15회를 실시할 때마다 인공호흡을 1회 실시한다.

⑤ 심장박동이 느껴지거나 스스로 호흡할 수 있을 때까지 3~4세트 반복한다.

 그림 15-3. **반려견 심폐소생술**

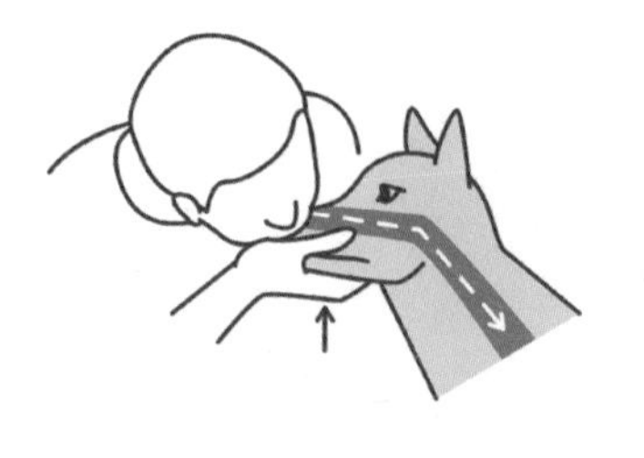

(가) 인공호흡

(나) 심폐소생술

15.4 교통사고(Traffic Accident)

교통사고가 발생하면, 보호자의 안전이 가장 중요한 요소이다. 보호자가 다치게 되면 반려견을 도울 수 없기 때문이다. 모든 차량이 중지되었는지 확인하고 2차 사고가 발생하지 않도록 모든 사람에게 사고가 발생했음을 알려야 한다. 교통사고 응급처치의 가장 중요한 부분은 반려견을 진정시키는 것이다. 반려견이 몹시 흥분한 상태이므로 옷이나 천으로 반려견의 머리를 감싸야 한다. 흥분과 통증으로 짖거나 물 수 있다는 것을 항상 염두에 둔다. 따라서 반려견을 운반하거나 다루기 전에 붕대 또는 테이프를 사용하여 임시 입마개를 해줄 필요가 있다. 그러나 호흡에 어려움이 있거나 구토의 위험이 있는 경우에는 임시 입마개를 해서는 안 된다. 만약에 출혈이 있다면 옷이나 수건 등으로 압박해주면서 지혈을 시도하고, 즉시 동물병원으로 이송하도록 한다. 이동시에도 출혈 등으로 체온이 떨어지지 않도록 옷이나 담요 등으로 덮어주어 따뜻함을 유지할 수 있도록 해주되, 그러나 코와 입은 반드시 노출될 수 있도록 해야 한다. 척추 부상의 위험이 의심되면 운반 시 움직이지 않도록 하는 것이 중요하다. 호흡에 어려움을 느끼고 있으면 목줄을 제거하고 입을 열어 이물질이 있는지 확인한다. 반려견이 의식은 없으나 정상적으로 호흡을 하고 있으면 **회복 자세**(Recovery Position, 심폐소생술을 마친 구조자가 의식은 없으나 정상적으로 호흡을 하는 경우 구급대원이 도착하기 전까지나 이동할 때까지 안정을 취할 수 있도록 하는 자세)로 오른쪽에 위치시킨다.

그림 15-4. 임시 입마개 만들기

▶ 준비물: 붕대, 스카프, 넥타이, 기타 부드러운 소재

가) 붕대를 손가락을 끼워서 이등분한다.

나) 이등분한 부분을 주둥이 위쪽에서 아래쪽으로 감싸 준다.

다) 아래쪽에서 손가락으로 이등분한 부분을 벌려 반대쪽을 끼운다.

라) 끼운 붕대의 2부분을 각각 분리하여 왼쪽과 오른쪽 귀 아래를 지나 머리 뒤쪽으로 당긴다.

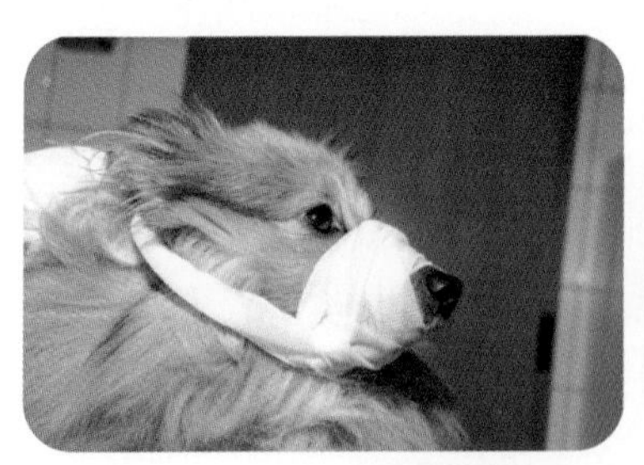

마) 머리 뒤쪽으로 당긴 줄을 묶어준다.

바) 숨을 편하게 쉴 수 있도록 붕대를 머리방향으로 당겨준다.

사) 목 뒤에 매듭을 만들어 고정한다. 필요한 경우 항상 신속하게 가위를 사용하여 입마개를 풀 수 있도록 하여야 한다.

교통사고가 나면 당시에는 정상으로 보여도 반드시 검사를 받아야 한다. 교통사고를 당한 반려견 중에는 겉으로는 정상으로 보여도 뼈가 부러졌거나, 내출혈이 있을 수가 있기 때문이다. 차에 치어 정신을 잃은 반려견은 의식이 돌아오면서 통증 때문에 물 수 있기 때문에 입마개를 하거나 절대로 얼굴을 가까이 대서는 안 된다.

15.5 쇼크(Shock)(Hansen, 2019; Porter, et,. al. 2013)

쇼크는 많은 비상 상황에 대한 복잡한 전신 반응이다. 여기에는 심각한 외상, 출혈 또는 갑작스러운 혈액 손실, 심부전 및 혈액순환 저하의 다른 원인이 포함된다. 생명을 위협할 수 있는 혈압 하락은 쇼크의 위험한 부분이다. 빠르고 효과적으로 치료하지 않으면 전신 쇼크는 신체 세포에 돌이킬 수 없는 부상을 입힐 수 있으며 치명적일 수 있다. 부상이 심각하지 않은 경우에도 발생할 수 있다. 쇼크의 증상은 빠른 심장박동, 얕은 호흡, 낮은 체온, 산소가 부족한 경우 창백하거나 하얀 잇몸을 포함한다. 발이나 귀가 차갑게 느껴질 수 있고 반려견이 몸을 떨거나 구토 증상을 보일 수 있다. 쇼크가 진행되면서 대부분의 반려견은 조용해지고 반응이 없다.

가 쇼크의 단계별 증상

1) 초기 단계

- 잇몸이 밝은 빨간색
- 맥박이 빠름
- 불편하거나 불안해하기 시작
- 얕은 호흡을 보이기 시작
- 맥박을 찾기가 여전히 쉬움

2) 중기 단계

- 심장박동이 훨씬 더 빨라짐
- 잇몸, 입술, 눈꺼풀에서 창백하거나 파란색으로 변함
- 맥박을 찾기가 더 어려워짐

- 허약하고 무기력해 보이기 시작
- 호흡은 더 빠르고 얕아지거나 정상으로 유지
- 다리, 피부, 입이 갑자기 차가워짐
- 직장 온도가 낮을 수도 있지만, 쇼크의 원인에 따라 오르거나 정상 상태를 유지할 수도 있음

3) 마지막 단계

- 직장 온도가 심각하게 낮아질 수 있음
- 잇몸은 거의 하얗거나 얼룩덜룩해 보임
- 반려견의 심장 근육에 장애가 생기기 시작
- 심장박동수는 종종 오르거나 불규칙해지지만, 정상으로 유지되거나 느려질 수도 있음
- 맥박을 찾기가 어려움(찾는다고 하여도 매우 약함)
- 눈은 흐릿하게 빛나거나 고정된 시선으로 초점이 안 맞음(동공이 확장됨)
- 호흡은 느리면서 얕거나 빠르면서 깊게 변함
- 의식은 무기력에서 의식저하나 혼수상태로 변함

나 쇼크시 응급처치

반려견이 쇼크 증상을 보이면 가능한 한 조용하게 유지하고, 담요, 수건, 신문지 등으로 반려견을 덮어서 체온을 유지하도록 노력해야 한다. 침착함을 유지하면서 다음의 응급처치 ABC원칙(Airway, Breathing, Circulation)을 따르도록 한다.

1) 기도 확보(Airway)

공기가 통하는 기도를 방해하는 다양한 종류의 이물질은 산소가 폐로 들어가는 것을 막는다. 입과 목에서 토사물, 침 또는 풀, 막대기, 공과 같은 이물질을 제거하도록 한다. 반려견이 공황상태에 빠질 수 있음으로 기도 확보시 조심해야 한다.

2) 인공호흡(Breathing)

만약 반려견이 의식이 없고 숨을 쉬는 것처럼 보이지 않는다면, 팔꿈치 바로 뒷 부분을 만져 심장박동이나 맥박을 감지함과 동시에 손바닥으로 가슴을 부드럽게 눌러준다. 이 작업이 실패하면 반려견에게 인공호흡을 해야 한다. 쇼크 상태의 반려견이 보호자를 물 수도 있으므로 주의한다. 만약 다친 반려견의 건강이나 예방접종 상태에 대해 확신이 없다면, 체액 또는 혈액과의 접촉을 피해야 한다.

3) 혈액 순환(Circulation)

심장박동이나 맥박을 감지할 수 없거나 약하고 느리게 보이는 경우 손바닥으로 가슴을 누르고 하반신을 들어 올려 뇌로 혈류를 촉진시키는 심폐소생술을 실시해야 한다.

다 쇼크 시 주의사항

쇼크를 받은 반려견에게 다음 사항을 주의해야 한다. 첫째, 인공적인 열을 추가하지 않아야 한다. 쇼크를 받은 반려견을 담요로 감싸줄 수 있지만 외부 열원을 추가하지 않도록 한다. 그것은 반려견에게 화상을 입힐 뿐만 아니라, 혈관을 팽창시키고 더 많은 혈액을 요구하게 해서 이미 스트레스를 받고 있는 심혈관 시스템에 더 많은 부담을 줄 수 있다. 둘째, 물이나 음식을 주지 않도록 한다. 물이나 음식이 폐로 흡입될 수 있기 때문이다. 셋째, 수의사가 지시하지 않는 한 처방없이 약을 먹여서는 안 된다. 넷째, 쇼크를 받은 반려견이 뛰어다니지 못하게 해야 한다. 반려견은 아드레날린 때문에 아직 부상을 느끼지 못할 수도 있다. 움직일 경우 내부 출혈이 증가하고 복합 부상이 더 심해질 수도 있다. 또한 쇼크와 맞서 싸우기 위해 필요한 귀중한 에너지를 낭비하게 되므로 치명적일 수 있다. 다섯째, 만약 반려견이 심각한 사고를 당했지만 정상으로 보인다면, 모든 것이 잘 되었다고 생각하면 안 된다. 쇼크의 초기 단계에서는 증상을 발견하기가 어렵기 때문에 발견이 늦어져 치료가 제때 되지 않게 되면 매우 빠르게 증상이 악화될 수 있다.

15.6 출혈(Bleeding)(Buzhardt, n. d.; Gfeller, 1994)

출혈은 눈으로 볼 수 있는 부분과 눈으로 볼 수 없는 부분이 있다. 때로는 눈으로 볼 수 없는 부분이 더 심각할 수 있다. 발톱이 부러지거나 귀가 잘린 경우에는 출혈이 눈에 보이기 때문에 무섭게 보이지만 보이지 않는 가슴이나 복부의 내부 출혈이 훨씬 더 치명적이다. 어떠한 이유로든 출혈이 발생하여 많은 피를 흘리는 것은 심각한 문제이다. 따라서 수의사의 진료를 받기 전까지 혈액 손실을 최소화하기 위해 응급처치를 해야 한다.

짧은 시간 동안 많은 양의 피가 손실되면, 쇼크가 일어날 수 있다. 쇼크에 빠진 반려견은 심장박동이 빨라지고 혈압이 낮아지며 잇몸이 창백해지고 호흡이 급해진다. 치료를 받지 않고 방치할 경우 내부 장기가 영구적인 손상을 입거나 심지어 사망할 수 있다. 몇 분의 시간만으로도 충분히 문제가 될 수 있으므로 보호자들은 출혈을 막고 쇼크를 예방하는 방법을 알아야 한다. 다친 반려견을 다룰 때에 반려견와 보호자 모두의 안전이 가장 중요하다. 다친 반려견은 겁을 먹고 고통스러울 가능성이 있다는 것을 기억하여야 한다. 그런 상황에서는 아무리 귀여운 반려견이라도 물 수 있으므로 다친 반려견을 도울 때에는 물리지 않도록 적절한 예방 조치를 취하여야 한다. 응급처치를 하는 동안 입마개를 사용하거나 다른 사람이 반려견을 제지할 수도 있다. 출혈이 있는 반려견을 응급처치할 때 가장 중요한 목표는 출혈을 조절하는 것인데 내부 및 외부 출혈에 대한 다른 조절 방법이 필요하다. 내부 출혈을 멈추게 하는 것은 매우 어렵고 힘들지만, 외부 출혈은 어느 정도 빨리 조절할 수 있다.

가 출혈 조절방법

1) 압박(Compress)

깨끗한 천이나 거즈 또는 이것이 없는 경우 여성용 위생용품을 출혈 부위에 대고 부드럽게 눌러 혈액이 흡수되고 빨리 응고되도록 한다. 혈전이 형성된 후에는 그대로 두어야 한다. 피가 스며들더라도 거즈를 제거하지 말고 그 위에 거즈를 덧대고 균일하게 압력을 유지한다. 다른 응급처치를 위하여 상처 부위의 지혈을 위해 덮어두었던 거즈 위를 붕대로 감싸준다. 상처 부위를 덮을 수 있는 재료가 없으면 맨손이나 손가락을 사용할 수 있다. 상처를 직접 압박하는 것이 출혈을 빠른 시간 안에 멈추는 가장 좋은 방법이다.

2) 환부 높임(Elevation)

발이나 다리에 심한 출혈이 있는 경우 다리를 부드럽게 들어 올려서 상처 부위가 심장보다 높게 위치하도록 한다. 환부 높임은 중력을 사용하여 상처 부위의 혈압을 낮추고 출혈을 늦추기 위함이다. 환부 높임은 상처에서 심장까지 거리를 멀리 할 수 있는 긴 다리를 가진 큰 동물들에게 가장 효과적이다. 또한 환부 높임의 이점을 극대화하기 위해 직접 압박도 그대로 유지해야 한다. 직접적인 압박과 결합된 환부의 높임은 출혈을 멈추는 효과적인 방법이다.

3) 동맥 압박(Pressure on the Supplying Artery)

직접적인 압박과 환부 높임을 하였음에도 불구하고 외부 출혈이 계속되면 손바닥이나 엄지손가락을 사용하여 상처의 주 동맥을 압박하여야 한다. 뒷다리에 심한 출혈이 발생하면 허벅지 안쪽의 대퇴 동맥(Femoral Artery)을 압박하고, 앞다리에 심한 출혈이 발생하면 앞다리 안쪽에 있는 상완 동맥(Brachial Artery)을 압박한다. 꼬리에 상처가 있는 경우 꼬리 아래쪽의 미동맥(Caudal Artery)에 압력을 가한다. 직접 압박을 가하면서 동물병원으로 이송한다.

4) 지혈대 사용(Tourniquet)

지혈대의 사용은 잠재적으로 위험할 수 있으며, 생명을 위협하는 출혈에만 사용되어야 한다. 만약 드물게 상처에서 출혈이 심할 경우 지혈대를 사용하는 것을 고려해볼 필요가 있다. 넓은 천(너비 5cm 이상)을 사용하여 다리를 두 번 감싸고 매듭으로 묶는다. 그리고 짧은 막대기나 비슷한 물체를 매듭에도 묶어준다. 출혈이 멈출 때까지 막대기를 돌려 지혈대를 조이도록 한다. 다른 천 조각으로 막대기를 고정한 후 막대기를 고정한 시간을 적어둔다. 매 20분마다 15~20초 동안 지혈대를 느슨하게 풀어준다. 지혈대의 사용은 잠재적으로 위험하고 종종 장애나 상처 부위 절단을 초래할 수 있다는 것을 기억해야 한다. 지혈대는 최후의 수단으로만 사용되어야 한다.

나 내부 출혈(Internal Bleeding)

내부 출혈은 생명을 위협하는 상태이지만 외부 출혈처럼 분명하지는 않다. 내부 출혈의 경우 위 또는 가슴에 피가 고여있지만, 대변에서 피가 나거나 직장으로부터 피가 나지는 않는다. 그러나 내부 출혈의 징후는 다음과 같다.

내부 출혈의 징후

- 반려견이 창백해진다(잇몸 확인).
- 반려견의 다리, 귀 또는 꼬리가 차갑다.
- 반려견이 피를 토한다.
- 반려견이 비정상적으로 차분하다.

이러한 징후가 나타나면 반려견을 즉시 동물병원으로 이송하여 수의사의 진료를 받아야 한다. 대부분의 내부 출혈은 동물병원에서 집중 치료가 필요하다. 내부 출혈은 외부에서 보이지 않는다는 것을 기억해야 한다.

다 신체 부위별 출혈 조절 방법

1) 발

발에 출혈이 발생하면 거즈나 작은 수건으로 감싸고 발에 일정한 압력을 가하면 출혈은 5~10분 후에 멈춘다. 발톱이 부러져서 출혈이 발생한 경우에는 연필 모양의 지혈봉, 질산 은봉, 소작 파우더를 발톱에 발라 준다. 만약 가정에 이런 제품들을 가지고 있지 않다면, 베이킹 파우더나 밀가루로 발톱을 말라주는 것도 도움이 된다. 또한 출혈을 멈추기 위해서 발톱을 비누 안에 넣을 수도 있다. 동물병원으로 이동하는 동안에는 발을 수건으로 감싼 상태를 유지하도록 한다.

발의 패드가 날카로운 것에 베였거나 찢어져서 출혈이 발생한 경우에는 패드에 유리 또는 금속 파편과 같은 이물질이 박혀있는지 확인해야 한다. 이물질을 확인한 후 핀셋으로 쉽게 잡을 수 있다면 부드럽게 제거한다. 차가운 물이나 호스에서 흘러나오는 물을 발에 뿌려주면 작은 파편들을 제거하는데 도움이 될 수 있다. 파편이 너무 깊이 박혀 있으면 그대로 두고 동물병원으로 이송하여 수의사의 도움을 받도록 한다. 너무 깊이 파내면 부상이 악화되고 출혈이 많아지고 통증이 생길 수 있기 때문이다. 출혈을 막기 위해 깨끗한 수건으로 상처 부위를 압박한다. 작은 상처는 몇 분 안에 출혈이 멈추지만 깊은 상처는 안정되기까지 시간이 더 소요된다. 또한, 반려견이 걷게 되면 출혈이 재발할 수도 있다. 만약 10~15분 이내에 출혈을 멈출 수 없다면, 즉시 동물병원을 방문하여 수의사의 진료를 받아야 한다.

2) 다리

다리의 열상으로 인해 주요 정맥이나 동맥이 절단되면 종종 심각한 출혈을 초래한다. 상처를 깨끗한 수건으로 감싸고 강한 압력을 가하도록 한다. 가능하면 다리를 심장 수준 이상으로 들어 올려주어야 한다. 출혈이 심해 수건이 흠뻑 젖게 되더라도 제거하지 말고 그 위에 또 다른 수건을 놓고 계속 압력을 가하도록 한다. 수건을 제거하면 응고물이 제거되어 출혈이 더 심해질 수 있기 때문이다. 이후 즉시 동물병원으로 이송하여 수의사의 진료를 받도록 한다. 경미한 상처인 경우에는 이물질을 찾아 직접 제거한다. 상처 부위를 깨끗한 물로 씻어 더 작은 파편이 있으면 제거한 후 거즈나 수건으로 상처를 덮어준다. 동물병원으로 이송하는 동안 수건으로 다리의 상처 부위를 고정시키거나 상처 주위를 거즈로 감싼 다음 상처 부위를 압박한다.

그림 15-5. 다리의 부상

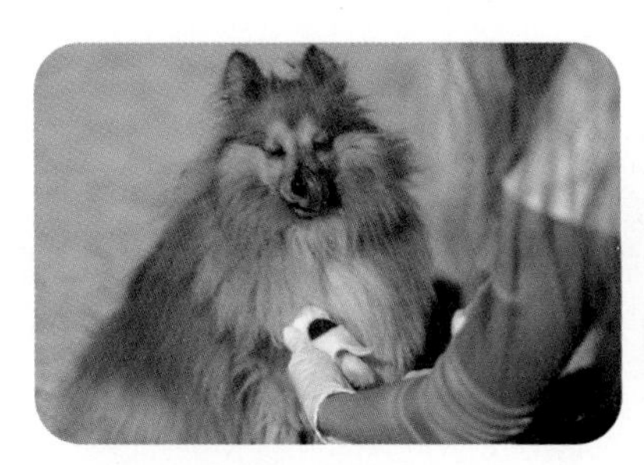

가) 다리에 출혈이 발생하면 거즈로 덮고 압박한다.

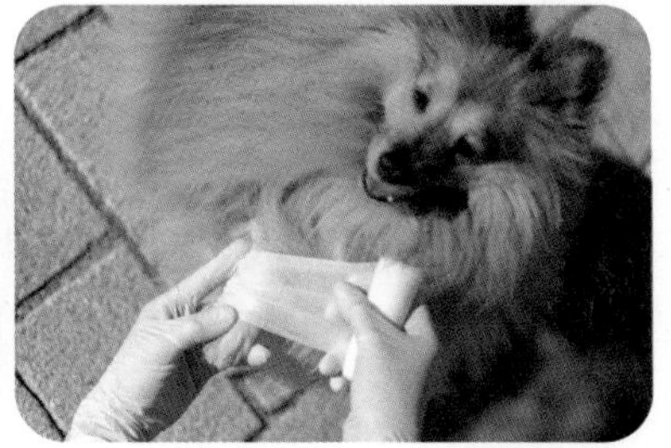

나) 상처부위를 붕대로 감싸준다.

3) 몸통

반려견의 가슴이나 복부에 베인 상처가 발생할 경우에는 수건을 상처부위에 직접 고정시킬 수 없기 때문에 테이프를 사용하여 고정시킬 필요가 있다. 수건을 테이프로 너무 꽉 조이면 호흡에 어려움이 있을 수 있으므로 너무 꽉 조이지 않아야 한다. 작은 반려견에게는 손수건을 사용하고 큰 반려견인 경우에는 목욕용 큰 타월을 사용하도록 한다. 반려견이 숨을 쉴 때 의도적인 흡입 소리가 들리면 수건을 제자리에 단단히 고정한 후 즉시 동물병원으로 이송하여야 한다.

가슴의 일부 부상은 폐와 관련이 있으며 치명적일 수 있다. 가슴이나 복부 상처에서 돌출된 물체가 있는 경우 섣불리 제거하면 위험할 수 있으므로 이물질에 방해가 되지 않게 수건으로 조심스럽게 감싸주도록 한다.

4) 귀

귀에 상처가 나면 출혈이 과다하게 발생할 수 있다. 귓바퀴 근처에는 많은 혈관이 있고 반려견들은 머리를 흔드는 경향이 있어 출혈을 더 악화시킨다. 귓바퀴 양쪽에 거즈나 작은 손수건을 대고 귀를 머리 위쪽으로 접어 단단히 고정시킨다. 반려견의 머리 위쪽에서 목 아래로 테이프를 감아서 수건이나 거즈를 고정시킨다. 이때 호흡이 제한되지 않도록 반려견의 목과 붕대 사이에 손가락 2개 정도 들어갈 수 있도록 여유를 주어야 한다.

15.7 화상(Burn)

만약 반려견이 햇볕에 타거나 발바닥에 가벼운 화상을 입었다면, 집에서의 기본적인 응급처치로도 충분하다. 그러나 만약 더 심각한 화상을 입어 털과 피부가 손상되었다면 수의학적 치료가 필요하다. 화상의 심각성과 위치를 고려하여 적절하게 관리하면 화상을 더 효과적으로 치유하고 회복할 수 있다.

화상은 피부에 발생하는 부상의 일종이다. 화상은 일반적으로 다음의 3가지 원인으로 발생한다(Vaughan, & Beckel, 2012). 열 화상(Thermal Burn)은 열에 의해 발생하며 일반적인 원인은 화재, 연기 또는 증기를 포함한다(Jenkins, 2018). 기계적 화상(Mechanical Burn)은 로프나 양탄자가 피부 위로 이동할 때에 마찰에 의해서 발생한다. 화학적 화상(Chemical Burn)은 화학 물질 또는 화학 연기와의 접촉으로 인하여 발생한다(Kawalilak, Fransson, & Alessio, 2017). 또한 일반적인 원인에 산, 배수구 클리너, 가솔린 및 페인트 희석제 등이 포함된다. 화상은 피부의 얼마나 많은 층이 영향을 받았는지, 또는 피부가 얼마나 깊이 손상되는지에 따라 분류된다. 1도 화상은 피부의 가장 바깥쪽 층인 표피의 손상을 의미한다. 이 화상은 고통과 발적을 유발하나 다른 눈에 보이는 부상은 없다. 1도 화상은 일반적으로 간단한 주의와 함께 수일 내에 치유된다. 2도 화상은 진피의 표피와 외부 층이 모두 손상을 입은 것으로 물집과 배농을 유발한다. 치유하기 위하여 약 2주정도 소요되며 감염에 매우 위험한 상태이다. 3도 화상은 표피, 진피의 모든 층 및 피하 조직까지 손상된 것을 의미한다. 이러한 화상을 입으면 환부에 통증을 느낄 수 있을 뿐만 아니라 가피(eschar, 죽은 조직의 단단한 조각)가 형성된다. 치료가 길어지고 이러한 화상은 영구적인 흉터를 남기게 되어, 종종 피부 이식과 같은 외과적 치료가 필요하다.

화상을 입으면 손상 정도를 검사하는 데 어려움을 겪기 때문에 손상 정도를 평가하기가 어려울 수 있다. 크고 깊은 화상, 화학적 화상, 그리고 전기 화상은 기도나 얼굴과 관련된 화상처럼 즉각적인 주의가 필요하다. 환부에 찬물을 뿌려주고 화상 부위를 드레싱 한다. 열화상이 발생하면 화상 부위에 직접 차가운 물(2 ~ 15° C)을 뿌려준다. 차가운 물은 진통제 역할을 하여 장기적인 상처 치유 능력을 개선하는데 도움이 되므로 부상 후 3시간 이내에 이루어져야 한다(Cuttle et al., 2008). 그 후에 통증을 줄이고 오염을 제한하며 추가적인 외상을 방지하기 위해 멸균되고 밀폐된 비접착성 드레싱으로 덮어야 한다. 전기 화상의 경우 반려견을 만지기 전에 전원이 차단되었는지, 또는 전기 코드가 손상된 경우 차단기가 꺼져 있는지 확인한다. 이 후 반려견의 호흡, 심장박동 및 맥박을 확인한다. 만약 반려견이 숨을 쉬지 않는다면, 즉시 심폐소생술을 시작하여야 한다. 화학적 화상의 경우 물로 헹구어준다. 만약 알칼리성 화학물질로 인한 화상이라면 화상 부위를 식초와 물로 씻을 수 있다. 만약 그것이 산성 물질이라면 베이킹소다와 물로 헹궈낼 수 있다. 사용 가능한 경우 제품 포장을 확인하여 섭취 시 해독제가 있는지 확인하여야 한다.

가 경미한 화상

반려견들은 대부분 패드나 코에 가벼운 화상을 입는다. 반려견이 패드를 핥거나 뜨거운 포장도로를 제대로 걷지 못한다면 화상을 의심해 보아야 한다. 햇볕에 그을린 코는 평소보다 더 건조하고, 변색될 수 있으며, 코를 핥거나 발로 긁을 수 있다. 피부 변색이나 손상이 보이면 동물병원에 방문하여 수의사의 도움을 받아야 한다. 만약 화상의 정도가 크지 않다면 전문적인 치료를 필요로 하는지 알기가 어려울 수 있다. 하지만, 털의 일부분이 손상되었거나 피부가 명백하게 변색되거나 손상된 경우에는 수의사의 도움을 반드시 받아야 한다(Buzhardt, n. d.).

화상은 감염의 위험이 높아 반려견의 건강을 위협할 수 있다. 만약 피부가 온전하지 않으면, 박테리아는 매우 빨리 상처 부위를 통해 침투할 수 있다. 특히 부상 부위를 효과적으로 깨끗하게 유지하지 않을 경우 더욱 악화될 수 있다. 화상을 입은 부분을 냉각시키는 것이 중요한데 반려견의 코가 햇볕에 그을렸거나 발의 패드가 뜨거운 포장도로에서 약간의 화상을 입으면 즉시 시원한 물을 뿌려주어야 한다. 조금 더 심한 화상일 경우에는 차가운 물에 10분간 담가준다. 화상 부위를 빠르고 효과적으로 식히면 반려견의 증상을 최소화하고 더 이상의 피부 손상을 예방할 수 있다. 그러나 너무 차가운 물이나 얼음을 사용하면 반려견이 놀라거나 오히려 피부를 손상시킬 수 있기 때문에 사용하지 않도록 한다. 만약 반려견이 발에 화상을 입었다면, 패드의 표면이 손상되지는 않았는지 검사하는 동안 반려견을 어린이 수영장이나 실내 온도의 다른 용기 또는 약간 차가운 물에 몇 분 정도 그대로 서있게 한다. 코의 가벼운 화상은 차가운 물에 적신 헝겊을 코 위에 덮어주도록 한다. 피부가 효과적으로 치유되기 위해서는 가능한 한 깨끗하게 유지되도록 해야 한다. 차가운 물과 비누로 화상 부위를 부드럽게 닦아준다. 또한, 반려견이 며칠 동안은 먼지나 파편들이 있는 곳을 다니지 못하게 하고 필요하다면 해당 지역을 검사하고 청소하도록 한다(AKC Staff, 2015).

만약 반려견이 경미한 화상을 입었다면, 자연적인 치료법으로 반려견의 피부 고통과 불편함을 덜어줄 수 있다. 소량의 알로에 겔을 화상 부위에 발라주면 피부를 시원하게 해주어 통증 완화에 도움이 된다. 해당 부위가 치료될 때까지 매일 반복하도록 한다(Natural Remedies for Pet Burns). 알로에는 반려견에게 약간의 독성이 있기 때문에 반려견이 알로에를 핥거나 먹지 못하도록 해야 한다(Aloe Vera). 가벼운 햇볕에 그을린 것과 같은 경미한 화상에 적용될 수 있는 다른 자연적인 치료법에는 꿀, 풍년화, 그리고 비타민 E 오일이 있다. 보호자는 반려견이 이러한 재료를 핥지 못하도록 해야 한다. 일반적으로 반려견은 화상 부위를 혀로 핥을려고 한다. 화상 부위에 어떠한 약물이나 치료법도 사용하지 않았고 손상이 비교적 가벼운 경우 그러한 행동은 일반적으로 문제가 되지 않지만, 특정 부위를 지나치게 핥으면 일반적으로 더 자극을 받아 빨갛게 변하게 된다. 이러한 경우에는 해당 부위를 붕대로 감아주거나 엘리자베스 칼라를 씌워준다. 만약 반려견이 이미 햇볕에 그을렸거나 다른 가벼운 화상을 입었다면, 그 부분이 햇볕에 타지 않게 하는 것이 중요하다. 털이 없는 눈, 코, 귀 끝부분은 매우 민감하며, 자외선에 추가로 노출되는 것은 고통스러울 수 있고 만성적으로 노출이 되면 피부암으로 이어질 수 있다. 회복 동안 뜨거운 포장도로에 의해 화상을 입은 발은 회복 동안 뜨거운 표면에 닿지 않도록 해야 한다.

나 심각한 화상

만약 반려견의 털과 피부가 눈에 띄게 손상되는 심각한 화상을 입었다면 즉시 동물병원을 방문하여 치료를 받아야 한다. 반려견에게 차분하고 상냥하게 이야기함으로써 반려견이 가능한 침착함을 유지할 수 있도록 해주어야 한다. 또한, 반려견이 상처를 핥거나 물지 않도록 깨끗하고 멸균된 천으로 화상 부위를 덮어주도록 한다. 수의사가 반려견을 가장 효과적으로 치료하기 위해서는 반려견에게 일어난 일에 대한 모든 상세한 정보를 알려주어야 한다. 화상이 발생한 지 얼마나 되었는지, 화상의 원인이 무엇인지, 그리고 관련된 화학 물질이 있었는지 여부 등을 세세히 알려주면 치료에 도움이 된다.

15.8 저체온증(Hypothermia)

반려견의 저체온증은 내부 온도(직장, 식도 또는 고막)가 35° C 보다 낮아지는 것을 의미한다(Jeican, 2014). 반려견이 장시간 추운 온도에 노출되거나 털이 젖은 채로 춥고 바람이 부는 환경에 있을 때 발생한다. 체온 조절은 신체가 자율적이고 신체 메커니즘에 의해 중심 내부 온도를 유지할 수 있게 하는 과정으로 열 발생을 증가시키고 열분해를 억제한다. 열은 골격근과 함께 뇌와 몸통 기관으로 이루어진 정상적인 신진대사의 결과로 생성된다. 신체는 말초와 중심으로 구성되어 있는데 중심은 일정한 온도를 유지하며 말초는 약 2~4° C 더 낮은 경향이 있다. 동물과 사람들은 대류, 전도, 방사, 증발의 메커니즘에 의해서 온도를 조절된다. 방사가 체온 조절의 주축을 이루는 사람들과 달리 반려견의 열 손실은 주로 대류나 전도를 통해 이루어진다(Brodeur, A., Wright, A., & Cortes, Y. (2017).

체온이 떨어지면 심박수와 호흡이 느려져 여러 가지 문제가 생길 수 있다. 지속적이고 심각한 저체온증의 결과에는 신경학적 문제(혼수상태 포함), 심장 문제, 신부전, 느리거나 전혀 호흡 없음, 동상, 그리고 결국 사망에 이를 수 있다. 떨림 증상은 반려견에서 흔히 볼 수 있는 저체온증의 징후는 아니다.

만약 반려견에게서 다음과 같은 징후를 발견하면, 따뜻하게 하고 치료를 위해 수의사의 도움을 받아야 한다.

저체온증 징후

- 강한 떨림
- 졸리거나 무기력하고 나약한 행동
- 털과 피부는 만지면 차가움
- 체온이 35℃ 이하
- 심박수 감소
- 확장된 동공(눈의 검은 안쪽 원이 더 크게 나타남)
- 잇몸과 안쪽 눈꺼풀이 창백하거나 파랗게 변함
- 걷기에 어려움
- 호흡곤란
- 멍함, 무의식 또는 혼수상태

반려견들의 저체온증은 따뜻하게 지낼 방법이 없어 차가운 온도에 과도하게 노출되어 발생하나 정상 온도에서도 발생할 수 있다. 특히 매우 늙거나 어리거나 마취상태에 있는 반려견에게 일어날 수 있다. 갑상선 기능저하증을 포함한 시상하부 질환을 앓고 있는 반려견들 또한 위험하다. 반려견에서 저체온증의 다른 잠재적 원인으로는 젖은 털 또는 피부, 찬물에 오랫동안 있는 것, 쇼크가 있다. 반려견의 저체온증 치료는 곧 생명을 위협하는 응급상황이 될 수 있기 때문에 즉시 시작해야 한다. 반려견이 저체온증을 가지고 있다고 의심되면, 다음의 조치를 취한다.

- 반려견을 따뜻한 곳으로 이동한다.
- 반려견의 털을 수건이나 헤어드라이어로 완전히 말려준다. 헤어드라이어는 약 30cm 거리에서 약하게 틀어준다.
- 담요를 드라이어로 먼저 따뜻하게 한 다음 반려견을 담요로 감싸준다.
- 따뜻한 온수병을 수건으로 감싸서 반려견의 복부에 올려놓는다.
- 만약 반려견을 말리기 위해서 전기담요를 사용할 때에는 반려견이 코드를 씹지 않도록 잘 감독하여야 한다.
- 반려견이 따뜻한 액체를 마실 수 있도록 한다.
- 체온계로 반려견의 온도를 확인한다. 만약 35° C 이하면, 반려견은 저체온증에 걸릴 위험이 있으므로 즉시 수의사에게 데려가도록 한다.
- 만약 35° C 이상이라면, 계속 따뜻하게 해주면서 10~15분마다 체온을 확인한다.
- 일단 온도가 38° C 이상이 되면, 보온병은 제거해도 되지만, 반려견이 계속해서 체

온을 유지하고 있는지 확인하여야 한다. 저체온증은 건강에 유해하고 재발할 수 있기 때문에 체온이 정상이라도 반드시 수의사의 검사를 받도록 한다.

만약 반려견이 30~45분 이내에 몸이 따뜻해지지 않으면, 즉시 수의사의 치료를 받아야 한다. 마른 반려견들은 차가운 날씨에 저체온증으로 인하여 다리, 귀, 꼬리 등에 동상이 걸릴 수가 있고 사망할 수도 있다. 동상은 온도가 낮을 때도 위험하지만 온도가 올라가는 과정에서 피해가 나타나기 때문에 바로 정상 온도로 올리는 것은 매우 위험하다. 만약 반려견이 젖었다면 우선 완전히 말린 다음에 몸을 따뜻하게 해주어야 한다. 희고 무감각해진 피부는 얼거나 동상에 걸릴 수 있다. 그 부분은 천천히 녹여주어야 한다. 그것을 문지르거나 눈이나 따뜻한 물을 사용해서는 안 된다. 만약 강아지일 경우에는 보기보다 체온조절 능력이 약해서, 만약 사료와 물을 섭취하지 못한 경우에는 사망에 이를 수 있는 심각한 상황이다. 이때는 드라이기를 이용해 너무 뜨겁지 않을 바람으로 체온을 올려야 하고, 수액을 맞춰서 탈수를 막아줘야 한다.

저체온증은 매우 추운 바깥 날씨나 차가운 물 근처에 반려견을 장시간 두는 것을 피하면 예방할 수 있다. 어린 강아지, 노령견, 소형견, 그리고 단모종은 저체온증에 가장 취약할 수 있기 때문에 자신의 반려견이 추위를 얼마나 잘 견디는지를 잘 알고 있어야 한다. 추운 날씨에 산책을 위해서는 반려견의 발을 보호하기 위해 옷이나 부츠가 달린 재킷을 착용시키는 것을 고려할 필요가 있다.

15.9 보호자 부상

반려견을 기르는 보호자는 반려견을 기르지 않는 사람들에 비해 평균 50% 더 많이 걷는다(Gretebeck, Radius, Black, Gretebeck, Ziemba, & Glickman, 2020). 한편으로 반려견과 함께 산책하면서 부상 또한 증가하고 있다(Pirruccio, Yoon, & Ahn, 2019). 고관절 골절이 손목과 팔 골절에 이어 반려견 산책과 관련된 가장 흔한 부상이다(Pirruccio, Yoon, & Ahn, 2019). 부상자의 거의 80%는 여성이며 특히 65세 이상이 가장 많다. 이처럼 여성의 부상이 더 많은 이유는 남성보다 뼈의 밀도가 낮기 때문이다. 반려견과 산책할 때에 보호자의 부상은 고관절 골절, 손목/상완골절 등이 가장 많이 발생하지만 손과 손가락의 힘줄 부상, 피부 찢어짐 및 타박상, 혈종 등도 보고됐다(Lowry, & Rosen, 2020). 반려견을 기르는 보호자가 증가하고 나이든 사람들이 더 활동적이면 부상은 더욱 증가할 것이다.

보호자의 손목 손상은 반려견이 목줄을 당길 때 발생하는 가장 흔한 부상 중 하나이다. 팔을 뻗은 상태에서 반려견이 목줄을 너무 세게 잡아당기면 고통스럽거나 어깨 탈구 및 손목 손상을 유발할 수 있다. 장기적인 영향은 힘줄과 인대 손상으로 이어질 수도 있다. 우리가 엘보우(Elbow)라고 하는 팔꿈치 부상은 몇 달 혹은 몇 년 동안 목줄을 잡아당긴 결과에서 온다. 이러한 팔꿈치 부상은 일반적으로 다음 중 하나에 해당한다. **테니스 엘보우**(Tennis Elbow)라고 불리는 외측 상과염(Lateral Epicondylitis)은 팔꿈치 바깥쪽에 있는 골 융기에 부착되는 힘줄에 통증 및 부상이 수반되는 경우를 말하며, **골프 엘보우**(Golf Elbow)라 불리는 내측 상과염(MedialEepicondylitis)은 팔꿈치 안쪽에 있는 골 융기에 부착되는 힘줄에 통증 및 부상이 수반되는 경우를 말한다.

보호자의 부상은 예방이 가장 중요하다. 첫째, 목줄을 손가락이나 손목으로 잡지 말고 손바닥으로 잡도록 한다. 왜냐하면 반려견이 멀리 달려갈 때 부상을 방지하기 위해서 제때 손가락이나 손목의 위치를 바꿀 수 있는 시간이 없기 때문이다(Cohen, & Fernandez, n.d.). 잠재적 부상에는 손가락 골절 또는 탈구, 인대 또는 힘줄 파열 등이 포함될 수 있다. 목걸이를 손가락에 꼬아서 잡지 말고 손바닥으로 감싸잡도록 한다. 둘째, 손가락을 목걸이 아래로 넣지 않도록 한다. 반려견이 갑자기 점프하거나 당기면 손가락을 비틀 위험이 있다. 약간의 비틀어짐으로도 손가락 탈구 또는 골절을 일으킬 수 있다. 또한 물릴 위험도 있으므로 목줄을 연결할 때에는 부착 고리를 잡고 연결하도록 한다. 셋째, 짧은 목줄을 사용하도록 한다. 긴 목줄은 에너지 축적이 많아지고 큰 부상에 이를 위험이 있다. 자동줄보다는 짧은 목줄이 더 많은 제어력을 제공하기 때문에 권장한다. 또한, 두 마리의 반려견을 동시에 산책시킬 경우에는 여러 반려견의 목줄이 서로 뒤엉켜 넘어질 가능성이 있으므로 목줄연결기를 사용하여 엉킴을 방지하도록 한다. 넷째, 반려견과 산책할 때에는 걸어 다니는 것이 가장 좋다. 자전거, 스쿠터, 스케이트보드 등을 이용하는 것은 반려견의 갑작스러운 반응에 즉시 대응할 수 없기 때문이다. 다섯째, 산책하기에 적절한 신발을 신도록 한다. 얼음이나 눈이 올 때는 견인력이 좋은 부츠를 신는 것이 중요하다. 따뜻하고 건조할 때에도 안정감을 제공하고 반려견이 목줄을 잡아당기거나 갑자기 방향이 바뀌어도 넘어지지 않는 신발이 필요하다. 슬리퍼, 샌들, 나막신, 하이힐 및 기타 잠재적으로 위험한 신발은 신지 않도록 한다. 산책을 시작하기 전에 지형과 기상 조건을 확인한다. 예를 들어, 땅이 진흙투성이라는 것을 알고 있다면 운동화 대신 튼튼한 부츠를 선택한다. 여섯째, 산책 중에는 항상 주의를 기울이도록 한다. 단순히 주의를 기울이는 것만으로도 부상을 예방할 수 있다. 주의가 산만하지 않으면 어떤 상황에도 더 빨리 대응할 수 있기 때문이다. 산책 중에는 전화 통화, 문자 전송, 소셜 미디어 참여 및 헤드폰이나 블루투스 헤드셋 착용은 하지 않는 것이 좋다. 또한 주변 지역에서 다른 동물이나 자동차와 같이 반려견을 끌거나 두렵게 할 수 있는 것들이 있는지 살펴보고 장애물이나 불안정한 지형을 피할 수 있도록 걷는 위치를 조정하고 확인할 필요가 있다.

빠른 속도로 내달리는 반려견을 쫓다가 발을 헛디디면서 발이 삐끗할 수도 있다. 흔히 삐었다고 말하는 염좌(Sprain)는 발목 관절이 어긋나 인대가 정상보다 늘어나게 되어 손상된 것을 말한다. 발이 안쪽으로 꺾이면서 바깥쪽 복사뼈의 인대가 파열되는 것이 대부분이지만 반대 방향으로 돌아가면서 안쪽 복사뼈 부분의 인대가 다치는 경우도 있다. 발목을 접질린 뒤에는 다친 부위를 압박해 심장보다 더 높게 올리면 잘 낫는다. 부은 발목이 가라앉도록 냉찜질을 하는데, 'RICE' 방법으로 응급처치 방법을 쉽게 기억할 수 있다. 다친 부위 사용을 줄이고 휴식하기(Rest), 냉찜질(Ice), 압박(Compression), 높이 들기(Elevation)를 의미한다.

실내나 대중교통 이용 시에는 반려견 운반용기를 사용하도록 되어있다. 무거운 케이지 또는 한쪽 어깨로 메는 가방 형식으로 되어있는 경우가 많은데, 보호자의 무게중심을 한쪽으로 기울게 하기 때문에 주의해야 한다. 반복해서 한쪽으로 들면, 몸의 중심이 치우치면서 이를 바로 잡으려 척추가 반대쪽으로 기울기 쉽고, 척추의 균형이 흐트러져 디스크 및 척추 관절에 손상을 입게 된다.

또 한쪽에 멘 어깨도 근육의 좌우 비대칭이 생기는 문제가 발생할 수 있다. 반려견과 함께 외출 시 걸을 때 허리와 어깨를 앞으로 구부리지 말고 쫙 펴도록 해야 한다. 몸의 균형을 유지하기 위해서는 양쪽 어깨로 무게를 분산시키는 백팩이나 카트 형식의 이동 가방을 선택하는 것이 좋다. 한쪽으로 메는 가방이라면 양쪽 어깨로 한 번씩 의식적으로 번갈아 메는 것도 신체 균형을 깨트리지 않는 방법이 될 수 있다.

15.10 반려견 구급상자(Pet First Aid Kit)

집에 있든, 산책을 하는 중이든 응급상황은 언제든지 발생할 수 있다. 이런 응급상황을 대비하기 위해서 사람을 위한 구급상자처럼 반려견을 위한 구급상자도 준비를 해야 한다. 반려견을 위한 구급용품은 휴대하기 편리하도록 배낭 등에 넣어서 보관하도록 한다. 이렇게 하면 산책, 여행, 캠핑 또는 하이킹을 할 때 항상 휴대할 수 있다.

가 구급상자의 구성요소

세계에서 가장 큰 동물보호단체 중 하나인 미국 동물학대방지연합에서 만든 단체인 미국 동물보호협회(ASPCA Animal Poison Control Center)에서 권장하는 구급상자에 들어갈 구성요소에 대해 설명한다(ASPCA, 2016).

구급상자의 구성요소

- 흡수성 거즈 패드(Absorbent Gauze Pads)
- 접착 테이프(Adhesive Tape)
- 면봉(Cotton Balls or Swabs)
- 구토를 유도하는 신선한 3% 과산화수소수(Fresh 3% Hydrogen Peroxide)
- 얼음 주머니(Ice Pack)
- 일회용 장갑(Disposable Gloves)
- 끝이 무딘 가위(Scissors with Blunt End)
- 족집게(Tweezers)
- 항생제 연고(Antibiotic Ointment)
- 구강 주사기 또는 터키형 버스터(Oral Syringe or Turkey Baster)
- 액체 식기 세척제 (목욕용)(Liquid Dishwashing Detergent)
- 수건(Towels)
- 작은 손전등(Small Flashlight)
- 알코올 물티슈(Alcohol Wipes)
- 지혈제(Styptic Powder)
- 식염수 눈 솔루션(Saline Eye Solution)
- 인공 눈물 젤(Artificial Tear Gel)
- 전화번호, 동물병원 이름, 수의사 주소 및 지역 수의사(Vet Info Card)

정기적으로 구급상자를 확인하여 만료되었거나 교체할 필요가 있는 물품은 없는지 확인하도록 한다.

구급상자는 어린이의 손이 닿지 않는 곳에 보관하도록 한다. 각 구성요소가 구급상자에 포함되어야 하는 이유는 다음과 같다(Clancy, n.d.).

1) 서류

중대한 응급상황에 처한 경우 반려견의 모든 정보가 필요할 수 있다. 이러한 정보는 반려견이 다쳐서 치료가 필요한 경우에 도움이 된다. 수의사에게 연락할

때 반려견의 병력을 알고 있다면 더 좋고 안전한 치료를 제공할 수 있기 때문이다. 일반적으로 수의사 등 도움을 요청할 연락처를 저장한 휴대전화를 분실한 경우에도 연락할 수 있도록 연락 가능한 전화번호를 기록해 두어야 한다. 재해가 발생하면 전기, 인터넷 또는 전화 서비스가 제공되지 않을 수 있다. 비상용 키트와 함께 반려견의 모든 서류를 출력하여 종이형태로 보관할 필요가 있다. 반려견의 기록이 저장된 USB 드라이브는 백업용으로 사용하는 것이 좋다. 보호자가 아닌 돌보는 사람이나 친구에게 맡기는 경우에 긴급상황이 발행할 때 반려견에 관한 서류와 도움을 받을 수 있는 연락처가 보관되어 있는 곳을 알려주어 스스로 대처할 수 있도록 해주어야 한다.

2) 과산화수소(Hydrogen Peroxide)

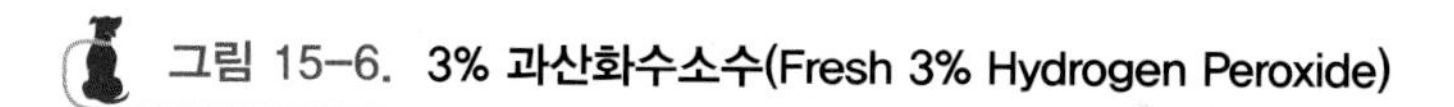
그림 15-6. 3% 과산화수소수(Fresh 3% Hydrogen Peroxide)

과산화수소는 경미한 상처를 치료할 수도 있겠지만, 가장 중요한 목적은 반려견이 독성 물질을 섭취한 경우에 과산화수소로 구토를 유도하기 위한 것이다. 구토를 유도하기 전에 항상 독극물 관리 전문가 또는 수의사에게 반드시 연락하여 이를 수행하는 방법에 대한 적절한 지침을 숙지하고 있어야 한다. 또한 지침서도 인쇄하여 종이 형태로 가지고 있도록 한다. 자연 재해가 발생하면 전기나 인터넷 서비스가 제공되지 않을 수 있기 때문에 이때는 이러한 종이 형태의 지침서가 도움을 줄 수 있다. 전문가의 확인 작업을 거치지 않고 임의로 반려견에게 이것을 투여하는 것은 안 된다.

3) 항생제 연고(Antibiotic Ointment)

야외 활동을 자주하는 경우에는 항생제 연고를 항상 휴대할 필요가 있다. 반려견에게 작은 상처나 긁힘이 생기면 항생제 연고가 감염을 예방하고 통증을 완화하며 박테리아와 세균을 막아주는 역할을 하기 때문이다. 사소한 상처나 긁힌 자국이라도 세균에 감염되면 주요 건강 문제로 이어질 수 있다.

 그림 15-7. **항생제 연고(Antibiotic Ointment)**

4) 거즈, 가위, 테이프, 고무장갑(Gauze, Scissors, Tape, Rubber Gloves)

거즈, 가위, 테이프, 고무장갑은 응급상황시 모두 함께 사용되기 때문에 세트로 준비하도록 한다. 응급상황에서 거즈는 출혈을 조절하고, 의심되는 골절에 대한 임시 부목 역할을 할 수 있으며, 응급시 임시 입마개가 될 수도 있다. 테이프는 거즈 또는 기타 응급처치 품목을 제자리에 고정할 수 있으며 가위는 옷을 길게 잘라 큰 상처를 위해 단단한 붕대를 만들거나 거즈가 부족한 경우 도움을 줄 수 있다. 고무장갑은 모든 의료 응급상황에 필수 항목으로 혈액이나 체액을 다룰 때 항상 보호장갑을 끼고 고글이나 안경을 착용한다.

그림 15-8. **흡수성 거즈 패드(Absorbent Gauze Pads)**

그림 15-9. **끝이 무딘 가위(Scissors with Blunt End)**

그림 15-10. **접착 테이프(Adhesive Tape)**

 그림 15-11. **일회용 장갑(Disposable Gloves)**

5) 펫 전용 물티슈(Wet Or Grooming Wipes)

펫 전용 물티슈는 중요한 항목이 아닐 수도 있다. 차안이나 실내에서 반려견의 용변을 처리할 때 도움이 될 수 있다. 물티슈는 차에 타기 전에 더러워진 발을 닦아 줄 때도 유용하다. 상처의 먼지나 피를 닦아낼 때 또는 눈이나 귀를 닦아 줄 때도 사용된다. 배설물, 먼지 및 실외 수원에는 위험한 박테리아와 기생충이 많이 있을 수 있으므로 반려견 뿐만 아니라 주변 환경을 깨끗하게 유지하면 감염을 예방하는 데 도움이 된다.

 그림 15-12. **알코올 물티슈(Alcohol Wipes)**

6) 수건 또는 담요(A Towel Or Blanket)

반려견이 다치거나 당황한 경우 부드러운 담요로 부드럽게 감싸 주면 반려견을 진정시키는 데 도움이 되며 긁히거나 물리지 않고 부상 부위에 다가갈 수 있다. 극세사는 흡수성이 뛰어나고 끈적거리는 상황에서 도움이 될 수 있다. 수건이나 담요는 땅이 너무 뜨겁거나 딱딱하거나 날카로운 바위로 덮여 있고 어떻게 다쳤는지 더 잘 살피고 싶은 경우 추가 검사를 위해 반려견이 쉴 수 있는 부드러운 표면을 제공할 수 있다.

그림 15-13. **수건(Towels)**

7) 기타 물품

그림 15-14. **면봉(Cotton Balls or Swabs)**

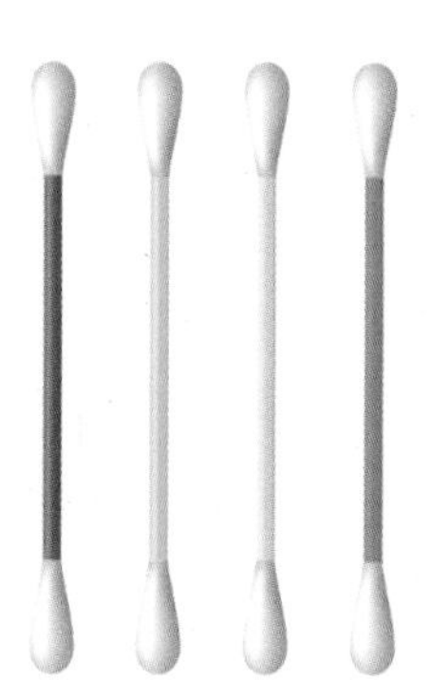

그림 15-15. **얼음 주머니(Ice Pack)**

그림 15-16. **족집게(Tweezers)**

그림 15-17. **구강 주사기(Oral Syringe)**

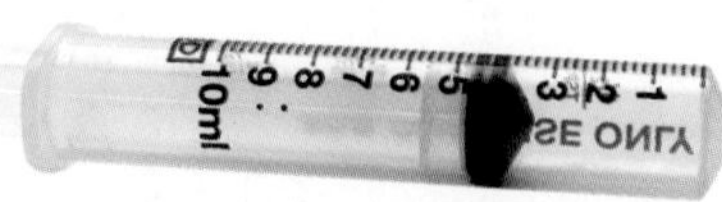

그림 15-18. **터키형 버스터(Turkey Baster)**

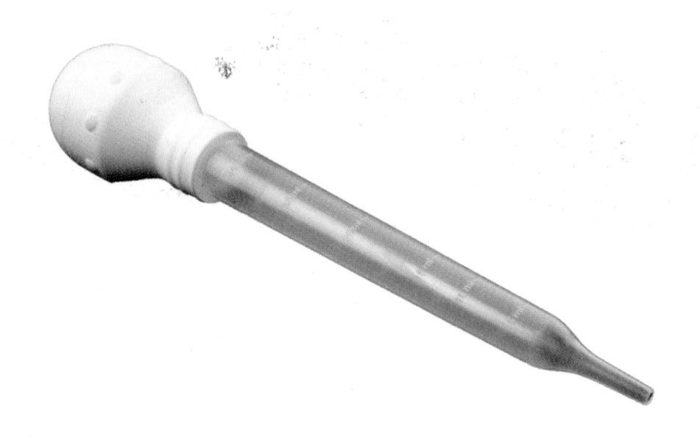

그림 15-19. **액체 식기 세척제(목욕용, Liquid Dishwashing Detergent)**

 그림 15-20. **작은 손전등(Small Flashlight)**

그림 15-21. **식염수(Saline Eye Solution)**

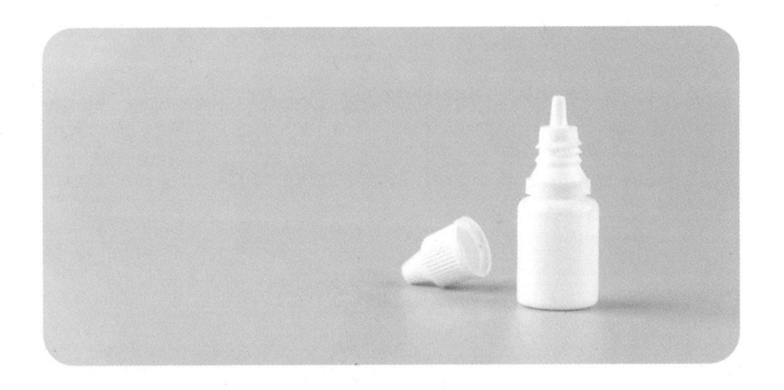

참고문헌

AKC Staff. (2015). First Aid for a Dog Burns. American Kennel Club. https://www.akc.org/expert-advice/health/first-aid-for-a-dog-burns/

ASPCA. (2016). Disaster Prep Kits: What You Need to Keep Your Pets Safe. ASPCA. https://www.aspca.org/news/disaster-prep-kits-what-you-need-keep-your-pets-safe

Brodeur, A., Wright, A., & Cortes, Y. (2017). Hypothermia and targeted temperature management in cats and dogs. J Vet Emerg Crit Care (San Antonio). 27(2), 151-163. doi: 10.1111/vec.12572

Buzhardt, L. (n. d.). First Aid for Bleeding in Dogs. VCA. https://vcahospitals.com/know-your-pet/first-aid-for-bleeding-in-dogs

Buzhardt, L. (n. d.) First Aid for Torn or Injured Foot Pads in Dogs. VCA. https://vcahospitals.com/know-your-pet/first-aid-for-torn-or-injured-foot-pads-in-dogs

Clancy, M. (n. d.) 13 Essential Items To Have In Your Dog's First-Aid Kit. DogTime. https://dogtime.com/dog-health/general/21573-things-in-dog-first-aid-kit.

Cohen, M., & Fernandez, J. (n.d.). 6 Ways to Prevent Common Dog Walking Injuries. In Discover Wellness. Retrieved from /health-wellness/discover-health/preventing-dog-walking-injuries.

Cuttle, L., Kempf, M., Kravchuk, O., Phillips, G. E., Mill, J., Wang, X. Q., & Kimble, R. M. (2008). The optimal temperature of first aid treatment for partial thickness burn injuries. Wound Repair Regen, 16(5), 626-634. doi: 10.1111/j.1524-475X.2008.00413.x.

Gfeller, R. (1994). Bleeding: First Aid. VeterinaryPartner. https://veterinarypartner.vin.com/default.aspx?pid=19239&id=4951317

Gretebeck, K., Radius, K., Black, D., Gretebeck, R., Ziemba, R., & Glickman,

L. (2020). Dog Ownership, Functional Ability, and Walking in Community-Dwelling Older Adults. Journal of Physical Activity and Health, 10(5), 646-655.

Hansen, S., (2019). Shock in Dogs - The Symptoms and Emergency Treatment. Labrador Training HQ. https://www.labradortraininghq.com/labrador-health-and-care/shock-in-dogs-symptoms-treatment/

Jeican, I. I. (2014). The pathophysiological mechanisms of the onset of death through accidental hypothermia and the presentation of "The little match girl" case. Clujul Medical, 87(1), 54-60. doi:10.15386/cjm.2014.8872.871.iij1

Jenkins, G. (2018). How to manage thermal burn wounds. Veterinary Practice. https://veterinary-practice.com/article/how-to-manage-thermal-burn-wounds

Kawalilak, L. T., Fransson, B. A., & Alessio, T. L. (2017). Management of a facial partial thickness chemical burn in a dog caused by bleach. J Vet Emerg Crit Care (San Antonio), 27(2), 224-231.

Lowry, K., & Rosen, T. (2020). Dog Walking Can Be Hazardous to Cutaneous Health. Dermatology, 105(4), 191-194.

Pirruccio, K., Yoon, Y. M., & Ahn, J. (2019). Fractures in Elderly Americans Associated With Walking Leashed Dogs. JAMA Surgery, 154(5), 458-459. doi:10.1001/jamasurg.2019.0061

Porter, A. E., Rozanski, E. A., Sharp, C. R., Dixon, K. L., Price, L. L., & Shaw, S. P. (2013). Evaluation of the shock index in dogs presenting as emergencies. J Vet Emerg Crit Care (San Antonio), 23(5), 538-544. doi:10.1111/vec.12076

Stregowski, J., (2019). Toxins and Your Dog. The SprucePets. https://www.thesprucepets.com/toxins-and-your-dog-1117870

Vaughan, L., & Beckel, N. (2012). Severe burn injury, burn shock, and smoke inhalation injury in small animals. Part 1: Burn classification and pathophysiology. Journal of Veterinary Emergency and Critical Care, 22(2). https://doi.org/10.1111/j.1476-4431.2012.00727.x

16

장애인 보조견과 공공예절

16

장애인 보조견과 공공예절

16.1 장애인 보조견의 운영과 분류

2020년 서울의 한 대형마트에서 직원이 훈련 중인 시각장애인 안내견의 출입을 거부하면서 논란이 일자 마트 측이 공식 사과하는 일이 발생했다. 이 대형마트에서 근무하는 한 직원이 훈련 중인 시각장애인 안내견과 자원봉사자(퍼피워커)에게 "장애인도 아니면서 강아지를 데리고 오면 어떡하냐"며 언성을 높였다. 당시 강아지는 '안내견 공부 중입니다'라고 쓴 주황색 조끼를 입고 있었다. 시각장애인이면서 피아니스트 K씨는 망막 색소 변성증으로 시각장애를 갖고 태어났지만 일반 전형으로 숙명여대 피아노 전공 학사와 음악교육 전공 석사를 거쳐 미국 존스홉킨스대학과 위스콘신-매디슨대학에서 피아노 석사학위와 박사학위를 받았다. 이후 정계에 입문하여 21대 국회의원이 되었으며 여성, 장애인, 반

 그림 16-1. 장애인 보조견(Guide Dog)

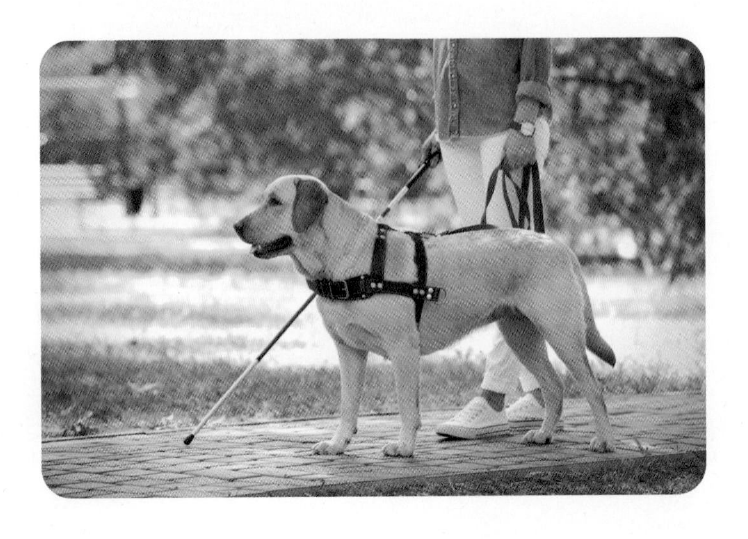

려동물 보호자의 권리에 대해서 정책 활동을 하고 있다. 이 2가지 사례를 포함한 다양한 사례 등을 통해서 장애인, 장애인 보조견에 대한 인식이 점점 높아지고 있으며 반려동물에 대한 권리도 중요해지고 있다. 이 장을 통해서 반려견과 산책을 할 때 만날 수도 있는 장애인 보조견과 그에 따른 공공예절에 대해서 살펴보고자 한다.

장애인 보조견은 신체적 · 정신적으로 어려운 장애인들의 불편한 부분을 대신하고 도와주도록 훈련된 개를 말한다. 이에 해당 되지 않는 개는 반려견이라고 한다. 우리나라에서는 시각장애인 안내견, 청각장애인 보조견, 자체장애인 보조견, 치료도우미견으로 분류한다. 외국의 경우에는 좀 더 세분화하여 운영하고 있다.

- 시각장애인 안내견(Guide Dog) : 시각장애인의 안전한 보행을 돕기 위해 공인기관에서 훈련된 개

그림 16-2. **시각장애인 안내견(Guide Dog)**

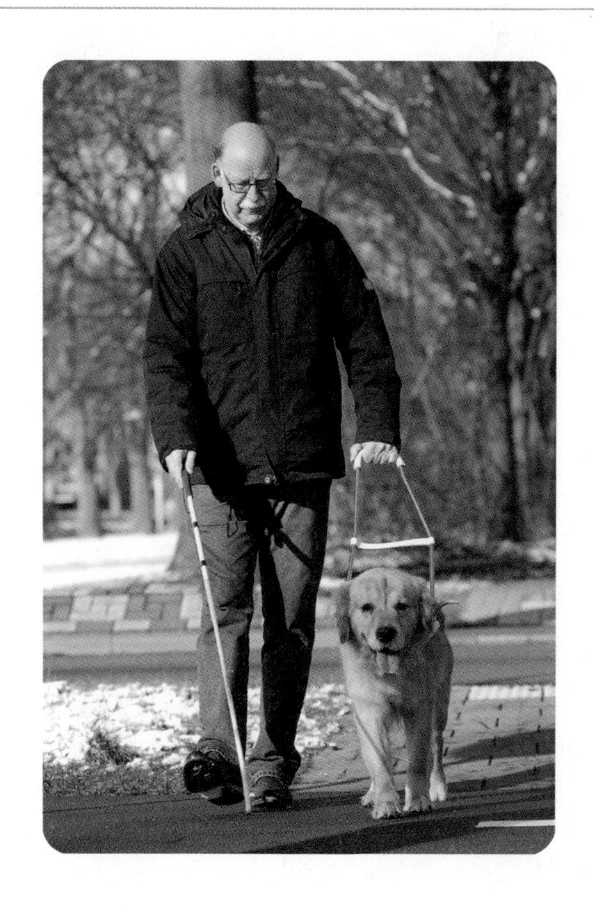

- 청각장애인 보조견(Hearing Dog) : 청각장애인을 위해 일상생활의 전화, 초인종 등 소리를 시각적 행동으로 전달하도록 공인기관에서 훈련된 개
- 지체장애인 보조견(Service Dog) : 지체장애인에게 물건전달, 문 개폐, 스위치 조작 등 지체장애인의 행동을 도와주도록 공인기관에서 훈련된 개

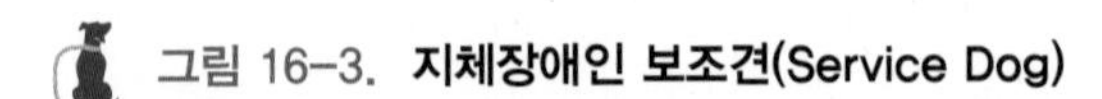
그림 16-3. **지체장애인 보조견(Service Dog)**

- 치료도우미견(Therapy Dog) : 정신적 혹은 신체적 장애가 있는 사람들과 같이 어울림으로써 기분개선, 여가선용, 치료 등을 위해 훈련된 개

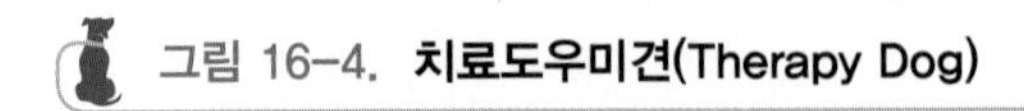
그림 16-4. **치료도우미견(Therapy Dog)**

16.2 장애인 보조견 관련 법률

현재 우리나라는 장애인 보조견에 대한 법률이 있음에도 불구하고 장애인 보조견에 대해 잘 알려지지 않아 식당이나 버스, 지하철, 공공기관 등을 출입할 때 장애인 당사자가 설명과 부탁을 반복해야 하는 상황이 계속되고 있다. 장애인 보조견에 대한 법률은 장애인 복지법을 기본으로 한다. 법률에 대해서 자세히 알고 싶으면 4장 '반려동물 관련 법률'을 참고하기 바란다.

법률은 아니지만 보건복지부의 2020년 장애인 복지 사업안내를 살펴보면 장애인 보조견에 대해서 자세히 설명하고 있다.

장애인 편의증진
(2020년 장애인복지 사업안내 II, 보건복지부)

- 장애인 보조견 표지 발급
- 장애인보조견 전문훈련기관
  - 경기도도우미견나눔센터(경기도 화성시 마도면 마도공단로1길 181-15 ☎ 031-8008-6721)
  - 한국장애인도우미견협회(경기도 평택시 미래길 54 ☎ 031-691-7782)
  - 삼성화재안내견학교(경기도 용인시 처인구 포곡읍 에버랜드로 199 ☎031-320-8928)
- 장애인 보조견 종류
  - 시각장애인 안내견(Guide Dog): 시각장애인의 안전한 보행을 돕기 위해 공인기관에서 훈련된 개
  - 청각장애인 보조견(Hearing Dog): 청각장애인을 위해 일상생활의 전화, 초인종 등 소리를 시각적 행동으로 전달하도록 공인기관에서 훈련된 개
  - 지체장애인 보조견(Service Dog): 지체장애인에게 물건 전달, 문 개폐, 스위치 조작 등 지체장애인의 행동을 도와주도록 공인기관에서 훈련된 개
  - 치료도우미견(Therapy Dog): 정신적 혹은 신체적 장애가 있는 사람들과 같이 어울림으로써 기분 개선, 여가선용, 치료 등을 위해 훈련된 개

16.3 장애인 보조견 공공예절

장애인 보조견을 보거나 만날 때 적절한 공공예절을 아는 것이 매우 중요하다.

가 장애인 보조견을 쓰다듬지 않도록 한다.

장애인 보조견은 일하는 개라는 것을 명심해야 한다. 장애인 보조견은 잘 훈련되어 있기 때문에 물지 않는다. 그러나 근무 중에는 경계를 유지해야 하는데, 이쁘고 고생하는 것 같아 쓰다듬어 주고 싶을 수 있는데 이는 장애인 보조견을 산만하게 할 수 있으니 주의해야 한다. 근무가 없을 때 보호자로부터 많은 사랑을 받고 있으니 걱정하지 않아도 된다.

나 보호자를 존중한다.

장애인 보조견에게 말을 거는 것은 그의 일을 방해하는 것이다. 보호자가 물러나라고 할 때, 혹은 이와 비슷한 요구를 할 때, 보호자를 무시하지 않는 것도 중요하다. 보호자는 장애인 보조견이 어떻게 반응하는지 가장 잘 알고 있고, 여러분에게 협조를 부탁하는 것은 장애인 보조견의 일을 더 쉽게 하는데 도움을 줄 수 있다.

다 어린 아이나 자신의 반려견이 장애인 보조견에 가까이 가지 않도록 한다.

여러분의 반려견은 아마도 다른 어떤 개와도 교제하기를 열망할 것이다. 그러나 장애인 보조견으로부터 여러분의 반려견을 멀리하는 것이 도와주는 것이다. 여러분의 반려견은 예의 바르게 행동할 수 있지만, 훈련을 받지 않았거나 반응하지 않는 반려견이 장애인 보조견을 해치는 사건이 있었기 때문이다. 이는 장애인 보조견에게 외상을 일으켜 한동안 자신의 업무를 수행하기 어렵게 만들 수 있으며, 그로 인해 자신에게 의존하는 사람의 삶을 힘들게 할 수 있다. 어린 아이들이 동물 주위에서 아무리 잘 행동하든 상관없이 아이들도 마찬가지이다. 장애인 보조견을 소유한 장애인이 접근을 허락하지 않는다면, 접근하지 않도록 해야 한다.

라 장애인 보조견에게 간식이나 음식을 제공하지 않도록 한다.

장애인 보조견에게 일을 잘하도록 간식이나 음식을 제공하는 것이 좋은 생각처럼 보일 수 있지만, 물어 보지 않고 먼저 간식이나 음식을 제공하는 것은 좋지 않다. 장애인 보조견에게 음식은 그의 일에서 주의를 산만하게 한다.

마 장애인 보조견에게 보행 우선권을 제공해야 한다.

장애인 보조견에게 보도와 인도에서 보행 우선권을 주어 바쁘고 붐비는 지역을 더 쉽게 지날 수 있는 있도록 해주어야 한다. 또한 허락 없이 장애인 보조견과 함께 걷지 말아야 한다. 혼란을 줄 수 있고 실수나 사고를 일으킬 수 있다.

그림 16-5. **보행 우선권**

바 장애인 보조견이 당신에게 다가오면 장애인에게 알려야 한다.

여러분에게 장애인 보조견이 다가오면 쓰다듬거나 쫓아내고 싶은 유혹을 느낄 수도 있지만, 먼저 장애인 보조견을 소유한 장애인에게 말해야 한다. 기본적으로 그 장애인 보조견은 훈련 중일 수 있으며 보호자는 그들을 교정하는 가장 좋은 방법을 알고 있을 수 있다. 그리고 가장 중요한 것은 장애인이 곤경에 처해 있기 때문에 여러분의 관심을 끌려고 할 수도 있다. 장애인이 도움이 필요한지 확인하고 필요하면 119에 전화하여 도움을 받을 수 있도록 한다.

사 장애인 보조견은 어디든 갈 수 있다.

장애인 보조견은 대중이 허용되는 모든 곳에서 장애인복지법 제20조와 장애인차별금지법 제2조에 따라 접근할 수 있는 권한이 있다. 따라서 식당, 사무실, 병원 및 호텔 등에 들어갈 수 있으며 버스, 택시, 비행기를 타고, 쇼핑하고, 놀이 공원에 가고, 영화, 콘서트를 즐길 수 있다.

이러한 공공예절은 장애인 보조견을 만날 때 해야 할 일과 하지 말아야 할 일 중 극히 일부에 불과하다. 여러분은 항상 적절한 장애인 보조견 공공예절을 보여주고 그들과 상호작용을 시작하기 전에 허락을 받아야 한다. 허락을 받지 못 한다고 하더라도 정중하게 행동해야 한다.

16.4 장애인 보조견 차별금지 캠페인

장애인 보조견에 대한 인식이 조금씩 향상되고 있지만 아직까지도 인식이 부족한 부분들도 많다. 따라서 모든 국민들이 장애인 보조견에 대해서 올바르게 인식하고 공공예절을 지킬 수 있도록 지속적인 캠페인이 필요하다. 특히, 우리와 같이 반려견을 기르고 있는 반려인들이 우선적으로 솔선수범하여 적극적으로 캠페인에 동참한다면 높은 수준의 반려문화 의식을 정착시킬 수 있다.

그림 16-6. **장애인 보조견 차별금지 캠페인**

보건복지부
장애인 보조견은
애완견이
아닙니다
장애인의 눈과 발이 되어주는
훈련된 보조견입니다
장애인 보조견의 공공장소 출입은 법으로 보호받습니다.
정당한 사유없이 거부할 경우 장애인복지법 제90조에 따라 300만원 이하의 과태료가 부과될 수 있습니다.

보건복지부
장애인 보조견은
애완견이
아닙니다
장애인의 눈과 발이 되어주는
훈련된 보조견입니다
장애인 보조견의 공공장소 출입은 법으로 보호받습니다.
정당한 사유없이 거부할 경우 장애인복지법 제90조에 따라 300만원 이하의 과태료가 부과될 수 있습니다.

출처: 사) 장애인인권센터

참고문헌

보건복지부. (2020). 2020년 장애인복지사업안내(2권). 보건복지부, 209-210. http://www.mohw.go.kr/react/jb/sjb0406vw.jsp?PAR_MENU_ID=03&MENU_ID=030406&page=1&CONT_SEQ=353909

17

신종 감염병 출현과 반려견 산책

17

신종 감염병 출현과 반려견 산책

신종 감염병은 지속적으로 출현하여 우리 인류를 위협하고 있다. 현재는 COVID-19가 창궐해 있지만 백신과 치료제가 나오면 언젠가는 종식될 것이다. 그러나 이러한 유형의 신종 감염병은 이후에도 계속해서 출현할 것이고 백신과 치료제로 종식되는 과정을 겪게 될 것이다. 감염병의 유형은 다르겠지만 반려견 보호자는 계속해서 산책을 포함한 다양한 돌봄 활동을 해야 한다. 어떠한 감염병이 출현하든지 기본적인 규칙과 공공예절을 준수한다면 특별한 어려움 없이 어려움을 잘 극복하여 반려견과 보호자는 건강을 유지하게 될 것이다.

17.1 COVID-19와 동물(CDC, 2021)

코로나바이러스 감염증 2019(COVID-19)가 정확히 어디서 발생했는지는 아직 모르지만, 동물(박쥐일 가능성이 높음)에게서 왔다는 사실은 확인되었다. 현재로서는 동물이 COVID-19 유발 바이러스인 SARS-CoV-2를 사람에게 전염시키는 데 유의미한 역할을 한다는 증거는 없다. 다양한 동물이 COVID-19의 영향을 받을 수 있는지 그리고 어떻게 영향을 받을 수 있는지를 이해하기 위해서는 추가 연구가 필요하다. 아직 이 바이러스에 대해 계속 알아가고 있는 중이지만, 어떤 상황에서는 사람에서 동물로 전파될 수 있다. COVID-19 의심자 또는 확진자는 반려동물, 가축, 야생동물 등 동물과의 접촉을 피해야 한다.

특정 박테리아와 곰팡이가 털과 머리카락으로 운반될 수 있다는 사실은 잘 알려져 있지만 COVID-19를 유발하는 바이러스를 포함한 바이러스가 반려동물의 피부나 털에서 사람으로 전파될 수 있다는 증거는 아직 나타난 것이 없다. 하지만 동물이 질병 원인균을 지닐 수 있으므로, 반려동물 등 동물 곁에서는 동물과의 접촉 전후에 손 씻기를 포함한 건강을 위한 습관을 항상 실천하는 것이 좋다.

일부 상황에서는 사람에게서 동물로 감염이 가능한 것으로 보인다. COVID-19 증상으로 앓고 있는 동안 사람과 동일하게 반려동물 및 기타 동물들과의 접촉을 삼가해야 한다. 가능하면, 앓고 있는 동안에는 가족 중 다른 사람에게 반려동물을 돌보게 하여야 한다. COVID-19 증상을 앓고 있다면 반려동물을 쓰다듬거나 껴안기, 입맞추기 또는 핥기, 음식을 나눠 먹거나 같은 침대에서 잠자기 같은 접촉을 피하는 것이 좋다. 아픈 상태에서 반려동물을 돌보거나 동물 가까이에 있어야 하는 경우에는 반드시 마스크를 착용하고, 동물과의 접촉 전후에 손을 씻도록 한다.

COVID-19를 일으키는 바이러스에 어떤 동물이 감염될 수 있는지는 아직 확실하지는 않다. 질병통제예방센터는 개와 고양이를 포함한 반려동물이 COVID-19 원인 바이러스에 감염된 것으로 보고된 사례가 소수 있음을 인지하고 있다. 그 대부분은 COVID-19 감염자와 접촉한 후에 감염되었다. 미국 뉴욕에 있는 동물원의 호랑이 한 마리도 바이러스 검사 결과 양성 판정을 받았다.

최근의 연구에 따르면 페렛, 고양이 및 골든 시리안 햄스터가 실험을 통해 이 바이러스에 감염될 수 있으며 실험실 조건에서 같은 종의 다른 동물들에게 전파할 수 있는 것으로 나타났다. 이러한 연구 결과에 따르면 돼지, 닭 및 오리는 감염되지 않았으며 다른 개체를 감염시키지도 않았다. 한 연구 데이터에 따르면 개는 고양이나 페렛보다 이 바이러스에 감염될 가능성이 낮은 것으로 보인다. 이러한 연구 결과는 소수의 동물에게서 얻은 것이며, 동물이 사람을 감염시킬 수 있는지 여부는 보여주지 않고 있다.

그림 17-1. COVID-19와 반려견

현재까지는, COVID-19를 일으키는 바이러스의 전파에 동물이 유의미한 역할을 한다는 증거는 없다. 현재까지 알려진 제한된 정보를 토대로 볼 때, 동물이 사람에게 COVID-19를 전파할 위험은 낮은 것으로 간주된다. 각각의 여러 동물들이 COVID-19 유발 바이러스에 감염될 수 있는지, 만약 그렇다면 어떤 영향을 받는지, 그리고 COVID-19 전파에 어떤 역할을 하는지를 알기 위해서는 추가 연구가 필요하다.

17.2 COVID-19와 반려견 산책

가 반려견 산책시 예방 수칙

반려견을 산책시키는 것은 동물과 인간의 건강 및 복지에 중요하다. 다른 사람들로부터 최소 2m 이상 거리를 유지하면서 반려견에게 목줄을 한 상태로 산책하도록 한다. 그룹으로 모이지 말고, 붐비는 곳이나 대중 집회를 회피한다. 사회적 거리를 유지하기 위해, 산책을 할 때 다른 사람들이 반려견을 쓰다듬지 못하게 해야 한다. 반려견 전용 공원에서 사회화를 경험하고 운동을 해야 한다. 이는 반려견의 복지에 중요하다. COVID-19 환자가 동물에게 바이러스를 전파할 위험이 크지는 않지만 존재하기 때문에, 질병통제예방센터는 특히 COVID-19

그림 17-2. **COVID-19와 반려견 산책**

의 지역사회 전파가 발생하고 있는 지역에서는 반려견의 보호자들에게 반려견이 가족 외의 사람과 상호작용하는 것을 제한하도록 권장하고 있다. 따라서 사람과 개들이 많이 모이는 반려견 전용 공원이나 기타 장소는 피하는 것을 고려해야 한다. 일부 지역에서는 반려견 전용 공원 개장이 허용되고 있어 공원 방문시 현지 지침을 철저히 준수하도록 해야 한다. 본인이 증상이 있거나 최근에 COVID-19 환자와 밀접 접촉한 적이 있으면 반려견을 반려견 전용 공원에 데리고 가지 말아야 한다. 또한 반려견이 아픈 경우에도 반려견 전용 공원에 데리고 가지 말아야 한다. 반려견에서 나타나는 감염의 징후로는 발열, 기침, 호흡곤란이나 숨가쁨, 무기력, 콧물, 코나 눈의 분비물, 구토, 설사 등이 있다. 반려견이 COVID-19 유발 바이러스에 대한 검사 결과 양성인 경우, 반려견이 정상활동을 재개하기에 적절한 시점에 대해 수의사와 상의하도록 한다. 반려견 전용 공원에 있는 동안 반려견이 가족 이외의 사람과 상호작용하는 것을 제한하도록 해야 한다. 가능하면 물그릇과 같은 공용 물품을 만지지 말고 공원의 물건을 만진 후에는 손을 씻거나 손 소독제를 사용하여 소독한다. 깨끗한 물을 섭취할 수 있도록 휴대용 물그릇을 가지고 다니며 반려견 전용 공원으로 가지고 가는 반려견 용품(장난감 등)을 제한해야 한다. 공원으로 가지고 갔다가 다시 집으로 가지고 온 물건(목줄, 장난감, 물그릇)은 반드시 세척하고 소독해야 한다. 화학소독제, 알코올, 과산화수소 또는 동물용으로 승인 받지 않은 기타 제품으로 반려견을 닦아내거나 목욕시키지 않도록 한다.

그림 17-3. 반려견 장난감 소독

매우 드문 상황이지만 동물도 COVID-19 검사를 하고 있다. 현재 동물에 대한 일상적인 검사는 권장되지 않으며, 동물에 대한 검사는 사례별로 실시한다. 예를 들어, COVID-19 환자의 반려동물에게 COVID-19의 증상과 유사한 증상의 우려스러운 질병이 새로 발생하는 경우에 해당 동물의 수의사가 공중 보건 및 동물 건강 담당자와 상의해 검사 필요 여부를 결정할 수 있다.

COVID-19 시대에 장기 요양원 또는 원호 시설에 반려동물이 있으면 시설 내 다른 사람들에 대해서와 유사한 예방 수칙을 반려동물에게도 적용하여야 한다. 이것은 시설 내의 사람과 반려동물을 모두 COVID-19로부터 보호하는 데 도움이 된다. 시설 내 반려동물이 아픈 사람과 접촉하게 해서는 안 되며, 반려동물이나 기타 동물들이 시설과 주변을 마음대로 돌아다니게 해서도 안 된다. 시설 거주자는 가능한 한 자신의 반려동물이 사람들과 접촉하지 않도록 한다. 개를 산책시킬 때는 목줄을 채우고 다른 사람들과 최소 2m 이상 거리를 유지하도록 하여야 한다. COVID-19 환자들은 반려동물 및 기타 동물들과 접촉을 피해야 한다. 건물 내 식당이나 사교 구역 등 공용 구역에 반려동물들이 들어가지 않도록 하여야 한다. 거주시설의 반려동물이 아프거나 시설 내 반려동물의 건강 상태에 걱정스러운 점이 있다면 수의사와 상의하도록 한다. COVID-19 관련 중증질환 고위험군에 속하는 분들은 가능하면 아픈 반려동물을 돌보는 일을 삼가해야 한다.

나 드론을 이용한 반려견 산책

일반적으로 드론으로 알려진 무인 항공기(Unmanned Aerial Vehicle, UAV)는 다양한 분야에서 응용 분야를 확대하고 있다. 드론은 원래 군용으로 개발되었지만 현재는 사진, 교통 통제, 레저, 배달 등 다양한 용도에서 사용되고 있다. COVID-19로 외출이 금지되자 한 혁신적인 반려견 보호자가 드론의 도움을 받아 원격으로 반려견을 산책시키는 방법을 동영상으로 게시하면서 화제가 되었다. 이러한 신기술을 활용한 반려견 산책은 신종 감염병 환경에서 효율적인 대안이 될 수도 있다. 그러나 보호자가 이 편리한 기술을 사용하기 전에 몇 가지 고려해야 할 사항이 있다.

 그림 17-4. **드론 산책**

반려견은 특히 야외에 있을 때 보호자와 함께 있는 것에 익숙하다. 아는 사람에 의해 목줄을 하고 산책을 하는 것은 안전 기지 효과(Secure Base Effect)를 이용할 수 있다(Horn, et al. , 2013). 알려진 애착의 인물이 있으면 반려견이 환경과 상호작용하는 데 도움이 된다. 이것은 보호자의 존재로 목줄을 착용한 반려견이 더 많은 냄새를 맡을 수 있고 더 많이 보면서 세계를 탐험할 수 있다는 것을 의미한다. 그러나 반려견 뒤에서 날아다니는 드론은 그런 안전감을 제공할 수 없다. 이탈리아에서 실시한 연구에서 산책하는 동안 반려견들이 보호자의 주의를 기울이는지를 조사하였다(Hecht, 2014). 연구결과 반려견들이 목줄을 착용하고 있으면 보호자를 그렇게 신경쓰지 않는다는 것을 발견했다. 물론 반려견들은 보호자의 냄새, 발자국 소리, 혹은 목소리 같은 다른 방법으로 보호자에게 주의를 기울일 수 있다. 반려견은 보호자와 함께 있다는 것을 알고 있기 때문에(이 경우 목줄을 통해 보호자와 물리적으로 붙어 있음) 환경에 잘 어울릴게 된다. 그러나 반려견들이 목줄을 하지 않으면 보호자를 더 자주 그리고 더 오랜 시간 동안 돌아보았다. 이것 또한 드론이 제공할 수 없는 안전 기저효과를 유지하는 데 도움이 될 수 있다.

반려견은 사려 깊은 보호자가 필요하다. 보호자는 반려견이 원하는 것과 관심 있는 것에 주의를 기울이면서 동시에 주변 환경이 안전한지 알고자 노력한다. 반려견 복지의 이러한 중요한 부분들은 드론이 예측하거나 다루기에는 불가능하다. 드론은 다른 개, 다람쥐, 어린이, 자동차, 정지 신호를 살필 수 없다.

돌발상황에 즉각적인 대처가 어렵기 때문에 안전에 문제가 발생할 수 있다.

또한 드론이 직면할 수 있는 여러 잠재적인 문제가 있다. 많은 반려견들은 드론을 두려워하고 드론으로부터 탈출하거나 공격하려고 할 수 있다. 드론은 반려견이 멈추거나 주변을 살피는 등 반려견의 움직임을 감지할 수 없어, 산책이 아니라 드론에게 끌려다니는 것이 될 수 있다. 드론은 장애물을 피해도 반려견이 다른 사람이나 동물을 피하지 못할 가능성도 있다. 산책 중에 반려견이 배변을 하면 대소변의 처리는 어떻게 해야 하는지도 문제가 될 수 있다. 특히 드론만 띄우는 것은 불법이기 때문에 결국 보호자가 드론 근처에 있어야 한다는 점도 치명적인 맹점이다.

반려견에게 새로운 기술을 적용할 때에는 항상 반려견에게 의미가 있는 혜택인지에 대해서 깊이 고민해볼 필요가 있다.

17.3 COVID-19 시대의 반려견 산책 지도사

가 반려견 산책 지도사의 예방수칙

보호자와의 직접적인 접촉을 제한하는 것이 중요하다. 보호자로부터 반려견을 인수인계할 때 보호자와 대화가 필요하다면 반드시 마스크를 착용하고 최소 약 2m 간격을 유지하도록 한다. 사람들은 질병의 증상을 보이지 않고도 바이러스를 전파할 수 있기 때문에 건강해 보이는 보호자와도 신체적 거리를 유지하는 것이 중요하다. 보호자가 집에 있든 없든 보호자의 집에서 잠재적으로 오염된 표면과의 접촉을 제한하는 것도 중요하다. 표면 전염이 주요 감염원으로 보이지는 않지만 물체나 표면을 통한 바이러스 확산이 잠재적으로 발생할 수 있다. 오염된 표면(예 : 문 손잡이)을 만진 다음 얼굴을 만지면 잠재적으로 바이러스에 감염될 수 있다.

개와 고양이가 보호자에 의해 감염된 후 COVID-19에 양성 반응을 보였다는 보고는 매우 적다. 현재 감염된 개나 고양이가 다른 사람에게 바이러스를 전염시킬 수 있는지 여부는 알려지지 않았다. 따라서 COVID-19에 노출되었을 가능성이 있는 반려 동물을 주의해서 취급하는 것이 중요하다. 현재까지 전 세계적으로 수백만 건의 COVID-19 사례가 있으며 소수의 애완동물만이 양성 반응을 보이고 있다. 산책 지도사는 자신의 건강을 보호할 책임이 있을 뿐만 아니라 보호자의 건강도 책임져야 한다. COVID-19 와 관련된 심각한 합병증의 위험이 상대적으로 낮더라도 더 높은 위험에 처한 다른 사람에게 바이러스를 전파할 수 있는 위험을 최소화해야 한다.

나 산책 지도사의 질병 감염 및 전파를 최소화 하는 방법(Gollakner, & Barnette, n.d.)

감염 위험을 최소화하고 고객에게 감염이 전파될 위험을 최소화하기 위해 할 수 있는 가장 중요한 일은 집에 들어가 보호자와 상호작용할 때 주의가 필요하다. 보호자 가정에서 보내는 시간을 최소화하여야 한다. 보호자가 집에 있을 경우 최소 2m의 거리를 유지하고 마스크를 착용하도록 한다. 목줄을 매일 씻거나 소독하고 특히 오염될 수 있는 표면을 만진 후에는 자주 손을 씻도록 한다. 얼굴은 절대로 만지지 않도록 한다. COVID-19에 노출되었을 수 있는 개인의 반려동물과의 긴밀한 접촉을 제한한다. 공공장소에서 다른 사람들과 최소 2m의 거리를 유지한다. 보호자의 개를 산책시키는 장소에 영향을 미칠 수 있기 때문이다. 다른 사람들과의 상호작용을 최소화 할 수 있도록 혼잡하지 않은 경로를 찾는 것도 좋은 대안이다. 인구밀도가 높은 지역에 있을 경우 반드시 마스크를 착용한다.

참고문헌

CDC. (2021). COVID-19와 동물. CDC. https://korean.cdc.gov/coronavirus/2019-ncov/daily-life-coping/animals.html.

Gollakner, R., & Barnette, C. (n. d.) Tips for Dog Walkers During the COVID-19 Pandemic. VCA. https://vcahospitals.com/know-your-pet/tips-for-dog-walkers-during-the-covid-19-pandemic

Hecht, J. (2014). 2 Reasons Dogs Don't Want to be Walked by a Drone. Dog Spies.

Horn, L., Huber, L., Range, F., & Dornhaus, A. (2013). The Importance of the Secure Base Effect for Domestic Dogs - Evidence from a Manipulative Problem-Solving Task, PLoS ONE, 8 (5) e65296. DOI: 10.1371/journal.pone.0065296.s005.

18

반려견과 재난 대비

18

반려견과 재난 대비

산불, 화재 등 재해가 발생하면 수많은 생명들이 생명을 잃게 된다. 특히 자연에서 살고있는 야생동물들은 사망 통계가 전무하며 일부 종은 멸종위기에 있을 수도 있다. 이것은 야생동물만 해당되는 것은 아니다. 갑작스러운 재해의 발생은 당황한 사람들의 황급한 대피로 인하여 반려동물들을 그대로 내버려 두는 사례가 많아 반려동물들이 생명을 잃거나 심각한 부상을 당하게 된다. 평소에 반려동물에 대한 재난 발생시 대책이 준비되어 있다면 많은 생명을 구할 수 있다.

그림 18-1. **홍수로 고립된 반려견**

18.1 국가별 재난 대처에 대한 법률

가 미국(CDC, 2018)

미국은 2005년 허리케인 '카트리나' 당시 60만 마리의 동물이 구조되지 못한 채 목숨을 잃었고 25만 마리의 유기동물이 발생하면서 사회적 관심이 고조되었다. 이에 2005년 법안이 상정되어 2006년 대통령 승인으로 『반려동물 대피 및 구조 표준행동법(Pets Evacuation and Transportation Standards Act, PETS Act)』이 마련되었다. 법에는 재난 발생시 동물을 구조, 동물과 함께 대피 · 피난할 때 주의할 점과 필요한 점 등이 포함되어 있다. 미국 연방재난관리청(FEMA)에 지원을 요청하는 주에서는 재난에 직면한 주민을 대피시키기 위한 계획에 반려동물과 장애인 보조동물을 포함시키도록 하고 있다. 「반려동물 대피 및 구조 표준행동」에서는

그림 18-2. **재난시 대응 요령(미국)**

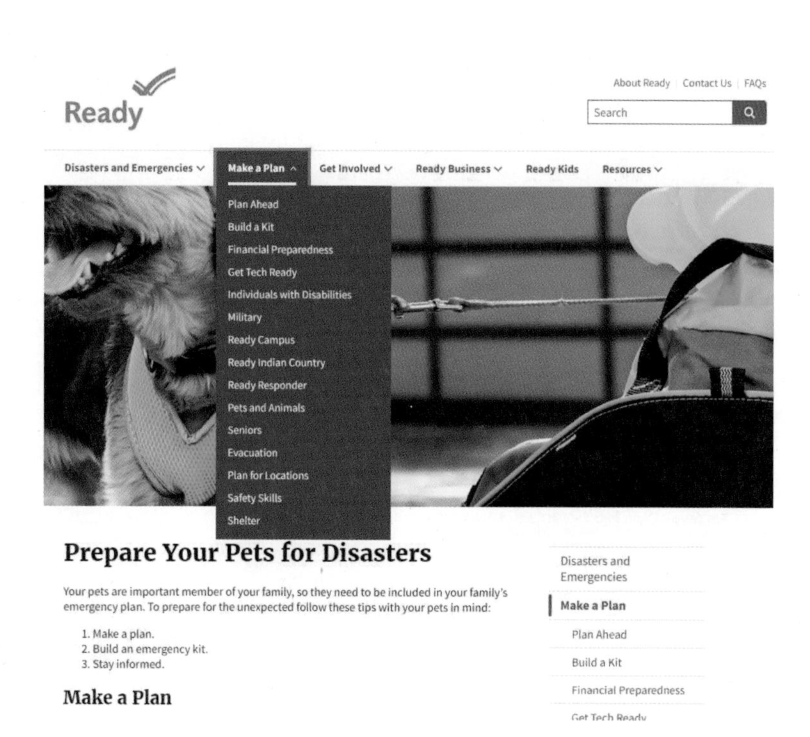

출처 : Ready, 2021

미국 연방재난관리청이 재난이나 비상사태에 처해있는 동물들을 위해 구조 · 관리 · 피난처와 필수적인 수요를 제공할 수 있도록 권한을 부여하고 있다. 법이 제정된 이후 지방정부는 재난대응계획에 동물을 포함시켜야 하며, 많은 주정부가 재난 발생시 동물의 대피 · 구조 · 보호 및 회복을 제공하는 법을 마련하고 있다. 또한 다양한 재해 · 재난에 대비한 매뉴얼을 알려주는 'Ready'에서는 'Pets and Animals' 카테고리를 통해 비상 사태시 반려동물을 포함한 가축에 대한 대피요령 및 사전준비 방법까지 자세히 알려주고 있다.

나 일본

일본은 2011년 동일본 대지진을 겪으면서 대피소에 반려동물을 동행하는 것이 가능해졌다. 2013년에는 대피소 내에 동물의 동반을 점진적으로 허용하였다. 재난시 '긴급재해 동물구조본부' 운영 등을 포함한「재해 시 반려동물 구호 대책 가이드라인」을 발표하였으며 2018년에는 사람과 반려동물의 재해 대책 가이드라인

그림 18-3. 반려동물 재난 매뉴얼(일본)

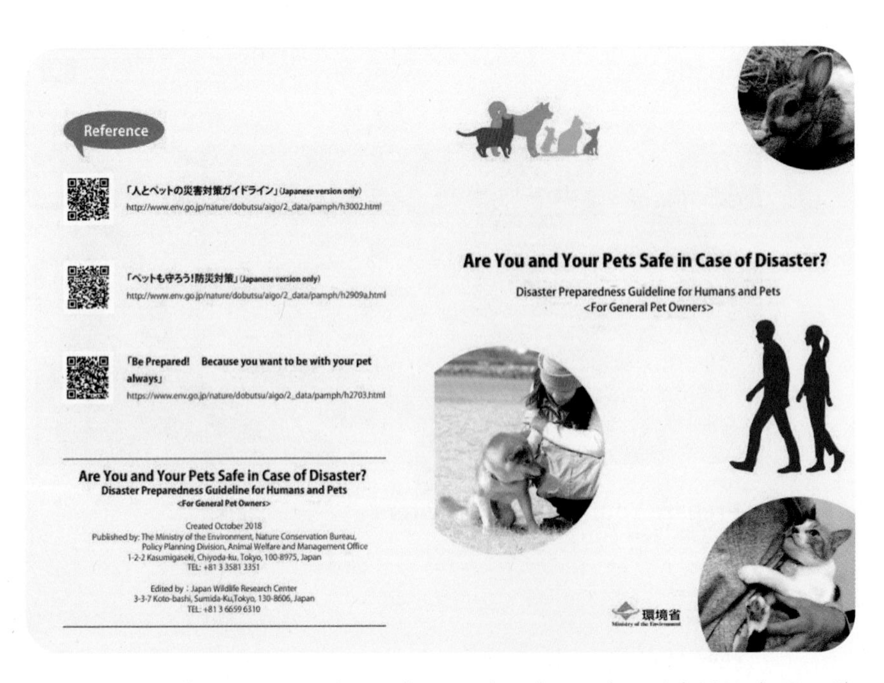

출처 : 환경성(https://www.env.go.jp/nature/dobutsu/aigo/2_data/pamph/h3010a/a-1b.pdf)

으로 개정하였다. 일본은 재해시 반려동물과 동반 피난이 아닌 동행 피난을 원칙으로 한다. 동행 피난은 일본 내 대부분의 반려동물을 수용 가능한 피난처는 사람과 반려동물의 생활구역이 분리되어 있어 사람이 생활하는 구역에는 반려동물을 데려갈 수 없다. 피난처에 따라 케이지 또는 울타리 등으로 전용 구역을 마련해 두기도 한다. 단, 시각장애인 안내견은 제외로 하고 있다. 만일 자택이 2차 재해 피해로부터 상대적으로 안전하다면 반려동물을 자택에 두고 돌볼 수도 있다.

피난처에는 반려동물용 물품이 준비되어 있지 않기 때문에 보호자가 직접 준비해야 한다. 반려견과 걸어서 피난처를 이동할 때에는 반려견 전용 신발을 신기거나 붕대 등을 미리 감아서 건물 파편 등에 의한 부상을 예방해야 한다. 각 용품에는 자신의 반려견 이름을 기재하여 분실에 대비해야 한다. 피난용품 가방에는 반려견의 나이, 예방접종 등 반려견의 개체 정보, 보호자의 연락처를 기재한 인식표를 달아 두어야 한다. 환경 변화에 따른 스트레스를 받을 수 있으므로 가능한 한 평소 사용하던 물품을 준비한다. 동행 피난 전에는 피난처에 가기 전에 반려견에게 목줄을 착용시킨다. 목줄에는 반려견 등록증, 광견병 접종 확인증, 이름표 등을 부착하여야 한다. 소형견인 경우에는 목줄을 채운 상태로 운반용기 또는 케이지에 넣어두는 것을 권장한다. 피난처에서는 주변을 배려하는 마음을 가져야 한다. 각 피난처의 규칙에 따라 보호자끼리 협력하면서 책임의식을 가지고 돌본다. 동물 알레르기가 있거나 동물을 좋아하지 않은 사람도 있을 수 있기 때문에 짖는 소리나 냄새 등으로 인해 주변에 피해를 주지 않도록 하여야 하고 반려견이 스트레스를 받지 않도록 배려하여야 한다.

자동차에서 피난 생활을 할 때에는 열사병에 주의하여야 한다. 자주 창문을 열어 환기를 하고, 충분한 식수를 준비하고 반려견을 차 안에 남겨두고 외출할 때에는 물을 넉넉히 준비하고 차내 온도에 유의하여 열사병을 예방할 수 있도록 한다. 좁은 곳에 오래 생활하면 혈관에 혈전이 생기는 '**이코노미 클래스 증후군**(Economy class Syndrome)'에 걸리지 않도록 정기적으로 몸을 움직이고 물을 많이 마셔야 한다. 보호자가 바로 집으로 돌아가지 못해 반려견이 미아가 되거나 재해에 놀라 자택에서 도망갈 때를 대비해 평소에도 보호자의 연락처 등이 기재된 목걸이와 이름표를 부착하여 분실에 대비해야 한다. 일본에서는 목줄이나 이름표는 벗겨질 가능성이 있기 때문에 마이크로 칩을 추천한다. 실제 동일본 대지진 때에 마이크로 칩을 내장한 반려견의 보호자는 100% 다시 찾을 수 있었으나 칩이 인식되지 않은 경우에는 반려견의 0.5%만이 보호자에게 돌아갔다. 평소에는 반려견과 함께 피난 훈련에 참여하고 반려견을 맡길 곳을 확보하고 예방접종, 건강 관리, 중성화 수술을 정기적으로 하고 재난을 대비하여 운반용기 교육, 헛짖음 교육 등과 같은 예절교육을 시키도록 한다.

다 한국

우리나라는 재해재난 시 반려동물 안전 대책이 마련되어 있지 않다. 현행 재난 및 안전관리기본법에는 국민(사람)만을 보호 대상으로 하고 있어, 반려동물의 안전 문제는 중앙정부나 지방자치단체의 의무가 아니다. 농림축산식품부는 「재난에 대비한 반려동물 대피시설」과 「반려동물 대피 가이드라인」을 개발할 계획이다. 행정안전부 국민재난안전포털에는 '애완동물 재난대처법'이 소개되어 있다.

표 18-1. 한국 반려동물 재난대처법

▶ 애완동물 재난대처법

애완동물 소유자들은 가족 재난계획에 애완동물 항목을 포함시키십시오. 애완동물은 대피소에 들어갈 수 없다는 사실을 유념하시기 바랍니다(봉사용 동물만 허용합니다). 따라서 대피할 경우를 대비해 애완동물을 위한 계획을 세우는 것이 중요합니다.

- 자신의 지역 외부에 거주하는 친구나 친척들에게 비상시 자신과 애완동물이 머물 수 있는지 알아보십시오.
  또한 재난으로 인해 자신이 귀가하지 못할 경우, 애완동물을 돌봐달라고 이웃이나 친구, 가족에게 부탁하십시오.
- 비상사태 기간 동안 담당 수의사나 조련사가 동물을 위한 대피소를 제공하는지 알아보십시오.
- 재난기간에는 애완동물을 운반용기에 넣어 데려가십시오. 이렇게 하면 애완동물에게 보다 안정감을 주고 안심을 시킬 수 있습니다.
- 자신의 애완동물이 숨는 장소를 알아두면 동물이 스트레스를 받았을때 쉽게 찾아낼 수 있습니다.
- 재난기간에 애완동물을 다른사람에게 맡기거나 대피소로 보내는 경우 필요한 물품들을 준비하세요.
  - 물, 사료와 운반용기
  - 목줄, 입마개
  - 최근 접종한 모든 백신과 건강 기록
  - 애완동물을 위한 약품(필요한 경우)
  - 애완동물 운반용기나 우리(운반기에 바퀴를 달아서 사용할 수도 있는 것)
  - 오물 수거용 비닐 봉지
  - 애완동물의 사진

출처 : 국민재난안전포털. (n. d.)

하지만 "안내견 등 봉사용 동물 외 반려동물은 대피소에 들어갈 수 없다는 사실을 유념하라"는 것과 함께 스스로 재난대비 계획을 세우도록 안내하고 있다. 현행법이 보호하는 대상을 사람으로 한정하고 있어 반려동물에 대한 정책적인 대안 마련이 이뤄지지 않고 있다. 결국 보호자는 반려동물과 함께 대피하기 위한 자구책을 마련해야 한다. 우리동물병원 생명사회적협동조합에서는 「반려동물 재난위기 대비 매뉴얼」을 만들어 시민들에게 알리고 있다. 매뉴얼에는 갑자기 닥치게 될 재난상황에 대비해 평소 준비해야 할 것들과 함께 대피상황 발생 시 반드시 챙겨야하는 '생존 배낭' 꾸리는 방법 등을 안내하고 있다.

그림 18-4. **반려동물 재난위기 대비 메뉴얼**

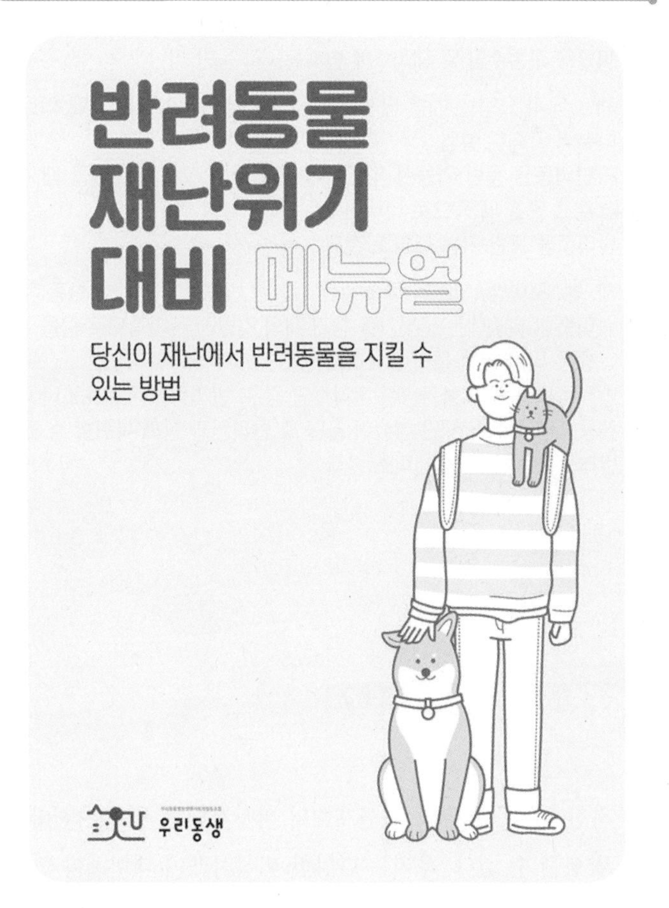

출처 : 우리동물병원생명사회적협동조합(우리동생). https://m.blog.naver.com/coop_2012/221514298815

표 18-2. **국가별 재난시 반려동물 안전대책**

국가	특징
한국	• 대피소에 반려동물 동반 불가 • 담당 수의사나 조련사가 동물을 위한 대피소를 제공하는지 반려인이 직접 알아보도록 권장 • 재난 지역 외부에 거주하는 친구나 친척에게 비상시 반려인이 반려동물과 함께 그곳에 머물 수 있는지 알아보도록 권장 • 반려동물을 집에 두고 왔을 시에 대한 대처 요령 존재하지 않음
호주	• 재난 상황별 대처 요령 존재 – 사정으로 인하여 반려동물을 집에 두고 갈 때에는 변기 뚜껑을 열어 물 공급처를 하나라도 더 제공 – 현관이나 우편함에 동물의 수와 종 및 보호자의 이름과 연락처를 남김 등 • 집에 남겨진 반려동물을 구조하는 단체 존재 : RSPCA • 피난용 교통수단 및 대피소에 반려동물과 동반 피난 가능
일본	• 재난 대피 요령을 예방 단계부터 재난 발생, 대피, 피난처에 이르기까지 7단계로 나누어 자세히 설명 – 반려동물 동반 가능한 피난처에 갔을 때와 그렇지 못했을 때, 반려동물을 집에 두고 왔을 때 등으로 나누어 행동 지침 설명 • 반려동물 동반 가능 대피소 존재
미국	• 새, 뱀, 도마뱀, 햄스터 등과 같은 다양한 반려동물에 대한 행동 지침 존재 – 따뜻한 날씨에는 분무기를 챙겨 새의 깃털에 주기적으로 물을 뿌려주어야 한다, 뱀은 많은 양의 물이 필요하다 등 • 반려동물 동반이 불가능한 대피소의 경우, 반려동물은 보호소나 따로 마련된 동물 전용 대피소로가 재난 상황이 끝난 후 반려인과 함께 복귀할 수 있음 • 반려동물 동반 가능 대피소 존재

출처 : 동물자유연대, 2020

18.2 재난 대비와 대처

화재, 태풍, 지진, 홍수, 폭풍 등 자연재해와 비상사태는 생각보다 더 흔하며 언제 어디서나 예고없이 발생할 수 있다. 우리는 다양한 비상사태에 대비해야 한다. 이러한 상황에서 가족뿐만 아니라 반려동물도 어떻게 보호할 것인지 고려하는 것이 중요하다. 계획에서 벗어나면 반려동물, 가족 및 응급처치자가 위험에 처할 수 있다.

가 재난 준비

우리나라는 반려견과 동반 피난이 금지되어 있기 때문에 반려견은 피난소에 함께 입장을 할 수 없다. 따라서 보호자가 반려견을 지켜야 한다. 그러기 위해서는 철저한 준비가 필요하다. 꼼꼼하게 준비할수록 재난 시와 그 이후의 피난과정과 피난 생활은 크게 달라진다. 라이프라인(Lifeline)은 생활을 유지하기 위한 여러 시설로 도로, 철도, 항만 등의 교통 시설, 전화, 무선, 방송 시설 등의 통신 시설, 상하수도, 전력, 가스 등의 공급 처리 시설 등을 의미한다. 재해나 재난이 발생하게 되면 라이프라인이 단절된다. 이후 회복을 위해서 구호물자가 도착하고 단절된 라이프라인이 복구될 때까지는 상당한 시간이 소요된다. 이때를 대비하기 위해서 필요한 물과 사료, 넉넉한 용품의 비축과 보충이 필요하다. 구호물자가 도착하는 데에는 평균 3일 정도의 시간이 소요되는데 평상시 지진을 많이 겪어 잘 단련된 일본의 경우에는 그 기간이 단축될 수 있겠지만 우리나라의 경우에는 그 이상이 걸릴 수도 있다. 따라서 최소 3~ 5일 정도의 물, 비상 사료(건식사료), 배변 용품 등 필요 용품들을 비축해 둘 필요가 있다. 유통기한이 지나면 버리는 것이 아니라, 평소에 넉넉하게 구매하여 사용하고, 사용한 만큼만 다시 채워 놓는 회전식 비축(롤링 스톡, Rolling Stock)이 바람직하다.

인식표를 항상 착용시키도록 한다. 언어를 구사할 수 없는 반려견에게 인식표는 생명줄과 같다. 마이크로칩 이외에도 언제, 어디서, 누구든지 인지가 가능한 인식표를 외출할 때만이 아니라 항상 착용시켜야 한다. 위기 상황에서는 인식표 줄이 끊어지면서 분실될 염려가 있으니 2개 이상 착용할 것을 권장한다. 반려견의 피난 장소인 단단한 개집을 준비한다. 벽과 천장이 막혀 있는 독립된 공간은 자신만의 공간이 필요한 반려견에게 반드시 필요하다. 단단한 개집은 반려견을 위험으로부터 지켜주는 피난처가 될 수 있다. 재난 이후 혹시 있을지도 모를 야외 생활에서도 활용할 수 있게 평소에 익숙해지도록 하는 것이 중요하다. 기본적인 훈련과 올바른 식습관을 가지도록 해야 한다. “앉아!”, “기다려!”, “이리 와!” 등의 기본 명령과 헛짖음, 배뇨, 배변에 대한 기본적 훈련은 비반려인들을 포함한 타인과 함께하는 피난 생활을 위해서는 필수적이다. 재난 상황에 따라 식사 주기가 불규칙해질 수 있으므로 평소에도 식사 주기를 불규칙하게 먹도록 연습하면 반려견의 스트레스를 방지할 수 있다. 평소 건강할 때 하루 정도의 금식도 좋은 훈련이 되며 장기를 쉬게 함으로써 체내가 정화되어 건강에도 좋다. 다만 물은 항상 먹을 수 있어야 한다. 반려견의 신상 카드와 가족 사진을 준비한다. 반려견에 대한 상세한 프로필을 작성하여, 코팅하거나 방수 비닐에 넣어 준비해 두도록 한다. 끈을 이용해 몸에 직접 보관하거나 보호하고 있는 개집에 달아 준다. 보호자가 다치거나 사망했을 때나 서로 헤어져 반려견이 혼자 있게 되었을 때, 제3자가 효과적으로 반려견을 돌볼 수 있는 중요한 지표가 되므로 선택이 아닌 필수라는 점을 명심해야 한다. 반려견과 가족 구성원 전원의 얼굴이 잘 나오게 가족사진을 찍어 여러 장 출력해 두도록 한다. 반려동물을 잃어버렸을 때 찾는데 큰 도움이 될 것이다.

지진이 일어나는 경우 가구가 쓰러지거나 높은 곳의 물건이 떨어지면 반려견이 위험해질 수 있다. 실제로 지진이 잦은 일본에서는 가구에 깔리거나 끼이고 떨어지는 물건에 맞아서 다치거나 사망하는 반려견이 많다. 이런 위험을 예방하기 위해 가구를 고정하거나 높은 곳의 물건을 치우는 것도 좋은 방법이지만 필요하지 않는 물품들은 정리하여 꼭 필요한 물건만 가지고 생활하면 집도 넓어지고 보호자와 반려견도 안전하다.

재난이 일어날 때 반려견이 혼자 있을 수도 있다. 특히 지진 등의 재해 시에는 교통 통제로 집으로 돌아가는 것이 불가능할 수도 있다. 그럴 때 반려견을 확인하고 돌봐줄 수 있는 이웃이 있다면 안심이 된다. 평소 돌봐줄 수 있는 이웃과의 관계를 좋게 유지하여 위기에 처했을 때 도움을 받을 수 있는 이웃을 많이 만들어 놓아야 한다. 계획을 세우면 더 잘 대비할 수 있지만 대피 중에 발생할 수 있는 혼돈을 줄이기 위해 긴급하지 않은 상황에서 반려동물과 함께 연습을 하도록 한다. 반려동물을 태워서 운반하는 연습을 한다. 실제 대피하는 것처럼 운반용기에 넣어서 이동한다. 반려동물이 운반용기에 들어가 편안하게 이동할 때까지 시간을 천천히 늘려가면서 연습한다. 평소에 불안하거나 스트레스를 받을 때 반려동물이 어디에 숨어 있는지 알아두어야 한다. 비상사태가 발생하여 함께 대피하고자 할 때 반려동물을 찾는 시간을 줄여준다. 온 가족이 모두 연습에 참여한다. 모든 사람이 무엇을 가져가야 하는지, 어디에서 반려동물을 찾을 수 있는지, 어디에서 만날지를 알고 있는지 확인하여 두어야 한다.

나 재난 발생 직후

반려견이 불안과 공포에 빠지지 않고 안정을 찾고 더 큰 위험에 빠지지 않도록 보호자의 돌봄이 필요하다. 보호자가 냉정하지 못하면 반려견은 더욱 민감해지며, 큰 스트레스를 받게 된다. 가능한 평상심을 유지하려고 노력해야 한다. 심호흡을 크게 하거나, 심장 주변을 가볍게 톡톡 두드려 주면 자율신경이 안정을 찾는데 도움이 된다. 반려견이 불안과 공포의 상태가 되면 평소에 온순하던 반려견들도 보호자를 물거나 공격할 수 있으니 주의해야 한다. 특히 수해나 화재의 경우에는 피할 수가 없어 사망하는 경우가 많으므로 혹시라도 묶어 두었거나 가두어 두었다면 풀어놓아 주어야 한다. 케이지에 넣어 이동하기 힘든 중대형견의 경우에는 재해로 인한 잔여물들로 인하여 발을 다칠 염려가 있으니 신발을 착용시키거나 스트레스 상황에서 공격적이 될 수 있으니 입마개를 하도록 한다. 피난을 가야 한다면 반드시 함께 가야 한다. 나중에 다시 돌아오지 못할 수 있기 때문이다.

다 재난 이후(PetHub, n. d.)

비상사태 이후 종종 냄새와 이정표가 바뀌어 반려동물이 혼란스럽고 길을 잃을 수 있다. 반려동물을 목줄이나 운반용기에 넣어 두어야 하며 홍수나 전선이 끊어지는 것과 같은 위험에 특히 주의하여야 한다. 집으로 돌아온 후 다음의 예방조치를 취할 것을 권장한다.

- 집에 날카로운 물체, 유출된 화학 물질 및 노출된 배선이 있는지 확인한다.
- 반려동물의 행동에 주의를 기울인다. 홍수, 뇌우, 태풍과 같은 자연재해가 발생한 후 반려동물의 행동이 극적으로 바뀔 수 있다. 일반적으로 조용하고 친근한 반려견은 짜증을 낼 수 있다.
- 반려동물에게 스트레스, 불편함 또는 질병의 징후를 발견하면 수의사에게 문의한다.
- 동물에게 장기간 음식을 제공하지 않은 경우에는 소량의 음식을 다시 주기 시작한다.
- 반려동물이 외상과 스트레스에서 회복할 수 있도록 중단없는 휴식과 수면을 허용한다.
- 가능한 한 빨리 정상적인 일상을 다시 설정한다. 일상적인 활동의 방해가 반려동물에게 스트레스를 주는 가장 큰 원인이 될 수 있다.
- 많이 껴안아주고 자주 쓰다듬어준다. 반려동물을 위로하면 사람과 반려동물 모두의 불안을 줄일 수 있다.

18.3 반려동물 재난 대비 준비물

재난을 대비한 물품은 반려동물에 따라 약간의 차이가 있을 수 있으나 기본적인 내용은 미국 동물보호협회에 제공하는 재난 대비 점검표를 기준으로 참고하고 준비하면 된다.

표 18-3. 반려동물 재난 대비 준비물 점검표

반려동물 재난 대비 준비물 점검표	
문서	□ 복사된 진료 기록 □ 광견병 증명서 □ 예방접종 □ 의료 상황 요약 □ 의약품 처방 □ 가장 최근의 심장사장충 검사결과 □ 반려동물 등록증 사본 □ 반려동물 설명(예: 견종, 성별, 색상, 체중 등) □ 반려동물 최근 사진 □ 문서 보관용 방수케이스 □ 마이크로 칩 정보(마이크로 칩 번호, 제작 회사의 이름과 전화번호)
물과 음식 의약품	□ 방수 용기에 담긴 반려동물 당 2주 분량의 식량 □ 반려동물 당 2주 분량의 생수 □ 흘림 방지 밥그릇과 물그릇 □ 수동 깡통 따개 □ 반려동물별 급여 방법 □ 2주 분량의 의약품(해당되는 경우) □ 의약품 투여 방법(해당되는 경우) □ 1개월 분량의 벼룩, 진드기, 심장사상충 예방약
기타	□ 인식표가 있는 목걸이, 목줄 또는 하네스 □ 장난감 □ 침구, 담요 또는 수건이 있는 반려동물 크기에 맞는 운반용기 □ 반려동물 응급처치 책자 및 구급 상자 □ 사고 대비용 위생용품(휴지, 배변봉투 또는 비닐봉지, 소독약)

출처 : CDC, 2018.

우리나라의 경우 우리동물병원 생명사회적협동조합에서 대피상황 발생 시 반드시 챙겨야하는 '생존 배낭'을 꾸리는 방법을 안내하고 있다.

그림 18-5. 반려동물 생존 배낭

출처 : 우리동물병원 생명사회적협동조합(우리동생).

또한 전북 전주시는 행정안전부의 '반려동물을 위한 맞춤형 안녕 캠페인'사업에 선정돼 전국 최초로 생존 배낭을 만들어 재난 때 나눠주고 있다.

그림 18-6. 반려견 생존키트

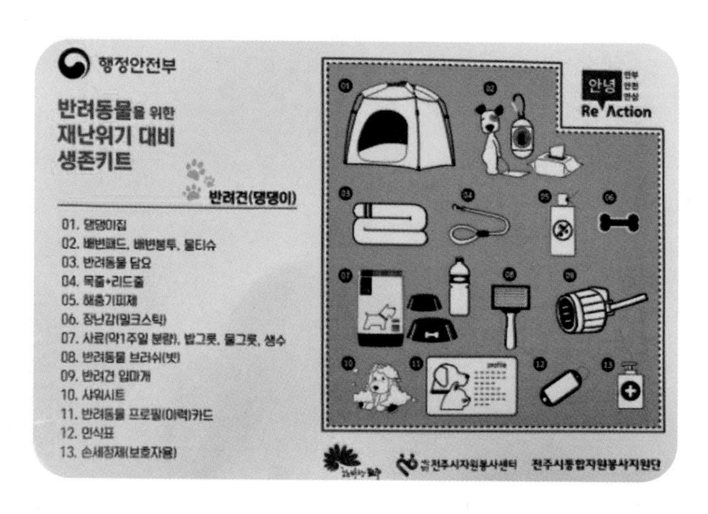

출처 : 사) 전주시 자원봉사센터

참고문헌

국민재난안전포털. (n. d.) 애완동물 재난대처법. 행정안전부. https://www.safekorea.go.kr/idsiSFK/neo/sfk/cs/contents/prevent/SDIJKM5306.html?menuSeq=136

동물자유연대. (2020). 동물 없는 재난 대응 대책, 재난 시 동물은 어디에?. 동물장유연대. https://www.animals.or.kr/campaign/friend/50254

CDC. (2018). Pet Disaster Preparedness Kit. CDC. https://www.cdc.gov/healthypets/emergencies/pet-disaster-prep-kit.html

CDC. (2018). Pet Safety in Emergencies. CDC. https://www.cdc.gov/healthypets/emergencies/index.html.

https://m.blog.naver.com/coop_2012/221514298815

PetHub. (n. d.). Ultimate Disaster Preparedness Guide for Pet Parents. PetHub. https://www.pethub.com/article/ultimate-disaster-preparedness-guide-pet-parents

Ready. (2021). Pets and Animals. Ready. https://www.ready.gov/pets.

찾아보기

ㅁ

ㅂ

ㅅ

ㅇ

ㅈ

ㅊ

ㅍ

ㅎ

저자 약력

김원

현재 전주기전대학 애완동물관리과 교수로 재직 중이다. 〈EBS 동물일기〉 등에 출연하여 동물교감치유에 대한 자문을 하였으며, 자문 활동 이외에도 동물교감치유 분야의 발전을 위해 집필 및 기고, 교육 활동을 하고 있다. 또한 견개론, 동물교감치유, 반려견 쇼핑몰 창업, 3D 프린팅 기술을 활용한 반려견 아이템 개발 등을 포함한 반려견 분야 전반에 걸쳐 후진 양성에 힘쓰고 있다. 주요 저서는 『아동을 위한 동물매개중재 이론과 실제』, 『반려견의 이해』, 『반려견 용어의 이해』, 『반려견 미용의 이해』 등이 있다.

반려견 산책의 이해

초판발행 2021년 6월 4일

지은이 김원
펴낸이 안종만·안상준

편 집 윤현주
기획/마케팅 이영조
표지디자인 BEN STORY
제 작 고철민·조영환

펴낸곳 (주) 박영사
서울특별시 금천구 가산디지털2로 53, 210호(가산동, 한라시그마밸리)
등록 1959.3.11. 제300-1959-1호(倫)
전 화 02)733-6771
f a x 02)736-4818
e-mail pys@pybook.co.kr
homepage www.pybook.co.kr
ISBN 979-11-303-1287-3 93490

정 가 29,000원